北京高等教育精品教材

高职高等数学系列教材

高 等 数 学

（第 二 版）

主　编　刘书田

编著者　刘书田　冯翠莲　侯明华

U0196573

北京大学出版社
PEKING UNIVERSITY PRESS

图书在版编目(CIP)数据

高等数学/刘书田,冯翠莲,侯明华编著. —2 版. —北京：北京大学出版社,2004.6
(北京高等教育精品教材)
(高职高等数学系列教材)
ISBN 978-7-301-07435-0

Ⅰ.高…　Ⅱ.①刘…　②冯…　③侯…　Ⅲ.高等数学-高等学校:技术学校-教材
Ⅳ.O13

中国版本图书馆 CIP 数据核字(2004)第 041331 号

书　　　名：高等数学(第二版)
著作责任者：刘书田　冯翠莲　侯明华　编著
责 任 编 辑：刘　勇
标 准 书 号：ISBN 978-7-301-07435-0/O · 0592
出 版 发 行：北京大学出版社
地　　　址：北京市海淀区成府路 205 号　100871
网　　　址：http://www.pup.cn
电　　　话：邮购部 62752015　发行部 62750672　编辑部 62752021　出版部 62754962
电 子 邮 箱：zpup@pup.pku.edu.cn
印　刷　者：河北滦县鑫华书刊印刷厂
经　销　者：新华书店
　　　　　　787mm×960mm　16 开本　22.75 印张　494 千字
　　　　　　2001 年 6 月第 1 版　2004 年 6 月第 2 版
　　　　　　2020 年 4 月第 14 次印刷　(总第20次 印刷)
定　　　价：45.00 元

本书 2004 年被评为北京高等教育精品教材

内 容 简 介

　　本书被评为"**北京高等教育精品教材**",是高等职业、高等专科教育"高等数学"基础课教材.该书依照教育部制定的高职高专"**数学课程教学基本要求**",并结合作者多年来为工科类、经济类、管理类高职、高专学生讲授"高等数学"课所积累的教学经验编写而成.全书共分九章,内容包括函数、极限、连续,导数与微分,中值定理与导数的应用,不定积分,定积分及其应用,微分方程,向量代数与空间解析几何,多元函数微积分,无穷级数.**书中加"＊"号的内容**,仅对工科类学生讲授,有些内容任课教师可酌情选用.每章按节配置足够数量的习题,书末附有答案和解法提示,并在附录中给出了常用的数学公式、曲线图形.为了便于学生学习,本教材有同步配套的《高等数学学习辅导》书.

　　本书能针对学生的接受能力、理解程度,按大纲要求讲述"高等数学"课的基本内容,叙述通俗易懂,例题丰富,图形直观,富有启发性,便于自学,注重对学生基础知识的训练和综合能力的培养.

　　本书可作为高等职业、高等专科工科类、经济类、管理类学生"高等数学"课的教材,也可作为参加自学考试、文凭考试、职大师生讲授和学习"高等数学"课程的教材或教学参考书.对数学爱好者本书也是较好的自学教材.

高职教育高等数学系列教材
出版委员会

主　任：刘　林
副主任：关淑娟
委　员（以姓氏笔画为序）：

冯翠莲　田培源　刘　林　刘书田
刘雪梅　关淑娟　林洁梅　胡显佑
赵佳因　侯明华　高旅端　唐声安

高职高等数学系列教材书目

高等数学(第二版)　　　　　　　　　　　　　刘书田等编著　定价 29.00 元
微积分(第二版)(经济类、管理类适用)　　　　冯翠莲　编著　定价 19.00 元
线性代数(第二版)　　　　　　　　　　　　　胡显佑等编著　定价 16.00 元
概率统计(第二版)　　　　　　　　　　　　　高旅端等编著　定价 16.00 元
高等数学学习辅导(第二版)　　　　　　　　　刘书田等编著　定价 26.00 元
微积分学习辅导(第二版)(经济类、管理类适用)　冯翠莲　编著　定价 18.00 元
线性代数学习辅导(第二版)　　　　　　　　　胡显佑等编著　定价 17.00 元
概率统计学习辅导(第二版)　　　　　　　　　高旅端等编著　定价 15.00 元

高职高专高等数学系列教材(少学时)书目

新编经济数学基础(经济类、管理类适用)　　　冯翠莲　主编　定价 22.00 元
新编工科数学基础(工科类适用)　　　　　　　冯翠莲　主编　估价 25.00 元

第二版序言

为满足迅速发展的高职教育的需要,我们于 2001 年 1 月编写了《高职高等数学系列教材》.这套教材包括《高等数学》、《微积分》、《线性代数》和《概率统计》,供高职教育工科类、经济类和管理类不同专业的学生使用.本套教材的出版受到广大教师和学生的好评,受到同行专家、教授的赞许.2003 年,本套教材被北京市教委列入"**北京市高等教育精品教材立项项目**".为了不断提高教材质量,适应当前高职教育的发展趋势,我们根据三年多来使用本套教材的教学实践和读者的反馈意见,对第一版教材进行了认真的修订.

修订教材的宗旨是:以高职教育的总目标——培养高素质应用型人才——为出发点,遵循"加强基础、培养能力、突出应用"的原则,力求实现基础性、实用性和前瞻性的和谐与统一.具体体现在:

(1) 适当调整了教材体系.在注意数学系统性、逻辑性的同时,对数学概念和基本定理,着重阐明它们的几何意义、物理背景、经济解释以及实际应用价值.有些内容重新改写,使重点突出、难点分散;调整了部分例题、练习题,使之更适合高职教育的总目标.

(2) 在教材内容的取舍上,删减了理论性较强的内容,减少了理论推导,增加了在工程、物理、经济方面具有实际应用的内容,立足实践与应用,使在培养学生应用数学知识解决实际问题能力方面得到进一步加强.

(3) 兼顾教材的前瞻性.本次修订汲取了国内高职数学教材的优点,注意到数学公共课与相关学科的联系,为各专业后续课打好坚实的基础.

本套教材在修订过程中,得到北京市教委,同行专家、教授的大力支持,在此一并表示诚挚的感谢.参加本书编写和修订工作的还有唐声安、赵连盛、李月清、梁丽芝、徐军京、高旅端、胡显佑等同志.

我们期望第二版教材能适合高职数学教学的需要,不足之处,恳请读者批评指正.

编　者

2004 年 5 月于北京

前　言

为了适应我国高等职业教育、高等专科教育的迅速发展,满足当前高职教育高等数学课程教学上的需要,我们依照教育部制定的高职、高专"数学课程教学基本要求",为高职、高专工科类及经济类、管理类学生编写了本套高等数学系列教材.本套书分为教材四个分册:《高等数学》(上、下册)、微积分》、《线性代数》、《概率统计》,配套辅导教材四个分册:《高等数学学习辅导》(上、下册)、《微积分学习辅导》、《线性代数学习辅导》、《概率统计学习辅导》,总共 8 分册.**书中加"＊"号的内容**,对非工科类学生可不讲授.

编写本套系列教材的宗旨是:以提高高等职业教育教学质量为指导思想,以培养高素质应用型人才为总目标,力求教材内容"涵盖大纲、易学、实用".本套系列教材具有以下特点:

1. 教材的编写紧扣高职、高专"数学课程教学基本要求",慎重选择教材内容.既考虑到高等数学本学科的科学性,又能针对高职班学生的接受能力和理解程度,适当选取教材内容的深度和广度;既注重从实际问题引入基本概念,揭示概念的实质,又注重基本概念的几何解释、物理意义和经济背景,以使教学内容形象、直观,便于学生理解与掌握,并达到"学以致用"的目的.

2. 为使学生更好地掌握教材的内容,我们编写了配套的辅导教材,教材与辅导教材的章节内容同步,但侧重点不同.辅导教材每章按照教学要求、内容提要与解题指导、自测题与参考解答三部分内容编写.教学要求指明学生应掌握、理解或了解的知识点;内容提要提示重要的定义、定理、性质以及容易混淆的概念,解题指导是通过典型例题的解法给出点评、分析与说明,并给出解题方法的归纳与总结;配置自测题的目的是检测学生独立解题的能力.教材与辅导教材相辅相成,同步使用.

3. 本套教材叙述通俗易懂、简明扼要、富有启发性,便于自学;注意用语确切,行文严谨.

本套系列教材的编写和出版,得到了北京大学出版社的大力支持和帮助,同行专家和教授提出了许多宝贵的建议,在此一并致谢!

限于编者水平,书中难免有不妥之处,恳请读者指正.

编　者
2001 年 1 月于北京

目　　录

第一章　函数·极限·连续

函数是高等数学最基本的概念.本章从讨论函数概念开始,通过对一般函数特性的概括,并引进本教材主要讨论的初等函数,为学习"高等数学"打下基础.

极限与连续也是高等数学最基本的概念.在高等数学中,极限是深入研究函数和解决各种问题的基本思想方法.为了便于理解和掌握极限概念,我们从讨论一种最简单的情况——数列的极限入手,进而讨论函数的极限.函数的连续性与函数的极限密切相关,这里要讨论函数连续性概念和连续函数的重要性质.连续函数是高等数学中着重要研究的一类函数.

§1.1　函　　数

一、实数概述

高等数学主要在实数范围内研究函数,我们先讲述学习本课程必须具备的一些实数知识.

1. 实数与数轴

实数由有理数与无理数两大类组成.有理数包括零、正负整数和正负分数.有理数都可用分数形式 $\dfrac{p}{q}$(p,q 为整数,$q\neq0$)表示,也可用有限小数或无限循环小数表示.无限不循环小数是无理数.全体实数构成的集合称为实数集,记作 **R**.

若在一直线上(通常画水平直线)确定一点为原点,标以 O,指定一个方向为正方向(通常把指向右方为正方向),并规定一个单位长度,则称这样的直线为**数轴**.任一实数都对应数轴上惟一的一点;反之,数轴上每一点都惟一地表示一个实数.正由于全体实数与数轴上的所有点有一一对应关系,所以在以下的叙述中,将把"实数 a"与"数轴上的点 a"两种说法看作有相同的含义,而不加以区别.

2. 实数的绝对值

设 a 是一个实数,则记号 $|a|$ 称为 a 的**绝对值**,定义为

$$|a| = \begin{cases} a, & a \geqslant 0, \\ -a, & a < 0. \end{cases}$$

例如,数 0 的绝对值 $|0|=0$;数 $5(5>0)$ 的绝对值 $|5|=5$;数 $-5(-5<0)$ 的绝对值 $|-5|=-(-5)=5$.

数 a 的绝对值 $|a|$ 的**几何意义**:在数轴上,$|a|$ 表示点 a 到原点的距离.不论点 a 在原点的左侧($a<0$),还是点 a 在原点的右侧($a>0$),以及在原点($a=0$),都如此(图 1-1).

图 1-1

设 a,b 是两个实数,则由上述绝对值的定义可得

$$|a-b| = \begin{cases} a-b, & a \geqslant b, \\ b-a, & a < b. \end{cases}$$

由绝对值的定义,易得下列**绝对值的性质**:

(1) $|a| = \sqrt{a^2}$.

(2) $|a| = |-a| \geqslant 0$,当且仅当 $a=0$ 时等号成立.

(3) $-|a| \leqslant a \leqslant |a|$.

这是因为:当 $a<0$ 时,有 $-|a|=a<|a|$;当 $a>0$ 时,有 $-|a|<a=|a|$;当 $a=0$ 时,有 $-|a|=a=|a|$.将上三式合并在一起,就是 $-|a| \leqslant a \leqslant |a|$.

(4) 设 $h>0$,则 $|a|<h$ 等价于不等式 $-h<a<h$;$|a|>h$ 等价于不等式 $a<-h$ 或 $a>h$.

从绝对值的几何意义看(图1-2),这个性质是显然的.因 $|a|<h$ 表示到原点的距离小于 h 的所有点 a 的集合;而这正是不等式 $-h<a<h$ 的几何说明.同样可解释后一个等价的两个关系式(图1-3).

图 1-2	图 1-3

(5) 对实数 a,b 有不等式

$$|a+b| \leqslant |a|+|b|, \quad |a-b| \geqslant |a|-|b|,$$

即和的绝对值不大于各项绝对值的和,差的绝对值不小于各项绝对值的差.

(6) 对实数 a 和 b,有等式

$$|a \cdot b| = |a||b|, \quad \left|\frac{a}{b}\right| = \frac{|a|}{|b|} \quad (b \neq 0),$$

即乘积的绝对值等于绝对值的乘积,商的绝对值等于绝对值的商.

例1 解绝对值不等式 $|x-5|<3$.

解 根据绝对值的性质(4),由 $|x-5|<3$ 得

$$-3 < x-5 < 3 \quad 即 \quad 2 < x < 8.$$

由图 1-4 知,$|x-5|<3$ 的几何意义是:表示数轴上与点 5 的距离小于 3 个单位的所有点 x 的集合.

一般言之，$|x-x_0|$ 表示两点 x 与 x_0 之间的距离；而 $|x-x_0|<h(h>0)$ 则表示数轴上到点 x_0 的距离小于 h 个单位的所有点 x 的集合（图 1-5）.

图　1-4　　　　　　　　　　　　　　图　1-5

例 2　解绝对值不等式 $|x+1|\geqslant2$.

解　根据绝对值的性质(4)，由 $|x+1|\geqslant2$ 得

$$x+1\leqslant-2 \text{ 或 } x+1\geqslant2, \quad \text{即} \quad x\leqslant-3 \text{ 或 } x\geqslant1.$$

由上述结果表明，$|x+1|\geqslant2$ 的几何意义是：表示数轴上与点 -1 的距离不小于 2 个单位的所有点 x 的集合.

一般言之，$|x-x_0|\geqslant h(h>0)$ 表示数轴上到点 x_0 的距离不小于 h 个单位的所有点 x 的集合.

3. 区间

（1）区间

区间可理解为实数集 **R** 的子集. 区间分为有限区间和无限区间.

有限区间　设 $a,b\in\boldsymbol{R}$，且 $a<b$.

集合 $\{x|a<x<b\}$ 可记作 (a,b)，称为以 a,b 为端点的**开区间**（图 1-6(a)）.

集合 $\{x|a\leqslant x\leqslant b\}$ 可记作 $[a,b]$，称为以 a,b 为端点的**闭区间**（图 1-6(b)）.

集合 $\{x|a\leqslant x<b\}$ 和 $\{x|a<x\leqslant b\}$ 可记作 $[a,b)$ 和 $(a,b]$，这是**半开区间**（图 1-6(c),(d)）.

以上各有限区间的长度都为 $b-a$.

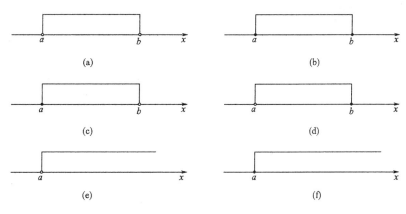

图　1-6

无限区间

集合 $\{x|a<x<+\infty\}=\{x|a<x\}$，记作 $(a,+\infty)$，这是无限区间（图 1-6(e)）；类似的记号 $[a,+\infty)$（图 1-6(f)），$(-\infty,b)$，$(-\infty,b]$ 都是无限区间；实数集 **R** 记作 $(-\infty,+\infty)$.

本教材在以后的叙述中,若我们所讨论的问题在任何一个区间上都成立时,将用**字母** I 表示这样一个泛指的区间.

(2) 邻域

设 δ 为某一个正数,称开区间 $(x_0-\delta,x_0+\delta)$ 为**点 x_0 的 δ 邻域**,称 x_0 为邻域的**中心**,称 δ 为邻域的**半径**.邻域的长度为 2δ,点 x_0 的 δ 邻域用不等式表示为(图 1-7)

$$x_0-\delta<x<x_0+\delta \quad 或 \quad |x-x_0|<\delta.$$

图 1-7   图 1-8

若把邻域 $(x_0-\delta,x_0+\delta)$ 中的中心点 x_0 去掉,由余下的点构成的集合,称为点 x_0 的空心邻域,常表示为(图 1-8)

$$(x_0-\delta,x_0)\bigcup(x_0,x_0+\delta) \quad 或 \quad 0<|x-x_0|<\delta.$$

二、函数概念

1. 函数的定义

在我们的周围,变化无处不在.我们所看到的事物都在变化.这些变化着的现象中的许多现象可以用数学有效地来描述.其中,有一些变化着的现象中存在着两个变化的量,简称**变量**.这两个变化着的量不是彼此孤立的,而是相互联系、相互制约的.观察下面的例子.

例3 圆的半径 r 和它的面积 A 之间有关系

$$A=\pi r^2 \quad (r>0),$$

其中,r 和 A 是变量,只要 r 取定一个正数值,面积 A 就有一个确定的值与之对应.因此,上述公式表明了变量 r 和 A 之间的数量关系.

图 1-9

例4 在气象观测站,气温自动记录仪把某一天的气温变化描绘在记录纸上,如图 1-9 所示的曲线.曲线上某一点 $P_0(t_0,\theta_0)$ 表示时刻 t_0 的气温是 θ_0.观察这条曲线,可以知道在这一天内,时间 t 从 0 点到 24 点气温 θ 的变化情形.时间 t 和气温 θ 都是变量,这两个变量之间的数量关系是由一条曲线确定的.

例5 银行储蓄,1 年定期整存整取,年利率为 1.98%,存款金额与一年所得利息列表如下:

存款金额 k/元	100	500	1000	2000	5000	10000
一年利息 r/元	1.98	9.90	19.80	39.60	99.00	198.00

存款金额 k 和 1 年所得利息 r 都是变量. 由该表, 已知表中列出的 k, 就有惟一确定的 r 与之对应, r 随 k 取不同的值而取不同的值. r 与 k 之间的数量关系由上表确定.

例 6 现行出租汽车收费标准为: 乘车不超过 3 千米, 收费 10 元, 若超过 3 千米, 超过里程每千米(不足 1 千米按 1 千米计)加收 1.6 元.

由于乘车里程不超过 3 千米与超过 3 千米的收费标准不同, 乘客的费用 P 与乘车的里程 x 之间的数量关系应用两个数学式来表示, 即

$$P = \begin{cases} 10, & 0 < x \leqslant 3, \\ 10 + 1.6(x - 3), & 3 < x. \end{cases}$$

该问题中, 乘车里程 x 与费用 P 是变量. x 在其取值范围内每取定一个值, 按上式, P 就有惟一确定的一个值与之对应.

以上列举的问题, 虽是来自不同的领域, 而且具有不同的表示形式, 有公式、图形、表格, 但它们的共性是: 都反映了在同一过程中有着两个相互依赖的变量, 当其中一个量在某数集内取值时, 按一定的规则, 另一个量有惟一确定的值与之对应. 变量之间的这种数量关系就是**函数关系**.

定义 1.1 设 x 和 y 是两个变量, D 是一个给定的**非空数集**. 若对于每一个数 $x \in D$, 按照某一确定的**对应法则** f, 变量 y 总有惟一确定的数值与之对应, 则称 y **是 x 的函数**, 记作

$$y = f(x), \quad x \in D,$$

其中, x 称为**自变量**, y 称为**因变量**; 数集 D 称为该函数的**定义域**.

定义域 D 是自变量 x 的取值范围, 也就是使函数 $y = f(x)$ 有意义的数集. 由此, 若 x 取数值 $x_0 \in D$ 时, 则称该函数在点 x_0 **有定义**, 与 x_0 对应的 y 的数值称为函数在点 x_0 的**函数值**, 记作 $f(x_0)$ 或 $y|_{x=x_0}$. 当 x 遍取数集 D 中的所有数值时, 对应的函数值全体构成的数集

$$Z = \{y \mid y = f(x), x \in D\}$$

称为函数的**值域**. 若 $x_0 \bar{\in} D$, 则称该函数在点 x_0 **没有定义**.

上述定义, 简言之, **函数是从自变量的输入值产生出输出值的一种法则或过程**.

由函数的定义可知, 决定一个函数有三个因素: 定义域 D、对应法则 f 和值域 Z. 注意到每一个函数值都可由一个 $x \in D$ 通过 f 而惟一确定, 于是给定 D 和 f, Z 就相应地被确定了; 从而 D 和 f 就是决定一个函数的**两个要素**. 正因为如此, 函数一般记作

$$y = f(x), \quad x \in D,$$

即只给出定义域 D 和对应法则 f, 而没写出值域 Z.

若一个函数的对应法则可以用一个数学式子来表达, 其定义域是使这一"式子"有意义**的自变量所取值的全体**, 这时定义域也可省略不写. 比如, 由数学式 $y = \sqrt{\ln x}$ 所表示的函数, 其定义域 D 是指区间 $[1, +\infty)$. 这样看来, 表示一个函数最主要的就是对应法则 f.

本书除了用字母"f"表示函数的对应法则外,还用字母 φ, g, F 等等来表示. 它们是可以任意使用的,但若同时讨论几个不同的函数时,为了避免混淆,就用不同的字母表示不同的函数.

由于定义域和对应规则是决定一个函数的两个要素,因此,在高等数学中两个函数相同是指它们的定义域和对应法则分别相同. 例如,函数

$$f(x) = \ln x^2 \quad \text{与} \quad g(x) = 2\ln|x|$$

是相同的函数. 因为这两个函数的定义域都是 $(-\infty, 0) \bigcup (0, +\infty)$,又根据对数的性质知 $\ln x^2 = 2\ln|x|$,即这两个函数的对应法则是一致的. 而函数

$$f(x) = \ln x^2 \quad \text{与} \quad g(x) = 2\ln x$$

是不同的函数,前者的定义域为 $(-\infty, 0) \bigcup (0, +\infty)$,而后者的定义域为 $(0, +\infty)$.

若一个函数仅用一个数学式子给出,而要求确定函数的定义域,这时,应考虑两种情况:其一是确定使这一式子有意义的自变量取值的全体;其二是对实际问题还应根据问题的实际意义来确定.

例 7 求函数 $y = \dfrac{\sqrt{9-x^2}}{\ln(x+2)}$ 的定义域.

解 这是分式. 对分子、分母分别讨论.

对分子 $\sqrt{9-x^2}$,因偶次根的根底式应非负,所以有 $9-x^2 \geqslant 0$,即 $-3 \leqslant x \leqslant 3$,写成区间则是 $[-3, 3]$.

对分母 $\ln(x+2)$,因对数符号下的式子应为正,且分母不能为零,所以有

$$\begin{cases} x+2 > 0, \\ x+2 \neq 1 \ (\ln 1 = 0), \end{cases} \quad \text{即} \quad \begin{cases} x > -2, \\ x \neq -1. \end{cases}$$

写成区间则是 $(-2, -1) \bigcup (-1, +\infty)$.

分子、分母自变量取值范围的公共部分为函数的定义域,即所求的定义域是

$$(-2, -1) \bigcup (-1, 3].$$

例 8 设 $y = f(x) = x^2 - 3x + 2$,求 $f(1), f(0), f(-1), f(a), f(-x), f(f(x))$.

解 这是已知函数的表达式,求函数在指定点的函数值. 易看出该函数对 x 取任何数值都有意义.

$f(1)$ 是当自变量 x 取 1 时函数 $f(x)$ 的函数值. 为求 $f(1)$,须将 $f(x)$ 的表示式中的 x 换为数值 1,得

$$f(1) = 1^2 - 3 \cdot 1 + 2 = 0,$$

或记作

$$y|_{x=1} = (x^2 - 3x + 2)|_{x=1} = 1^2 - 3 \cdot 1 + 2 = 0.$$

同理可得

$$f(0) = 0^2 - 3 \cdot 0 + 2 = 2, \quad \text{或} \quad y|_{x=0} = 0^2 - 3 \cdot 0 + 2 = 2,$$

$$f(-1) = (-1)^2 - 3 \cdot (-1) + 2 = 6, \quad \text{或} \quad y|_{x=-1} = (-1)^2 - 3 \cdot (-1) + 2 = 6.$$

为求 $f(a)$,须将 $f(x)$ 的表示式中的 x 换为 a,得

$$f(a) = a^2 - 3a + 2.$$

同理,将 x 换为 $-x$,得

$$f(-x) = (-x)^2 - 3(-x) + 2 = x^2 + 3x + 2.$$

将 $f(x)$ 的表示式中的 x 换为 $f(x)$ 的表示式,得

$$\begin{aligned} f(f(x)) &= [f(x)]^2 - 3f(x) + 2 \\ &= (x^2 - 3x + 2)^2 - 3(x^2 - 3x + 2) + 2 \\ &= x^4 - 6x^3 + 10x^2 - 3x. \end{aligned}$$

例 9 设函数

$$y = f(x) = [x] = n, \quad n \leqslant x < n + 1,$$

其中 n 是整数.

这里,记号 $y=[x]$ 表示"y 是不超过 x 的最大整数".由于 y 只取整数,也称为**取整函数**.

由于 n 是整数,且 $n \leqslant x < n+1$,所以该函数的定义域 $D = (-\infty, +\infty)$.若 x 是整数,即 $x=n$ 时,则 $y=n$;若 x 不是整数,可把 x 看作是一个整数和一个非负小数之和,其函数值取 x 的整数部分.显然它的值域 Z 是全体整数.比如

当 $x=-3$ 时,按定义,$[-3]=-3$;

当 $x=-4.3$ 时,因 $x=-5+0.7$,故 $[-4.3]=-5$;

当 $x=3$ 时,按定义,$[3]=3$;

当 $x=2.8$ 时,因 $x=2+0.8$,故 $[2.8]=2$.

该函数的图形如图 1-10 所示,这图形呈阶梯形,在 x 取整数值处,图形有跳跃度为 1 的跳跃.

2. 函数的表示方法

函数的表示方法主要有三种:列表法,图形法和公式法.

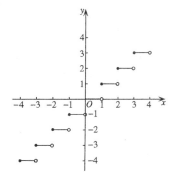

图 1-10

(1) 列表法

若变量 x 与 y 之间有函数关系,将一系列自变量 x 的值与对应的函数值 y 列成表,称为**列表法**.如前述例 5 就是用列表法表示一年所得利息 r 与存款金额 k 之间的函数关系.又如,我们所用的对数表、三角函数表等均是用列表法表示函数.列表法的优点是使用方便,在实际工作中经常使用.它的局限性是不能完全反映两个变量之间的函数关系.

(2) 图形法

用几何图形表示变量 x 与 y 之间的函数关系,称为**图形法**.在平面直角坐标系中,对于函数 $y=f(x)$,以自变量 x 的取值为横坐标,与其对应的 y 值为纵坐标,这样一些点 (x,y) 的轨迹形成一条曲线,便是该函数的几何图形.如前述例 4 就是用图形法表示一天 24 小时内,时间 t 与气温 θ 之间的函数关系.用图形法表示函数关系,形象直观,易看到函数的变化

趋势.

（3）公式法

变量 x 与 y 之间的函数关系用数学表达式表示,称**公式法**或**解析法**.如前述例 3 就是用公式法表示圆的面积 A 与半径 r 之间的函数关系.用该法表示函数,便于理论分析和计算.

在用公式法表示的函数中,有以下两种需要指明的情形:

（i）分段函数　两个变量之间的函数关系有时要用两个或多于两个的数学式子来表达,即对一个函数,在其定义域的不同部分用不同数学式子来表达,称为**分段函数**.前述例 6、例 9 都是分段函数.

图　1-11

例 10　函数

$$f(x) = \text{sgn}x = \begin{cases} 1, & x > 0, \\ 0, & x = 0, \\ -1, & x < 0 \end{cases}$$

称 为 **符 号 函 数**,这是分段函数,它的定义域 $D=(-\infty,+\infty)$;值域 $Z=\{-1,0,1\}$.它的图形如图 1-11 所示.

对于任何实数 x,下述关系式总成立:

$$x = \text{sgn}x \cdot |x|.$$

例如,当 $x=4$ 时,$\text{sgn}4 \cdot |4|=1 \cdot 4=4$;当 $x=-4$ 时,$\text{sgn}(-4) \cdot |-4|=-1 \cdot 4=-4$.

（ii）显函数与隐函数　若因变量 y 用自变量 x 的数学式直接表示出来,即等号一端只有 y,而另一端是 x 的解析表示式,这样的函数称为**显函数**.例如

$$y=\sqrt{1-x^2}, \quad y=\log_a(3x+1)$$

都是显函数.

若两个变量 x 与 y 之间的函数关系用方程 $F(x,y)=0$ 来表示,则称为**隐函数**.例如 $ax+y+c=0, xy-e^{x+y}=0$ 都是隐函数.在这样的函数中,哪个变量作自变量都可以;若指定 x 为自变量,则当 x 取定一个值后,变量 y 的值就相应地被确定了,即 y 是 x 的函数.

有的隐函数,可以从关系式 $F(x,y)=0$ 中解出 y 来,表示为显函数.如由 $ax+y+c=0$ 解出 y,得显函数 $y=-ax-c$,但多数情况是不能从关系式 $F(x,y)=0$ 中解出 y,从而不能表示为显函数.函数 $xy-e^{x+y}=0$ 就是如此.

在本课程中,主要是讨论用公式法表示的函数,而以函数的图形作为辅助工具.

三、函数的几何特性

1. 函数的奇偶性

由图 1-12 看到,曲线 $y=x^3$ 关于坐标原点对称,即自变量取一对相反的数值时,相对应的一对函数值也恰是相反数,这时称 $y=x^3$ 为奇函数.图 1-13 表明,曲线 $y=x^2$ 关于 y 轴对称,即自变量取一对相反的数值时,相对应的函数值却相等,这时,称 $y=x^2$ 为偶函数.

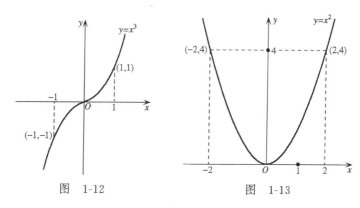

图 1-12   图 1-13

设函数 $y=f(x)$ 的定义域 D 关于**原点对称**. 若对任一 $x\in D$, 有

(1) $f(-x)=-f(x)$, 则称 $f(x)$ 为**奇函数**;

(2) $f(-x)=f(x)$, 则称 $f(x)$ 为**偶函数**.

奇函数的图形关于坐标原点对称; 偶函数的图形关于 y 轴对称.

例 11 判断下列函数的奇偶性:

(1) $f(x)=e^{-\frac{1}{x^2}}$;   (2) $f(x)=\ln\dfrac{1-x}{1+x}$;   (3) $f(x)=x^3+\sin x+1$.

解 用奇偶函数的定义判断函数的奇偶性, 应先算出 $f(-x)$, 然后与 $f(x)$ 对照.

(1) 函数的定义域是 $(-\infty,0)\bigcup(0,+\infty)$. 因为

$$f(-x)=e^{-\frac{1}{(-x)^2}}=e^{-\frac{1}{x^2}}=f(x),$$

所以 $f(x)=e^{-\frac{1}{x^2}}$ 是偶函数.

(2) 可以算得该函数在 $(-1,1)$ 内有意义, 对任意的 $x\in(-1,1)$, 由于

$$f(-x)=\ln\frac{1-(-x)}{1+(-x)}=\ln\frac{1+x}{1-x}=-\ln\frac{1-x}{1+x}=-f(x),$$

所以 $f(x)$ 是奇函数.

(3) 函数的定义域是 $(-\infty,+\infty)$. 对任意的 x, 有

$$f(-x)=(-x)^3+\sin(-x)+1=-x^3-\sin x+1.$$

由于 $f(-x)\neq -f(x),\quad f(-x)\neq f(x),$

所以该函数既不是奇函数, 也不是偶函数.

2. 函数的单调性

观察函数 $y=x^3$ 的图形 (图 1-12), 若从左向右看 (沿着 x 轴的正方向), 这是一条上升的曲线, 即函数值随着自变量的值增大而增大. 这样的函数称为单调增加的. 如果在区间 $(-\infty,0)$ 内, 观察函数 $y=x^2$ 的图形 (图 1-13), 我们会看到, 情况完全相反, 这是一条下降的曲线, 即函数值随自变量的值增大而减少. 这时, 称函数 $y=x^2$ 在区间 $(-\infty,0)$ 内是单调减少的.

设函数 $f(x)$ 在区间 I 上有定义, 若对于 I 中的任意两点 x_1 和 x_2, 当 $x_1<x_2$ 时, 总有

(1) $f(x_1) < f(x_2)$,则称函数 $f(x)$ 在 I 上是**单调增加**的;

(2) $f(x_1) > f(x_2)$,则称函数 $f(x)$ 在 I 上是**单调减少**的.

单调增加的函数和单调减少的函数统称为**单调函数**.若 $f(x)$ 在区间 I 上是单调函数,则称 I 是该函数的**单调区间**.

若沿着 x 轴的正方向看,单调增加函数的图形是一条上升的曲线;单调减少函数的图形是一条下降的曲线.

由图 1-14 知,在区间 $(-\infty, +\infty)$ 内,函数 $y = 2^x$ 是单调增加的;而函数 $y = \left(\dfrac{1}{2}\right)^x$ 则是单调减少的.

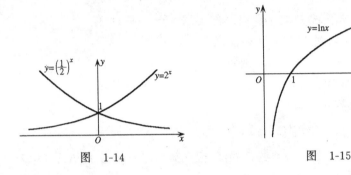

图　1-14　　　　　　　　　　图　1-15

例 12　判断函数 $f(x) = \ln x$ 的单调性.

解　函数的定义域是 $(0, +\infty)$,在其定义域内任取两点 x_1, x_2,且 $x_1 < x_2$.由于

$$f(x_2) - f(x_1) = \ln x_2 - \ln x_1 = \ln \frac{x_2}{x_1} > 0,$$

$\left(\text{因} \dfrac{x_2}{x_1} > 1\right)$ 故,$f(x_2) - f(x_1) > 0$,即函数 $f(x) = \ln x$ 在 $(0, +\infty)$ 内是单调增加的(图 1-15).

前面提到,函数 $y = x^2$ 在 $(-\infty, 0)$ 内是单调减少的;由图 1-13 也知,函数 $y = x^2$ 在 $(0, +\infty)$ 内是单调增加的,因而函数 $y = x^2$ 在 $(-\infty, +\infty)$ 内不具备单调性.

由函数单调性的定义及所举例题知,必须就自变量的某个取值范围内讨论函数的单调增减性.用函数单调性的定义来判别一个函数在区间 I 上的单调性,对较为简单的函数可行,对有些函数是困难的.我们将在 §3.3 中讲述判别函数在区间上单调性的一般方法.

3. 函数的周期性

我们已经知道,正弦函数 $y = \sin x$ 是周期函数,即有

$$\sin\left(\frac{\pi}{6} + 2\pi\right) = \sin\frac{\pi}{6}, \quad \sin(x + 2\pi) = \sin x,$$

$$\sin(x + 2n\pi) = \sin x, \quad n = \pm 1, \pm 2, \cdots,$$

即 $\pm 2\pi, \pm 4\pi, \cdots$ 都是函数 $y = \sin x$ 的周期,而 2π 是它的最小正周期,一般称 2π 为正弦函数的周期(图 1-16).

图 1-16

设函数 $f(x)$ 的定义域为 D. 若存在一个非零常数 T, 对于 D 内所有 x,

$$f(x+T)=f(x)$$

都成立, 则称 $f(x)$ 是**周期函数**, 称 T 是它的一个**周期**.

若 T 是函数的一个周期, 则 $\pm 2T, \pm 3T, \cdots$ 也都是它的周期. 通常, 我们称周期中的**最小正周期**为周期函数的周期.

周期为 T 的周期函数, 在长度为 T 的各个区间上, 其函数的图形有相同的形状. 对正弦函数 $y=\sin x$, 在长度为 2π 的各个区间上, 其图形的形状显然是相同的.

若 $f(x)$ 是以 T 为周期的周期函数, 则 $f(ax)(a>0)$ 是以 $\dfrac{T}{a}$ 为周期的周期函数. 例如, 函数 $y=\sin x, y=\cos x$ 的周期是 2π, 则 $y=\sin\omega x, y=\cos\omega x$ 的周期是 $\dfrac{2\pi}{\omega}(\omega>0)$.

4. 函数的有界性

在区间 $(-\infty,+\infty)$ 上, 函数 $y=\sin x$ 的图形 (图 1-16) 介于两条直线 $y=-1$ 和 $y=1$ 之间, 即有 $|\sin x|\leqslant 1$, 这时称 $y=\sin x$ 在 $(-\infty,+\infty)$ 内是有界函数. 在区间 $(-\infty,+\infty)$ 内, 函数 $y=x^3$ 的图形 (图 1-12) 向上、向下都可以无限延伸, 不可能找到两条平行于 x 轴的直线, 使这个图形介于这两条直线之间, 这时称 $y=x^3$ 在区间 $(-\infty,+\infty)$ 内是无界函数.

设函数在区间 I 上有定义. 若存在正数 M, 使得对任意的 $x\in I$, 有

$$|f(x)|\leqslant M \quad (可以没有等号),$$

则称 $f(x)$ 在区间 I 上是**有界函数**; 否则称 $f(x)$ 在区间 I 上是**无界函数**.

有界函数的图形必介于两条平行于 x 轴的直线 $y=-M(M>0)$ 和 $y=M$ 之间.

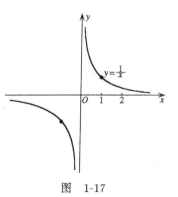

由上述定义知, 必须就自变量的某个取值范围讨论函数的有界性. 例如, 函数 $y=\dfrac{1}{x}$ 在区间 $[2,+\infty)$ 内有界:

$$\left|\frac{1}{x}\right|\leqslant\frac{1}{2}.$$

而在区间 $(0,1)$ 内无界 (图 1-17).

图 1-17

四、反函数

对函数 $y=f(x)=x^3$, x 是自变量, y 是因变量. 若由此式解出 x, 得到关系式

$$x=\sqrt[3]{y}.$$

图　1-18

在上式中,若把 y 看作是自变量,x 看作是因变量,则由 $x = \sqrt[3]{y}$ 所确定的函数称为已知函数 $y=x^3$ 的反函数. 习惯上,用 x 表示自变量,y 表示因变量,通常把 $x=\sqrt[3]{y}$ 改写作 $y=\sqrt[3]{x}$. 由图 1-18 知,函数 $y=x^3$ 与其反函数 $y=\sqrt[3]{x}$ 的图形关于直线 $y=x$ 对称.

把这样的问题一般化,便有定义 1.2.

定义 1.2　已知函数
$$y = f(x), \quad x \in D, \quad y \in Z.$$
若对每一个 $y \in Z$,D 中只有一个 x 值,使得
$$f(x) = y$$
成立,这就以 Z 为定义域确定了一个函数,这个函数称为函数 $y=f(x)$ 的**反函数**,记作
$$x = f^{-1}(y), \quad y \in Z.$$

按习惯记法,x 作自变量,y 作因变量,函数 $y=f(x)$ 的反函数记作
$$y = f^{-1}(x), \quad x \in Z.$$

若函数 $y=f(x)$ 的反函数是 $y=f^{-1}(x)$,则 $y=f(x)$ 也是函数 $y=f^{-1}(x)$ 的反函数,或者说它们**互为反函数**,且
$$f^{-1}(f(x)) = x, \quad f(f^{-1}(y)) = y.$$

由反函数定义知,若函数 $y=f(x)$ 具有反函数,这意味着它的定义域 D 与值域 Z 之间按对应法则 f 建立了一一对应关系. 易判断单调函数有这一特性,即:

单调函数必有反函数,而且单调增加(减少)函数的反函数也是单调增加(减少)的.

若从几何图形看,一个函数当且仅当它的图形与任意一条水平直线至多相交一次时,才具有反函数. 例如,函数
$$y = e^x, \quad x \in (-\infty, +\infty)$$
在其定义域内是单调增加的(图 1-19),所以它有反函数. 我们已经知道,它的反函数是(图 1-15)
$$y = \ln x, \quad x \in (0, +\infty), \quad y \in (-\infty, +\infty).$$
对水平直线 $y=C$,当 $C>0$ 时,曲线 $y=e^x$ 与它相交于一点;而当 $C \leqslant 0$ 时,曲线 $y=e^x$ 与它不相交,即曲线 $y=e^x$ 与直线 $y=C$ 至多相交一次.

而函数
$$y = x^2, \quad x \in (-\infty, +\infty), \quad y \in [0, +\infty)$$
在其定义域内不是单调的,则它没有反函数. 事实上,对同一个 y_0,$y_0 \in (0, +\infty)$,将有两个不同的 x 值:
$$x_1 = \sqrt{y_0}, \quad x_2 = -\sqrt{y_0}$$
都满足关系式 $x^2 = y$(图 1-13). 显然,曲线 $y=x^2$ 与水平直线 $y=C(C>0)$ 有两个交点.

图 1-19

图 1-20

遇到这种情况,可以限制自变量的取值范围,使得在这个范围内,函数具有单调性,从而求得其反函数. 例如,对 $y=x^2$,若限制 $x\in[0,+\infty)$,则它有反函数(图 1-20)

$$y=\sqrt{x}, \quad x\in[0,+\infty).$$

若限制 $x\in(-\infty,0]$,则可得到反函数(图 1-20)

$$y=-\sqrt{x}, \quad x\in[0,+\infty).$$

例 13 求函数 $y=\log_2 x+2$ 的反函数.

解 已知函数的定义域是 $(0,+\infty)$,它是单调增加的,存在反函数.

首先,由已知式解出 x,得

$$y-2=\log_2 x, \quad x=2^{y-2}.$$

其次,将上式中的 x 与 y 互换,得到按习惯记法的反函数

$$y=2^{x-2}.$$

由于函数 $y=f(x)$ 与 $x=f^{-1}(y)$ 的图形是同一条曲线(图 1-21(a)),将关系式 $x=f^{-1}(y)$ 中的字母 x 与 y 互换,便得到关系式 $y=f^{-1}(x)$. 由此,若点 $M(x_0,y_0)$ 在曲线 $x=f^{-1}(y)$ 上(也就是在曲线 $y=f(x)$ 上),则点 $M_1(y_0,x_0)$ 必在曲线 $y=f^{-1}(x)$ 上;而点 $M(x_0,y_0)$ 与点 $M_1(y_0,x_0)$ 关于直线 $y=x$ 对称,从而我们有如下**结论**:

在同一直角坐标系下,函数 $y=f(x)$ 与其反函数 $y=f^{-1}(x)$ 的图形**关于直线 $y=x$ 对称**(图 1-21(b)).

(a)

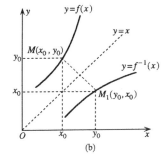

(b)

图 1-21

习 题 1.1

1. 解下列不等式,并用区间表示不等式的解,再将解画在数轴上:

(1) $|2x+1|<3$;　　(2) $|2x+1|\geqslant 3$;　　(3) $1<|x-2|<3$;　　(4) $0<(x-2)^2<4$.

2. 求下列函数的定义域:

(1) $y=\dfrac{x}{x^2+3x}$;　　　　(2) $y=\sqrt{x^2-9}$;　　　　(3) $y=\dfrac{1}{\sqrt{|x|-1}}$;

(4) $y=\dfrac{1}{\ln(x-5)}$;　　　(5) $y=\arcsin\dfrac{x-1}{2}$;　　(6) $y=\dfrac{1}{\ln(2-x)}+\sqrt{100-x^2}$.

3. 判断下列各对函数是否是相同的函数关系,并说明理由:

(1) $y=\cos x$ 与 $y=\sqrt{1-\sin^2 x}$;　　(2) $y=1$ 与 $y=\sin^2 x+\cos^2 x$;

(3) $y=\ln(x^2-5x+6)$ 与 $y=\ln(x-2)+\ln(x-3)$;

(4) $y=\sqrt{1-x}\cdot\sqrt{2+x}$ 与 $y=\sqrt{(1-x)(2+x)}$.

4. 求函数值:

(1) 已知 $f(x)=x^2+2x-1$,求 $f(0),f(-2),f(-x),f\left(\dfrac{1}{x}\right),f(x-1)$;

(2) 已知 $f(x)=\dfrac{2^x-1}{2^x+1}$,求 $f(0),f(1),f(-1),f\left(\dfrac{1}{x}\right),f(x-1)$.

5. 若 $f(0)=-2,f(3)=5$,求线性函数 $f(x)=ax+b$,并求 $f(1)$ 及 $f(2)$.

6. 设函数 $f(x)=\begin{cases}x^2+1, & 0\leqslant x<1,\\ 2-x, & 1\leqslant x<2, \\ x, & x\geqslant 2,\end{cases}$ 求 (1) $f(x)$ 的定义域;　　(2) $f(0),f(1),f\left(\dfrac{1}{2}\right),f(3)$.

7. 将函数 $y=\dfrac{|x|}{x}$ 用分段函数形式表示,并确定其定义域.

8. 确定下列函数的奇偶性:

(1) $f(x)=\mathrm{e}^{-x^2}+1$;　　(2) $f(x)=\mathrm{e}^x-\mathrm{e}^{-x}$;　　(3) $f(x)=\dfrac{a^x-1}{a^x+1}$;　　(4) $f(x)=x^2\arcsin x$;

(5) $f(x)=\log_a(\sqrt{x^2+1}+x)$.

9. 指出下列函数的单调性:

(1) $y=\left(\dfrac{1}{2}\right)^x$;　　(2) $y=\ln(2+x)$;　　(3) $y=\operatorname{arccot} x$;　　(4) $y=\log_a x\,(a>0,a\neq 1)$.

10. 求下列函数的反函数:

(1) $y=\dfrac{1-x}{1+x}$;　　(2) $y=\dfrac{1}{2}(\mathrm{e}^x-\mathrm{e}^{-x})$;　　(3) $y=3+\ln(x+1)$;　　(4) $y=\begin{cases}x^2, & 0\leqslant x\leqslant 1,\\ x^3, & x>1.\end{cases}$

11. 单项选择题:

(1) 若函数 $y=\sqrt{(x+2)^2}$ 与 $y=x+2$ 表示相同的函数,则它们有定义的区间是(　　).

(A) $(-\infty,+\infty)$;　　(B) $(-\infty,2)$;　　(C) $[-2,+\infty)$;　　(D) $[2,+\infty)$.

(2) 设 $f(x)=\ln 5$,则 $f(x+2)-f(x)=($　　).

(A) $\ln\dfrac{7}{5}$;　　(B) $\ln 5$;　　(C) $\ln 7$;　　(D) 0.

(3) 设函数 $f(x)$ 在 $(-\infty,+\infty)$ 内有定义,则下列函数中必为偶函数的是(　　).

(A) $y=|f(x)|$;　　(B) $y=\cos x\cdot f(x^2)$;　　(C) $y=[f(x)]^2$;　　(D) $y=-f(-x)$.

(4) 下列函数中,单调增加的是(　　).

(A) $\left(\dfrac{1}{e}\right)^{x}$;　　　　(B) $|\ln x|$;　　　　(C) $\arccos x$;　　　　(D) $\arcsin x$.

(5) 函数 $y=\dfrac{x+1}{x+2}$ 的值域是(　　).

(A) $y\neq1$;　　　　(B) $y\neq-1$;　　　　(C) $y\neq-2$;　　　　(D) $y\neq-1$ 且 $y\neq-2$.

(6) 设 $f(x)=\dfrac{4x}{x-1}$,则 $f^{-1}(3)=$(　　).

(A) 3;　　　　(B) -3;　　　　(C) 4;　　　　(D) -4.

§1.2 初 等 函 数

一、基本初等函数

下列六类函数称为基本初等函数.

1. 常量函数

$$y = C\,(常数),\quad x\in(-\infty,+\infty),$$

其图形见图 1-22.

图 1-22　　　　　　　　　图 1-23

2. 幂函数

$$y = x^{\alpha}\quad(\alpha\ 为实数).$$

该函数的定义域随 α 而异,但不论 α 取何值,它在区间 $(0,+\infty)$ 内总有定义,且其图形均过点 $(1,1)$.例如

当 $\alpha=1$ 时,$y=x$,$x\in(-\infty,+\infty)$,见图 1-23;

当 $\alpha=2$ 时,$y=x^{2}$,$x\in(-\infty,+\infty)$,见图 1-13;

当 $\alpha=3$ 时,$y=x^{3}$,$x\in(-\infty,+\infty)$,见图 1-12;

当 $\alpha=4$ 时,$y=x^{4}$,$x\in(-\infty,+\infty)$,见图 1-24;

当 $\alpha=-1$ 时,$y=x^{-1}=\dfrac{1}{x}$,$x\in(-\infty,0)\bigcup(0,+\infty)$,见图 1-17;

当 $\alpha=-2$ 时,$y=x^{-2}=\dfrac{1}{x^{2}}$,$x\in(-\infty,0)\bigcup(0,+\infty)$,见图 1-25;

当 $\alpha=1/2$ 时,$y=x^{\frac{1}{2}}=\sqrt{x}$,$x\in[0,+\infty)$,见图 1-20;

当 $a=1/3$ 时,$y=x^{\frac{1}{3}}=\sqrt[3]{x}$,$x\in(-\infty,+\infty)$,见图 1-18;

当 $a=2/3$ 时,$y=x^{\frac{2}{3}}=\sqrt[3]{x^2}$,$x\in(-\infty,+\infty)$,见图 1-26.

图 1-24   图 1-25

这些函数及其图形,我们以后将要用到.

3. 指数函数

$$y=a^x \quad (a>0,a\neq1), \quad x\in(-\infty,+\infty), \quad y\in(0,+\infty).$$

该函数,当 $a>1$ 时,是单调增加的;当 $a<1$ 时,是单调减少的.因 $a^0=1$,且总有 $y>0$,所以,指数函数的图形过 y 轴上的点 $(0,1)$ 且位于 x 轴的上方(图 1-27).

图 1-26   图 1-27   图 1-28

本课程,常用以 e 为底的指数函数 $y=e^x$(见图 1-19).e 是一个无理数,e = 2.718281828459⋯.

4. 对数函数

$$y=\log_a x \ (a>0,a\neq1), \quad x\in(0,+\infty), \quad y\in(-\infty,+\infty).$$

对数函数与指数函数互为反函数.当 $a>1$ 时,是单调增加的;当 $a<1$ 时,是单调减少的.因 $\log_a1=0$ 且总有 $x>0$,所以,它的图形过 x 轴上的点 $(1,0)$ 且位于 y 轴的右侧(图 1-28).

本课程,常用以 e 为底的对数函数 $y=\ln x$(见图 1-15).

5. 三角函数

三角函数是统称,分别为:

正弦函数 $y=\sin x$,$x\in(-\infty,+\infty)$,$y\in[-1,1]$.

余弦函数 $y=\cos x$, $x\in(-\infty,+\infty)$, $y\in[-1,1]$.

正切函数 $y=\tan x$, $x\neq n\pi+\dfrac{\pi}{2}$, $n=0,\pm1,\pm2,\cdots$, $y\in(-\infty,+\infty)$.

余切函数 $y=\cot x$, $x\neq n\pi$, $n=0,\pm1,\pm2,\cdots$, $y\in(-\infty,+\infty)$.

正割函数 $y=\sec x=\dfrac{1}{\cos x}$.

余割函数 $y=\csc x=\dfrac{1}{\sin x}$.

由上述诸表达式知, $y=\sin x$(图 1-16)与 $y=\cos x$(图 1-29)都是以 2π 为周期的周期函数,且都是有界函数: $|\sin x|\leqslant1$, $|\cos x|\leqslant1$. $y=\sin x$ 是奇函数, $y=\cos x$ 是偶函数.

图 1-29

$y=\tan x$(图 1-30)与 $y=\cot x$(图 1-31)都是以 π 为周期的周期函数,且都是奇函数.

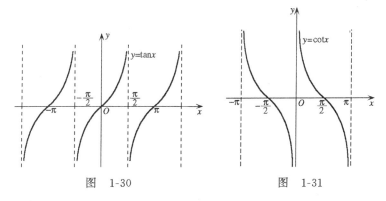

图 1-30　　　　　　　图 1-31

6. 反三角函数

反三角函数是三角函数的反函数. 只给出如下四种:

反正弦函数 $y=\arcsin x$, $x\in[-1,1]$, $y\in\left[-\dfrac{\pi}{2},\dfrac{\pi}{2}\right]$.

反余弦函数 $y=\arccos x$, $x\in[-1,1]$, $y\in[0,\pi]$.

反正切函数 $y=\arctan x$, $x\in(-\infty,+\infty)$, $y\in\left(-\dfrac{\pi}{2},\dfrac{\pi}{2}\right)$.

反余切函数 $y=\mathrm{arccot}\,x$, $x\in(-\infty,+\infty)$, $y\in(0,\pi)$.

我们来看反正弦函数. 正弦函数 $y=\sin x$ 在其定义域 $(-\infty,+\infty)$ 内不具备单调性,不存在反函数. 若限制自变量 x 在区间 $\left[-\dfrac{\pi}{2},\dfrac{\pi}{2}\right]$ 上取值,则它是单调增加的,因而它存在反

函数. 由此得到的正弦函数的反函数, 称为反正弦函数的**主值**(图 1-32), 记作

$$y = \arcsin x, \quad x \in [-1, 1],$$

其值域是区间 $\left[-\dfrac{\pi}{2}, \dfrac{\pi}{2} \right]$.

类似地, 函数 $y = \cos x$, $y = \tan x$, $y = \cot x$ 分别在其单调区间 $[0, \pi]$, $\left(-\dfrac{\pi}{2}, \dfrac{\pi}{2} \right)$, $(0, \pi)$ 内得到相应的反余弦函数 $y = \arccos x$(图 1-33)、反正切函数 $y = \arctan x$(图 1-34)、反余切函数 $y = \operatorname{arccot} x$(图 1-35).

图　1-32　　　　　　　　　图　1-33

图　1-34　　　　　　　　　图　1-35

二、复合函数

对函数 $y = \sin x^2$, x 是自变量, y 是 x 的函数. 为了确定 y 值, 对给定的 x 值, 应先计算 x^2; 若令 $u = x^2$, 再由已求得的 u 值计算 $\sin u$, 便得到 y 值: $y = \sin u$.

这里, 可把 $y = \sin u$ 理解成 y 是 u 的函数; 把 $u = x^2$ 理解成 u 是 x 的函数. 那么函数 $y = \sin x^2$ 就是把函数 $u = x^2$ 代入函数 $y = \sin u$ 中而得到的. 按这种理解, 函数 $y = \sin x^2$ 就是由 $y = \sin u$ 和 $u = x^2$ 这两个函数复合在一起构成的, 称为复合函数.

定义 1.3　已知两个函数

$$y = f(u), \quad u \in D_1, \quad y \in Z_1,$$
$$u = \varphi(x), \quad x \in D_2, \quad u \in Z_2,$$

则函数 $y = f(\varphi(x))$ 是由函数 $y = f(u)$ 和 $u = \varphi(x)$ 经过复合而成的**复合函数**. 通常称 $f(u)$ 是**外层函数**, 称 $\varphi(x)$ 是**内层函数**, 称 u 为**中间变量**.

函数 $y = f(\varphi(x))$ 看作是将函数 $\varphi(x)$ 代换函数 $y = f(u)$ 中的 u 得到的.

复合函数不仅可用两个函数复合而成,也可以有多个函数相继进行复合而成.

例1 已知函数 $y=f(u)=e^u$,$u=\varphi(x)=\cos x$,则函数 $y=f(\varphi(x))=e^{\cos x}$ 就是由已知的两个函数复合而成的复合函数.

例2 已知函数 $y=f(u)=\sqrt{u}$,$u=\varphi(v)=\ln v$,$v=\psi(x)=\sin x$,则函数

$$y = f(\varphi(\psi(x))) = \sqrt{\ln \sin x}$$

就是由已知的三个函数复合而成的复合函数.

需要指出,不是任何两个函数都能构成复合函数.按定义 1.3 中所给的两个函数,只有当内层函数 $u=\varphi(x)$ 的值域 Z_2 与外层函数 $y=f(u)$ 的定义域 D_1 的交集非空时,即 $Z_2 \bigcap D_1 \neq \varnothing$ 时,这两个函数才能构成复合函数 $y=f(\varphi(x))$.例如,函数

$$y = \arcsin u, \quad u \in [-1,1], \quad y \in [-\pi/2, \pi/2],$$
$$u = 2 + x^2, \quad x \in (-\infty, +\infty), \quad u \in [2, +\infty)$$

虽然能写成 $y=\arcsin(2+x^2)$,但它却无意义.因为 $[2,+\infty) \bigcap [-1,1]=\varnothing$.

复合函数的本质就是一个函数.为了研究函数的需要,今后经常要将一个给定的函数看成是由若干个基本初等函数复合而成的形式,从而把它分解成若干个基本初等函数.

例3 下列函数由哪些基本初等函数复合而成:

(1) $y=e^{\cos^2 x}$;　　　　(2) $y=(\arctan x^2)^3$.

解 (1) 由内层函数向外层函数分解,就是按由 x 确定 y 的运算顺序进行:

对给定的 x,先计算 $\cos x$,令 $v=\cos x$;再由 v 计算幂函数 v^2,令 $u=v^2$;最后,由 u 计算指数函数 e^u,得 $y=e^u$.

于是,$y=e^{\cos^2 x}$ 是由以下三个基本初等函数复合而成:

$$y = e^u, \quad u = v^2, \quad v = \cos x.$$

(2) 由外层函数向内层函数分解,由最外层函数起,层层向内进行,直到自变量 x 的基本初等函数为止.

令 $y=u^3$(幂函数),则 $u=\arctan x^2$;令 $u=\arctan v$(反正切函数),则 $v=x^2$.因 $v=x^2$(幂函数)已是自变量 x 的基本初等函数,所以,$y=(\arctan x^2)^3$ 是由基本初等函数 $y=u^3$,$u=\arctan v$,$v=x^2$ 复合而成.

三、初等函数

由基本初等函数经过有限次四则运算和复合所构成的函数,统称为**初等函数**.

例如,以下函数都是初等函数:

$$f(x) = \sqrt{1+\sin^2 x}, \quad \varphi(x) = x^2 \cdot 2^{\tan x} + \ln(x + e^{x^2}).$$

初等函数的构成既有函数的四则运算,又有函数的复合;我们必须掌握把初等函数按基本初等函数的四则运算和复合形式分解.

例4 将下列函数按基本初等函数的复合与四则运算形式分解:

(1) $y=\left(x^2\sin\dfrac{1}{x}\right)^{-2}$;   (2) $y=\ln(x+\sqrt{1+x^2})$.

解 (1) 令 $u=x^2\sin\dfrac{1}{x}$,则 $y=u^{-2}$;令 $v=\dfrac{1}{x}$,则 $u=x^2\sin v$. 于是 $y=\left(x^2\sin\dfrac{1}{x}\right)^{-2}$ 由下列各式构成:

$$y=u^{-2},\quad u=x^2\sin v,\quad v=\dfrac{1}{x}.$$

(2) 令 $u=x+\sqrt{1+x^2}$,则 $y=\ln u$;又令 $v=1+x^2$,则得到 $u=x+\sqrt{v}$. 于是 $y=\ln(x+\sqrt{1+x^2})$ 由下列函数构成:

$$y=\ln u,\quad u=x+\sqrt{v},\quad v=1+x^2.$$

例 5 已知 $f\left(\dfrac{1}{x}-1\right)=\dfrac{x}{2x-1}$,求 $f(x)$.

解 已知式 $f\left(\dfrac{1}{x}-1\right)=\dfrac{x}{2x-1}$ 可理解成由函数 $f(u)$ 和 $u=\dfrac{1}{x}-1$ 复合而成. 本题是已知 $f\left(\dfrac{1}{x}-1\right)$ 求 $f(u)$. 设 $u=\dfrac{1}{x}-1$,则 $x=\dfrac{1}{u+1}$,于是,将 $f\left(\dfrac{1}{x}-1\right)$ 中之 $\dfrac{1}{x}-1$ 换为 u,将 $\dfrac{x}{2x-1}$ 中之 x 换为 $\dfrac{1}{u+1}$,便得

$$f(u)=\dfrac{\dfrac{1}{u+1}}{\dfrac{2}{u+1}-1}=\dfrac{1}{1-u},$$

故所求函数 $f(x)=\dfrac{1}{1-x}$.

本课程研究的函数,主要是初等函数.

习 题 1.2

1. 下列函数能否构成复合函数 $y=f(\varphi(x))$? 若能,试写出复合函数的表达式,求函数的定义域:

(1) $y=f(u)=\sqrt{u}$,$u=\varphi(x)=x-x^2$;   (2) $y=f(u)=\sin u$,$u=\varphi(x)=e^x$;

(3) $y=f(u)=\ln u$,$u=\varphi(x)=\sin x-1$;   (4) $y=f(u)=\arccos u$,$u=\varphi(x)=1+2^x$.

2. 将 y 表示成 x 的函数:

(1) $y=\sqrt{1+u^2}$,$u=\sin v$,$v=\log_a x$;   (2) $y=e^u$,$u=v^2$,$v=\sin t$,$t=\dfrac{1}{x}$;

(3) $y=\arctan u$,$u=\sqrt{v}$,$v=x^2+1$;   (4) $y=\ln u$,$u=\arcsin v$,$v=x+e^x$.

3. 下列函数由哪些基本初等函数复合而成:

(1) $y=\sin x^3$;   (2) $y=\cos\dfrac{1}{x}$;   (3) $y=\sqrt{\ln x}$;   (4) $y=e^{\sqrt{x}}$;   (5) $y=e^{\tan\frac{1}{x}}$;

(6) $y=e^{e^{x^2}}$;   (7) $y=\ln\ln\sin x$;   (8) $y=\ln\tan\dfrac{1}{x^2}$;   (9) $y=(\arcsin e^x)^2$;   (10) $y=\sin^2(\ln x)$.

4. 将下列函数按基本初等函数复合及四则运算形式分解:

(1) $y=\sqrt[3]{3+2x}$;   (2) $y=(3+x+2x^2)^3$;   (3) $y=2^{2x^2+1}$;   (4) $y=(x+\tan x)^{-1}$;

(5) $y=\ln\dfrac{1+\sqrt{x}}{1-\sqrt{x}}$;   (6) $y=(\arcsin\sqrt{1-x^2})^2$;   (7) $y=\arctan^2\dfrac{2x}{1-x^2}$;   (8) $y=\sin e^{\sqrt{x^2+1}}$;

(9) $y=\left(a^x\sin\dfrac{1}{x}\right)^{-3}$;　　(10) $y=\ln[\ln^2(\ln3x)]$.

5. 设 $\varphi(x)=x^3+1$，求 $\varphi(x^2),[\varphi(x)]^2,\varphi(\varphi(x)),\varphi\left(\dfrac{1}{\varphi(x)}\right)$.

6. 设 $f(x)=x^2,\varphi(x)=2^x$，求 $f(f(x)),f(\varphi(x)),\varphi(f(x))$.

7. 由已知条件求 $f(x)$：

(1) $f(x-1)=x(x-1)$;　　　　(2) $f\left(\dfrac{1}{x}\right)=\dfrac{x}{1+x}$;

(3) $f(\sqrt[3]{x}-1)=x-1$;　　　(4) $f\left(x+\dfrac{1}{x}\right)=x^2+\dfrac{1}{x^2}+3$.

8. 设函数 $f(x)$ 的定义域是区间 $(0,1]$，试求下列函数的定义域：

(1) $f(2^x)$;　　(2) $f(\sqrt{1-x^2})$;　　(3) $f\left(x+\dfrac{1}{4}\right)$.

9. 单项选择题：

(1) 已知 $f(\sin x)=\cos 2x$，则 $f(x)=(\quad)$.

(A) $1-x^2$;　　(B) $1-2x^2$;　　(C) $1+2x^2$;　　(D) $2x^2-1$.

(2) 设 $f(x^2+1)=x^4+5x^2+3$，则 $f(x^2-1)=(\quad)$.

(A) x^4-x^2-3;　　(B) x^4+x^2+3;　　(C) x^4-x^2+3;　　(D) x^4+x^2-3.

(3) 设 $g(x)=1+x$，且当 $x\neq0$ 时，$f(g(x))=\dfrac{1-x}{x}$，则 $f\left(\dfrac{1}{2}\right)=(\quad)$.

(A) 0;　　(B) 1;　　(C) 3;　　(D) -3.

(4) 设 $f(x)=2^{\cos x},g(x)=\left(\dfrac{1}{2}\right)^{\sin x}$，在区间 $\left(0,\dfrac{\pi}{2}\right)$ 内 $(\quad)$.

(A) $f(x)$ 是增函数，$g(x)$ 是减函数;　　(B) $f(x)$ 是减函数，$g(x)$ 是增函数;

(C) $f(x),g(x)$ 都是增函数;　　(D) $f(x),g(x)$ 都是减函数.

§1.3 极 限 概 念

一、数列的极限

1. 数列极限的定义

先看一个实例.

战国时期哲学家庄周所著的《庄子·天下篇》引用过一句话："一尺之棰,日取其半,万世不竭."这是说一根长为一尺的棒头,每天截去一半,这样的过程可以无限地进行下去.

每天截后剩下的棒的长度是(单位为尺)：

第 1 天剩下 $\dfrac{1}{2}$;第 2 天剩下 $\dfrac{1}{2^2}=\dfrac{1}{4}$;第 3 天剩下 $\dfrac{1}{2^3}=\dfrac{1}{8}$;$\cdots$;第 21 天剩下 $\dfrac{1}{2^{21}}=\dfrac{1}{2097152}$;第 22 天剩下 $\dfrac{1}{2^{22}}=\dfrac{1}{4194304}$;$\cdots$;第 n 天剩下 $\dfrac{1}{2^n}$;$\cdots$. 这样就得到一列数

$$\dfrac{1}{2},\dfrac{1}{2^2},\dfrac{1}{2^3},\cdots,\dfrac{1}{2^{21}},\dfrac{1}{2^{22}},\cdots,\dfrac{1}{2^n},\cdots,$$

即

$$\dfrac{1}{2},\dfrac{1}{4},\dfrac{1}{8},\cdots,\dfrac{1}{2097152},\dfrac{1}{4194304},\cdots,\dfrac{1}{2^n},\cdots.$$

这是无穷多个数,是按正整数时间(天)顺序排列的,这样的一列数就是一个数列.

按函数定义看,若将全体正整数的集合 N_+ 理解成函数的定义域,即自变量取 $1,2,3,$ $\cdots,n,\cdots$,数列中的"数",即 $\frac{1}{2},\frac{1}{2^2},\frac{1}{2^3},\cdots,\frac{1}{2^n},\cdots$ 理解成因变量,则数列中的"数"就是它所在"序号"的函数.按这样理解,并以 $\frac{1}{2^n}$ 作函数的表达式,则上述数列可记作

$$y_n = f(n) = \frac{1}{2^n}, \quad n \in N_+.$$

一般,按正整数顺序 $1,2,3,\cdots$ 排列的无穷多个数,称为**数列**.数列通常记作

$$y_1, y_2, y_3, \cdots, y_n, \cdots,$$

或简记作 $\{y_n\}$.数列的每个数称为数列的**项**,依次称为第一项,第二项,$\cdots$.第 n 项 y_n 称为**通项**或**一般项**.

若以函数表示数列:全体正整数的集合记作 N_+,则函数

$$y_n = f(n), \quad n \in N_+$$

称为数列.

对于前述数列,不难看到,随着自变量 n(天数)的增大,相应的函数值(剩下的棒的长度)越来越接近 0;而当 n 无限增大时,数列的通项 $\frac{1}{2^n}$ 将无限地接近常数 0.

这个例子反映了一类数列的一种性质:对数列 $\{y_n\}$,存在某一常数 A,随着 n 无限增大,它的通项 y_n 无限接近于这一常数 A,这时称数列 $\{y_n\}$ 以 A 为极限.

定义 1.4 设数列 $\{y_n\}$:

$$y_1, y_2, y_3, \cdots, y_n, \cdots,$$

若当 n 无限增大时,y_n 趋于定数 A,则称**数列 $\{y_n\}$ 以 A 为极限**,记作

$$\lim_{n \to \infty} y_n = A \quad 或 \quad y_n \to A \quad (n \to \infty).$$

前式读作"当 n 趋于无穷大时,y_n 的极限等于 A";后式读作"当 n 趋于无穷大时,y_n 趋于 A".

例1 观察下列数列是否有极限:

$\left\{\frac{1}{n}\right\}$:$1,\frac{1}{2},\frac{1}{3},\frac{1}{4},\cdots,\frac{1}{n},\cdots$;

$\left\{1+\frac{(-1)^n}{n}\right\}$:$0,1+\frac{1}{2},1-\frac{1}{3},1+\frac{1}{4},\cdots,1+\frac{(-1)^n}{n},\cdots$;

$\{2n\}$:$2,4,6,8,\cdots,2n,\cdots$;

$\{(-1)^{n+1}\}$:$1,-1,1,-1,\cdots,(-1)^{n+1},\cdots$.

可以看出,随着 n 无限增大:

数列 $\left\{\frac{1}{n}\right\}$ 的通项无限接近于数 0,即它以 0 为极限,按极限定义记作

$$\lim_{n \to \infty} \frac{1}{n} = 0 \quad 或 \quad \frac{1}{n} \to 0 \quad (n \to \infty);$$

数列 $\left\{1+\dfrac{(-1)^n}{n}\right\}$ 的通项无限接近于数 1,即它以 1 为极限,记作

$$\lim_{n\to\infty}\left[1+\frac{(-1)^n}{n}\right]=1 \quad 或 \quad \left[1+\frac{(-1)^n}{n}\right]\to 1 \quad (n\to\infty);$$

数列 $\{2n\}$ 的通项无限增大,从而不能无限接近任何一个常数,即它没有极限;

至于数列 $\{(-1)^{n+1}\}$,则在数值 +1 和 -1 上跳来跳去,也不能接近某一常数.这样的数列没有极限.

有极限的数列称为**收敛数列**;没有极限的数列称为**发散数列**.

例 2 已知下列数列的通项,试写出数列,并观察判定数列是否有极限:

(1) $y_n=\dfrac{n+1}{n}$;   (2) $y_n=\dfrac{1+(-1)^n}{n}$;   (3) $y_n=2^{(-1)^n n}$.

解 已知数列的通项 y_n,令其中的 n 按正整数顺序取值,便得到数列

$$y_1, y_2, y_3, \cdots, y_n, \cdots.$$

(1) 由 $y_n=\dfrac{n+1}{n}$ 可得到数列:

$$\frac{2}{1},\frac{3}{2},\frac{4}{3},\frac{5}{4},\cdots,\frac{n+1}{n},\cdots.$$

该数列有极限,当 n 无限增大时,数列是从大于 1 无限接近于 1,即

$$\lim_{n\to\infty}\frac{n+1}{n}=1.$$

(2) 由 $y_n=\dfrac{1+(-1)^n}{n}$ 可得到数列

$$0,1,0,\frac{1}{2},0,\frac{1}{3},\cdots,\frac{1+(-1)^n}{n},\cdots.$$

该数列有极限,随着 n 无限增大,它的偶数项趋于 0,而奇数项始终取 0,即

$$\lim_{n\to\infty}\frac{1+(-1)^n}{n}=0.$$

(3) 由 $y_n=2^{(-1)^n n}$ 可得到数列:

$$\frac{1}{2},4,\frac{1}{8},16,\frac{1}{32},64,\cdots,2^{(-1)^n n},\cdots.$$

随着 n 无限增大,数列的奇数项趋于 0,而偶数项却无限增大,数列无极限,是发散的.

前面已说明,数列 $\{y_n=2n\}$ 没有极限,但随着 n 无限增大,$y_n=2n$ 取正值且无限地增大.这种数列虽没有极限,而它有确定的变化趋势.对这种情况,我们借用极限的记法表示它的变化趋势,记作

$$\lim_{n\to\infty}2n=+\infty \quad 或 \quad 2n\to+\infty \quad (n\to\infty),$$

并称该数列的极限是**正无穷大**.

同样,数列 $\{y_n=-\sqrt{n}\}$,$\{y_n=(-1)^n n\}$ 则可分别记作

$$\lim_{n\to\infty}(-\sqrt{n})=-\infty, \quad \lim_{n\to\infty}(-1)^n n=\infty.$$

前者称数列的极限是**负无穷大**,后者称数列的极限是**无穷大**.

请注意,上述数列都是发散的,只是借用极限记法和说法表明它们的变化趋势.

所谓"当 n 无限增大时,y_n 趋于某一定数 A"应如何理解呢?

从几何上看,在数轴上,定数 A 是一个定点,数列 $y_1,y_2,y_3,\cdots,y_n,\cdots$ 的对应点可看作是动点."当 n 无限增大时,y_n 趋于某一定数 A"正是数轴上的动点 y_n 与定点 A 可以任意接近,而且要多近就能有多近.或者说,动点 y_n 与定点 A 的距离可以任意小,要多小,就有多小.如果给定一个正数 ε,作点 A 的 ε 邻域(图1-36),那么数列 $\{y_n\}$ 总可以从某一项起,比如说从第 N 项 y_N 起,以后的无穷多项 $y_{N+1},y_{N+2},\cdots$ 所对应的无穷多个点都落在这个邻域内;落在这个邻域之外的最多只有前 N 项,即 $y_1,y_2,\cdots,y_{N-1},y_N$ 所对应的 N 个(有限个)点.

图 1-36

正数 ε 是作为一个标准,用来衡量动点 y_n 与定点 A 之间的距离的.正数 ε 不管给的多么小,只要 N 充分大,上述几何事实总是存在的,只不过 ε 给的越小,相应的 N 越大罢了.

若用数学式子表示上述几何事实,可以描述为:对任意给定的正数 ε,总可以找到 N,当 $n>N$ 时,即对数列的 $y_{N+1},y_{N+2},\cdots$ 这无穷多项,都有

$$|y_n - A| < \varepsilon.$$

这里,ε 虽是给定的,但却是可以任意给的.

极限定义反映了人们通过有限去认识无限的辩证思想.变量 y_n 接近常数 A 是一个无限接近过程,但就过程中的每一步而言,这种接近又是有限的.对给定的正数 ε,$|y_n-A|<\varepsilon$,表达了 y_n 与 A 之间的接近程度是有限的.但 ε 可以任意给定,要多小,就可以给定多小;这种任意性,就使 $|y_n-A|<\varepsilon$ 表达了 y_n 与 A 之间这种无限接近的程度.有限与无限就是这样矛盾着,而又通过任意给定 ε,从有限向无限过渡.

2. 数列极限存在的准则

对数列 $\{y_n\}$ 的一切项 y_n:

(1) 若有 $y_n \leqslant y_{n+1}$,则称数列是**单调增加的**;

(2) 若有 $y_n \geqslant y_{n+1}$,则称数列是**单调减少的**.

单调增加与单调减少的数列,统称为**单调数列**.例如,数列 $\left\{\dfrac{n}{n+1}\right\}$ 单调增加;数列 $\left\{\dfrac{1}{n}\right\}$ 单调减少.

在§1.1中,我们讲述了有界函数的定义,对于数列也有类似的定义.

设有数列 $\{y_n\}$,若存在常数 M,对于任意正整数 n,都有

(1) $y_n \geqslant M$,则称数列 $\{y_n\}$ 是**有下界数列**;

(2) $y_n \leqslant M$,则称数列 $\{y_n\}$ 是**有上界数列**;

(3) $|y_n| \leqslant M(M > 0)$,则称数列$\{y_n\}$是**有界数列**.

定理 1.1 单调有界数列必有极限.

单调有界数列包括两种情形:一种是单调增加而有上界;一种是单调减少而有下界.

上述定理从几何图形上来看是很明显的. 数列$\{y_n\}$可看成是数轴上的动点,恒朝着数轴一个方向,假设朝正方向(单调增加数列)运动,但又不超越某个界限的动点,必然要无限接近某个定点. 如图 1-37 所示.

图 1-37

例如,数列$\left\{\dfrac{n}{n+1}\right\}$:

$$\frac{1}{2},\frac{2}{3},\frac{3}{4},\cdots,\frac{n}{n+1},\cdots,$$

由于后一项总大于前一项,所以它是单调增加;又因为一般项$\dfrac{n}{n+1} < 1$,所以它有上界,由定理 1.1 知,极限 $\lim\limits_{n\to\infty}\dfrac{n}{n+1}$ 存在. 事实上,易判定

$$\lim_{n\to\infty}\frac{n}{n+1}=1.$$

数列$\{n^2\}$:

$$1^2,2^2,3^2,\cdots,n^2,\cdots$$

是单调增加的,但无上界,它没有极限.

对于单调数列,若有界,则它一定收敛. 对一般数列,有界只是它收敛的必要条件,因为有界数列也可能是发散的. 如数列$\{(-1)^n\}$就如此.

二、函数的极限

1. 当 $x\to\infty$时,函数 $f(x)$的极限

x 在这里作为函数 $f(x)$的自变量. 若 x 取正值且无限增大,记作 $x\to+\infty$,读作"x 趋于正无穷大";若 x 取负值且其绝对值$|x|$无限增大,记作 $x\to-\infty$,读作"x 趋于负无穷大". 若 x 既取正值又取负值,且其绝对值无限增大,记作 $x\to\infty$,读作"x 趋于无穷大".

这里,所谓"当 $x\to\infty$时函数 $f(x)$的极限",就是讨论当自变量 x 趋于无穷大这样一个变化过程中,函数 $f(x)$的变化趋势;若 $f(x)$无限接近定数 A,就称当 x 趋于无穷大时,函数 $f(x)$以 A 为极限.

例 3 设函数 $f(x)=1+\dfrac{1}{x}$,讨论当 $x\to\infty$时,$f(x)$的极限.

易看出,当 $x \to \infty$ 时,$\dfrac{1}{x}$ 无限接近常数 0,从而函数 $f(x) = 1 + \dfrac{1}{x}$ 将无限接近定数 1. 这时,称函数 $f(x)$ 当 x 趋于无穷大时以 1 为极限,记作

$$\lim_{x \to \infty} \left(1 + \frac{1}{x}\right) = 1.$$

图 1-38

观察图 1-38,曲线 $y = 1 + \dfrac{1}{x}$ 有两个分支. 它的右侧分支沿着 x 轴的正向无限远伸时,它的左侧分支沿着 x 轴的负向无限远伸时,都以直线 $y = 1$ 为水平渐近线.

例 4 设函数 $f(x) = \sin x$(见图 1-16),试讨论当 $x \to \infty$ 时函数的极限.

由正弦函数的周期性,可得到如下结论:当 $x \to \infty$ 时,函数 $f(x) = \sin x$ 的值在 -1 和 $+1$ 之间无休止地来回摆动,不趋向任何定数,从而就说该函数当 $x \to \infty$ 时没有极限.

一般情况如下定义.

定义 1.5 设函数 $f(x)$ 在 $|x| > a$ $(a > 0)$ 时有定义,若当 $x \to \infty$ 时,函数 $f(x)$ 趋于定数 A,则称**函数 $f(x)$ 当 x 趋于无穷大时以 A 为极限**,记作

$$\lim_{x \to \infty} f(x) = A \quad \text{或} \quad f(x) \to A \quad (x \to \infty).$$

定义 1.5 的几何意义:曲线 $y = f(x)$ 沿着 x 轴的正向和负向无限远伸时,都以直线 $y = A$ 为水平渐近线(图 1-39).

图 1-39

当 $x \to -\infty$ 时,当 $x \to +\infty$ 时,函数 $f(x)$ 以 A 为极限的定义,分别记作

$$\lim_{x \to -\infty} f(x) = A \quad \text{或} \quad f(x) \to A \quad (x \to -\infty),$$

$$\lim_{x \to +\infty} f(x) = A \quad \text{或} \quad f(x) \to A \quad (x \to +\infty).$$

由上述定义,可知有下述**结论**:

极限 $\lim\limits_{x \to \infty} f(x)$ 存在且等于 A 的**充分必要条件**是极限 $\lim\limits_{x \to -\infty} f(x)$ 与 $\lim\limits_{x \to +\infty} f(x)$ 都存在且等于 A,即

$$\lim_{x \to \infty} f(x) = A \Longleftrightarrow \lim_{x \to -\infty} f(x) = A = \lim_{x \to +\infty} f(x). \tag{1.1}$$

例 5 由反正切函数的性质知(见图 1-34)

$$\lim_{x \to -\infty} \arctan x = -\frac{\pi}{2}, \qquad \lim_{x \to +\infty} \arctan x = \frac{\pi}{2}.$$

由极限存在的充分必要条件(1.1)式知,极限 $\lim\limits_{x\to\infty}\arctan x$ 不存在.

例 6 设函数 $y=e^{\frac{1}{x}}$,试讨论当 $x\to\infty$ 时函数的极限.

由于当 $x\to-\infty$ 时,$\dfrac{1}{x}\to 0$;当 $x\to+\infty$ 时,$\dfrac{1}{x}\to 0$(图 1-40),所以

$$\lim_{x\to-\infty}e^{\frac{1}{x}}=1,\quad \lim_{x\to+\infty}e^{\frac{1}{x}}=1.$$

由极限存在的充分必要条件(1.1)式,有

$$\lim_{x\to\infty}e^{\frac{1}{x}}=1.$$

图 1-40

2. 当 $x\to x_0$ 时,函数 $f(x)$ 的极限

(1) 极限定义

这里,x_0 是一个定值.若 $x<x_0$ 且 x 趋于 x_0,记作 $x\to x_0^-$;若 $x>x_0$ 且 x 趋于 x_0,记作 $x\to x_0^+$.若 $x\to x_0^-$ 和 $x\to x_0^+$ 同时发生,则记作 $x\to x_0$(图 1-41).

图 1-41

"当 $x\to x_0$ 时,函数 $f(x)$ 的极限",就是讨论当自变量 x 无限接近定数 x_0(但 x 不取 x_0)时,函数 $f(x)$ 的变化趋势.根据我们已有的函数极限的概念,容易理解,若当 x 趋于 x_0 时,函数 $f(x)$ 的对应值趋于定数 A,则称当 x 趋于 x_0 时,函数 $f(x)$ 以 A 为极限.

下面举例说明函数 $f(x)$ 以 A 为极限.

例 7 设 $f(x)=x+1$,试讨论当 $x\to 1$ 时函数的变化情况.

首先要明确,虽然函数 $f(x)$ 在 $x=1$ 处有定义,但这不是求 $x=1$ 时函数 $f(x)$ 的函数值;其次,$x\to 1$,是 x 无限接近 1,但 x 始终不取 1.

当 $x\to 1$ 时,函数 $f(x)=x+1$ 相应的函数值的变化情况见下表:

x	0	0.5	0.8	0.9	0.99	0.999	0.9999	0.99999	0.999999	⋯
$f(x)$	1	1.5	1.8	1.9	1.99	1.999	1.9999	1.99999	1.999999	⋯
x	2	1.5	1.2	1.1	1.01	1.001	1.0001	1.00001	1.000001	⋯
$f(x)$	3	2.5	2.2	2.1	2.01	2.001	2.0001	2.00001	2.000001	⋯

从表中可以看出,当 x 越来越接近 1 时,相应的函数值越来越接近 2.可以想到,当 x 无限接近于 1 时,函数 $f(x)$ 的相应的函数值将无限地接近于 2.

由图 1-42 也可以观察到,对直线 $y=x+1$ 上的动点 $M(x,f(x))$,当其横坐标无限接近 1 时,即 $x\to 1$ 时,而动点 M 将向定点 $M_0(1,2)$ 无限接近,即 $f(x)\to 2$.

这种情况,就称当 $x\to 1$ 时,函数 $f(x)=x+1$ 以 2 为极限,并记作

$$\lim_{x\to 1}(x+1)=2.$$

图　1-42　　　　　　　　图　1-43　　　　　　　　图　1-44

例 8　设 $f(x) = \dfrac{x^2 - 1}{x - 1}$，讨论当 $x \to 1$ 时，函数 $f(x)$ 的变化情况.

该例函数与前例函数的不同之处，就在于函数 $f(x)$ 在 $x = 1$ 处没有定义.

由于在 $x \to 1$ 的变化过程中，不取 $x = 1$；而当 $x \neq 1$ 时，

$$\frac{x^2 - 1}{x - 1} = \frac{(x - 1)(x + 1)}{x - 1} = x + 1,$$

所以，当 $x \to 1$ 时，函数 $f(x)$ 的对应值也趋于 2（图 1-43），即 $f(x)$ 以 2 为极限. 这时，记作

$$\lim_{x \to 1} \frac{x^2 - 1}{x - 1} = \lim_{x \to 1}(x + 1) = 2.$$

一般情况，定义如下.

定义 1.6　设函数 $f(x)$ 在点 x_0 的某邻域内有定义（在 x_0 可以没有定义），若当 $x \to x_0$（但始终不等于 x_0）时，函数 $f(x)$ 趋于定数 A，则称**函数 $f(x)$ 当 x 趋于 x_0 时以 A 为极限**，记作

$$\lim_{x \to x_0} f(x) = A \quad \text{或} \quad f(x) \to A \quad (x \to x_0).$$

定义 1.6 的几何意义：曲线 $y = f(x)$ 上的动点 $(x, f(x))$，在其横坐标无限接近 x_0 时，它趋向于定点 (x_0, A)（图 1-44）.

必须强调指出，在定义极限 $\lim\limits_{x \to x_0} f(x)$ 时，函数 $f(x)$ 在点 x_0 可以有定义，也可以没有定义；极限 $\lim\limits_{x \to x_0} f(x)$ 是否存在，与函数 $f(x)$ 在点 x_0 有没有定义及有定义时其值是什么都毫无关系. 这一点，请读者再考察例 7 和例 8.

例 9　由图 1-45 易看出 $\lim\limits_{x \to x_0} x = x_0$.

事实上，函数 $f(x) = x$ 的图形是直线 $y = x$，当 $x \to x_0$ 时，直线上的动点 (x, y) 将无限接近于直线上的定点 (x_0, y_0)，而 $y_0 = x_0$，故 $\lim\limits_{x \to x_0} x = x_0$.

例 10　类似于例 9 的几何解释，由图 1-46 易得到

$$\lim_{x \to x_0} c = c \quad (c \text{ 是常数}).$$

图 1-45

图 1-46

（2）左极限与右极限

有些函数在其定义域上的某些点，它的左侧与右侧所用的表示其对应法则的解析式不同（如分段函数中的分段点），或函数仅在某一点的一侧有定义（如在其有定义区间端点上，函数 $\ln x$ 仅在 $x>0$ 时有定义），这时，函数在这样点上的极限问题只能单侧地加以讨论.

若当 $x \to x_0^-$ 时，函数 $f(x)$ 趋于定数 A，则称函数 $f(x)$ 当 x 趋于 x_0 时以 A 为**左极限**，记作

$$\lim_{x \to x_0^-} f(x) = A \quad 或 \quad f(x) \to A \quad (x \to x_0^-).$$

若当 $x \to x_0^+$ 时，函数 $f(x)$ 趋于定数 A，则称函数 $f(x)$ 当 x 趋于 x_0 时以 A 为**右极限**，记作

$$\lim_{x \to x_0^+} f(x) = A \quad 或 \quad f(x) \to A \quad (x \to x_0^+).$$

函数 $f(x)$ 在点 x_0 的左极限和右极限也分别记作 $f(x_0-0)$ 和 $f(x_0+0)$.

依据 $x \to x_0$ 的含义，函数 $f(x)$ 在点 x_0 的左、右极限与该函数在点 x_0 的极限有如下**结论**：

极限 $\lim\limits_{x \to x_0} f(x)$ 存在且等于 A 的**充分必要条件**是极限 $\lim\limits_{x \to x_0^-} f(x)$ 与 $\lim\limits_{x \to x_0^+} f(x)$ 都存在且等于 A，即

$$\lim_{x \to x_0} f(x) = A \iff \lim_{x \to x_0^-} f(x) = A = \lim_{x \to x_0^+} f(x). \tag{1.2}$$

例 11 设函数 $f(x) = \begin{cases} x+1, & x \geqslant 0, \\ \mathrm{e}^x, & x < 0, \end{cases}$ 试讨论该函数在 $x=0$ 处的极限.

解 这是分段函数，$x=0$ 是分段点. 由于在 $x=0$ 的两侧，函数的解析式不同，须先考察左、右极限. 由图 1-47 易看出

$$\lim_{x \to 0^-} f(x) = \lim_{x \to 0^-} \mathrm{e}^x = 1,$$

$$\lim_{x \to 0^+} f(x) = \lim_{x \to 0^+} (x+1) = 1.$$

由于在 $x=0$ 处的左、右极限皆存在且相等，所以函数 $f(x)$ 在 $x=0$ 处的极限存在，且

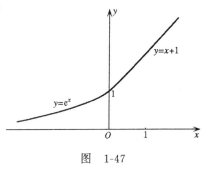

图 1-47

$$\lim_{x \to 0} f(x) = 1.$$

例 12 函数 $f(x)=e^{\frac{1}{x}}$ 在 $x=0$ 处存在左极限,不存在右极限.这是因为(见图 1-40)

当 $x\to 0^-$ 时, $\frac{1}{x}\to-\infty$,于是 $e^{\frac{1}{x}}\to 0$,即 $\lim\limits_{x\to 0^-}e^{\frac{1}{x}}=0$;

当 $x\to 0^+$ 时, $\frac{1}{x}\to+\infty$,于是 $e^{\frac{1}{x}}\to+\infty$,即 $\lim\limits_{x\to 0^+}e^{\frac{1}{x}}=+\infty$.

说明 以上我们引入了下述七种类型的极限,即

(1) $\lim\limits_{n\to\infty}y_n$;   (2) $\lim\limits_{x\to\infty}f(x)$;   (3) $\lim\limits_{x\to-\infty}f(x)$;   (4) $\lim\limits_{x\to+\infty}f(x)$;

(5) $\lim\limits_{x\to x_0}f(x)$;   (6) $\lim\limits_{x\to x_0^-}f(x)$;   (7) $\lim\limits_{x\to x_0^+}f(x)$.

为了统一地论述它们共有的性质和运算法则,本书若不特别指出是其中的哪一种,将用 $\lim f(x)$ 或 $\lim y$ 泛指其中的任何一种,其中的 $f(x)$ 或 y 常称为**变量**.若需要论证某命题时,只就一种情形 $x\to x_0$ 来证明.

三、无穷小与无穷大

在有极限的变量中,以零为极限的变量;在极限不存在的变量中,极限为无穷大的变量,这两种变量极为重要.这里,我们来论述这两种变量的有关问题.

定义 1.7 极限为零的变量称为**无穷小**.

若 $\lim y=0$,则称变量 y 是无穷小.例如

因为 $\lim\limits_{n\to\infty}\frac{1}{2^n}=0$,所以,当 $n\to\infty$ 时,变量 $\frac{1}{2^n}$ 是无穷小.

因为 $\lim\limits_{x\to 1}(x-1)^2=0$,所以,当 $x\to 1$ 时,变量 $(x-1)^2$ 是无穷小.

理解无穷小概念时,须特别注意:

(1) 无穷小是就变量在某一变化过程中而言.例如,$\sin x$ 在 $x\to 0$ 时是无穷小;但在 $x\to\infty$ 时,它不是无穷小,而是有界变量.

(2) 无穷小是指变量的绝对值无限地变小,而不是变量无限地变小.

在常量中,**惟有数 0 是无穷小**,因为 $\lim 0=0$,这吻合无穷小的定义.

定义 1.8 绝对值无限增大的变量称为**无穷大**.

若 $\lim y=\infty$,则称变量 y 是无穷大.

前面已经说明,当变量 y 没有极限,但它有确定的变化趋势,当它的绝对值无限地增大时,我们用记号"$\lim y=\infty$"表示这种变量的变化趋势.为了便于叙述这种变化趋势,也说变量 y 的极限是无穷大.

例 13 由图 1-48 易看出,当 $x\to 1$ 时,$y=\frac{1}{x-1}$ 是无穷大,即

$$\lim_{x\to 1}\frac{1}{x-1}=\infty.$$

当 $x \to 1$ 时,变量 $\dfrac{1}{x-1}$ 是无穷大,从几何上看(图 1-48),是曲线 $y=\dfrac{1}{x-1}$ 向上、向下无限延伸且越来越接近直线 $x=1$. 通常说直线 $x=1$ 是曲线 $y=\dfrac{1}{x-1}$ 的**铅垂**(因直线 $x=1$ 垂直于 x 轴)**渐近线**.

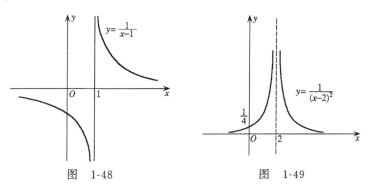

图 1-48 图 1-49

例 14 由图 1-49 易看出,当 $x \to 2$ 时,$\dfrac{1}{(x-2)^2}$ 是无穷大,它只取正值;由图 1-15 知,当 $x \to 0^+$ 时,$\ln x$ 也是无穷大,它取负值. 它们可分别记作

$$\lim_{x \to 2} \frac{1}{(x-2)^2} = +\infty, \qquad \lim_{x \to 0^+} \ln x = -\infty.$$

当 $x \to 2$ 时,变量 $\dfrac{1}{(x-2)^2}$ 是正无穷大,从几何上看(图 1-49),曲线 $y=\dfrac{1}{(x-2)^2}$ 在直线 $x=2$ 的两侧向上无限延伸时,都以直线 $x=2$ 为铅垂渐近线.

当 $x \to 0^+$ 时,变量 $\ln x$ 是负无穷大,从几何上看(图 1-15),曲线 $y=\ln x$,在 $x=0$ 的右侧向下无限延伸时,以直线 $x=0$ 为铅垂渐近线.

函数的极限与无穷小之间有下述关系.

定理 1.2 极限 $\lim f(x)$ 存在且等于 A 的**充分必要条件**是函数 $f(x)$ 可表示为常数 A 与无穷小 α 的和,即

$$\lim f(x) = A \iff f(x) = A + \alpha \quad (\alpha \to 0).$$

例如,因 $f(x)=\dfrac{x+1}{x}=1+\dfrac{1}{x}$,而当 $x \to \infty$ 时,$\dfrac{1}{x} \to 0$,即当 $x \to \infty$ 时,函数 $f(x)$ 可表示为常数 1 和无穷小 $\dfrac{1}{x}$ 的和,所以

$$\lim_{x \to \infty} \frac{x+1}{x} = 1 \iff \frac{x+1}{x} = 1 + \frac{1}{x} \quad (\text{当 } x \to \infty \text{ 时,} \frac{1}{x} \to 0).$$

由无穷小与无穷大的定义可以得到二者之间有如下**结论**:

在同一变化过程中:

(1) 若 y 是无穷大,则 $\dfrac{1}{y}$ 是无穷小;(2) 若 y 是无穷小且 $y \neq 0$,则 $\dfrac{1}{y}$ 是无穷大.

例如,当 $x \to +\infty$ 时,$y=\mathrm{e}^x$ 是无穷大,而 $\dfrac{1}{y}=\mathrm{e}^{-x}$ 是无穷小(参照图 1-27).

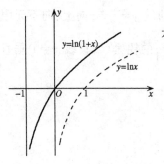

图 1-50

例 15   直观判断下列变量,当 $x \to ?$ 时是无穷小,当 $x \to ?$ 时是无穷大:

(1) $y = \dfrac{x}{x-1}$;   (2) $y = \ln(1+x)$.

解   (1) 当 $x \to 0$ 时,$\dfrac{x}{x-1} \to 0$,所以它是无穷小;

当 $x \to 1$ 时,$\dfrac{1}{y} = \dfrac{x-1}{x} \to 0$,所以 $y = \dfrac{x}{x-1}$ 是无穷大.

(2) 将曲线 $y = \ln x$ 向左平移一个单位得曲线 $y = \ln(1+x)$,如图 1-50 所示. 易看出:

当 $x \to 0$ 时,$\ln(1+x) \to \ln 1 = 0$,它是无穷小;当 $x \to +\infty$ 时,$\ln(1+x) \to +\infty$,它是无穷大;当 $x \to -1^+$ 时,$\ln(1+x) \to -\infty$,它也是无穷大.

四、极限的性质

这里仅给出在以下的章节中,需要用到的极限性质.

定理 1.3（局部有界性）   有极限的变量是有界变量.

这里所说的有界,如果变量是数列 $\{y_n\}$,是指数列 $\{y_n\}$ 有界;如果变量是 $f(x)$,是指 $f(x)$ 局部有界,即指在其定义域的某个局部范围内有界,而不是在其定义域内有界.

比如,若 $\lim\limits_{n \to \infty} y_n = \lim\limits_{n \to \infty} \dfrac{1}{n} = 0$,则 $|y_n| \leqslant 1 (n = 1, 2, \cdots)$;若 $\lim\limits_{x \to x_0} f(x) = A$,则函数 $f(x)$ 在 x_0 的某空心邻域内是有界的;若 $\lim\limits_{x \to +\infty} f(x) = A$,则函数 $f(x)$ 必在某个无限区间 $[a, +\infty)$ 内有界.

定理 1.4（夹逼性质）   设在点 x_0 的某空心邻域内,有

$$h(x) \leqslant f(x) \leqslant g(x), \quad 且 \quad \lim_{x \to x_0} h(x) = \lim_{x \to x_0} g(x) = A,$$

则极限 $\lim\limits_{x \to x_0} f(x)$ 存在,且 $\lim\limits_{x \to x_0} f(x) = A$.

习 题 1.3

1. 已知数列的通项,试写出数列,并观察判定是否收敛:

(1) $y_n = (-1)^n n$;

(2) $y_n = \dfrac{n + (-1)^{n+1}}{n}$;

(3) $y_n = \dfrac{\sqrt{n^2 - 1}}{n}$;

(4) $y_n = \dfrac{1}{1 \cdot 2} + \dfrac{1}{2 \cdot 3} + \cdots + \dfrac{1}{n(n+1)}$.

2. 试写出下列数列的通项,并观察判定是否收敛,若收敛,写出其极限:

(1) $1, \dfrac{1}{3}, \dfrac{1}{9}, \dfrac{1}{27}, \dfrac{1}{81}, \cdots$;

(2) $0, 1, 0, \dfrac{1}{2}, 0, \dfrac{1}{3}, \cdots$;

(3) $1, -\dfrac{1}{2}, \dfrac{1}{3}, -\dfrac{1}{4}, \dfrac{1}{5}, -\dfrac{1}{6}, \cdots$;

(4) $0, \dfrac{1}{3}, \dfrac{2}{4}, \dfrac{3}{5}, \dfrac{4}{6}, \cdots$.

3. 回答下列问题:

(1) 设 $\lim\limits_{n \to \infty} x_n = A, \lim\limits_{n \to \infty} y_n = B$,且 $A \neq B$,问数列

$$x_1,y_1,x_2,y_2,\cdots,x_n,y_n,\cdots$$

是否收敛？为什么？

（2）设 $\lim\limits_{n\to\infty}y_n=A$，若把数列 $\{y_n\}$ 的有限项换成新的数，问新得到的数列是否有极限？若有，极限是什么？

（3）有界数列是否一定收敛？收敛数列是否一定有界？

（4）无界数列是否一定发散？发散数列是否一定无界？

4. 设函数 $f(x)=\begin{cases}1+\sin x, & x<0,\\ a+e^x, & x>0,\end{cases}$ 问 a 为何值时，$\lim\limits_{x\to 0}f(x)$ 存在？

5. 已知 $f(x)$，求 $\lim\limits_{x\to 0^-}f(x)$，$\lim\limits_{x\to 0^+}f(x)$，$\lim\limits_{x\to 0}f(x)$：

（1）$f(x)=|x|$；　　　　　　　　　　　　　　（2）$f(x)=\dfrac{|x|}{x}$；

（3）$f(x)=\begin{cases}e^{\frac{1}{x}}, & x<0,\\ \ln x, & x>0;\end{cases}$　　　　　　（4）$f(x)=\begin{cases}x^3+1, & x<0,\\ 0, & x=0,\\ 3^x, & x>0.\end{cases}$

6. 指出下列变量，当 $x\to$? 时，是无穷小：

（1）$\dfrac{x-2}{x^2+1}$；　　　　（2）$\ln(x-1)$；　　　　（3）$e^{-\frac{1}{x}}$；　　　　（4）$\arcsin x$.

7. 指出下列变量，当 $x\to$? 时，是无穷大：

（1）$\dfrac{x+1}{x^2-4}$；　　　（2）$\ln(1-x)$；　　　（3）$e^{-\frac{1}{x}}$；　　　（4）$\dfrac{1}{\dfrac{\pi}{2}-\arctan x}$.

8. 单项选择题：

（1）函数 $f(x)$ 在点 x_0 处有定义是它在该点处存在极限的（　　　）.

（A）必要条件但非充分条件；　　　　　　（B）充分条件但非必要条件；

（C）充分必要条件；　　　　　　　　　　（D）无关条件.

（2）$\lim\limits_{x\to 1}\dfrac{|x-1|}{x-1}$（　　　）.

（A）等于 -1；　　　（B）等于 1；　　　（C）等于 0；　　　（D）不存在.

（3）设函数 $f(x)=\begin{cases}2, & x\neq 2,\\ 0, & x=2,\end{cases}$ 则 $\lim\limits_{x\to 2}f(x)$（　　　）.

（A）等于 0；　　　（B）等于 2；　　　（C）等于 ∞；　　　（D）不存在.

（4）当 $x\to 0$ 时，下列变量中无穷小是（　　　）.

（A）$\ln|\sin x|$；　　　（B）e^{-1/x^2}；　　　（C）$\arccos x$；　　　（D）$\left(\dfrac{1}{2}\right)^x$.

§1.4　极　限　运　算

一、极限运算法则

由无穷小的定义可以推得下述无穷小的运算法则.

定理 1.5（无穷小运算法则）　对同一变化过程中的无穷小与有界变量，则

（1）两个无穷小的和仍是无穷小；

(2) 无穷小与有界变量的乘积是无穷小.

特别地,有

(i) 无穷小与常量的乘积是无穷小;

(ii) 两个无穷小的乘积是无穷小.

定理 1.6(四则运算法则) 设 $\lim f(x)=A, \lim g(x)=B$,则

(1) 和(差)的极限 $\lim[f(x)\pm g(x)]$ 存在,且
$$\lim[f(x)\pm g(x)]=\lim f(x)\pm \lim g(x)=A\pm B.$$

(2) 乘积的极限 $\lim[f(x)\cdot g(x)]$ 存在,且
$$\lim[f(x)\cdot g(x)]=\lim f(x)\cdot \lim g(x)=AB.$$

特别地,有

(i) 常数因子 C 可提到极限符号的前面,即
$$\lim Cg(x)=C\lim g(x)=CB.$$

(ii) 若 n 是正整数,有
$$\lim[f(x)]^n=[\lim f(x)]^n=A^n.$$

(3) 若 $\lim g(x)\neq 0$,商的极限 $\lim \dfrac{f(x)}{g(x)}$ 存在,且
$$\lim \frac{f(x)}{g(x)}=\frac{\lim f(x)}{\lim g(x)}=\frac{A}{B}.$$

下面只证明乘法法则,其他法则可类似证明.

证 由题设 $\lim f(x)=A$,$\lim g(x)=B$.

根据函数的极限与无穷小间的关系,即定理 1.2,有
$$f(x)=A+\alpha, \quad g(x)=B+\beta,$$
其中 α, β 均是无穷小. 于是
$$f(x)\cdot g(x)=(A+\alpha)(B+\beta)=AB+\alpha B+\beta A+\alpha\beta.$$
由定理 1.5 知,$\alpha B+\beta A+\alpha\beta$ 是无穷小.

再由定理 1.2,便有
$$\lim[f(x)\cdot g(x)]=AB. \quad \square$$

例 1 求 $\lim\limits_{x\to 2}(3x^2-2x+1)$.

解 由极限的四则运算法则
$$\lim_{x\to 2}(3x^2-2x+1)=\lim_{x\to 2}3x^2-\lim_{x\to 2}2x+\lim_{x\to 2}1$$
$$=3\lim_{x\to 2}x^2-2\lim_{x\to 2}x+1=3\left(\lim_{x\to 2}x\right)^2-2\cdot 2+1$$
$$=3\cdot 2^2-2\cdot 2+1=9.$$

由该题计算结果知,对多项式
$$P_n(x)=a_0x^n+a_1x^{n-1}+\cdots+a_{n-1}x+a_n,$$

有

$$\lim_{x \to x_0} P_n(x) = a_0 x_0^n + a_1 x_0^{n-1} + \cdots + a_{n-1} x_0 + a_n = P_n(x_0).$$

例 2 求 $\lim\limits_{x \to 1} \dfrac{2x^2-1}{3x^2-2x+4}$.

解 因分母的极限

$$\lim_{x \to 1}(3x^2 - 2x + 4) = 3 \cdot 1^2 - 2 \cdot 1 + 4 = 5 \neq 0,$$

用商的极限法则,有

$$\lim_{x \to 1} \frac{2x^2-1}{3x^2-2x+4} = \frac{\lim\limits_{x \to 1}(2x^2-1)}{\lim\limits_{x \to 1}(3x^2-2x+4)} = \frac{1}{5}.$$

例 3 求 $\lim\limits_{x \to 3} \dfrac{x-4}{x^2-2x-3}$.

解 易看出,分母的极限为 0,不能用商的极限法则,但分子的极限为 $-1 \neq 0$,可将分式的分母与分子颠倒后再用商的极限法则,即

$$\lim_{x \to 3} \frac{x^2-2x-3}{x-4} = \frac{0}{-1} = 0.$$

由无穷小与无穷大的倒数关系,得

$$\lim_{x \to 3} \frac{x-4}{x^2-2x-3} = \infty.$$

例 4 求 $\lim\limits_{x \to 1} \dfrac{x^2+2x-3}{x^2-3x+2}$.

解 显然,分母与分子的极限都是 0. 由于当 $x \to 1$ 时,$(x-1) \to 0$,这说明分母与分子有以 0 为极限的公因子 $(x-1)$:

$$x^2 + 2x - 3 = (x-1)(x+3),$$
$$x^2 - 3x + 2 = (x-1)(x-2).$$

将分母、分子因式分解,约去公因子后,再求极限

$$\lim_{x \to 1} \frac{x^2+2x-3}{x^2-3x+2} = \lim_{x \to 1} \frac{(x-1)(x+3)}{(x-1)(x-2)} = \lim_{x \to 1} \frac{x+3}{x-2} = \frac{4}{-1} = -4.$$

例 2、例 3、例 4 的计算方法与结果,可推广到一般情况. 若 $R(x)$ 是有理分式

$$R(x) = \frac{P_n(x)}{Q_m(x)} = \frac{a_0 x^n + a_1 x^{n-1} + \cdots + a_{n-1}x + a_n}{b_0 x^m + b_1 x^{m-1} + \cdots + b_{m-1}x + b_m},$$

在求 $\lim\limits_{x \to x_0} R(x)$ 时,

(1) 若 $Q_m(x_0) \neq 0$,则

$$\lim_{x \to x_0} R(x) = \frac{P_n(x_0)}{Q_m(x_0)} = R(x_0);$$

(2) 若 $Q_m(x_0) = 0$,而 $P_n(x_0) \neq 0$,则

$$\lim_{x \to x_0} R(x) = \infty;$$

(3) 若 $Q_m(x_0)=0$ 且 $P_n(x_0)=0$，则 $Q_m(x)$，$P_n(x)$ 一定有以 0 为极限的 $(x-x_0)$ 型公因子，将 $Q_m(x)$，$P_n(x)$ 因式分解，约去公因子后，再求极限.

求分式的极限时，若分母与分子的极限都是 0，通常称这种极限为 $\dfrac{0}{0}$ **型未定式**. 例 4 就是 $\dfrac{0}{0}$ 型未定式.

例 5   求 $\lim\limits_{x\to 3}\dfrac{\sqrt{x+1}-2}{x-3}$.

解   这是 $\dfrac{0}{0}$ 型未定式，这时可将分母、分子同乘上分子 $(\sqrt{x+1}-2)$ 的共轭因子，再求极限.

$$\lim_{x\to 3}\frac{\sqrt{x+1}-2}{x-3}=\lim_{x\to 3}\frac{(\sqrt{x+1}-2)(\sqrt{x+1}+2)}{(x-3)(\sqrt{x+1}+2)}$$
$$=\lim_{x\to 3}\frac{x+1-4}{(x-3)(\sqrt{x+1}+2)}=\lim_{x\to 3}\frac{1}{\sqrt{x+1}+2}=\frac{1}{4}.$$

例 6   求 $\lim\limits_{x\to\infty}\dfrac{3x^2-4x+2}{2x^2+3x-1}$.

解   显然，分母、分子的极限都不存在，实际上分母与分子都是无穷大. 用无穷小与无穷大的倒数关系，将分母与分子同除以 x 的最高次幂 x^2，再用定理 1.6，

$$\lim_{x\to\infty}\frac{3x^2-4x+2}{2x^2+3x-1}=\lim_{x\to\infty}\frac{3-\dfrac{4}{x}+\dfrac{2}{x^2}}{2+\dfrac{3}{x}-\dfrac{1}{x^2}}=\frac{3-0+0}{2+0-0}=\frac{3}{2}.$$

例 7   求 $\lim\limits_{x\to\infty}\dfrac{2x^2-x+3}{4x^3+2x-1}$.

解   用 x 的最高幂 x^3 除分母、分子，再用定理 1.6，

$$\lim_{x\to\infty}\frac{2x^2-x+3}{4x^3+2x-1}=\lim_{x\to\infty}\frac{\dfrac{2}{x}-\dfrac{1}{x^2}+\dfrac{3}{x^3}}{4+\dfrac{2}{x^2}-\dfrac{1}{x^3}}=\frac{0-0+0}{4+0-0}=0.$$

例 8   求 $\lim\limits_{x\to\infty}\dfrac{3x^2-2x-3}{x+4}$.

解   用 x^2 除分母与分子，并利用例 3 的思路，

$$\lim_{x\to\infty}\frac{3x^2-2x-3}{x+4}=\lim_{x\to\infty}\frac{3-\dfrac{2}{x}-\dfrac{3}{x^2}}{\dfrac{1}{x}+\dfrac{4}{x^2}}=\infty.$$

根据例 6、例 7、例 8，可得如下一般结论：

若 $R(x)=\dfrac{P_n(x)}{Q_m(x)}=\dfrac{a_0x^n+a_1x^{n-1}+\cdots+a_{n-1}x+a_n}{b_0x^m+b_1x^{m-1}+\cdots+b_{m-1}x+b_m}$，则

$$\lim_{x \to \infty} R(x) = \lim_{x \to \infty} \frac{P_n(x)}{Q_m(x)} = \begin{cases} \dfrac{a_0}{b_0}, & \text{当 } n = m \text{ 时,} \\ 0, & \text{当 } n < m \text{ 时,} \\ \infty, & \text{当 } n > m \text{ 时.} \end{cases}$$

求分式的极限时,若分母、分子的极限都是无穷大 ∞,通常称这种极限为 $\dfrac{\infty}{\infty}$ 型未定式.

例 6、例 7、例 8 都是 $\dfrac{\infty}{\infty}$ 型未定式.

例 9 求 $\lim\limits_{x \to 2}\left(\dfrac{1}{2-x} - \dfrac{4}{4-x^2}\right)$.

解 当 $x \to 2$ 时,$\dfrac{1}{2-x} \to \infty$,$\dfrac{4}{4-x^2} \to \infty$. 而 $\infty - \infty$ 不能运算,称这种极限为 $(\infty - \infty)$ 型**未定式**. 先通分化成一个分式,再求极限.

$$\lim_{x \to 2}\left(\frac{1}{2-x} - \frac{4}{4-x^2}\right) = \lim_{x \to 2}\frac{2+x-4}{4-x^2} = \lim_{x \to 2}\frac{x-2}{(2-x)(2+x)} = -\frac{1}{4}.$$

例 10 求 $\lim\limits_{x \to \infty}\dfrac{x+2}{x^2+x}(3+\cos x)$.

解 当 $x \to \infty$ 时,$\dfrac{x+2}{x^2+x} \to 0$,而 $|3+\cos x| \leqslant 4$,由无穷小与有界变量乘积的极限,有

$$\lim_{x \to \infty}\frac{x+2}{x^2+x}(3+\cos x) = 0.$$

注意,下述写法是错误的:

$$\lim_{x \to \infty}\frac{x+2}{x^2+x}(3+\cos x) = \lim_{x \to \infty}\frac{x+2}{x^2+x} \cdot \lim_{x \to \infty}(3+\cos x) = 0.$$

二、两个重要极限

1. 极限 $\lim\limits_{x \to 0}\dfrac{\sin x}{x} = 1$.

当 $x > 0$ 时,直接计算 $\dfrac{\sin x}{x}$ 得下表:

x	$\dfrac{\sin x}{x}$
1	0.841471
0.3	0.985067
0.2	0.993347
0.1	0.998334
0.05	0.999583
0.02	0.999933
0.01	0.999983
0.009	0.999986
0.0005	0.999999

由表易看出,当 $x(x>0)$ 取值越接近 0,则相应的 $\frac{\sin x}{x}$ 的取值越接近 1.

当 $x<0$ 时,由于

$$\frac{\sin x}{x} = \frac{-\sin x}{-x} = \frac{\sin(-x)}{-x},$$

即 $\frac{\sin x}{x}$ 的值不变.

综上所述,可以看出,有

$$\lim_{x\to 0}\frac{\sin x}{x} = 1.$$

这个极限通常称为**第一个重要极限**.

这个极限要作为一个公式来用,若在极限式中有三角函数或反正弦函数、反正切函数,且为 $\frac{0}{0}$ 型未定式,求极限时,常用到该公式.

2. 极限 $\lim\limits_{n\to\infty}\left(1+\dfrac{1}{n}\right)^n = e.$

这是数列的极限. 对数列 $\left\{\left(1+\dfrac{1}{n}\right)^n\right\}$ 取值计算列出下表:

n	$\left(1+\dfrac{1}{n}\right)^n$
1	2.000000
10	2.593742
10^2	2.704814
10^3	2.716924
10^4	2.718146
10^5	2.718268
10^6	2.718280

由表看出,该数列是单调增加的;若再仔细分析表中的数值会发现,随着 n 增大,数列后项与前项的差值在减少,而且减少得相当快. 可以看出它是有界的: $y_n = \left(1+\dfrac{1}{n}\right)^n < 3$. 事实上,可以严格证明,它是有界的. 根据数列极限存在准则定理 1.1,该数列有极限,且

$$\lim_{n\to\infty}\left(1+\frac{1}{n}\right)^n = e.$$

将该极限中的 n,改为实数 x 时,同样有

$$\lim_{x\to\infty}\left(1+\frac{1}{x}\right)^x = e,$$

或写作

$$\lim_{x\to 0}(1+x)^{\frac{1}{x}} = e.$$

这个极限,通常称为**第二个重要极限**.

由于当 $x\to\infty$ 时,$\left(1+\dfrac{1}{x}\right)\to 1$,这看作是 1^∞ 型. 在求幂指函数 $f(x)^{g(x)}$ 的极限时,若

$\lim f(x)=1$, $\lim g(x)=\infty$, 通常称这种极限为 1^{∞} **型未定式**. 第二个重要极限是 1^{∞} 型未定式.

例 11　求 $\lim\limits_{x\to 0}\dfrac{\tan x}{x}$.

解　这是 $\dfrac{0}{0}$ 型未定式. 注意到 $\tan x=\dfrac{\sin x}{\cos x}$, 于是, 由第一个重要极限与乘积的极限法则

$$\lim_{x\to 0}\frac{\tan x}{x}=\lim_{x\to 0}\frac{\sin x}{x}\cdot\frac{1}{\cos x}=\lim_{x\to 0}\frac{\sin x}{x}\cdot\lim_{x\to 0}\cos x=1\cdot 1=1.$$

该极限式也可作为一个公式来用.

例 12　求 $\lim\limits_{x\to 0}\dfrac{\sin 5x}{x}$.

解　由于 $\dfrac{\sin 5x}{x}=5\,\dfrac{\sin 5x}{5x}$; 令 $t=5x$, 则当 $x\to 0$ 时, $t\to 0$. 于是由第一个重要极限

$$\lim_{x\to 0}\frac{\sin 5x}{x}=5\lim_{x\to 0}\frac{\sin 5x}{5x}=5\lim_{t\to 0}\frac{\sin t}{t}=5\cdot 1=5.$$

例 13　求 $\lim\limits_{x\to 0}\dfrac{1-\cos x}{x^2}$.

解　注意到 $(1-\cos x)(1+\cos x)=1-\cos^2 x=\sin^2 x$. 于是

$$\lim_{x\to 0}\frac{1-\cos x}{x^2}=\lim_{x\to 0}\frac{1-\cos^2 x}{x^2(1+\cos x)}=\lim_{x\to 0}\left(\frac{\sin x}{x}\right)^2\cdot\frac{1}{1+\cos x}=1^2\cdot\frac{1}{1+1}=\frac{1}{2}.$$

若将极限 $\lim\limits_{x\to 0}\dfrac{\sin x}{x}=1$ 中的**自变量** x **换成** x **的函数** $\varphi(x)$, 则有公式

$$\lim_{\varphi(x)\to 0}\frac{\sin\varphi(x)}{\varphi(x)}=1. \tag{1.3}$$

例 14　求 $\lim\limits_{x\to 0}\dfrac{\sin(\sin x)}{x}$.

解　由于 $\dfrac{\sin(\sin x)}{x}=\dfrac{\sin(\sin x)}{\sin x}\cdot\dfrac{\sin x}{x}$, 若将式右端第一个因子中的 $\sin x$ 理解为推广公式 (1.3) 中的 $\varphi(x)$, 且当 $x\to 0$ 时, $\sin x\to 0$, 于是

$$\lim_{x\to 0}\frac{\sin(\sin x)}{x}=\lim_{x\to 0}\frac{\sin(\sin x)}{\sin x}\cdot\frac{\sin x}{x}=1\cdot 1=1.$$

例 15　求 $\lim\limits_{x\to\infty}\left(1-\dfrac{1}{x}\right)^x$.

解　这是 1^{∞} 型未定式. 注意到 $\left(1-\dfrac{1}{x}\right)^x$ 与 $\left(1+\dfrac{1}{x}\right)^x$ 差一个符号, 不能直接用第二个重要极限.

令 $t=-\dfrac{1}{x}$, 则 $x=-\dfrac{1}{t}$; 当 $x\to\infty$ 时, $t\to 0$. 这时

$$\left(1-\frac{1}{x}\right)^x=(1+t)^{-\frac{1}{t}}=\left[(1+t)^{\frac{1}{t}}\right]^{-1},$$

于是, 用第二个重要极限, 便有

$$\lim_{x\to\infty}\left(1-\frac{1}{x}\right)^x=\lim_{t\to 0}[(1+t)^{\frac{1}{t}}]^{-1}=\left[\lim_{t\to 0}(1+t)^{\frac{1}{t}}\right]^{-1}=\mathrm{e}^{-1}.$$

例 16 求 $\lim\limits_{x\to\infty}\left(1+\dfrac{2}{x}\right)^{2x}$.

解 这是 1^∞ 型未定式,用第二个重要极限. 令 $t=\dfrac{2}{x}$,则 $2x=\dfrac{4}{t}$;当 $x\to\infty$时,$t\to 0$,于是

$$\lim_{x\to\infty}\left(1+\frac{2}{x}\right)^{2x}=\lim_{t\to 0}(1+t)^{\frac{4}{t}}=\lim_{t\to 0}[(1+t)^{\frac{1}{t}}]^4=\left[\lim_{t\to 0}(1+t)^{\frac{1}{t}}\right]^4=\mathrm{e}^4.$$

例 17 求 $\lim\limits_{x\to\infty}\left(\dfrac{x}{1+x}\right)^x$.

解 这是 1^∞ 型未定式. 由于

$$\left(\frac{x}{1+x}\right)^x=\frac{1}{\left(\dfrac{1+x}{x}\right)^x}=\frac{1}{\left(1+\dfrac{1}{x}\right)^x},$$

所以
$$\lim_{x\to\infty}\left(\frac{x}{1+x}\right)^x=\lim_{x\to\infty}\frac{1}{\left(1+\dfrac{1}{x}\right)^x}=\frac{1}{\mathrm{e}}.$$

例 18 求 $\lim\limits_{x\to 0}\dfrac{\ln(1+x)}{x}$.

解 用对数性质

$$\lim_{x\to 0}\frac{\ln(1+x)}{x}=\lim_{x\to 0}\ln(1+x)^{\frac{1}{x}}.$$

由于 $\lim\limits_{x\to 0}(1+x)^{\frac{1}{x}}=\mathrm{e}$,故

$$\lim_{x\to 0}\frac{\ln(1+x)}{x}=\ln\mathrm{e}=1.$$

若将第二个重要极限中的**自变量 x 换成 x 的函数** $\varphi(x)$,则有公式

$$\lim_{\varphi(x)\to\infty}\left(1+\frac{1}{\varphi(x)}\right)^{\varphi(x)}=\mathrm{e}, \tag{1.4}$$

或

$$\lim_{\varphi(x)\to 0}(1+\varphi(x))^{\frac{1}{\varphi(x)}}=\mathrm{e}. \tag{1.5}$$

例 19 求 $\lim\limits_{x\to 1}(1+\ln x)^{\frac{3}{\ln x}}$.

解 注意到 $x\to 1$ 时,$\ln x\to 0$,这是 1^∞ 型未定式. 应用公式(1.5),有

$$\lim_{x\to 1}(1+\ln x)^{\frac{3}{\ln x}}=\lim_{x\to 1}[(1+\ln x)^{\frac{1}{\ln x}}]^3=\mathrm{e}^3.$$

三、复利与贴现

作为公式 $\lim\limits_{n\to\infty}\left(1+\dfrac{1}{n}\right)^n=\mathrm{e}$ 在经济方面的应用,在此介绍**复利与贴现**问题.

现有本金 A_0,以年利率 r 贷出,若以复利计息,t 年末 A_0 将增值到 A_t,试计算 A_t.

所谓复利计息,就是将每期利息于每期之末加入该期本金,并以此为新本金再计算下期利息.说得通俗些,就是利滚利.

若以一年为 1 期计算利息,一年终的本利和为

$$A_1 = A_0(1 + r),$$

二年终的本利和为

$$A_2 = A_1(1 + r) = A_0(1 + r)(1 + r) = A_0(1 + r)^2,$$

类推,t 年终的本利和为

$$A_t = A_0(1 + r)^t. \tag{1.6}$$

这是一年计息 1 期 t 年末本利和 A_t 的**复利公式**.

若仍以年利率为 r,一年不是计息 1 期,而是一年计息 n 期,且以 $\frac{r}{n}$ 为每期的利息来计算. 在这种情况下,易推得,t 年终的本利和为

$$A_t = A_0\left(1 + \frac{r}{n}\right)^{nt}. \tag{1.7}$$

上述计息的"期"是确定的时间间隔,因而一年计息次数为有限次.公式(1.6)、(1.7)可认为是按离散情况计算,一年计息 n 期 t 年末本利和 A_t 的**复利公式**.

若计息的"期"的时间间隔无限缩短,从而计息次数 $n \to \infty$. 这种情况称为**连续复利**. 由于

$$\lim_{n \to \infty} A_0\left(1 + \frac{r}{n}\right)^{nt} = A_0 \lim_{n \to \infty}\left[\left(1 + \frac{r}{n}\right)^{\frac{n}{r}}\right]^{rt} = A_0 e^{rt},$$

所以,若以连续复利计算利息,其**复利公式**是

$$A_t = A_0 e^{rt}. \tag{1.8}$$

例 20 已知现有本金 100 元,年利率 $r = 8\%$,$t = 1$ 年,则一年计息 1 期,一年终的本利和

$$A_1 = 100 \cdot (1 + 0.08) = 108(\text{元});$$

一年计息 2 期,一年终的本利和

$$A_1 = 100 \cdot \left(1 + \frac{0.08}{2}\right)^2 = 108.16(\text{元});$$

一年计息 12 期,一年终的本利和

$$A_1 = 100 \cdot \left(1 + \frac{0.08}{12}\right)^{12} = 108.30(\text{元});$$

一年计息 100 期,一年终的本利和

$$A_1 = 100 \cdot \left(1 + \frac{0.08}{100}\right)^{100} = 108.3252(\text{元});$$

连续复利计算,一年终的本利和

$$A_1 = 100 e^{0.08} \approx 108.3287(\text{元}).$$

由例 20 知,年利率相同,而一年计息期数不同时,一年所得之利息也不同.如一年计息 1 期,是按 8% 计息;一年计息 12 期,实际所得利息是按 8.30% 计算;一年计息 100 期,实际所得利息是按 8.3252% 计算;若连续复利计算,实际所得利息是按 8.3287% 计算.

这样,若年利率给定,对于年期以下的复利,称年利率 8% 为名义利率或虚利率,而实际计息之利率为实利率.如,8.3252% 为一年复利 100 期的实利率,8.3287% 为一年连续复利的实利率.

在上述按离散情况计算复利的公式(1.6),(1.7)和按连续情况计算复利的公式(1.8)中,现有本金 A_0 称为**现在值**,t 年终的本利和 A_t 称为**未来值**.已知现在值 A_0 求未来值 A_t 是**复利问题**.若已知未来值 A_t,求现在值 A_0,则称**贴现问题**,这时,利率 r 称为**贴现率**.

由复利公式(1.6)易推得,若以年为 1 期贴现,**贴现公式**是

$$A_0 = A_t(1 + r)^{-t}. \tag{1.9}$$

若一年均分 n 期贴现,由复利公式(1.7)可得,**贴现公式**是

$$A_0 = A_t\left(1 + \frac{r}{n}\right)^{-nt}. \tag{1.10}$$

由复利公式(1.8)可得,**连续贴现公式**是

$$A_0 = A_t e^{-rt}. \tag{1.11}$$

例 21 设年贴现率为 4.5%,按连续复利计息,现投资多少元,10 年之末可得 10000 元.

解 这是已知未来值求现在值的问题,是贴现问题.

已知贴现率 $r=4.5\%$,未来值 $A_t=10000$ 元,$t=10$ 年,所以,由公式(1.11),现在值

$$A_0 = A_t e^{-rt} = 10000 e^{-0.045 \times 10} = \frac{10000}{e^{0.45}} = \frac{10000}{1.5683} = 6376.3311(元).$$

四、无穷小的比较

我们已经知道,以零为极限的变量称为无穷小.不过,不同的无穷小收敛于零的速度有快有慢;当然,快慢是相对的.对此,我们通过考察两个无穷小之比,引进无穷小阶的概念.

例如,当 $x \to 0$ 时,$x^2, x^{\frac{1}{3}}, 2x, \sin x$ 都是无穷小.我们若以 x 收敛于零的速度作为标准,将上述无穷小与 x 相比较.由于

$$\lim_{x \to 0} \frac{x^2}{x} = 0, \quad \lim_{x \to 0} \frac{x^{\frac{1}{3}}}{x} = \infty, \quad \lim_{x \to 0} \frac{2x}{x} = 2, \quad \lim_{x \to 0} \frac{\sin x}{x} = 1.$$

显然,当 $x \to 0$ 时,它们收敛于零的速度与 x 相比是不同的,其中

x^2 较 x 为快,这时,称 x^2 是比 x 较高阶的无穷小;

$x^{\frac{1}{3}}$ 较 x 为慢,称 $x^{\frac{1}{3}}$ 是比 x 较低阶的无穷小;

$2x$ 与 x 只是相差一个倍数,称 $2x$ 与 x 是同阶无穷小;

$\sin x$ 与 x 应该说几乎是一致的,称 $\sin x$ 与 x 是等价无穷小.

定义 1.9　设 $\alpha(\alpha\neq0)$ 和 β 是同一变化过程中的无穷小.

若 $\lim\dfrac{\beta}{\alpha}=0$,则称 β 是比 α 较**高阶**的无穷小,记作 $\beta=o(\alpha)$;

若 $\lim\dfrac{\beta}{\alpha}=\infty$,则称 β 是比 α 较**低阶**的无穷小;

若 $\lim\dfrac{\beta}{\alpha}=C$（$C$ 是不为零的常数）,则称 β 与 α 是**同阶**无穷小;

若 $\lim\dfrac{\beta}{\alpha}=1$,则称 β 与 α 是**等价**无穷小,记作 $\beta\sim\alpha$.

例 22　试证:当 $x\to0$ 时,$(1-\sqrt{1-2x^2})\sim x^2$.

证　由于

$$\lim_{x\to0}\frac{1-\sqrt{1-2x^2}}{x^2}=\lim_{x\to0}\frac{1-(1-2x^2)}{x^2(1+\sqrt{1-2x^2})}=\lim_{x\to0}\frac{2}{1+\sqrt{1-2x^2}}=1,$$

所以,按定义 1.9 知,$(1-\sqrt{1-2x^2})$ 与 x^2 是等价无穷小,即 $(1-\sqrt{1-2x^2})\sim x^2$.

习　题　1.4

1. 求下列函数的极限:

(1) $\lim\limits_{x\to\infty}\dfrac{\sin x}{x}$;　　(2) $\lim\limits_{x\to0}x\sin\dfrac{1}{x}$;　　(3) $\lim\limits_{x\to\infty}\dfrac{\arctan x}{x}$;　　(4) $\lim\limits_{x\to0}(x^2+x)\cos\dfrac{1}{x}$.

2. 求下列函数的极限:

(1) $\lim\limits_{x\to2}(x^2+5x+3)$;　　(2) $\lim\limits_{x\to1}\dfrac{x^2-2}{2x^2+x-1}$;　　(3) $\lim\limits_{x\to2}\dfrac{4x^2+5}{x-2}$;

(4) $\lim\limits_{x\to2}\dfrac{x^2-4}{x-2}$;　　(5) $\lim\limits_{x\to2}\dfrac{x^2-3x+2}{x-2}$;　　(6) $\lim\limits_{x\to1}\dfrac{x^2-1}{2x^2-x-1}$;

(7) $\lim\limits_{x\to4}\dfrac{x^2-16}{\sqrt{x}-2}$;　　(8) $\lim\limits_{x\to4}\dfrac{x-4}{\sqrt{x+5}-3}$;　　(9) $\lim\limits_{h\to0}\dfrac{(x+h)^2-x^2}{h}$;

(10) $\lim\limits_{\Delta x\to0}\dfrac{\sqrt{x+\Delta x}-\sqrt{x}}{\Delta x}$;　　(11) $\lim\limits_{x\to1}\left(\dfrac{2}{x^2-1}-\dfrac{1}{x-1}\right)$;　　(12) $\lim\limits_{x\to1}\left(\dfrac{1}{1-x}-\dfrac{3}{1-x^3}\right)$.

3. 已知 $\lim\limits_{x\to1}\dfrac{x^2+ax+b}{1-x}=5$,求 a 和 b 的值.

4. 求下列函数的极限:

(1) $\lim\limits_{x\to\infty}\dfrac{x^2+x-3}{3(x-1)^2}$;　　(2) $\lim\limits_{x\to\infty}\dfrac{2x^2-4}{3x^3-x+5}$;　　(3) $\lim\limits_{x\to\infty}\dfrac{x^2-3x+4}{x+3}$;

(4) $\lim\limits_{x\to\infty}\dfrac{(4x-1)^{30}(3x-2)^{20}}{(4x+2)^{50}}$;　　(5) $\lim\limits_{x\to+\infty}\dfrac{\sqrt[3]{2x^3+3}}{\sqrt{x^2-2}}$;　　(6) $\lim\limits_{n\to\infty}\dfrac{2n^2-3n+4}{3n^2+n-5}$;

(7) $\lim\limits_{n\to\infty}\dfrac{\sqrt{3n^3+5n}}{2n^2-3}$;　　(8) $\lim\limits_{x\to+\infty}x(\sqrt{x^2-1}-x)$;　　(9) $\lim\limits_{x\to\infty}(\sqrt{x^4+1}-x^2)$.

5. 求下列极限:

(1) $\lim\limits_{n\to\infty}\dfrac{1+2+3+\cdots+n}{n^2}$;　　(2) $\lim\limits_{n\to\infty}\dfrac{1+\frac{1}{2}+\frac{1}{4}+\cdots+\frac{1}{2^n}}{1+\frac{1}{3}+\frac{1}{9}+\cdots+\frac{1}{3^n}}$.

6. 由已知条件确定 a,b 的值:

(1) $\lim\limits_{x\to\infty}\left(\dfrac{x^2+1}{x+1}-ax-b\right)=0$;   (2) $\lim\limits_{x\to+\infty}(\sqrt{x^2-x+1}-ax-b)=0$.

7. 设 $f(x)=\dfrac{x^2-4}{3x^2+5x-2}$，求下列极限：

(1) $\lim\limits_{x\to2}f(x)$;   (2) $\lim\limits_{x\to-2}f(x)$;   (3) $\lim\limits_{x\to\frac{1}{3}}f(x)$;   (4) $\lim\limits_{x\to\infty}f(x)$.

8. 求下列函数的极限：

(1) $\lim\limits_{x\to0}\dfrac{\sin3x}{x}$;   (2) $\lim\limits_{x\to0}\dfrac{\sin3x}{\sin2x}$;   (3) $\lim\limits_{x\to0}\dfrac{\tan2x+\sin x}{x}$;   (4) $\lim\limits_{x\to\pi}\dfrac{\sin x}{\pi-x}$;

(5) $\lim\limits_{x\to\infty}x\sin\dfrac{1}{x}$;   (6) $\lim\limits_{x\to0}\dfrac{x+\sin x}{x-2\sin x}$;   (7) $\lim\limits_{x\to0}\dfrac{2\arctan x}{x}$;   (8) $\lim\limits_{x\to1}\dfrac{\sin(x^2-1)}{x-1}$.

9. 若 $\lim\limits_{x\to1}\dfrac{x^2+ax+b}{\sin(x^2-1)}=3$，试确定 a,b 的值.

10. 求下列函数的极限：

(1) $\lim\limits_{n\to\infty}\left(1+\dfrac{1}{n}\right)^{n+1}$;   (2) $\lim\limits_{n\to\infty}\left(1+\dfrac{x}{n}\right)^{n}$;   (3) $\lim\limits_{x\to\infty}\left(1+\dfrac{1}{x}\right)^{-x}$;

(4) $\lim\limits_{x\to\infty}\left(1+\dfrac{2}{x}\right)^{-2x}$;   (5) $\lim\limits_{x\to0}(1-2x)^{\frac{1}{x}}$;   (6) $\lim\limits_{x\to0}\left(\dfrac{2-x}{2}\right)^{\frac{2}{x}-1}$;

(7) $\lim\limits_{x\to\infty}\left(\dfrac{x-1}{x+1}\right)^{x}$;   (8) $\lim\limits_{x\to\infty}\left(\dfrac{2x+3}{2x+1}\right)^{x}$;   (9) $\lim\limits_{x\to0}(1-\tan x)^{3\cot x}$;

(10) $\lim\limits_{x\to0}(1+3\sin x)^{\csc x}$.

11. 当 $x\to0$ 时，试将下列无穷小与 x 进行比较：

(1) $\sqrt[3]{x}+\sin x$;   (2) x^3+2x;   (3) $\ln(1+x^2)$;   (4) $\sqrt{1+x}-\sqrt{1-x}$.

12. 当 $x\to0$ 时，证明：

(1) $\sqrt{1+x}-1\sim\dfrac{x}{2}$;   (2) $\arcsin x\sim\ln(1+x)$.

13. 1000 元按年利率 6% 进行连续复利，20 年后，本利和为多少元？

14. 若 10 年后可收取的款额为 704.83 万元，已知贴现率为 7%，按连续贴现计算，问这笔款的现值是多少？

15. 单项选择题：

(1) 若 $\lim\limits_{x\to2}\dfrac{3-\sqrt{x+a}}{x^2-4}=b$，则（ ）.

(A) $a=2,b=-\dfrac{1}{24}$;   (B) $a=7,b=-\dfrac{1}{24}$;   (C) $a=7,b=\dfrac{1}{24}$;   (D) $a=7,b=-24$.

(2) 若 $\lim\limits_{x\to\infty}\dfrac{x^4(1+a)+2+bx^3}{x^3+x^2-1}=-2$，则（ ）.

(A) $a=-3,b=0$;   (B) $a=0,b=-2$;   (C) $a=-1,b=0$;   (D) $a=-1,b=-2$.

(3) $\lim\limits_{n\to\infty}n^3\tan\dfrac{x}{n^3}=$（ ）.

(A) 0;   (B) $+\infty$;   (C) x;   (D) 1.

(4) 下列等式成立的是（ ）.

(A) $\lim\limits_{n\to\infty}\left(1+\dfrac{1}{n}\right)^{2n}=e$;   (B) $\lim\limits_{n\to\infty}\left(1+\dfrac{2}{n}\right)^{n}=e$;

(C) $\lim\limits_{n\to\infty}\left(1+\dfrac{1}{2n}\right)^{n}=e$;   (D) $\lim\limits_{n\to\infty}\left(1+\dfrac{1}{n}\right)^{n+2}=e$.

$$\S 1.5 \quad 函数的连续性$$

一、连续性概念

1. 函数在一点连续的定义

客观世界的许多现象都是连续变化的,所谓连续就是不间断.例如,物体运动时,路程是随时间连续增加的;气温是随时间不间断的上升或下降的.若从函数的观点看,路程是时间的函数,气温是时间的函数,当时间——自变量——变化很微小时,路程、气温——函数——相应地变化也很微小.在数学上,这就是连续函数,它反映了变量逐渐变化的过程.从图形上看,图 1-51 所示的一段曲线在 x_0 处没有出现间断,在 x_1 处却断开了,作为区间 $[a,b]$ 上的曲线就不是连续的,是有间断点的曲线.

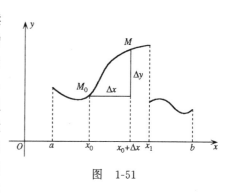

图　1-51

数学上的连续性概念,正是人们头脑中已存在着的这些连续或间断形象的抽象.

我们用图 1-51 来阐明函数在一点连续与间断最本质的数量特征.

在 x_1 处,曲线断开,作为曲线 $y=f(x)$ 上的点的横坐标 x 从 x_1 左侧近旁变到右侧近旁时,曲线上的点的纵坐标 y 呈现跳跃,即在 x_1 处,当自变量有微小改变时,相应的函数值有显著改变.在点 x_0 处,曲线是连续的,情况则不同:曲线 $y=f(x)$ 上的点的横坐标 x 自 x_0 向左或向右作微小移动时,其相应的纵坐标 y 呈渐变.换言之,自变量 x 在 x_0 处有微小改变时,相应的函数值 y 也有微小改变.

我们用数学式子来表达上述说法.对函数 $y=f(x)$,假设自变量由 x_0 改变到 $x_0+\Delta x$,自变量实际改变了 Δx,这时,函数值**相应地**由 $f(x_0)$ 改变到 $f(x_0+\Delta x)$,若记 Δy 为函数相应地改变量,则

$$\Delta y = f(x_0 + \Delta x) - f(x_0).$$

按这种记法,在 x_0 处,当 $|\Delta x|$ 很微小时,Δy 也很微小.特别当 $\Delta x \to 0$ 时,也有 $\Delta y \to 0$.这就是函数 $y=f(x)$ 在点 x_0 处连续的实质.

由以上分析得到函数在一点连续的定义.

定义 1.10 设函数 $y=f(x)$ 在点 x_0 的某邻域内有定义,若

$$\lim_{\Delta x \to 0} \Delta y = \lim_{\Delta x \to 0} [f(x_0 + \Delta x) - f(x_0)] = 0, \tag{1.12}$$

则称函数 $f(x)$ **在点 x_0 连续**,称 x_0 为函数的**连续点**.

若记 $x=x_0+\Delta x$,则 $\Delta x = x - x_0$,相应地函数的改变量为

$$\Delta y = f(x) - f(x_0),$$

当 $\Delta x \to 0$ 时，即 $x \to x_0$；$\Delta y \to 0$，即 $[f(x)-f(x_0)] \to 0$，也即 $f(x) \to f(x_0)$. 于是，函数 $y = f(x)$ 在点 x_0 连续定义的 (1.12) 式，又可记作

$$\lim_{x \to x_0} f(x) = f(x_0). \tag{1.13}$$

依 (1.13) 式，函数 $f(x)$ 在点 x_0 连续须下述三个条件皆满足：

(1) 在点 x_0 的某邻域内有定义；

(2) 极限 $\lim\limits_{x \to x_0} f(x)$ 存在；

(3) 极限 $\lim\limits_{x \to x_0} f(x)$ 的值等于该点的函数值 $f(x_0)$.

我们常用 (1.13) 式，即上述三个条件来讨论函数 $f(x)$ 在某点处是否连续.

例 1   讨论函数 $f(x) = \begin{cases} \dfrac{x^2-3x+2}{x-2}, & x \neq 2 \\ 1, & x = 2 \end{cases}$ 在 $x=2$ 处是否连续？

解   用 (1.13) 式来判定. 首先，$f(x)$ 在 $x=2$ 处有定义，且 $f(2)=1$；

其次，求极限

$$\lim_{x \to 2} f(x) = \lim_{x \to 2} \frac{x^2-3x+2}{x-2} = \lim_{x \to 2} \frac{(x-2)(x-1)}{x-2} = 1.$$

于是 $$\lim_{x \to 2} f(x) = f(2),$$

所以，函数 $f(x)$ 在 $x=2$ 处连续.

由函数 $f(x)$ 在点 x_0 左极限与右极限的定义，立即得到函数 $f(x)$ 在点 x_0 左连续与右连续的定义.

若 $\lim\limits_{x \to x_0^-} f(x) = f(x_0)$，则称函数 $f(x)$ 在点 x_0 **左连续**；

若 $\lim\limits_{x \to x_0^+} f(x) = f(x_0)$，则称函数 $f(x)$ 在点 x_0 **右连续**.

由此可知，函数 $f(x)$ 在点 x_0 连续的**充分必要条件**是：函数 $f(x)$ 在点 x_0 既左连续，又右连续，即

$$\lim_{x \to x_0} f(x) = f(x_0) \Longleftrightarrow \lim_{x \to x_0^-} f(x) = f(x_0) = \lim_{x \to x_0^+} f(x).$$

例 2   讨论函数 $f(x) = \begin{cases} \dfrac{\sin 2x}{x}, & x < 0, \\ 2, & x = 0, \\ e^x + 1, & x > 0 \end{cases}$ 在 $x=0$ 处的连续性.

解   这是分段函数，在分段点 $x=0$ 处的左右两侧须分别讨论左连续和右连续.

因为 $f(0)=2$，当 $x<0$ 时，

$$\lim_{x \to 0^-} f(x) = \lim_{x \to 0^-} \frac{\sin 2x}{x} = 2 = f(0);$$

当 $x>0$ 时，

$$\lim_{x \to 0^+} f(x) = \lim_{x \to 0^+} (\mathrm{e}^x + 1) = 2 = f(0),$$

即函数 $f(x)$ 在点 $x=0$ 既左连续,又右连续,所以它在 $x=0$ 处连续.

例 3 讨论函数 $f(x) = \begin{cases} x+2, & x \geqslant 0, \\ x-2, & x < 0 \end{cases}$ 在 $x=0$ 处的连续性.

解 因 $f(0) = 2$,又

$$\lim_{x \to 0^-} f(x) = \lim_{x \to 0^-} (x-2) = -2, \quad \lim_{x \to 0^+} f(x) = \lim_{x \to 0^+} (x+2) = 2,$$

所以函数在 $x=0$ 处右连续,但不左连续,从而它在 $x=0$ 不连续.

该题也可如下表述:因为

$$\lim_{x \to 0^-} f(x) \neq \lim_{x \to 0^+} f(x),$$

即极限 $\lim_{x \to 0} f(x)$ 不存在,故 $f(x)$ 在 $x=0$ 不连续.

函数在一点连续的定义,很自然的可以拓广到一个区间上.

若函数 $f(x)$ 在区间 I 上每一点都连续,则称函数 $f(x)$ **在 I 上连续**,或称 $f(x)$ 为 I 上的**连续函数**. 对闭区间 $[a,b]$,区间端点的连续性,按左、右连续来确定:

$$\lim_{x \to b^-} f(x) = f(b), \quad \lim_{x \to a^+} f(x) = f(a).$$

例如,函数 $f(x) = \dfrac{1}{x}$ 在开区间 $(1,2)$ 内是连续的,在闭区间 $[1,2]$ 内也是连续的,但是闭区间 $[0,1]$ 上就不连续了. 这是因为它在 $x=0$ 处没有定义.

2. 间断点及其分类

若函数 $f(x)$ 在点 x_0 不满足连续的定义,则称这一点是函数 $f(x)$ 的**不连续点或间断点**.

若 x_0 是函数 $f(x)$ 的间断点,按 (1.13) 式,所有可能出现的情况是:

或者函数 $f(x)$ 在 x_0 的左、右邻近有定义,而在 x_0 没有定义;

或者极限 $\lim_{x \to x_0} f(x)$ 不存在;

或者极限 $\lim_{x \to x_0} f(x)$ 存在,但不等于 $f(x_0)$.

间断点通常分为第一类间断点和第二类间断点.

(1) 第一类间断点

设 x_0 是函数 $f(x)$ 的间断点,若函数 $f(x)$ 在 x_0 处的左、右极限都存在,则称点 x_0 是**第一类间断点**. 其中,左、右极限不相等的,称点 x_0 为**跳跃间断点**,如前述例 3 中的函数,$x=0$ 就是跳跃间断点;左、右极限相等的,即存在极限 $\lim_{x \to x_0} f(x) = A$,则称点 x_0 为函数 $f(x)$ 的**可去间断点**.

若 x_0 是可去间断点,其间断的原因:或者函数 $f(x)$ 在 x_0 的左、右邻近有定义,而在 x_0 没有定义;或者 $f(x)$ 在 x_0 有定义,但极限 $\lim_{x \to x_0} f(x)$ 的值 A 不等于函数值 $f(x_0)$.

例 4 函数 $f(x)=\begin{cases}\dfrac{1-x^2}{1-x}, & x\neq 1,\\ 0, & x=1\end{cases}$ 在 $x=1$ 处,因为

$$\lim_{x\to 1}f(x)=\lim_{x\to 1}\frac{1-x^2}{1-x}=\lim_{x\to 1}\frac{(1-x)(1+x)}{1-x}=2,$$

而 $f(1)=0$,所以 $x=1$ 是函数的可去间断点.

这时,改变函数在 $x=1$ 处的函数值,使其等于极限值,即令 $f(1)=2$,有[①]

$$f(x)=\begin{cases}\dfrac{1-x^2}{1-x}, & x\neq 1,\\ 2, & x=1.\end{cases}$$

则函数 $f(x)$ 在 $x=1$ 处就由间断变为连续了.

例 5 函数 $f(x)=\sin x\cdot\cos\dfrac{1}{x}$ 在 $x=0$ 处没有定义,$x=0$ 是其间断点. 由于

$$\lim_{x\to 0}\sin x\cdot\cos\frac{1}{x}=0,$$

所以,$x=0$ 是函数的可去间断点.

这时,在 $x=0$ 补充定义函数值,令其函数值等于极限值:$f(0)=0$,即

$$f(x)=\begin{cases}\sin x\cdot\cos\dfrac{1}{x}, & x\neq 0,\\ 0, & x=0.\end{cases}$$

显然,函数 $f(x)$ 在 $x=0$ 就连续了.

（2）第二类间断点

除第一类间断点,函数所有其他形式的间断点,即函数在点 x_0 至少有一侧极限不存在,统称为**第二类间断点**.

例如,函数 $y=\dfrac{1}{x}$ 在 $x=0$ 的左、右邻近有定义,而在 $x=0$ 处没有定义,这是间断点. 由于当 $x\to 0$ 时,$y=\dfrac{1}{x}\to\infty$,显然,这是第二类间断点.这种间断点（因为极限为 ∞）也称为**无穷型间断点**.由图 1-17 看到,这时,曲线 $y=\dfrac{1}{x}$ 以直线 $x=0$ 为铅垂渐近线. 由此,启发我们可在函数的间断点处去寻求曲线的铅垂渐近线.

又如,$x=0$ 是函数 $y=\sin\dfrac{1}{x}$ 的间断点. 当 $x\to 0$ 时,$y=\sin\dfrac{1}{x}$ 在 -1 和 $+1$ 之间无限次振荡,这也是第二类间断点.

二、初等函数的连续性

可以证明**初等函数在其有定义的区间内都是连续的**.

根据这一结论,求初等函数在其定义区间内某点 x_0 的极限时,只要求出该点的函数值

---

① 此处的函数与原给函数 $f(x)$ 已经不相同,但从问题的性质出发,此处仍记作 $f(x)$,以下均如此.

即可.

例如,求 $\lim\limits_{x\to 0}\dfrac{\ln(e+x^2)}{a^x\cos x}$ 时,由于该函数是初等函数,且 $x=0$ 在其定义区间内,故由初等函数的连续性,有

$$\lim_{x\to 0}\frac{\ln(e+x^2)}{a^x\cos x}=\frac{\ln(e+0)}{a^0\cos 0}=\frac{\ln e}{1\cdot 1}=1.$$

三、闭区间上连续函数的性质

函数 $f(x)$ 在点 x_0 连续,意味着 $f(x)$ 在点 x_0 有定义,有极限且极限值等于函数值.这是函数的局部性质.现在我们来介绍函数在整个区间上的性质,这可理解为整体性质.

先给出最大值与最小值的概念.

设函数 $f(x)$ 在区间 I 上有定义,若 $x_0\in I$,且对该区间内的一切 x,有

$$f(x)\leqslant f(x_0)\quad\text{或}\quad f(x)\geqslant f(x_0),$$

则称 $f(x_0)$ 是函数 $f(x)$ 在区间 I 上的**最大值**或**最小值**.最大值与最小值统称为**最值**.

定理 1.7(最大值、最小值定理) 若函数 $f(x)$ 在闭区间 $[a,b]$ 上连续,则 $f(x)$ 在 $[a,b]$ 上有**最大值与最小值**.

从图形上看(图 1-52),定理 1.7 的结论成立是显然的.包括端点的一段连续曲线,必定有一点 $(x_1,f(x_1))$ 最低,也有一点 $(x_2,f(x_2))$ 最高.

注意 若函数 $f(x)$ 在开区间内连续,它不一定有最大值与最小值.如,$y=x^2$ 在区间 $(0,1)$ 内连续,它在该区间内既无最大值也无最小值.

定理 1.8(有界定理) 若函数 $f(x)$ 在闭区间 $[a,b]$ 上连续,则 $f(x)$ 在 $[a,b]$ 上有界.

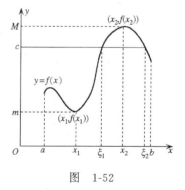

图 1-52

由定理 1.7 立即可得该定理的结论:在闭区间上有最大值与最小值的函数必然是有界函数.

定理 1.9(介值定理) 设函数 $f(x)$ 在闭区间 $[a,b]$ 上连续,m 和 M 分别为函数 $f(x)$ 在 $[a,b]$ 上的最小值与最大值,则对介于 m 和 M 之间的任一数 c:$m<c<M$,在开区间 (a,b) 内至少存在一点 ξ,使得

$$f(\xi)=c.$$

由图 1-52 看出,连续曲线 $y=f(x)$ 与直线 $y=c$ 交于两点,其横坐标分别为 ξ_1 和 ξ_2.于是

$$f(\xi_1)=f(\xi_2)=c.$$

定理 1.10(零点定理) 若函数 $f(x)$ 在闭区间 $[a,b]$ 上连续,且 $f(a)$ 与 $f(b)$ 异号,则在 (a,b) 内至少存在一点 ξ,使得

$$f(\xi)=0.$$

由图 1-53 我们可以看出这一结论:若点 $A(a,f(a))$ 与点 $B(b,f(b))$ 分别在 x 轴的上下

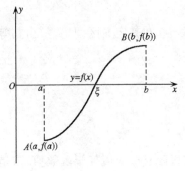

图 1-53

两侧,则连接点 A 与点 B 的连续曲线 $y=f(x)$ 至少与 x 轴有一个交点.若交点为 $(\xi,0)$,则显然 $f(\xi)=0$.

零点定理说明方程 $f(x)=0$ 在区间 (a,b) 内至少存在一个根.

例6 证明方程 $x\cdot3^x=1$ 至少有一个小于 1 的正根.

证 这是要证明所给方程在区间 $(0,1)$ 内有根.

设 $f(x)=x\cdot3^x-1$,则它在闭区间 $[0,1]$ 上连续,并且
$$f(0)=-1<0, \quad f(1)=2>0.$$

由零点定理知,在 $(0,1)$ 内至少存在一点 ξ,使得 $f(\xi)=0$,即方程 $x\cdot3^x=1$ 至少有一个小于 1 的正根.

习 题 1.5

1. 讨论下列函数在 $x=0$ 处的连续性:

(1) $f(x)=\begin{cases} x\sin\dfrac{1}{x}, & x\neq0, \\ 0, & x=0; \end{cases}$
(2) $f(x)=\begin{cases} \dfrac{\sin x}{|x|}, & x\neq0, \\ 1, & x=0; \end{cases}$

(3) $f(x)=\begin{cases} \mathrm{e}^{-\frac{1}{x^2}}, & x\neq0, \\ 0, & x=0; \end{cases}$
(4) $f(x)=\begin{cases} \dfrac{x}{1-\sqrt{1-x}}, & x<0, \\ x+2, & x\geqslant0. \end{cases}$

2. 确定常数 k 的值,使下列函数在指定点处连续:

(1) $f(x)=\begin{cases} \dfrac{\ln(1+2x)}{x}, & x>0, \\ k, & x=0, \quad \text{在 } x=0 \text{ 处}; \\ \mathrm{e}^x+1, & x<0 \end{cases}$
(2) $f(x)=\begin{cases} \dfrac{x^2-4}{x-2}, & x\neq2, \\ k, & x=2 \end{cases}$ 在 $x=2$ 处.

3. 函数 $f(x)=\begin{cases} x^2-1, & x\leqslant1, \\ x+1, & x>1 \end{cases}$ 在 $x=\dfrac{1}{2},x=1,x=2$ 处是否连续?

4. 求下列函数的间断点,并说明这些间断点属于哪一类? 是可去间断点的,设法使其变成连续函数:

(1) $f(x)=\dfrac{1}{(x+3)^2}$;
(2) $f(x)=x\cdot\cos\dfrac{1}{x}$;
(3) $f(x)=(1+x)^{\frac{1}{x}}$;

(4) $f(x)=\dfrac{x-1}{x^2-1}$;
(5) $f(x)=\begin{cases} \dfrac{x^2-1}{x-1}, & x\neq1, \\ 1, & x=1; \end{cases}$
(6) $f(x)=\begin{cases} \dfrac{1}{1+2^{\frac{1}{x}}}, & x\neq0, \\ 0, & x=0. \end{cases}$

5. 讨论函数 $f(x)=\begin{cases} 2x, & 0\leqslant x\leqslant1, \\ 3-x, & 1<x\leqslant3 \end{cases}$ 在给定区间上的连续性.

6. 证明方程 $x^5-3x=1$ 至少有一个根介于 1 与 2 之间.

7. 证明方程 $x=a\sin x+b(a>0,b>0)$ 至少有一个正根,且不超过 $a+b$.

8. 单项选择题:

(1) 函数 $f(x)$ 在 x_0 处有定义,是 $f(x)$ 在 x_0 处连续的( ).

(A) 必要条件但非充分条件;
(B) 充分条件但非必要条件;

(C) 充分必要条件;
(D) 无关条件.

(2) 函数 $f(x)$ 在 x_0 处极限存在是 $f(x)$ 在 x_0 处连续的(　　).

(A) 必要条件但非充分条件;　　　　　　(B) 充分条件但非必要条件;

(C) 充分必要条件;　　　　　　(D) 无关条件.

(3) 设函数 $f(x)$ 在 $[a,b]$ 上有定义,则方程 $f(x)=0$ 在 (a,b) 内有惟一实根的条件是(　　).

(A) $f(x)$ 在 $[a,b]$ 上连续;　　　　(B) $f(x)$ 在 $[a,b]$ 上连续,且 $f(a)\cdot f(b)<0$;

(C) $f(x)$ 在 $[a,b]$ 上单调,且 $f(a)\cdot f(b)<0$;　(D) $f(x)$ 在 $[a,b]$ 上连续单调,且 $f(a)\cdot f(b)<0$.

§1.6　曲线的渐近线

若曲线 $y=f(x)$ 上的点 $P(x,f(x))$ 沿着曲线无限地远离原点时,点 P 与某条定直线的距离趋于零,则称该直线是曲线 $y=f(x)$ 的**渐近线**.

前面我们已经讲到,极限 $\lim\limits_{x\to\infty}f(x)=A$ 的几何意义是曲线 $y=f(x)$ 以直线 $y=A$ 为水平渐近线;极限 $\lim\limits_{x\to x_0}f(x)=\infty$ 的几何意义是曲线 $y=f(x)$ 以直线 $x=x_0$ 为铅垂渐近线.这里,把求曲线渐近线的一般方法归纳如下.

1. 水平渐近线

对曲线 $y=f(x)$,若

$$\lim_{x\to-\infty}f(x)=b\quad\text{或}\quad\lim_{x\to+\infty}f(x)=b,$$

则直线 $y=b$ 是曲线 $y=f(x)$ 的**水平渐近线**.

2. 铅垂渐近线

对曲线 $y=f(x)$,若

$$\lim_{x\to x_0^-}f(x)=\infty\quad\text{或}\quad\lim_{x\to x_0^+}f(x)=\infty,$$

则直线 $x=x_0$ 是曲线 $y=f(x)$ 的**铅垂渐近线**.

上述极限中的点 x_0 可能是函数 $f(x)$ 的**间断点**,也可能是函数 $f(x)$ 有定义区间的**端点**(在端点处无定义).

例1　对曲线 $y=\arctan x$,由于(参阅图 1-34)

$$\lim_{x\to-\infty}\arctan x=-\frac{\pi}{2},\quad\lim_{x\to+\infty}\arctan x=\frac{\pi}{2},$$

所以,曲线 $y=\arctan x$ 沿 x 轴的负方向有水平渐近线 $y=-\frac{\pi}{2}$;沿 x 轴的正方向有水平渐近线 $y=\frac{\pi}{2}$.

图　1-54

例2　对曲线 $y=e^{-\frac{1}{x}}$,由于(图 1-54)

$$\lim_{x\to-\infty}e^{-\frac{1}{x}}=1,\quad\lim_{x\to+\infty}e^{-\frac{1}{x}}=1,$$

所以,曲线 $y=e^{-\frac{1}{x}}$ 沿着 x 轴的负方向、沿 x 轴的正方向无限延伸时都以直线 $y=1$ 为水平渐近线.

注意到 $x=0$ 是 $y=\mathrm{e}^{-\frac{1}{x}}$ 的间断点,且

$$\lim_{x\to 0^-}\mathrm{e}^{-\frac{1}{x}}=+\infty,$$

所以曲线 $y=\mathrm{e}^{-\frac{1}{x}}$ 沿着 y 轴的正方向以直线 $x=0(y$ 轴)为铅垂渐近线.

例3 对曲线 $y=\dfrac{x^2}{2x-1}$,$x=\dfrac{1}{2}$ 是其间断点,由于

$$\lim_{x\to\frac{1}{2}^-}\frac{x^2}{2x-1}=-\infty,\qquad \lim_{x\to\frac{1}{2}^+}\frac{x^2}{2x-1}=+\infty,$$

所以,曲线 $y=\dfrac{x^2}{2x-1}$ 沿 y 轴的负方向、正方向延伸都以直线 $x=\dfrac{1}{2}$ 为铅垂渐近线(见图 1-55).

例4 函数 $y=\ln x$ 在区间 $(0,+\infty)$ 内有定义,在区间端点 $x=0$ 处,由于

$$\lim_{x\to 0^+}\ln x=-\infty,$$

所以,曲线 $y=\ln x$ 沿 y 轴的负方向延伸以直线 $x=0$ 为铅垂渐近线(见图 1-15).

图 1-55

例5 对曲线 $y=3+\dfrac{2x+1}{(x-1)^2}$,由于

$$\lim_{x\to\infty}\left[3+\frac{2x+1}{(x-1)^2}\right]=3,\qquad \lim_{x\to 1}\left[3+\frac{2x+1}{(x-1)^2}\right]=\infty,$$

所以,直线 $y=3$ 为其水平渐近线;直线 $x=1$ 为其铅垂渐近线.

习 题 1.6

1. 求下列曲线的水平或铅垂渐近线:

(1) $y=1+\dfrac{1}{x}$;   (2) $y=\mathrm{e}^{\frac{1}{x}}$;   (3) $y=\ln(x-2)$;   (4) $y=\operatorname{arccot}x$;

(5) $y=\dfrac{1}{(x+2)^2}$;   (6) $y=\dfrac{x^2-1}{x^2+2x-3}$;   (7) $y=\dfrac{2x-1}{(x-1)^2}$;   (8) $y=\dfrac{1}{\sqrt{2\pi}}\mathrm{e}^{-\frac{x^2}{2}}$.

2. 确定下列结论的正确性:

(1) 曲线 $y=|\ln x|$ 向上延伸有铅垂渐近线 $x=0$;   (2) 曲线 $y=\ln|x|$ 向上延伸有铅垂渐近线 $x=0$.

3. 单项选择题:

(1) 曲线 $y=\mathrm{e}^{\frac{1}{x^2}}$( ).

(A) 仅有水平渐近线;   (B) 仅有铅垂渐近线;   (C) 既有水平又有铅垂渐近线;   (D) 没有渐近线.

(2) 曲线 $y=2\ln\dfrac{x+3}{x}-3$ 的水平渐近线方程是( ).

(A) $y=2$;   (B) $y=1$;   (C) $y=0$;   (D) $y=-3$.

第二章 导数与微分

研究导数理论,求导数与微分的方法及其应用的科学称为微分学.本章讲述微分学中的两个基本概念——导数与微分——及其计算方法.

§2.1 导 数 概 念

一、两个实例

几何学中的切线概念和物理学中的瞬时速度概念,这是我们已学过的知识.这里,我们将用函数极限的概念来精确地描述它们.从历史上看,导数概念就起源于几何学中的切线问题和物理学中的速度问题.现从这两个实际问题谈起.

1. 切线问题

先定义曲线的切线:

设 M_0 是曲线 L 上的任一点,M 是曲线上与点 M_0 邻近的一点,作割线 M_0M.当点 M 沿着曲线 L 无限趋于点 M_0 时的极限位置 M_0T 称为**过点 M_0 处的切线**(图 2-1).

我们现在的问题是:已知曲线方程 $y=f(x)$,要确定过曲线上点 $M_0(x_0,y_0)$ 处的切线斜率.

按上述切线定义,在曲线 $y=f(x)$ 上取邻近于点 M_0 的点 $M(x_0+\Delta x,y_0+\Delta y)$,**割线** M_0M 的倾角为 φ(图 2-2),其斜率是点 M_0 的纵坐标的改变量 Δy 与横坐标的改变量 Δx 之比,即

$$\tan\varphi=\frac{\Delta y}{\Delta x}=\frac{f(x_0+\Delta x)-f(x_0)}{\Delta x},$$

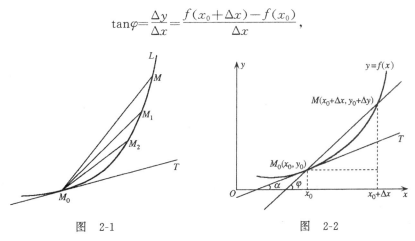

图 2-1   图 2-2

用割线 M_0M 的斜率表示切线斜率,这是近似值;显然,$|\Delta x|$ 越小,即点 M 沿曲线越接近于点 M_0,其近似程度越好.

现在让点 $M(x_0+\Delta x,y_0+\Delta y)$ 沿着曲线移动并无限趋于点 $M_0(x_0,y_0)$,即当 $\Delta x \to 0$ 时,割线 M_0M 将绕着点 M_0 转动通过点 $M_1,M_2,\cdots$ 而达到极限位置成为切线 M_0T(见图 2-1 和图 2-2). 所以割线 M_0M 的斜率的极限

$$\tan\alpha = \lim_{\Delta x \to 0}\tan\varphi = \lim_{\Delta x \to 0}\frac{f(x_0+\Delta x)-f(x_0)}{\Delta x}$$

就是曲线 $y=f(x)$ 在点 $M_0(x_0,y_0)$ 处切线 M_0T 的斜率,上式中的 α 是切线 M_0T 的倾角.

以上计算过程:先作割线,求出割线斜率;然后通过取极限,从割线过渡到切线,从而求得切线斜率.

由上述推导可知,曲线 $y=f(x)$ 在点 $M_0(x_0,y_0)$ 与点 $M(x_0+\Delta x,y_0+\Delta y)$ 的割线斜率 $\dfrac{\Delta y}{\Delta x}$,是曲线上的点的纵坐标 y 对横坐标 x 在区间 $[x_0,x_0+\Delta x]$(假设 $\Delta x>0$)上的平均变化率;而在点 M_0 处的切线斜率是曲线上的点的纵坐标 y 对横坐标 x 在 x_0 处的变化率. 显然,后者反映了曲线的纵坐标 y 随横坐标 x 变化而变化,且在横坐标为 x_0 处变化的快慢程度.

2. 速度问题

若物体作匀速直线运动,以 t 表示经历的时间,s 表示所走过的路程,则运动的速度

$$v = \frac{\text{所走路程}}{\text{经历时间}} = \frac{s}{t}.$$

现假设物体作变速直线运动,所走过的路程 s 是经历的时间 t 的函数,其运动方程为 $s=s(t)$.

我们的问题是:已知物体作变速直线运动,运动方程为 $s=s(t)$,要确定该物体在时刻 t_0 的运动速度. 为此,可取邻近于 t_0 的时刻 $t=t_0+\Delta t$,在 Δt 这一段时间内,物体走过的路程是

$$\Delta s = s(t_0+\Delta t)-s(t_0),$$

物体运动的平均速度是

$$\bar{v} = \frac{\Delta s}{\Delta t} = \frac{s(t_0+\Delta t)-s(t_0)}{\Delta t}.$$

用在 Δt 这一段时间内的平均速度表示物体在时刻 t_0 的运动速度,这是近似值;显然,$|\Delta t|$ 越小,即时刻 t 越接近于时刻 t_0,其近似程度越好.

现令 $\Delta t \to 0$,平均速度 $\bar{v}$ 的极限自然就是物体在时刻 t_0 运动的瞬时速度

$$v(t_0) = \lim_{\Delta t \to 0}\frac{\Delta s}{\Delta t} = \lim_{\Delta t \to 0}\frac{s(t_0+\Delta t)-s(t_0)}{\Delta t}.$$

以上计算过程:先在局部范围内求出平均速度;然后通过取极限,由平均速度过渡到瞬时速度.

若物体作变速直线运动,其运动方程为 $s=s(t)$,则在时刻 t_0 到时刻 $t_0+\Delta t$(即在 Δt 这一

段时间间隔)的平均速度 $\dfrac{\Delta s}{\Delta t}$ 是运动的路程 s 对运动的时间 t 的平均变化率;而在 t_0 的瞬时速度 $v(t_0)$ 是运动的路程 s 对运动的时间 t 在时刻 t_0 的变化率. 显然,后者反映了运动的路程 s 随运动的时间 t 变化而变化,且在时刻 t_0 变化的快慢程度.

以上两个实际问题,其一是曲线的切线斜率,其二是运动的瞬时速度. 这两个问题实际意义虽然不同,一个是几何问题,一个是物理问题,但从数学上看,解决它们的方法却完全一样,都是计算同一类型的极限:函数的改变量与自变量的改变量之比,当自变量的改变量趋于零时的极限,即对函数 $y=f(x)$,要计算极限

$$\lim_{\Delta x \to 0}\frac{\Delta y}{\Delta x} = \lim_{\Delta x \to 0}\frac{f(x_0 + \Delta x) - f(x_0)}{\Delta x}.$$

上式中,分母 Δx 是自变量 x 在点 x_0 取得的改变量,要求 $\Delta x \neq 0$;分子 $\Delta y = f(x_0 + \Delta x) - f(x_0)$ 是与 Δx **相对应的**函数 $f(x)$ 的改变量. 因此,若上述极限存在,这个极限是函数在点 x_0 处的变化率,它描述了函数 $f(x)$ 在点 x_0 变化的快慢程度.

在实际中,凡是考察一个变量随着另一个变量变化的变化率问题,都归结为计算上述类型的极限. 正因为如此,上述极限表述了自然科学、工程技术、经济科学中很多不同质的现象在量方面的共性,正是这种共性的抽象而引出函数的导数概念.

二、导数概念

1. 导数定义

对函数 $y=f(x)$,若以 $\Delta x(\neq 0)$ 记自变量 x 在点 x_0 取得的改变量,而因变量 y 相对应的改变量记作 Δy:

$$\Delta y = f(x_0 + \Delta x) - f(x_0),$$

则如下定义函数 $y=f(x)$ 在点 x_0 的导数.

定义 2.1 设函数 $y=f(x)$ 在点 x_0 的某邻域内有定义,若极限

$$\lim_{\Delta x \to 0}\frac{\Delta y}{\Delta x} = \lim_{\Delta x \to 0}\frac{f(x_0 + \Delta x) - f(x_0)}{\Delta x} \tag{2.1}$$

存在,则称函数 $f(x)$ 在**点 x_0 可导**,并称此极限值为函数 $f(x)$ **在点 x_0 的导数**,记作

$$f'(x_0), \quad y'|_{x=x_0}, \quad \frac{\mathrm{d}y}{\mathrm{d}x}\Big|_{x=x_0}, \quad \frac{\mathrm{d}f}{\mathrm{d}x}\Big|_{x=x_0}.$$

按定义 2.1 所述,记号 $f'(x_0)$ 或 $y'|_{x=x_0}$ 等表示函数 $f(x)$ 在点 x_0 的导数,它表示一个数值,并有

$$f'(x_0) = \lim_{\Delta x \to 0}\frac{f(x_0 + \Delta x) - f(x_0)}{\Delta x}. \tag{2.2}$$

若记 $x=x_0+\Delta x$,则上式又可写作

$$f'(x_0) = \lim_{x \to x_0}\frac{f(x) - f(x_0)}{x - x_0}. \tag{2.3}$$

以后讨论函数 $f(x)$ 在点 x_0 的导数问题时,可以采用(2.2)式,也可采用(2.3)式.

若极限(2.1)式不存在,则称函数 $f(x)$ 在**点 x_0 不可导**. 在极限不存在的情况下,若极限为 ∞,即

$$\lim_{\Delta x \to 0} \frac{f(x_0 + \Delta x) - f(x_0)}{\Delta x} = \infty,$$

也称函数 $f(x)$ 在点 x_0 的导数为无穷大.

例 1 求函数 $y = f(x) = \dfrac{1}{x}$ 在 $x = 2$ 的导数.

解 用(2.2)式. 在 $x = 2$ 处,当自变量有改变量 Δx 时,函数相应的改变量

$$\Delta y = f(2 + \Delta x) - f(2) = \frac{1}{2 + \Delta x} - \frac{1}{2} = \frac{-\Delta x}{2(2 + \Delta x)},$$

于是,在 $x = 2$ 处 $f(x) = \dfrac{1}{x}$ 的导数

$$f'(2) = \lim_{\Delta x \to 0} \frac{f(2 + \Delta x) - f(2)}{\Delta x} = \lim_{\Delta x \to 0} \frac{-1}{4 + 2\Delta x} = -\frac{1}{4}.$$

用(2.3)式. 当自变量由 2 改变到 x 时,$\Delta x = x - 2$,相应的函数的改变量

$$\Delta y = f(x) - f(2) = \frac{1}{x} - \frac{1}{2} = \frac{2 - x}{2x},$$

于是

$$f'(2) = \lim_{x \to 2} \frac{f(x) - f(2)}{x - 2} = \lim_{x \to 2} \frac{-1}{2x} = -\frac{1}{4}.$$

既然极限问题有左极限、右极限之分,而函数 $f(x)$ 在点 x_0 的导数是用一个极限式定义的,自然就有左导数和右导数问题.

若以 $f'_-(x_0)$ 和 $f'_+(x_0)$ 分别记函数 $f(x)$ 在点 x_0 的**左导数**和**右导数**,则应如下定义

$$f'_-(x_0) = \lim_{\Delta x \to 0^-} \frac{\Delta y}{\Delta x} = \lim_{\Delta x \to 0^-} \frac{f(x_0 + \Delta x) - f(x_0)}{\Delta x},$$

或

$$f'_-(x_0) = \lim_{x \to x_0^-} \frac{f(x) - f(x_0)}{x - x_0},$$

$$f'_+(x_0) = \lim_{\Delta x \to 0^+} \frac{\Delta y}{\Delta x} = \lim_{\Delta x \to 0^+} \frac{f(x_0 + \Delta x) - f(x_0)}{\Delta x},$$

或

$$f'_+(x_0) = \lim_{x \to x_0^+} \frac{f(x) - f(x_0)}{x - x_0}.$$

由函数极限存在的充分必要条件可知,函数在点 x_0 的导数与在该点的左右导数的关系有下述**结论**:

函数 $f(x)$ 在点 x_0 可导且 $f'(x_0) = A$ 的**充分必要条件**是它在点 x_0 的左导数 $f'_-(x_0)$ 和右导数 $f'_+(x_0)$ 皆存在且都等于 A,即

$$f'(x_0) = A \Longleftrightarrow f'_-(x_0) = A = f'_+(x_0). \tag{2.4}$$

例 2 讨论函数 $f(x) = |x|$ 在 $x = 0$ 处是否可导.

解　按绝对值定义,$|x| = \begin{cases} x, & 0 \leqslant x, \\ -x, & x < 0, \end{cases}$ 这是分段函数,$x=0$ 是其分段点(图 2-3).

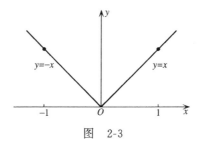

图　2-3

先考察函数在 $x=0$ 的左导数和右导数.

由于 $f(0)=0$,且

$$f'_-(0) = \lim_{x \to 0^-} \frac{f(x) - f(0)}{x} = \lim_{x \to 0^-} \frac{-x-0}{x} = -1,$$

$$f'_+(0) = \lim_{x \to 0^+} \frac{f(x) - f(0)}{x} = \lim_{x \to 0^+} \frac{x-0}{x} = 1.$$

虽然该函数在 $x=0$ 处的左导数和右导数都存在,但 $f'_-(0) \neq f'_+(0)$,所以函数 $f(x) = |x|$ 在 $x=0$ 处不可导.

定义 2.1 描述的是函数 $y=f(x)$ 在某一点 x_0 处的导数. 若函数 $y=f(x)$ 在区间 I 内的每一点都可导,则称函数 $f(x)$ **在该区间内可导**,或称 $f(x)$ 是区间 I 内的**可导函数**. 至于说到 $f(x)$ 在闭区间 $[a,b]$ 上可导,那是指: $f(x)$ 在开区间 (a,b) 内可导,并且在区间的左端点 a 右导数 $f'_+(a)$ 存在、在区间的右端点 b 左导数 $f'_-(b)$ 存在.

设函数 $f(x)$ 在区间 I 上可导,则对于每一个 $x \in I$,都有 $f(x)$ 的一个导数值 $f'(x)$ 与之对应,这样就得到一个定义在 I 上的函数,称为**函数 $y=f(x)$ 的导函数**,记作

$$f'(x), \quad y', \quad \frac{\mathrm{d}y}{\mathrm{d}x}, \quad \frac{\mathrm{d}f}{\mathrm{d}x},$$

即
$$f'(x) = \lim_{\Delta x \to 0} \frac{\Delta y}{\Delta x} = \lim_{\Delta x \to 0} \frac{f(x + \Delta x) - f(x)}{\Delta x}. \tag{2.5}$$

注意　上式中的 x 可取区间 I 内的任意值,但在求极限过程中,要把 x 看作常量,Δx 是变量.

显然,函数 $f(x)$ 在点 x_0 的导数 $f'(x_0)$,正是该函数的导函数 $f'(x)$ 在点 x_0 的值,即
$$f'(x_0) = f'(x)|_{x=x_0}.$$

导函数简称为**导数**. 在求导数时,若没有指明是求在某一定点导数,都是指求导函数.

例 3　求 $y=x^3$ 的导数 y',并求 $y'|_{x=2}$.

解　先求函数的导函数.

对任意点 x,当自变量的改变量为 Δx,则相应的 y 的改变量
$$\Delta y = (x + \Delta x)^3 - x^3 = 3x^2 \cdot \Delta x + 3x \cdot (\Delta x)^2 + (\Delta x)^3.$$

由(2.5)式,导函数

$$y' = \lim_{\Delta x \to 0} \frac{(x + \Delta x)^3 - x^3}{\Delta x}$$

$$= \lim_{\Delta x \to 0} [3x^2 + 3x \cdot \Delta x + (\Delta x)^2] = 3x^2.$$

由导函数再求指定点的导数值:

$$y'|_{x=2} = 3x^2|_{x=2} = 12.$$

注意到本例中,函数 $y = x^3$ 的导数是 $y' = 3x^2$. 若 n 是正整数,对函数 $y = x^n$,类似地推导,有

$$y' = (x^n)' = nx^{n-1}.$$

以后将证明,对任意实数 α,幂函数 $y = x^\alpha$ 有导数公式

$$y' = (x^\alpha)' = \alpha x^{\alpha - 1}.$$

例如,当 $\alpha = 1$ 时, $y = x$ 的导数为

$$y' = (x)' = 1 \cdot x^{1-1} = x^0 = 1;$$

当 $\alpha = \dfrac{1}{2}$ 时, $y = x^{\frac{1}{2}}$,则

$$y' = (x^{\frac{1}{2}})' = \frac{1}{2} x^{\frac{1}{2} - 1} = \frac{1}{2} x^{-\frac{1}{2}} = \frac{1}{2\sqrt{x}};$$

当 $\alpha = -2$ 时, $y = x^{-2} = \dfrac{1}{x^2}$,则

$$y' = (x^{-2})' = -2x^{-2-1} = -2x^{-3} = -\frac{2}{x^3}.$$

例 4   求常量函数 $y = C$ 的导数.

解   对任意一点 x,若自变量的改变量为 Δx,则总有 $\Delta y = C - C = 0$. 于是,由导函数的表示式(2.5)式,有

$$y' = \lim_{\Delta x \to 0} \frac{\Delta y}{\Delta x} = \lim_{\Delta x \to 0} \frac{0}{\Delta x} = 0,$$

即常数的导数等于零.

例 5   证明:若 $y = \sin x$,则 $y' = \cos x$;并求 $y'|_{x=0}$, $y'|_{x=\frac{\pi}{2}}$.

证   设自变量在 x 处有改变量 Δx,则

$$\Delta y = \sin(x + \Delta x) - \sin x = 2\sin \frac{\Delta x}{2} \cdot \cos \frac{2x + \Delta x}{2},$$

于是,由(2.5)式有

$$y' = \lim_{\Delta x \to 0} \frac{\Delta y}{\Delta x} = \lim_{\Delta x \to 0} \frac{\sin \dfrac{\Delta x}{2}}{\dfrac{\Delta x}{2}} \cos\left(x + \frac{\Delta x}{2}\right) = \lim_{\Delta x \to 0} \frac{\sin \dfrac{\Delta x}{2}}{\dfrac{\Delta x}{2}} \cdot \lim_{\Delta x \to 0} \cos\left(x + \frac{\Delta x}{2}\right)$$

$$= 1 \cdot \cos x = \cos x.$$

在上述求极限时,用了第一个重要极限和余弦函数的连续性.

将 $x=0,x=\dfrac{\pi}{2}$ 分别代入 $y=\sin x$ 的导函数的表达式中,得

$$y'|_{x=0}=\cos x|_{x=0}=1,\quad y'|_{x=\frac{\pi}{2}}=\cos x|_{x=\frac{\pi}{2}}=0.$$

同样方法可证:若 $y=\cos x$,则 $y'=-\sin x$.

例 6 证明:若 $y=\log_a x$,则 $y'=\dfrac{1}{x}\log_a \mathrm{e}=\dfrac{1}{x\ln a}$.

证 由导函数表示式(2.5)式,有

$$y'=\lim_{\Delta x\to 0}\frac{\Delta y}{\Delta x}=\lim_{\Delta x\to 0}\frac{\log_a(x+\Delta x)-\log_a x}{\Delta x}$$

$$=\lim_{\Delta x\to 0}\frac{1}{\Delta x}\log_a\frac{x+\Delta x}{x}=\lim_{\Delta x\to 0}\frac{1}{x}\cdot\frac{x}{\Delta x}\log_a\left(1+\frac{\Delta x}{x}\right)$$

$$=\frac{1}{x}\log_a\lim_{\Delta x\to 0}\left(1+\frac{\Delta x}{x}\right)^{\frac{x}{\Delta x}}=\frac{1}{x}\log_a \mathrm{e}=\frac{1}{x\ln a}.$$

特别地,有

$$(\ln x)'=\frac{1}{x}.$$

下面我们来讨论**函数 $f(x)$ 在点 x_0 可导与连续的关系**.

若函数 $f(x)$ 在点 x_0 可导,由导数定义的表达式(2.3)式,即

$$f'(x_0)=\lim_{x\to x_0}\frac{f(x)-f(x_0)}{x-x_0}.$$

易看出,在上述极限存在的条件下,由于分母有 $\lim\limits_{x\to x_0}(x-x_0)=0$,必然有

$$\lim_{x\to x_0}(f(x)-f(x_0))=0\quad\text{或}\quad\lim_{x\to x_0}f(x)=f(x_0),$$

即我们有下述**结论**:

若函数 $f(x)$ 在点 x_0 **可导**,则它在点 x_0 **必连续**.

需要指出,上述结论反之则不成立,即函数 $f(x)$ 在点 x_0 连续,仅是它在该点可导的必要条件,而不是充分条件.

例如,前述例 2,函数 $f(x)=|x|$ 在 $x=0$ 处不可导,但在 $x=0$ 处却是连续的(见图 2-3).

2. 导数的几何意义与物理意义

(1) 导数的几何意义

根据前述,由切线的斜率问题引出了导数定义. 现在,由导数定义可知:

函数 $f(x)$ 在点 x_0 的导数 $f'(x_0)$ 在几何上表示曲线 $y=f(x)$ 在点 $(x_0,f(x_0))$ 处的**切线斜率**.

若曲线 $y=f(x)$ 在 $x=x_0$ 处的切线倾角为 α,则 $f'(x_0)=\tan\alpha$. 几何直观(图 2-4)告诉我们:

(1) 若 $f'(x_0)>0$,由 $\tan\alpha>0$ 知,倾角 α 为锐角,在 x_0 处,曲线是上升的,函数 $f(x)$ 随 x

图 2-4

增加而增加；

(2) 若 $f'(x_0)<0$，由 $\tan\alpha<0$ 知，倾角 α 为钝角，在 x_0 处，曲线是下降的，函数 $f(x)$ 随 x 增加而减少；

(3) 若 $f'(x_0)=0$，由 $\tan\alpha=0$ 知，切线与 x 轴平行，这样的点 x_0 称为函数 $f(x)$ 的**驻点**或**稳定点**.

上述 (1)，(2) 的结论，可以推广到一个区间 I 上，即在 I 上，若 $f'(x)>0$（或 <0），则 $f(x)$ 在 I 上单调增加（或减少）. 这个结论将在 §3.3 中讨论.

根据导数的几何意义及解析几何中直线的点斜式方程，若函数 $f(x)$ 在 x_0 处可导，则曲线 $y=f(x)$ 在点 $(x_0,f(x_0))$ 处的

切线方程为

$$y-f(x_0)=f'(x_0)(x-x_0);$$

法线方程为

$$y-f(x_0)=-\frac{1}{f'(x_0)}(x-x_0) \quad (若\ f'(x_0)\neq 0).$$

特别地，当 $f'(x_0)=0$ 时，切线方程与法线方程分别为

$$y=y_0 \quad 与 \quad x=x_0.$$

例 7　求曲线 $y=x^3$ 在点 $(2,8)$ 处的切线方程和法线方程.

解　由例 3 知 $y'=3x^2$，$y'|_{x=2}=12$. 所以，切线方程为

$$y-8=12(x-2) \quad 或 \quad 12x-y-16=0;$$

法线方程为

$$y-8=-\frac{1}{12}(x-2) \quad 或 \quad x+12y-98=0.$$

例 8　考察曲线 $y=\sqrt[3]{x}$ 在点 $(0,0)$ 处的切线.

解　由图 2-5 的几何直观可得，这条曲线在原点 $(0,0)$ 的切线就是 y 轴，切线方程应是 $x=0$，它的倾角 $\alpha=\dfrac{\pi}{2}$.

由幂函数的导数公式

$$y'=(\sqrt[3]{x})'=(x^{\frac{1}{3}})'=\frac{1}{3}x^{-\frac{2}{3}}=\frac{1}{3\sqrt[3]{x^2}},$$

显然，在 $x=0$ 时，导数 y' 不存在. 但可以认为 $y'|_{x=0}=+\infty$. 这恰好描述了该曲线在原点 $(0,0)$ 处的切线斜率 $\tan\dfrac{\pi}{2}=+\infty$.

图 2-5

一般说来，若函数 $y=f(x)$ 在 $x=x_0$ 处有 $f'(x_0)=\infty$，正说明曲线 $y=f(x)$ 在点 $(x_0,f(x_0))$ 处有垂直于 x 轴的切线 $x=x_0$.

（2）导数的物理意义

从导数定义可知,函数 $y=f(x)$ 在点 x_0 的导数 $f'(x_0)$,就是函数 $f(x)$ 在点 x_0 的变化率. 变化率反映了因变量 y 随着自变量 x 在点 x_0 的变化而变化的快慢程度和变化的方向（当 $f'(x_0)>0$ 时,y 随着 x 增加而增加;当 $f'(x_0)<0$ 时,y 将随着 x 增加而减少,参阅图 2-4）. 显然,当函数有不同的实际涵义时,变化率的涵义也不相同.

正因为如此,就导数的物理意义而言,应对不同的物理量作不同的解释. 例如,

若物体作变速直线运动,其运动方程为 $s=s(t)$,则在时刻 t_0 的瞬时速度就是所走路程（位移）s 对时间 t 在 $t=t_0$ 时的导数,即

$$v(t_0) = \frac{\mathrm{d}s}{\mathrm{d}t}\bigg|_{t=t_0}.$$

若一物体绕定轴 l 作变速旋转,旋转的角度记作 θ,则 θ 将是旋转时间 t 的函数

$$\theta = \theta(t),$$

该方程称为物体的转动方程. 若已知转动方程,则旋转的角度 θ 对时间 t 在 $t=t_0$ 时的导数

$$w(t_0) = \frac{\mathrm{d}\theta}{\mathrm{d}t}\bigg|_{t=t_0}$$

就表示在时刻 t_0 时的瞬时角速度.

设有一根由某种物质构成的细杆,则单位长度上的质量称为细杆的线密度. 如果细杆上质量分布是均匀的,那么在细杆的不同位置,其线密度是相同的. 如果细杆上质量分布是不均匀的,我们取细杆的一端作为原点,沿着杆的方向

图 2-6

为 x 轴,则细杆上任意点的坐标为 x（图 2-6）,于是,细杆的质量 m 是杆的长度 x 的函数 $m=m(x)$,那么,杆的质量 m 对杆的长度 x 在 $x=x_0$ 的导数

$$\rho(x_0) = \frac{\mathrm{d}m}{\mathrm{d}x}\bigg|_{x=x_0}$$

就表示细杆在 x_0 处的线密度.

还可以在物理的不同领域里举出很多例子,这里不再讲述.

习 题 2.1

1. 设函数 $y=f(x)=x^2$.

（1）试求函数的改变量与自变量的比 $\frac{\Delta y}{\Delta x}$:

(i) 当 $x=1,\Delta x=0.1$ 时,　　(ii) 当 $x=1,\Delta x=0.01$ 时;

（2）用导数定义求在 $x=1$ 的导数.

2. 已知质点的直线运动方程为 $s=5t^2+6$.

（1）求 $2\leqslant t\leqslant 2+\Delta t$ 时间内的平均速度:设 $\Delta t=1,0.1,0.01,0.001$;

（2）从上面各平均速度变化的趋势,估计出在 $t=2\,\mathrm{s}$ 这一时刻的瞬时速度;

（3）由瞬时速度的定义,算出在 $t=2\,\mathrm{s}$ 这一时刻的瞬时速度.

*3. 长 30 cm 的非均匀细轴的质量分布规律为

$$m = 3l^2 + 5l (\text{g}),$$

其中, l 是从 A 算起的一段轴长, 试求:

(1) 轴的平均线密度;　　　(2) 离 A 点 5 cm 处的轴的线密度;

(3) 轴的末端 B 点处的线密度.

4. 用导数定义求下列函数的 $f'(4), f'(x)$:

(1) $f(x) = x^2 + 1$;　　　(2) $f(x) = \sqrt{x}$.

5. 讨论函数 $f(x) = \begin{cases} x, & x < 0, \\ \ln(1+x), & x \geqslant 0 \end{cases}$ 在 $x = 0$ 处的连续性与可导性.

6. 用幂函数的导数公式求下列函数的导数:

(1) $y = x^4$;　　(2) $y = x^{\frac{1}{3}}$;　　(3) $y = \dfrac{1}{x^3}$;　　(4) $y = \dfrac{1}{\sqrt{x}}$.

7. 用导数公式求下列函数在指定点的导数:

(1) $y = \sin x$, 求 $\dfrac{dy}{dx}\Big|_{x=\frac{\pi}{4}}$, $\dfrac{dy}{dx}\Big|_{x=\pi}$;　　　　(2) $y = \cos x$, 求 $\dfrac{dy}{dx}\Big|_{x=0}$, $\dfrac{dy}{dx}\Big|_{x=\frac{\pi}{2}}$;

(3) $y = \log_2 x$, 求 $\dfrac{dy}{dx}\Big|_{x=1}$, $\dfrac{dy}{dx}\Big|_{x=\frac{1}{2}}$;　　　　(4) $y = \ln x$, 求 $\dfrac{dy}{dx}\Big|_{x=\frac{1}{3}}$, $\dfrac{dy}{dx}\Big|_{x=e}$.

8. 求下列曲线在已知点的切线方程和法线方程:

(1) $y = x^2$ 在点 $(-2, 4)$ 处;　　　　(2) $y = \cos x$ 在点 $(0, 1)$ 处;

(3) $y = \sin x$ 在点 $(0, 0)$ 和 $\left(\dfrac{\pi}{2}, 1\right)$ 处;

(4) $y = \ln x$ 在点 $(1, 0)$ 处;　　　　(5) $xy = 1$ 在点 $(1, 1)$ 处.

9. 设函数 $y = f(x)$ 在点 x_0 处可导, 按照导数定义, 确定出 A 的值:

(1) $\lim\limits_{\Delta x \to 0} \dfrac{f(x_0 + 2\Delta x) - f(x_0)}{\Delta x} = A$;　　　　(2) $\lim\limits_{\Delta x \to 0} \dfrac{f(x_0 - \Delta x) - f(x_0)}{\Delta x} = A$.

10. 单项选择题:

(1) 设 $f(x) = x(x-1)(x-2)\cdots(x-99)$, 则 $f'(0) = ($　　$)$.

(A) 99;　　　　(B) -99;　　　　(C) $99!$;　　　　(D) $-99!$.

(2) 函数 $f(x) = |x-1|$ 在 $x = 1$ 处 $($　　$)$.

(A) 不连续;　　(B) 连续但不可导;　　(C) 连续且 $f'(1) = -1$;　　(D) 连续且 $f'(1) = 1$.

§2.2　初等函数的导数

一、导数公式与运算法则

　　求已知函数 $f(x)$ 的导数 $f'(x)$ 的运算, 称为微分运算. 从原则上讲, 计算函数 $f(x)$ 的导数的问题已经解决, 因为由导数定义, 只要计算极限

$$\lim_{\Delta x \to 0} \frac{f(x + \Delta x) - f(x)}{\Delta x}$$

即可. 但直接计算上述极限却不是一件容易的事, 特别当 $f(x)$ 是较复杂的函数时, 计算上述极限就更困难了.

下面讲述计算函数的导数的方法.

由于基本初等函数的导数公式是进行导数运算的基础,为了便于读者掌握,我们先全部列举出来.

1. 基本初等函数的导数公式

(1) $(C)'=0$ (C 为任意常数);

(2) $(x^{\alpha})'=\alpha x^{\alpha-1}$ (α 为任意实数);

(3) $(a^x)'=a^x\ln a$;

(4) $(\mathrm{e}^x)'=\mathrm{e}^x$;

(5) $(\log_a x)'=\dfrac{1}{x}\log_a\mathrm{e}=\dfrac{1}{x\ln a}$;

(6) $(\ln x)'=\dfrac{1}{x}$;

(7) $(\sin x)'=\cos x$;

(8) $(\cos x)'=-\sin x$;

(9) $(\tan x)'=\sec^2 x=\dfrac{1}{\cos^2 x}$;

(10) $(\cot x)'=-\csc^2 x=-\dfrac{1}{\sin^2 x}$;

(11) $(\sec x)'=\sec x\cdot\tan x$;

(12) $(\csc x)'=-\csc x\cdot\cot x$;

(13) $(\arcsin x)'=\dfrac{1}{\sqrt{1-x^2}}$;

(14) $(\arccos x)'=-\dfrac{1}{\sqrt{1-x^2}}$;

(15) $(\arctan x)'=\dfrac{1}{1+x^2}$;

(16) $(\operatorname{arccot}x)'=-\dfrac{1}{1+x^2}$.

2. 导数的运算法则

定理 2.1(四则运算法则) 设函数 $u=u(x),v=v(x)$ 都是可导函数,则

(1) 代数和 $[u(x)\pm v(x)]$ 可导,且

$$[u(x)\pm v(x)]'=u'(x)\pm v'(x).$$

(2) 乘积 $u(x)\cdot v(x)$ 可导,且

$$[u(x)\cdot v(x)]'=u'(x)\cdot v(x)+u(x)v'(x),$$

特别地,C 是常数时,

$$[Cv(x)]'=Cv'(x).$$

(3) 若 $v(x)\neq 0$,商 $\dfrac{u(x)}{v(x)}$ 可导,且

$$\left[\frac{u(x)}{v(x)}\right]'=\frac{u'(x)v(x)-u(x)v'(x)}{[v(x)]^2},$$

特别地

$$\left[\frac{C}{v(x)}\right]'=-\frac{Cv'(x)}{[v(x)]^2}.$$

我们只证明乘积的导数运算法则,其他法则可类似证明.

证 设函数 $y=u(x)\cdot v(x)$ 在点 x 取得改变量 Δx,相应的 y 的改变量

$$\begin{aligned}\Delta y&=u(x+\Delta x)\cdot v(x+\Delta x)-u(x)\cdot v(x)\\&=u(x+\Delta x)\cdot v(x+\Delta x)-u(x)\cdot v(x+\Delta x)\\&\quad+u(x)\cdot v(x+\Delta x)-u(x)\cdot v(x)\\&=v(x+\Delta x)[u(x+\Delta x)-u(x)]+u(x)[v(x+\Delta x)-v(x)].\end{aligned}$$

因为 $u=u(x),v=v(x)$ 可导,且可导必连续,于是

$$y' = \lim_{\Delta x \to 0} \frac{\Delta y}{\Delta x}$$

$$= \lim_{\Delta x \to 0} v(x + \Delta x) \cdot \lim_{\Delta x \to 0} \frac{u(x + \Delta x) - u(x)}{\Delta x} + u(x) \lim_{\Delta x \to 0} \frac{v(x + \Delta x) - v(x)}{\Delta x}$$

$$= v(x)u'(x) + u(x)v'(x). \quad \square$$

乘积法则可推广到有限个函数的情形. 例如, 对三个函数的乘积, 有

$$[u(x) \cdot v(x) \cdot w(x)]'$$
$$= u'(x) \cdot v(x) \cdot w(x) + u(x) \cdot v'(x) \cdot w(x) + u(x) \cdot v(x) \cdot w'(x).$$

例 1 设 $y = x^3 \cos x + 3\sin x + \cos \frac{\pi}{3}$, 求 y'.

解 由代数和及乘法法则, 可得

$$y' = \left(x^3 \cos x + 3\sin x + \cos \frac{\pi}{3} \right)'$$

$$= (x^3 \cos x)' + (3\sin x)' + \left(\cos \frac{\pi}{3} \right)'$$

$$= (x^3)'\cos x + x^3(\cos x)' + 3(\sin x)' + 0$$

$$= 3x^2 \cos x + x^3(-\sin x) + 3\cos x$$

$$= 3x^2 \cos x - x^3 \sin x + 3\cos x.$$

例 2 设 $y = \sqrt{x}\, \log_3 x + 2^x \ln x$, 求 y'.

解 由代数和及乘法法则, 得

$$y' = (\sqrt{x}\, \log_3 x)' + (2^x \ln x)'$$

$$= (\sqrt{x})' \cdot \log_3 x + \sqrt{x}\,(\log_3 x)' + (2^x)' \cdot \ln x + 2^x(\ln x)'$$

$$= \frac{1}{2\sqrt{x}} \log_3 x + \sqrt{x}\, \frac{1}{x\ln 3} + 2^x \ln 2 \cdot \ln x + 2^x \cdot \frac{1}{x}$$

$$= \frac{1}{2\sqrt{x}} \left(\log_3 x + \frac{2}{\ln 3} \right) + 2^x \left(\ln 2 \cdot \ln x + \frac{1}{x} \right).$$

例 3 证明: 若 $y = \tan x$, 则 $y' = \sec^2 x = \frac{1}{\cos^2 x}$.

证 由于已证 $(\sin x)' = \cos x$, $(\cos x)' = -\sin x$. 由商的导数法则

$$y' = (\tan x)' = \left(\frac{\sin x}{\cos x} \right)' = \frac{(\sin x)'\cos x - \sin x(\cos x)'}{\cos^2 x}$$

$$= \frac{\cos x \cdot \cos x - \sin x(-\sin x)}{\cos^2 x} = \frac{1}{\cos^2 x} = \sec^2 x.$$

同样可证: $$(\cot x)' = \left(\frac{\cos x}{\sin x} \right)' = -\frac{1}{\sin^2 x} = -\csc^2 x.$$

例 4 证明: 若 $y = \sec x$, 则 $y' = \sec x \cdot \tan x$.

证 由商的导数法则

$$(\sec x)' = \left(\frac{1}{\cos x}\right)' = -\frac{1 \cdot (\cos x)'}{\cos^2 x} = -\frac{-\sin x}{\cos^2 x} = \sec x \cdot \tan x.$$

同样可证： $$(\csc x)' = \left(\frac{1}{\sin x}\right)' = -\csc x \cot x.$$

例 5 设 $y = \dfrac{x \ln x}{1+x^2}$，求 $y', y'|_{x=1}$.

解
$$y' = \left(\frac{x \ln x}{1+x^2}\right)' = \frac{(x\ln x)'(1+x^2) - x\ln x \cdot (1+x^2)'}{(1+x^2)^2}$$
$$= \frac{\left(1 \cdot \ln x + x \cdot \dfrac{1}{x}\right)(1+x^2) - x\ln x(0+2x)}{(1+x^2)^2}$$
$$= \frac{\ln x + 1 + x^2 - x^2 \ln x}{(1+x^2)^2},$$
$$y'|_{x=1} = \frac{\ln x + 1 + x^2 - x^2 \ln x}{(1+x^2)^2}\bigg|_{x=1} = \frac{2}{4} = \frac{1}{2}.$$

定理 2.2（反函数的导数） 设函数 $y=f(x)$ 与 $x=f^{-1}(y)$ 互为反函数，若函数 $f^{-1}(y)$ 可导 $\left(\text{即} \dfrac{dx}{dy} \text{存在}\right)$ 且 $[f^{-1}(y)]' \neq 0$，则

$$f'(x) = \frac{1}{[f^{-1}(y)]'} \quad \text{或} \quad \frac{dy}{dx} = \frac{1}{\dfrac{dx}{dy}}.$$

我们已经证明了三角函数和对数函数的导数公式，由反函数的导数法则，可求出反三角函数和指数函数的导数.

例 6 证明：若 $y=\arcsin x$，则 $y' = \dfrac{1}{\sqrt{1-x^2}}$.

证 由于 $y=\arcsin x, x\in(-1,1)$ 是正弦函数 $x=\sin y, y\in\left(-\dfrac{\pi}{2}, \dfrac{\pi}{2}\right)$ 的反函数，由反函数的导数法则可得

$$(\arcsin x)' = \frac{1}{(\sin y)'} = \frac{1}{\cos y} = \frac{1}{\sqrt{1-\sin^2 y}} = \frac{1}{\sqrt{1-x^2}}.$$

这里，根号前取正号是因为 $y\in\left(-\dfrac{\pi}{2}, \dfrac{\pi}{2}\right)$ 时，$\cos y>0$.

同样可证

$$(\arccos x)' = -\frac{1}{\sqrt{1-x^2}}.$$

例 7 证明：若 $y=\arctan x$，则 $y' = \dfrac{1}{1+x^2}$.

证 由于 $y=\arctan x, x\in(-\infty, +\infty)$ 是正切函数 $x=\tan y, y\in\left(-\dfrac{\pi}{2}, \dfrac{\pi}{2}\right)$ 的反函数. 由反函数的导数法则可得

$$(\arctan x)' = \frac{1}{(\tan y)'} = \frac{1}{\sec^2 y} = \frac{1}{1 + \tan^2 y} = \frac{1}{1 + x^2}.$$

同样可证

$$(\text{arccot} x)' = -\frac{1}{1 + x^2}.$$

例 8 证明：若 $y = a^x$，则 $(a^x)' = a^x \ln a$.

证 由于 $y = a^x$，$x \in (-\infty, +\infty)$ 是对数函数 $x = \log_a y$，$y \in (0, +\infty)$ 的反函数. 由反函数的导数法则可得

$$(a^x)' = \frac{1}{(\log_a y)'} = \frac{1}{\dfrac{1}{y \ln a}} = y \ln a = a^x \ln a.$$

特别地，有 $(\mathrm{e}^x)' = \mathrm{e}^x.$

定理 2.3（复合函数的导数） 设函数 $u = \varphi(x)$，$y = f(u)$ 都可导，则复合函数 $y = f(\varphi(x))$ 可导，且

$$\frac{\mathrm{d}y}{\mathrm{d}x} = \frac{\mathrm{d}y}{\mathrm{d}u}\frac{\mathrm{d}u}{\mathrm{d}x},$$

或记作 $[f(\varphi(x))]' = f'(u)\varphi'(x) = f'(\varphi(x))\varphi'(x).$

证 设变量 x 有改变量 Δx，相应地变量 u 有改变量 Δu，从而变量 y 有改变量 Δy. 由于函数 $u = \varphi(x)$ 可导，故必连续，即有 $\lim\limits_{\Delta x \to 0} \Delta u = 0$. 因

$$\frac{\Delta y}{\Delta x} = \frac{\Delta y}{\Delta u}\frac{\Delta u}{\Delta x} \quad (\Delta u \neq 0),$$

所以 $$\lim_{\Delta x \to 0} \frac{\Delta y}{\Delta x} = \lim_{\Delta x \to 0} \frac{\Delta y}{\Delta u}\frac{\Delta u}{\Delta x} = \lim_{\Delta x \to 0}\frac{\Delta y}{\Delta u} \cdot \lim_{\Delta x \to 0}\frac{\Delta u}{\Delta x} = \lim_{\Delta u \to 0}\frac{\Delta y}{\Delta u} \cdot \lim_{\Delta x \to 0}\frac{\Delta u}{\Delta x},$$

即 $$\frac{\mathrm{d}y}{\mathrm{d}x} = \frac{\mathrm{d}y}{\mathrm{d}u}\frac{\mathrm{d}u}{\mathrm{d}x}.$$

以上是在 $\Delta u \neq 0$ 时证明的. 当 $\Delta u = 0$ 时，可以证明上式仍然成立.   □

上式就是复合函数的导数公式，**复合函数的导数等于已知函数对中间变量的导数乘以中间变量对自变量的导数**.

说明 符号 $[f(\varphi(x))]'$ 表示复合函数 $f(\varphi(x))$ 对自变量 x 求导数，而符号 $f'(\varphi(x))$ 表示复合函数 $f(\varphi(x))$ 对中间变量 $u = \varphi(x)$ 求导数.

例 9 设 $y = \ln\cos x$，求 y'.

解 把 $y = \ln\cos x$ 看成是由函数

$$y = f(u) = \ln u, \quad u = \varphi(x) = \cos x$$

所构成的复合函数，于是

$$y' = f'(u)\varphi'(x) = (\ln u)'(\cos x)' = \frac{1}{u}(-\sin x) = -\frac{\sin x}{\cos x} = -\tan x.$$

例 10 求 $y = \mathrm{e}^{\frac{1}{x}}$ 的导数.

解 把 $y=\mathrm{e}^{\frac{1}{x}}$ 看成是由 $y=\mathrm{e}^u$，$u=\dfrac{1}{x}$ 复合而成，于是

$$y' = (\mathrm{e}^u)'\left(\frac{1}{x}\right)' = \mathrm{e}^u \cdot \left(-\frac{1}{x^2}\right) = -\frac{1}{x^2}\mathrm{e}^{\frac{1}{x}}.$$

例 11 求 $y=\sqrt{1-x^2}$ 的导数.

解 设 $y=u^{\frac{1}{2}}$，$u=1-x^2$，于是

$$y' = (u^{\frac{1}{2}})'(1-x^2)' = \frac{1}{2\sqrt{u}}(-2x) = -\frac{x}{\sqrt{1-x^2}}.$$

注意 在求复合函数的导数时，因设出中间变量，已知函数要对中间变量求导数，所以计算式中出现中间变量，最后必须将中间变量以自变量的函数代换.

例 12 设 α 为实数，求幂函数 $y=x^\alpha$ 的导数.

解 $y=x^\alpha$ 可写成指数函数形式：$y=\mathrm{e}^{\alpha\ln x}$，于是 $y=\mathrm{e}^u$，$u=\alpha\ln x$，从而

$$\frac{\mathrm{d}y}{\mathrm{d}x} = (\mathrm{e}^u)'(\alpha\ln x)' = \mathrm{e}^u\,\alpha\,\frac{1}{x} = \alpha\mathrm{e}^{\alpha\ln x}\frac{1}{x} = \alpha x^\alpha\frac{1}{x} = \alpha x^{\alpha-1}.$$

这就得到了幂函数的导数公式

$$(x^\alpha)' = \alpha x^{\alpha-1}.$$

至此，我们得到了**全部基本初等函数的导数公式**.

前述复合函数的导数公式可推广到有限个函数复合的情形. 例如，由 $y=f(u)$，$u=\varphi(v)$，$v=\psi(x)$ 复合成函数 $y=f(\varphi(\psi(x)))$，则

$$\frac{\mathrm{d}y}{\mathrm{d}x} = \frac{\mathrm{d}y}{\mathrm{d}u}\frac{\mathrm{d}u}{\mathrm{d}v}\frac{\mathrm{d}v}{\mathrm{d}x},$$

或

$$y' = f'(u)\varphi'(v)\psi'(x) = f'(\varphi(\psi(x)))\varphi'(\psi(x))\psi'(x).$$

例 13 设 $y=\sin^2(3x)$，求 y'.

解 设 $y=u^2$，$u=\sin v$，$v=3x$，于是

$$y' = (u^2)'(\sin v)'(3x)' = 2u\cdot\cos v\cdot 3 = 6\sin 3x\cdot\cos 3x = 3\sin 6x.$$

最初作题，可设出中间变量，把复合函数分解. 作题较熟练时，可不写出中间变量，按复合函数的构成层次，由外层向内层逐层求导. 具体写法如下面的例题.

例 14 设 $y=\left(\arctan\dfrac{1}{x}\right)^3$，求 y'.

解
$$y' = \left[\left(\arctan\frac{1}{x}\right)^3\right]' = 3\left(\arctan\frac{1}{x}\right)^2\left(\arctan\frac{1}{x}\right)'$$

$$= 3\left(\arctan\frac{1}{x}\right)^2\cdot\frac{1}{1+\left(\dfrac{1}{x}\right)^2}\left(\frac{1}{x}\right)'$$

$$= 3\left(\arctan\frac{1}{x}\right)^2\cdot\frac{x^2}{x^2+1}\left(-\frac{1}{x^2}\right) = -\frac{3}{x^2+1}\left(\arctan\frac{1}{x}\right)^2.$$

例 15 $y=\arcsin\mathrm{e}^{-x}$，求 y'.

解　$y'=(\arcsin\mathrm{e}^{-x})'=\dfrac{1}{\sqrt{1-\mathrm{e}^{-2x}}}(\mathrm{e}^{-x})'=\dfrac{1}{\sqrt{1-\mathrm{e}^{-2x}}}\mathrm{e}^{-x}\cdot(-x)'=-\dfrac{\mathrm{e}^{-x}}{\sqrt{1-\mathrm{e}^{-2x}}}.$

求复合函数的导数,其关键是分析清楚复合函数的构造,经过一定数量的练习之后,要达到一步就能写出复合函数的导数.

例 16　设 $y=\ln(\arccos 2x)$,求 y'.

解　$y'=[\ln(\arccos 2x)]'=\dfrac{1}{\arccos 2x}\left(-\dfrac{1}{\sqrt{1-(2x)^2}}\right)\cdot 2=-\dfrac{2}{\sqrt{1-4x^2}\cdot\arccos 2x}.$

例 17　设 $y=\ln(x+\sqrt{1+x^2})$,求 y'.

解　$y'=[\ln(x+\sqrt{1+x^2})]'=\dfrac{1}{x+\sqrt{1+x^2}}\left(1+\dfrac{2x}{2\sqrt{1+x^2}}\right)$

$=\dfrac{1}{x+\sqrt{1+x^2}}\cdot\dfrac{\sqrt{1+x^2}+x}{\sqrt{1+x^2}}=\dfrac{1}{\sqrt{1+x^2}}.$

例 18　求 $y=\ln 2x\cdot\left(\dfrac{1+x}{1-x}\right)^2$ 的导数.

解　$y'=\left[\ln 2x\cdot\left(\dfrac{1+x}{1-x}\right)^2\right]'=\dfrac{1}{2x}\cdot 2\left(\dfrac{1+x}{1-x}\right)^2+\ln 2x\cdot 2\dfrac{1+x}{1-x}\cdot\dfrac{1-x+(1+x)}{(1-x)^2}$

$=\dfrac{1}{x}\left(\dfrac{1+x}{1-x}\right)^2+4\ln 2x\cdot\dfrac{1+x}{(1-x)^3}.$

二、高阶导数

一般说来,函数 $y=f(x)$ 的导数 $y'=f'(x)$ 仍是 x 的函数,若导函数 $f'(x)$ 还可以对 x 求导数,则称 $f'(x)$ 的导数为函数 $y=f(x)$ 的**二阶导数**,记作

$$y'',\quad f''(x),\quad \dfrac{\mathrm{d}^2y}{\mathrm{d}x^2},\quad \dfrac{\mathrm{d}^2f}{\mathrm{d}x^2}.$$

这时,也称函数 $f(x)$**二阶可导**,按导数定义,应有

$$f''(x)=\lim_{\Delta x\to 0}\dfrac{f'(x+\Delta x)-f'(x)}{\Delta x}.$$

函数 $y=f(x)$ 在某点 x_0 的二阶导数,记作

$$y''\Big|_{x=x_0},\quad f''(x_0),\quad \dfrac{\mathrm{d}^2y}{\mathrm{d}x^2}\Big|_{x=x_0},\quad \dfrac{\mathrm{d}^2f}{\mathrm{d}x^2}\Big|_{x=x_0}.$$

同样,函数 $y=f(x)$ 的二阶导数 $f''(x)$ 的导数称为函数 $f(x)$ 的三阶导数,记作

$$y''',\quad f'''(x),\quad \dfrac{\mathrm{d}^3y}{\mathrm{d}x^3},\quad \dfrac{\mathrm{d}^3f}{\mathrm{d}x^3}.$$

一般,$n-1$ 阶导数 $f^{(n-1)}(x)$ 的导数称为函数 $y=f(x)$ 的 n 阶导数,记作

$$y^{(n)},\quad f^{(n)}(x),\quad \dfrac{\mathrm{d}^ny}{\mathrm{d}x^n},\quad \dfrac{\mathrm{d}^nf}{\mathrm{d}x^n}.$$

二阶和二阶以上的导数统称为**高阶导数**.相对于高阶导数而言,自然,函数 $f(x)$ 的导数 $f'(x)$ 就相应地称为**一阶导数**.

根据高阶导数的定义可知,求函数的高阶导数不需要新的方法,只要对函数一次一次地求导就行了.

例 19 设 $y=\ln(1+x^2)$,求 y'',$y''|_{x=1}$.

解 先求一阶导数

$$y'=[\ln(1+x^2)]'=\frac{2x}{1+x^2}.$$

再求二阶导数

$$y''=\left(\frac{2x}{1+x^2}\right)'=\frac{2(1+x^2)-2x\cdot 2x}{(1+x^2)^2}=\frac{2(1-x^2)}{(1+x^2)^2}.$$

而

$$y''|_{x=1}=\frac{2(1-x^2)}{(1+x^2)^2}\bigg|_{x=1}=0.$$

例 20 设 $y=5x^3-6x^2+3x+2$,求 y''',$y^{(4)}$.

解
$$y'=5\cdot 3x^2-12x+3,$$
$$y''=5\cdot 3\cdot 2x-12,$$
$$y'''=5\cdot 3\cdot 2\cdot 1=5\cdot 3!=30.$$

显然
$$y^{(4)}=0.$$

由本例知,对 n 次多项式:$y=a_0x^n+a_1x^{n-1}+\cdots+a_{n-1}x+a_n$,有
$$y^{(n)}=a_0n!,\quad y^{(n+1)}=0.$$

例 21 求下列函数的 n 阶导数:

(1) $y=\sin x$;　　　　(2) $y=\ln(1+x)$.

解 (1) $y'=\cos x=\sin\left(x+\dfrac{\pi}{2}\right)$,

$$y''=\cos\left(x+\frac{\pi}{2}\right)=\sin\left(x+\frac{2\pi}{2}\right),$$
$$y'''=\cos\left(x+\frac{2\pi}{2}\right)=\sin\left(x+\frac{3\pi}{2}\right),$$

依此类推,可得

$$y^{(n)}=\sin\left(x+\frac{n\pi}{2}\right).$$

(2) $y'=\dfrac{1}{1+x}=(1+x)^{-1}$,

$$y''=(-1)(1+x)^{-2},$$
$$y'''=(-1)(-2)(1+x)^{-3}=(-1)^2 2!\ (1+x)^{-3},$$
$$y^{(4)}=(-1)^2 2!\ \cdot(-3)(1+x)^{-4}=(-1)^3 3!\ (1+x)^{-4},$$

于是,可知

$$y^{(n)}=(-1)^{n-1}\frac{(n-1)!}{(1+x)^n}.$$

二阶导数并不是导数概念的单纯推广,而是由许多具体问题引起的.由 §2.1 中的速度问题,我们应该知道,如果物体按运动规律 $s=f(t)$ 作直线运动,那么一阶导数 $s'=f'(t)$ 就

表示该物体在时刻 t 的瞬时速度；二阶导数 $s''=f''(t)$，按照上面的定义应该是"速度变化的速度"，这个量就是物理学中的加速度. 在几何上，如果曲线方程为 $y=f(x)$，那么一阶导数 $y'=f'(x)$ 表示切线斜率；自然，二阶导数 $y''=f''(x)$ 就表示"切线斜率的变化速度". $|f''(x_0)|$ 值的大小表示切线斜率在 x_0 处变化的快慢程度. 当 $f''(x_0)>0$ 时，则表示切线斜率在 x_0 处是增加的；当 $f''(x_0)<0$ 时，则表示切线斜率在 x_0 处是减少的.

<h2 style="text-align:center">习　题　2.2</h2>

1. 求下列函数的导数：

(1) $y=3x^3+3^x+\log_3 x+3^3$；

(2) $y=\dfrac{x}{5}+\dfrac{4}{x}+2\sqrt{x}-\dfrac{3}{\sqrt[3]{x}}$；

(3) $y=\dfrac{ax+b}{a+b}$；

(4) $y=\arcsin x+\arccos x$；

(5) $y=x\sec x-\csc x$；

(6) $y=\mathrm{e}^x\cos x$；

(7) $y=(x^2+1)\ln x$；

(8) $y=x^{\sqrt{2}}+x\arcsin x$；

(9) $y=\cos x+x^2\sin x$；

(10) $y=x\tan x-\cot x$；

(11) $y=\left(x-\dfrac{1}{x}\right)\left(x^2-\dfrac{1}{x^2}\right)$；

(12) $y=\mathrm{e}^x(\sin x-\cos x)$；

(13) $y=x^2\arctan x+\operatorname{arccot}x+x^2\ln a-x$；

(14) $y=2x\sin x+(2-x^2)\cos x$；

(15) $y=(1-x^2)\tan x\ln x$；

(16) $y=(x-\cot x)\cos x$；

(17) $y=\mathrm{e}^x(x^2-2x-2)$；

(18) $y=x\mathrm{e}^x\ln x$；

(19) $y=(a^2+b^2)x^3\,\mathrm{e}^x\arctan x$；

(20) $y=a^x\mathrm{e}^x-\dfrac{x}{\ln x}$；

(21) $y=x\ln x+\dfrac{\ln x}{x}$；

(22) $y=\dfrac{x+1}{x+2}$；

(23) $y=\dfrac{x-1}{x^2+1}$；

(24) $y=\dfrac{x^2+3x+2}{x^2+1}$；

(25) $y=\dfrac{1+\ln x}{1-\ln x}$；

(26) $y=\dfrac{x\tan x}{1+x^2}$；

(27) $y=\dfrac{\sqrt{x}+1}{\sqrt{x}-1}$；

(28) $y=\dfrac{\ln x+x}{x^2}$；

(29) $y=\dfrac{\sin x}{1+\cos x}$；

(30) $y=\dfrac{x\ln x}{x+\ln x}$；

(31) $y=\dfrac{(1+x^2)\arctan x}{1+x}$；

(32) $y=\dfrac{1}{1+\tan x}$；

(33) $y=\dfrac{1}{\arcsin x}$；

(34) $y=\dfrac{\arctan x}{\sqrt{x}}$；

(35) $y=\dfrac{x+\ln x}{\mathrm{e}^x+x}$；

(36) $y=\dfrac{x}{\sin x}+\dfrac{\sin x}{x}$；

(37) $y=\dfrac{x^3\arctan x}{\mathrm{e}^x}$；

(38) $y=\dfrac{x\sin x}{1+\tan x}$；

(39) $y=\dfrac{\sin x-x\cos x}{\cos x+x\sin x}$；

(40) $y=\dfrac{(1+x^2)\ln x}{\sin x+\cos x}$.

2. 求下列函数在指定点的导数：

(1) $y=\dfrac{1}{2}\cos x+x\tan x$，$y'\big|_{x=\frac{\pi}{4}}$；

(2) $y=\dfrac{x^2}{(1-x)(1+x)}$，$y'\big|_{x=2}$.

(3) $y=\dfrac{\cos x}{2x^2+3}$，$y'|_{x=\frac{\pi}{2}}$；

(4) $y=x\mathrm{e}^x$，$y'|_{x=0}$；

(5) $y=\dfrac{x}{4^x}$，$y'|_{x=1}$；

(6) $y=\dfrac{1+\ln x}{x}$，$y'|_{x=\mathrm{e}}$.

3. 求下列函数的导数：

(1) $y=\ln^2 x$；

(2) $y=\ln(a^2-x^2)$；

(3) $y=\ln\ln x$；

(4) $y=\mathrm{e}^{-x^2}$；

(5) $y=\sin(3x-5)$；

(6) $y=\cos(x^2+1)$；

(7) $y=\arcsin\dfrac{x}{2}$；

(8) $y=\arctan x^2$；

(9) $y=\operatorname{arccot}\dfrac{1}{x}$；

(10) $y=\arctan\dfrac{1-x}{1+x}$；

(11) $y=\left(\arcsin\dfrac{1}{x}\right)^2$；

(12) $y=\ln\cos x^2$；

(13) $y=\ln\tan 2x$；

(14) $y=\arctan\mathrm{e}^{-x}$；

(15) $y=\cos^3 4x$；

(16) $y=2^{\sin^2 x}$；

(17) $y=\ln\arcsin 2x$；

(18) $y=\cos\mathrm{e}^{x^2+2x+2}$；

(19) $y=\ln[\ln^2(\ln 3x)]$；

(20) $y=\arcsin\sqrt{\dfrac{1-x}{1+x}}$；

(21) $y=\mathrm{e}^{\sqrt{x^2+1}}$；

(22) $y=\sin[\sin(\sin x)]$；

(23) $y=\sin x^2+\sin^2 x$；

(24) $y=a^x\,\mathrm{e}^{\sin\tan x}$；

(25) $y=\sqrt{1+x^2}\cdot\arctan x^3$；

(26) $y=\sin(\cos^2 x)\cdot\cos(\sin^2 x)$；

(27) $y=\cos\dfrac{1}{x^2}\,\mathrm{e}^{\cos\frac{1}{x^2}}$；

(28) $y=\sec^2\dfrac{x}{a^2}+\tan^2\dfrac{x}{b^2}$；

(29) $y=\ln(\mathrm{e}^x+\sqrt{1+\mathrm{e}^{2x}})$；

(30) $y=\ln\sqrt{\dfrac{1-\sin x}{1+\sin x}}$；

(31) $y=\arctan\sqrt{\dfrac{1-\cos x}{1+\cos x}}$；

(32) $y=\sqrt{x+\sqrt{x+\sqrt{x}}}$；

(33) $y=\sqrt[3]{1+x\sqrt{x+3}}$；

(34) $y=\ln(1+x+\sqrt{2x+x^2})$；

(35) $y=\arcsin\dfrac{1-x^2}{1+x^2}$；

(36) $y=\arccos\dfrac{\mathrm{e}^x-\mathrm{e}^{-x}}{\mathrm{e}^x+\mathrm{e}^{-x}}$；

(37) $y=\ln\arctan\dfrac{1}{1+x}$；

(38) $y=\ln\dfrac{2\tan x+1}{\tan x+2}$；

(39) $y=\dfrac{\arccos x}{x}-\ln\dfrac{1+\sqrt{1-x^2}}{x}$；

(40) $y=(\arcsin x)^m(\arccos x)^n$.

4. 求下列函数的导数和在指定点的导数：

(1) $f(x)=\sqrt{\tan\dfrac{x}{2}}$，$f'(x)$，$f'\left(\dfrac{\pi}{2}\right)$；

(2) $f(x)=\ln(x+\sqrt{x^2-a^2})\,(a>0)$，$f'(x)$，$f'(2a)$；

(3) $f(x)=\arctan\dfrac{2x}{1-x^2}$，$f'(x)$，$f'(1)$；

(4) $f(x)=\dfrac{1}{\sqrt{2\pi}\sigma}\mathrm{e}^{-\frac{(x-\mu)^2}{2\sigma^2}}$（其中 $\sigma>0$），$f'(x)$，$f'(\mu)$.

5. 设 $f(x)$ 是可导函数,求下列函数的导数:

(1) $y=f(x^2)$;　　　　　　　　　　　　(2) $y=f(e^x+x^e)$;

(3) $y=f(\sin^2 x)+f(\cos^2 x)$;　　　　　(4) $y=f\left(\arcsin \dfrac{1}{x}\right)$;

(5) $y=f(f(\cos x))$;　　　　　　　　　(6) $y=f(e^x)e^{f(x)}$.

6. 证明:(1) 可导的偶函数的导数是奇函数;

(2) 可导的奇函数的导数是偶函数;

(3) 可导的周期函数的导数是具有相同周期的周期函数.

7. 求下列曲线在指定点处的切线方程和法线方程:

(1) 曲线 $y=\dfrac{2}{x}+x$ 在点 $(2,3)$ 处;

(2) 曲线 $y=(2x-5)\sqrt[3]{x^2}$ 在点 $A(2,-\sqrt[3]{4}\,)$,点 $B(1,-3)$ 及点 $C(0,0)$ 处.

8. 在曲线 $y=x^3+x-2$ 上求一点,使得过该点处的切线与直线 $y=4x-1$ 平行.

9. 求下列函数的导数:

(1) $y=x|x|$;　　　(2) $y=\begin{cases} x\sin\dfrac{1}{x}, & x\neq 0, \\ 0, & x=0. \end{cases}$

10. 求下列函数的二阶导数:

(1) $y=e^{\sqrt{x}}$;　　　　　(2) $y=e^{-x^2}$;　　　　　(3) $y=\sin^2 x$;

(4) $y=(\arcsin x)^2$;　　(5) $y=\ln(1-x^2)$;　　(6) $y=\ln(x+\sqrt{x^2-1}\,)$;

(7) $y=(x^3+1)^2$;　　　(8) $y=(1+x^2)\arctan x$;　　(9) $y=e^{-x}\cos 2x$;

(10) $y=\dfrac{x^2}{\sqrt{1+x^2}}$.

11. 求下列函数在指定点的二阶导数:

(1) $y=x\sqrt{1-x^2}$, $x=0$;　　　　(2) $y=\ln\ln x$, $x=e^2$.

12. 设 $f(x)$ 二阶可导,求下列函数的二阶导数:

(1) $y=f(\ln x)$;　　(2) $y=f(e^x)$;　　(3) $y=f(x^2)$;　　(4) $y=f(e^x+x)$.

13. 求下列函数的 n 阶导数:

(1) $y=e^{ax}$;　　(2) $y=a^x$;　　(3) $y=\ln x$;　　(4) $y=(x-a)^{n+1}$;　　(5) $y=\sin 2x$;　　(6) $y=x\ln x$.

14. 一物体沿直线运动,由始点起经过 t 后的距离 s 为

$$s=\frac{1}{4}t^4-4t^3+16t^2,$$

问何时它的速度为零?

15. 已知物体作直线运动,其运动方程为 $s=9\sin\dfrac{\pi t}{3}+2t$,试求在第一秒末的加速度($s$ 以米为单位,t 以秒为单位).

16. 单项选择题:

(1) 设 $y=\ln|x|$,则 $y'=($ 　　).

(A) $\dfrac{1}{x}$;　　　(B) $-\dfrac{1}{x}$;　　　(C) $\dfrac{1}{|x|}$;　　　(D) $-\dfrac{1}{|x|}$.

(2) 设 $y=\ln|f(x)|$,则 $y'=($ 　　).

(A) $\dfrac{1}{f(x)}$;　　(B) $-\dfrac{1}{f(x)}$;　　(C) $\dfrac{f'(x)}{f(x)}$;　　(D) $-\dfrac{f'(x)}{f(x)}$.

(3) 设 $f(-x)=-f(x)$ 且 $f'(-x_0)=-k\neq 0$,则 $f'(x_0)=($ 　　).

(A) k；　　　　　(B) $-k$；　　　　　(C) $\dfrac{1}{k}$；　　　　　(D) $-\dfrac{1}{k}$.

(4) 设 $f(x)$ 为可导的偶函数，且 $f(x)\neq 0$，则不是奇函数的是（　）.

(A) $xf(x)+f'(x)$；　(B) $f(x)+xf'(x)$；　(C) $[f(2x)]'$；　(D) $\left[\dfrac{1}{f(x)}\right]'$.

(5) 设 $f(x)$ 为可导的偶函数，则曲线 $y=f(x)$ 在其上任一点 (x,y) 和 $(-x,y)$ 处的切线斜率（　）.

(A) 彼此相等；　　(B) 互为相反数；　　(C) 互为倒数；　　(D) 互为负倒数.

(6) 已知 $\dfrac{\mathrm{d}}{\mathrm{d}x}\left[f\left(\dfrac{1}{x^2}\right)\right]=\dfrac{1}{x}$，则 $f'\left(\dfrac{1}{2}\right)=$（　）.

(A) $\dfrac{1}{\sqrt{2}}$；　　　　(B) -1；　　　　(C) 2；　　　　(D) -4.

§2.3　隐函数的导数·*由参数方程
所确定的函数的导数

一、隐函数的导数

在 §1.1，讲述函数的表示法时，我们已说明，在用公式法表示的函数中，由含两个变量的方程 $F(x,y)=0$ 确定 y 是 x 的函数，这是隐函数.若隐函数可化为显函数，则可用前述导数法则和导数公式求导数；但能化为显函数的隐函数为数甚少.这里，通过例题着重讲述直接由隐函数求导数的思路.

例1　设由方程 $y^3+3y-x=0$ 确定 y 是 x 的函数，求 $\dfrac{\mathrm{d}y}{\mathrm{d}x}$.

解　按题设，在已给方程中，x 是自变量，y 是 x 的函数，而 y^3 是 y 的函数，从而 y^3 是 x 的复合函数（这时，要把 y 理解成中间变量）.这样 y^3 在对 x 求导数时，必须用复合函数的导数法则.

将所给方程两端同时对自变量 x 求导数得

$$(y^3+3y-x)'_x=(0)',$$

依前述分析，得

$$3y^2\cdot y'+3y'-1=0.$$

将上式理解成是关于 y' 的方程，由此式解出 y'，便得到 y 对 x 的导数

$$y'(3y^2+3)=1,\quad y'=\dfrac{1}{3(y^2+1)}.$$

这就是最后结果，上式中的 y 无需（一般情况根本不可能）用自变量 x 的函数代换.

例2　设由方程 $\ln y=xy+\cos x$ 确定 $y=f(x)$，求 $\dfrac{\mathrm{d}y}{\mathrm{d}x}$，$\dfrac{\mathrm{d}y}{\mathrm{d}x}\Big|_{\substack{x=0\\y=e}}$.

解　将已给方程两端对 x 求导数，注意到方程中的 $\ln y$ 是 y 的函数，从而 $\ln y$ 是 x 的复合函数，于是

$$\dfrac{1}{y}y'=1\cdot y+xy'-\sin x,$$

解出 y',得所求导数:

$$y' - xyy' = y^2 - y\sin x, \quad y' = \frac{y(y - \sin x)}{1 - xy}.$$

将 $x=0, y=\mathrm{e}$ 代入上式,得

$$y'\Big|_{\substack{x=0 \\ y=\mathrm{e}}} = \frac{\mathrm{e}(\mathrm{e} - \sin 0)}{1 - 0 \cdot \mathrm{e}} = \mathrm{e}^2.$$

*例 3 设由方程 $\mathrm{e}^y + xy = \mathrm{e}$ 确定 $y = f(x)$,求 $\dfrac{\mathrm{d}^2 y}{\mathrm{d} x^2}$.

解 将已知等式两端对 x 求导数,得

$$\mathrm{e}^y \cdot y' + y + xy' = 0. \tag{2.6}$$

再将上式两端对 x 求导数,这时,要将式中的 y' 也理解是 x 的函数,得

$$\mathrm{e}^y \cdot y' \cdot y' + \mathrm{e}^y y'' + y' + y' + xy'' = 0,$$

解出 y'',有

$$y'' = -\frac{2y' + \mathrm{e}^y (y')^2}{x + \mathrm{e}^y}. \tag{2.7}$$

由 (2.6) 式中解出 y':

$$y' = -\frac{y}{x + \mathrm{e}^y},$$

将其代入 (2.7) 式中,得所求二阶导数

$$\frac{\mathrm{d}^2 y}{\mathrm{d} x^2} = -\frac{-\dfrac{2y}{x + \mathrm{e}^y} + \mathrm{e}^y \dfrac{y^2}{(x + \mathrm{e}^y)^2}}{x + \mathrm{e}^y} = \frac{2xy + 2y\mathrm{e}^y - y^2\mathrm{e}^y}{(x + \mathrm{e}^y)^3}.$$

说明 求二阶导数时,也可由式 $y' = -\dfrac{y}{x+\mathrm{e}^y}$ 两端对 x 求导数.

例 4 求函数 $y = x^{\mathrm{e}^x}$ 的导数.

解法 1 这是幂指函数,求导数时,既不能用幂函数的导数公式,也不能用指数函数的导数公式.

我们先将幂指函数化为指数函数的形式,然后再求导数. 由于 $y = \mathrm{e}^{\mathrm{e}^x \ln x}$,故

$$y' = \mathrm{e}^{\mathrm{e}^x \ln x}\left(\mathrm{e}^x \ln x + \frac{\mathrm{e}^x}{x}\right) = x^{\mathrm{e}^x} \cdot \mathrm{e}^x \left(\ln x + \frac{1}{x}\right).$$

解法 2 将已知式两端取对数,得

$$\ln y = \mathrm{e}^x \ln x,$$

这是隐函数形式,再按隐函数的思路求 y 对 x 的导数.

等式两端对 x 求导数,得

$$\frac{1}{y} y' = \mathrm{e}^x \ln x + \frac{\mathrm{e}^x}{x},$$

等式两端乘以 y 得

$$y' = y\left(\mathrm{e}^x \ln x + \frac{\mathrm{e}^x}{x}\right),$$

将已知 y 的表达式代入，得所求导数

$$y' = x^{\mathrm{e}^x} \cdot \mathrm{e}^x\left(\ln x + \frac{1}{x}\right).$$

说明 本例的解法 2 通常称**对数求导法**. 所谓对数求导法就是将所给显函数 $y=f(x)$ 两端取对数，得到隐函数 $\ln y = \ln f(x)$；然后按隐函数求导数的思路，求出 y 对 x 的导数. 这种方法对幂指函数和所给函数可看作是幂的连乘积（或较繁的乘除式子）求导数，可简化运算.

例 5 设 $y = \dfrac{\sqrt{x-2}}{(x+1)^3(4-x)^2}$，求 y'.

解 该题可用导数法则求导，但较繁. 这里用对数求导法. 由于 y 可看作是幂的连乘积

$$y = (x-2)^{\frac{1}{2}}(x+1)^{-3}(4-x)^{-2},$$

取对数，得

$$\ln y = \frac{1}{2}\ln(x-2) - 3\ln(x+1) - 2\ln(4-x).$$

上式两端对 x 求导，得

$$\begin{aligned}
\frac{1}{y}y' &= \frac{1}{2(x-2)}(x-2)' - \frac{3}{x+1}(x+1)' - \frac{2}{4-x}(4-x)' \\
&= \frac{1}{2(x-2)} - \frac{3}{x+1} + \frac{2}{4-x},
\end{aligned}$$

所求导数为

$$y' = \frac{\sqrt{x-2}}{(x+1)^3(4-x)^2}\left[\frac{1}{2(x-2)} - \frac{3}{x+1} + \frac{2}{4-x}\right].$$

例 6 设 $y = (2-x)(1+x^2)\mathrm{e}^{x^2}\sin x$，求 y'.

解 本例，若直接用导数的四则运算法则计算较繁. 根据对数的性质，等式两端先取对数，得

$$\ln y = \ln(2-x) + \ln(1+x^2) + x^2 + \ln\sin x.$$

这是隐函数形式，两端对 x 求导数

$$\frac{1}{y}y' = \frac{-1}{2-x} + \frac{2x}{1+x^2} + 2x + \frac{\cos x}{\sin x},$$

所求导数为

$$\begin{aligned}
y' &= y\left(\frac{1}{x-2} + \frac{2x}{1+x^2} + 2x + \cot x\right) \\
&= (2-x)(1+x^2)\mathrm{e}^{x^2}\sin x\left(\frac{1}{x-2} + \frac{2x}{1+x^2} + 2x + \cot x\right).
\end{aligned}$$

*二、由参数方程所确定的函数的导数

在平面解析几何中,我们已学过,方程组

$$\begin{cases} x = \varphi(t), \\ y = \psi(t), \end{cases} \quad t \in I \tag{2.8}$$

在平面上表示一条曲线,称为曲线的**参数方程**.

由于对于参数 t 的每一个值都对应着曲线上的一点 (x, y),因此由上述参数方程就确定了 y 是 x 的函数. 我们由参数方程求 y 对 x 的导数 $\dfrac{\mathrm{d}y}{\mathrm{d}x}$.

如果由参数方程组(2.8)式中可消去参数 t,而得到函数 $y = f(x)$,那么这种参数方程的求导问题我们已经解决. 当由参数方程组(2.8)式消去参数 t 困难时,这种方法就不适用. 这里要讨论直接由参数方程组(2.8)式求 y 对 x 的导数问题.

对给定的参数方程(2.8)式,如果函数 $x = \varphi(t)$ 具有连续的反函数 $t = \varphi^{-1}(x)$,那么,由参数方程(2.8)式所确定的函数可以看成是由函数 $y = \psi(t)$ 和 $t = \varphi^{-1}(x)$ 复合而成的复合函数 $y = \psi(\varphi^{-1}(x))$. 若函数 $x = \varphi(t)$,$y = \psi(t)$ 都是可导函数且 $\varphi'(t) \neq 0$,则由复合函数的导数法则和反函数的导数法则,可得

$$\frac{\mathrm{d}y}{\mathrm{d}x} = \frac{\mathrm{d}y}{\mathrm{d}t}\frac{\mathrm{d}t}{\mathrm{d}x} = \frac{\mathrm{d}y}{\mathrm{d}t}\frac{1}{\dfrac{\mathrm{d}x}{\mathrm{d}t}} = \frac{\dfrac{\mathrm{d}y}{\mathrm{d}t}}{\dfrac{\mathrm{d}x}{\mathrm{d}t}}, \tag{2.9}$$

或写作

$$\frac{\mathrm{d}y}{\mathrm{d}x} = \frac{\psi'(t)}{\varphi'(t)}. \tag{2.10}$$

(2.9)式或(2.10)式就是由参数方程组(2.8)式所确定的**函数 $y = f(x)$ 的一阶导数公式**.

若 $y = \psi(t)$,$x = \varphi(t)$ 对 t 二阶可导,则

$$\frac{\mathrm{d}^2 y}{\mathrm{d}x^2} = \frac{\mathrm{d}}{\mathrm{d}x}\left(\frac{\mathrm{d}y}{\mathrm{d}x}\right) = \frac{\dfrac{\mathrm{d}}{\mathrm{d}t}\left(\dfrac{\mathrm{d}y}{\mathrm{d}x}\right)}{\dfrac{\mathrm{d}x}{\mathrm{d}t}},$$

而

$$\frac{\mathrm{d}}{\mathrm{d}t}\left(\frac{\mathrm{d}y}{\mathrm{d}x}\right) = \frac{\mathrm{d}}{\mathrm{d}t}\left(\frac{\psi'(t)}{\varphi'(t)}\right) = \frac{\psi''(t)\varphi'(t) - \varphi''(t)\psi'(t)}{[\varphi'(t)]^2},$$

故由参数方程(2.8)式所确定的**函数 $y = f(x)$ 的二阶导数公式为**

$$\frac{\mathrm{d}^2 y}{\mathrm{d}x^2} = \frac{\varphi''(t)\varphi'(t) - \varphi''(t)\psi'(t)}{[\varphi'(t)]^3}.$$

例 7 设由参数方程(摆线)

$$\begin{cases} x = a(t - \sin t), \\ y = a(1 - \cos t), \end{cases} \quad 0 < t < 2\pi$$

确定函数 $y = f(x)$,求 $\dfrac{\mathrm{d}y}{\mathrm{d}x}$.

解 由于 $\dfrac{\mathrm{d}y}{\mathrm{d}t}=a\sin t,\dfrac{\mathrm{d}x}{\mathrm{d}t}=a(1-\cos t)$，故

$$\frac{\mathrm{d}y}{\mathrm{d}x}=\frac{a\sin t}{a(1-\cos t)}=\frac{\sin t}{1-\cos t}.$$

例8 试求椭圆 $\begin{cases}x=a\cos t,\\y=b\sin t\end{cases}$ 在 $t=\dfrac{\pi}{4}$ 处的切线方程和法线方程.

解 将 $t=\dfrac{\pi}{4}$ 代入椭圆方程，得曲线上对应的点 $\left(\dfrac{a}{\sqrt{2}},\dfrac{b}{\sqrt{2}}\right)$．由于

$$(a\cos t)'\big|_{t=\frac{\pi}{4}}=-a\sin t\big|_{t=\frac{\pi}{4}}=-\frac{a}{\sqrt{2}},\quad(b\sin t)'\big|_{t=\frac{\pi}{4}}=b\cos t\big|_{t=\frac{\pi}{4}}=\frac{b}{\sqrt{2}},$$

故切线斜率为 $\dfrac{\dfrac{b}{\sqrt{2}}}{-\dfrac{a}{\sqrt{2}}}=-\dfrac{b}{a}$，从而所求切线方程为

$$y-\frac{b}{\sqrt{2}}=-\frac{b}{a}\left(x-\frac{a}{\sqrt{2}}\right),\quad\text{即}\quad bx+ay=\sqrt{2}\,ab.$$

所求法线方程为

$$y-\frac{b}{\sqrt{2}}=\frac{a}{b}\left(x-\frac{a}{\sqrt{2}}\right),\quad\text{即}\quad ax-by=\frac{1}{\sqrt{2}}(a^2-b^2).$$

例9 设由参数方程

$$\begin{cases}x=t-\arctan t,\\y=\ln(1+t^2)\end{cases}$$

确定 y 是 x 的函数，求 $\dfrac{\mathrm{d}y}{\mathrm{d}x},\dfrac{\mathrm{d}^2y}{\mathrm{d}x^2}$.

解
$$\frac{\mathrm{d}y}{\mathrm{d}x}=\frac{[\ln(1+t^2)]'}{[t-\arctan t]'}=\frac{\dfrac{2t}{1+t^2}}{1-\dfrac{1}{1+t^2}}=\frac{2}{t},$$

$$\frac{\mathrm{d}^2y}{\mathrm{d}x^2}=\frac{\mathrm{d}}{\mathrm{d}t}\left(\frac{\mathrm{d}y}{\mathrm{d}x}\right)\cdot\frac{1}{\dfrac{\mathrm{d}x}{\mathrm{d}t}}=\frac{\mathrm{d}}{\mathrm{d}t}\left(\frac{2}{t}\right)\cdot\frac{1}{1-\dfrac{1}{1+t^2}}=-\frac{2}{t^2}\cdot\frac{1+t^2}{t^2}=-\frac{2(1+t^2)}{t^4}.$$

习　题　2.3

1. 由下列方程确定 y 为 x 的函数，求 $\dfrac{\mathrm{d}y}{\mathrm{d}x}$：

(1) $ax^2+by^2-1=0$；　　(2) $y^2-2axy+b=0$；　　(3) $\mathrm{e}^y=\sin(x+y)$；

(4) $y=1+x\sin y$；　　(5) $xy=\mathrm{e}^{x+y}$；　　(6) $\mathrm{e}^{xy}+y\ln x=\sin 2x$.

2. 由 $xy^2+\arctan y=\dfrac{\pi}{4}$，求 $\dfrac{\mathrm{d}y}{\mathrm{d}x}\Big|_{x=0}$.

3. 已知 $y\sin x-\cos(x-y)=0$，求 $\dfrac{\mathrm{d}y}{\mathrm{d}x}\Big|_{\substack{x=0\\y=\frac{\pi}{2}}}$.

*4. 由下列方程确定 y 为 x 的函数,求 $\dfrac{d^2y}{dx^2}$:

(1) $x^2+y^2=1$;　　　(2) $y=1+xe^y$.

5. 求曲线的切线方程:

(1) 曲线 $x^{\frac{2}{3}}+y^{\frac{2}{3}}=a^{\frac{2}{3}}$ 在点 $\left(\dfrac{\sqrt{2}}{4}a,\ \dfrac{\sqrt{2}}{4}a\right)$ 处;　　　(2) 曲线 $x^2+y^5-2xy=0$ 在点 $(1,1)$ 处.

6. 用对数求导法求下列函数的导数:

(1) $y=x^{x^2}$;　　　　　(2) $y=x^{\frac{1}{x}}$;　　　　　(3) $y=(1+\cos x)^{\frac{1}{x}}$;

(4) $y=(\ln x)^{e^x}$;　　　(5) $y=(\tan x)^x$;　　　(6) $y=x^{\sin x}$;

(7) $y=f(x)^{g(x)}(f(x)>0)$,其中 $f(x),g(x)$ 均是可导函数;

(8) $y=x^{2^x}+2^{2^x}$;　　　(9) $y=\dfrac{\sqrt{x+1}}{\sqrt[3]{x-2}(x+3)^2}$;　　　(10) $y=\sqrt[3]{\dfrac{x(x^2+1)}{(x-1)^2}}$;

(11) $y=\sqrt{\dfrac{1+\sin x}{1-\sin x}}$;　　　(12) $y=\sqrt{\dfrac{e^{3x}}{x^3}\arcsin x}$.

*7. 求由下列参数方程所确定的函数 $y=f(x)$ 的导数 $\dfrac{dy}{dx}$:

(1) $\begin{cases}x=2t,\\ y=4t^2;\end{cases}$　　　(2) $\begin{cases}x=te^{-t},\\ y=e^t;\end{cases}$　　　(3) $\begin{cases}x=\dfrac{2at}{1+t^2},\\ y=\dfrac{a(1-t^2)}{1+t^2};\end{cases}$

(4) $\begin{cases}x=a\cos^3 t,\\ y=b\sin^3 t;\end{cases}$　　　(5) $\begin{cases}x=a\cos bt+b\sin at,\\ y=a\sin bt-b\cos at;\end{cases}$　　　(6) $\begin{cases}x=t(1-\sin t),\\ y=t\cos t.\end{cases}$

*8. 已知 $\begin{cases}x=e^t\sin t,\\ y=e^t\cos t,\end{cases}$ 求当 $t=\dfrac{\pi}{3}$ 时的 $\dfrac{dy}{dx}$ 的值.

*9. 求下列曲线在指定点处的切线方程和法线方程:

(1) 曲线 $\begin{cases}x=2e^t,\\ y=e^{-t}\end{cases}$ 在 $t=0$ 处;　　　(2) 曲线 $\begin{cases}x=\ln\sin t,\\ y=\cos t\end{cases}$ 在 $t=\dfrac{\pi}{2}$ 处.

*10. 求由下列参数方程所确定的函数 $y=f(x)$ 的二阶导数 $\dfrac{d^2y}{dx^2}$:

(1) $\begin{cases}x=\dfrac{t^2}{2},\\ y=1-t;\end{cases}$　　　(2) $\begin{cases}x=a\cos^3 t,\\ y=a\sin^3 t;\end{cases}$　　　(3) $\begin{cases}x=\sqrt{1+t},\\ y=\sqrt{1-t};\end{cases}$　　　(4) $\begin{cases}x=at\cos t,\\ y=at\sin t.\end{cases}$

§2.4　微　分

一、微分概念

1. 微分定义

对函数 $y=f(x)$,当自变量 x 在点 x_0 有改变量 Δx 时,因变量 y 的改变量是

$$\Delta y = f(x_0 + \Delta x) - f(x_0).$$

在实际应用中,有些问题要计算当 $|\Delta x|$ 很微小时的 Δy 的值. 一般而言,当函数 $y=f(x)$ 较复杂时,Δy 也是 Δx 的一个较复杂的函数,计算 Δy 往往较困难. 这里,将要给出一个近似计

算 Δy 的方法,并要达到两个要求:一是计算简便,二是近似程度好,即精度高.

先看一个具体问题.

设一个边长为 x 的正方形,它的面积 $A=x^2$ 是 x 的函数. 若边长由 x_0 改变(增加)了 Δx,相应的正方形的面积的改变量(增加)

$$\Delta A = (x_0 + \Delta x)^2 - x_0^2 = 2x_0 \Delta x + (\Delta x)^2.$$

显然,ΔA 由两部分组成:

图 2-7

第一部分是 $2x_0 \Delta x$,其中 $2x_0$ 是常数,$2x_0 \Delta x$ 可看作是 Δx 的线性函数,即图 2-7 中有阴影部分的面积.

第二部分是 $(\Delta x)^2$,是图 2-7 中以 Δx 为边长的小正方形的面积. 当 $\Delta x \to 0$ 时,$(\Delta x)^2$ 是较 Δx 高阶的无穷小,即 $(\Delta x)^2 = o(\Delta x)$.

由此可见,当给边长 x_0 一个微小的改变量 Δx 时,由此所引起正方形面积的改变量 ΔA,可以近似地用第一部分——Δx 的线性函数 $2x_0 \Delta x$ 来代替,这时所产生的误差比 Δx 更微小. 从理论上讲,当 Δx 是无穷小时,所产生的误差是较 Δx 的高阶无穷小.

在上述问题中,注意到对函数 $A=x^2$,有

$$\frac{\mathrm{d}A}{\mathrm{d}x} = \frac{\mathrm{d}x^2}{\mathrm{d}x} = 2x, \quad \frac{\mathrm{d}A}{\mathrm{d}x}\bigg|_{x=x_0} = 2x_0,$$

这表明,用来近似代替面积改变量 ΔA 的 $2x_0 \Delta x$,实际上是函数 $A=x^2$ 在点 x_0 的导数 $2x_0$ 与自变量 x 在点 x_0 的改变量 Δx 的乘积. **这种近似代替具有一般性**.

我们从微分定义讲起.

定义 2.2 设函数 $y=f(x)$ 在点 x 的某邻域内有定义,若函数 $f(x)$ 在点 x 的改变量 $\Delta y = f(x+\Delta x) - f(x)$ 可以表示为

$$\Delta y = A \cdot \Delta x + o(\Delta x), \tag{2.11}$$

其中 A 与 Δx 无关,$o(\Delta x)$ 是较 Δx 高阶的无穷小,则称函数 $f(x)$ **在点 x 可微**,并称 $A \cdot \Delta x$ **为函数 $f(x)$ 在点 x 的微分**,记作 $\mathrm{d}y$ 或 $\mathrm{d}f(x)$,即

$$\mathrm{d}y = A \cdot \Delta x.$$

由该定义可知,函数 $y=f(x)$ 在点 x 的微分 $\mathrm{d}y$ 与函数在该点的改变量 Δy 仅相差一个较 Δx 高阶的无穷小. 由于微分 $\mathrm{d}y$ 是 Δx 的线性函数,所以也称微分 $\mathrm{d}y$ 是改变量 Δy 的线性主部. 当 $A \neq 0$ 时,用微分 $\mathrm{d}y$ 作为改变量 Δy 的近似值时,其相对误差

$$\left| \frac{\Delta y - \mathrm{d}y}{A\Delta x} \right| = \left| \frac{o(\Delta x)}{A\Delta x} \right| \to 0 \quad (\Delta x \to 0),$$

从而,$|\Delta x|$ 愈小,用 $\mathrm{d}y$ 近似代替 Δy 的精确度就愈高.

函数 $y=f(x)$ 在点 x 可导与可微有**下述关系**:

函数 $y=f(x)$ 在点 x 可微的**充分必要条件**是函数 $f(x)$ 在该点可导,且

$$f'(x) = A.$$

该关系表明, **函数 $f(x)$ 的可导性与可微性是等价的**, 且函数 $y=f(x)$ 在点 x 的微分为 $\mathrm{d}y=f'(x)\Delta x$.

通常把自变量 x 的改变量 Δx 称为**自变量的微分**, 记作 $\mathrm{d}x$, 即 $\mathrm{d}x=\Delta x$. 于是函数 $y=f(x)$ 的微分, 一般记作

$$\mathrm{d}y = f'(x)\mathrm{d}x,$$

即函数的微分等于函数的导数与自变量微分的乘积.

上式中的 $\mathrm{d}x$ 和 $\mathrm{d}y$ 都有确定的意义: $\mathrm{d}x$ 是自变量 x 的微分, $\mathrm{d}y$ 是因变量 y 的微分. 这样, 上式可改写为

$$f'(x) = \frac{\mathrm{d}y}{\mathrm{d}x},$$

即函数的导数等于函数的微分与自变量的微分之商. 在此之前, 必须把 $\dfrac{\mathrm{d}y}{\mathrm{d}x}$ 看作是导数的整体记号, 现在就可以看作是分式了.

若函数 $y=f(x)$ 在区间 I 上的每一点都可微, 则称 $f(x)$ 为区间 I 上的**可微函数**. 若 $x_0\in I$, 则函数 $y=f(x)$ 在点 x_0 的微分记作 $\mathrm{d}y|_{x=x_0}$, 即

$$\mathrm{d}y|_{x=x_0} = f'(x_0)\mathrm{d}x.$$

以上讨论我们看到, 若函数 $y=f(x)$ 在点 x_0 可导, 为近似计算函数在该点的改变量 Δy, 用微分 $f'(x_0)\Delta x$ (它是 Δx 的线性函数) 近似代替, 容易计算, 而且所产生的误差仅是 $o(\Delta x)$. 在实用上, 当 $|\Delta x|$ 很小时, 近似程度就很好.

2. 微分的几何意义

如图 2-8 所示, M_0T 是过曲线 $y=f(x)$ 上点 $M_0(x_0,y_0)$ 处的切线. 当曲线的横坐标由 x_0 改变到 $x_0+\Delta x$ 时, 曲线相应的**纵坐标的改变量**

$$NM=f(x_0+\Delta x)-f(x_0)=\Delta y,$$

而切线相应的纵坐标的改变量 (由三角形 M_0NT) 是

$$NT = \tan\alpha \cdot \Delta x = f'(x_0) \cdot \Delta x = \mathrm{d}y.$$

由此知, 函数 $y=f(x)$ 在点 x_0 的微分 $\mathrm{d}y$ 的**几何意义**是: 曲线 $y=f(x)$ 在点 $M_0(x_0,y_0)$ 处的切线的**纵坐标**的改变量.

图　2-8

用 $\mathrm{d}y$ 代替 Δy, 就是用切线纵坐标的改变量代替曲线纵坐标的改变量; 这正是以直线段代替曲线段. 所产生的误差是

$$TM = \Delta y - \mathrm{d}y,$$

当 $\Delta x\to 0$ 时, 它也趋于 0, 且趋于 0 的速度比 Δx 要快.

二、微分计算

按照微分的定义, 如果函数 $y=f(x)$ 的导数 $f'(x)$ 已经算出, 那么只要乘上因子 $\Delta x=\mathrm{d}x$, 即 $f'(x)\mathrm{d}x$ 便是函数的微分. 因此, 计算函数的微分并不需要任何新的运算. 例如对于

函数 $y=\sin x$，因为 $y'=\cos x$，所以
$$\mathrm{d}y = y'\mathrm{d}x = \cos x \mathrm{d}x.$$

又如 $y=\arctan x$，因为 $y'=\dfrac{1}{1+x^2}$，所以
$$\mathrm{d}y = y'\mathrm{d}x = \frac{1}{1+x^2}\mathrm{d}x.$$

计算函数的导数与计算函数的微分,都称为函数的微分运算或微分法.

对应于求导数的基本运算法则,可以直接推出如下的**微分运算法则**:

(1) $\mathrm{d}[u(x)\pm v(x)]=\mathrm{d}u(x)\pm\mathrm{d}v(x)$;

(2) $\mathrm{d}[u(x)\cdot v(x)]=v(x)\cdot\mathrm{d}u(x)+u(x)\cdot\mathrm{d}v(x)$;

(3) $\mathrm{d}[Cv(x)]=C\mathrm{d}v(x)$ （C 为任意常数）;

(4) $\mathrm{d}\left[\dfrac{u(x)}{v(x)}\right]=\dfrac{v(x)\cdot\mathrm{d}u(x)-u(x)\cdot\mathrm{d}v(x)}{[v(x)]^2}$;

(5) $\mathrm{d}[f(\varphi(x))]=f'(\varphi(x))\varphi'(x)\mathrm{d}x$.

这里,最后一个公式是**复合函数的微分法则**.

由复合函数的微分法则,可以得到微分的一个重要性质:

设函数 $y=f(u)$ 对 u 可导,当 u 是**自变量**时或当 u 是某自变量的**可导函数** $u=\varphi(x)$ 时,都有
$$\mathrm{d}y = f'(u)\mathrm{d}u.$$

事实上,当 u 是自变量时,由于 $f(u)$ 可导,则
$$\mathrm{d}y = f'(u)\mathrm{d}u. \tag{2.12}$$

当 $u=\varphi(x)$ 且对 x 可导,这时由 $y=f(u)$，$u=\varphi(x)$ 构成复合函数 $y=f(\varphi(x))$,由复合函数的微分法则,有
$$\mathrm{d}y = f'(\varphi(x))\varphi'(x)\mathrm{d}x.$$

因 $u=\varphi(x)$ 且 $\mathrm{d}u=\varphi'(x)\mathrm{d}x$,所以上式可写作
$$\mathrm{d}y = f'(u)\mathrm{d}u. \tag{2.13}$$

由以上推导说明,尽管(2.14)与(2.15)式变量 u 的意义不同,但在形式上,二式完全相同.通常把这个性质称为**微分形式的不变性**.

例 1 求下列函数的微分:

(1) $y=\mathrm{e}^x\sin x$;   (2) $y=\arctan x^2$.

解 先求导数,再求微分.

(1) 因 $y'=(\mathrm{e}^x\sin x)'=\mathrm{e}^x\sin x+\mathrm{e}^x\cos x$,所以
$$\mathrm{d}y=y'\mathrm{d}x=\mathrm{e}^x(\sin x+\cos x)\mathrm{d}x.$$

(2) 因 $y'=\dfrac{2x}{1+(x^2)^2}=\dfrac{2x}{1+x^4}$,所以
$$\mathrm{d}y=y'\mathrm{d}x=\frac{2x}{1+x^4}\mathrm{d}x.$$

例 2　求下列函数的微分：

(1) $y = e^{-x}\cos 4x$；　　　　　(2) $y = a^{\ln\tan x}$.

解　用微分运算法则计算.

(1) $\mathrm{d}y = \cos 4x \mathrm{d}(e^{-x}) + e^{-x}\mathrm{d}(\cos 4x)$

$\qquad = \cos 4x \cdot e^{-x}\mathrm{d}(-x) + e^{-x}(-\sin 4x)\mathrm{d}(4x)$

$\qquad = -e^{-x}\cos 4x \mathrm{d}x - 4e^{-x}\sin 4x \mathrm{d}x.$

(2) $\mathrm{d}y = \mathrm{d}(a^{\ln\tan x}) = a^{\ln\tan x}\ln a \cdot \mathrm{d}(\ln\tan x) = a^{\ln\tan x}\ln a \cdot \dfrac{1}{\tan x}\mathrm{d}(\tan x)$

$\qquad = a^{\ln\tan x} \cdot \ln a \cdot \dfrac{1}{\tan x}\sec^2 x \mathrm{d}x = \dfrac{2\ln a}{\sin 2x}a^{\ln\tan x}\mathrm{d}x.$

*三、微分的应用

作为微分概念的简单应用，这里讲述用微分作近似计算问题.

前面已经讲过，对函数 $y = f(x)$，在点 x_0，当 $|\Delta x|$ 很小时，可用微分 $\mathrm{d}y$ 近似代替改变量 Δy. 由于

$$\Delta y \approx \mathrm{d}y,$$

$$\Delta y = f(x_0 + \Delta x) - f(x_0),$$

所以，我们可得到两个近似公式

$$\Delta y \approx f'(x_0)\Delta x, \tag{2.14}$$

$$f(x_0 + \Delta x) \approx f(x_0) + f'(x_0)\Delta x. \tag{2.15}$$

在公式 (2.15) 中，若令 $x = x_0 + \Delta x$，即 $\Delta x = x - x_0$，则 (2.15) 式可写作

$$f(x) \approx f(x_0) + f'(x_0)(x - x_0). \tag{2.16}$$

特别地，在 (2.16) 式中，若取 $x_0 = 0$，当 $|x|$ 很小时，又有近似公式

$$f(x) \approx f(0) + f'(0)x. \tag{2.17}$$

在上述的近似公式中，(2.14) 式是近似计算函数的改变量，用在点 x_0 的微分 $f'(x_0)\Delta x$ 近似计算函数在点 x_0 的改变量 Δy；(2.15) 式是近似计算函数值，用在点 x_0 的函数值 $f(x_0)$ 与其微分 $f'(x_0)\Delta x$ 之和来近似计算函数在点 $x_0 + \Delta x$ 的函数值 $f(x_0 + \Delta x)$；(2.16) 式是近似计算在点 x 的函数值 $f(x)$，这正是用 x 的线性函数 $f(x_0) + f'(x_0)(x - x_0)$ 来近似表示函数 $f(x)$.

例 3　计算 $\sqrt[5]{1.03}$ 的近似值.

解　这是计算函数值的问题，用公式 (2.15).

$\sqrt[5]{1.03}$ 可看作是函数 $f(x) = \sqrt[5]{x}$ 在 $x = 1.03$ 处的函数值. 于是，设

$$f(x) = \sqrt[5]{x}, \quad x_0 = 1, \quad \Delta x = 0.03 \quad (|\Delta x| \text{ 较小}).$$

由于 $f'(x) = \dfrac{1}{5}x^{-\frac{4}{5}}$，$f(1) = \dfrac{1}{5}$，所以由 (2.15) 式，有

$$\sqrt[5]{1.03} \approx \sqrt[5]{1} + \dfrac{1}{5}(0.03) = 1.006.$$

例4 半径为 $10\,\mathrm{cm}$ 的金属圆球加热后,半径伸长了 $0.05\,\mathrm{cm}$,求体积增大的近似值.

解 该题是求函数的改变量的问题.若以 V 及 r 分别表示圆球的体积和半径,则

$$V = \frac{4}{3}\pi r^3.$$

现在,$r=10\,\mathrm{cm}$,$\Delta r=0.05\,\mathrm{cm}$,我们的问题是要计算当 r 取得了改变量 Δr 后,函数 V 的改变量 ΔV 等于多少.由于 Δr 较小,故可用相应的微分来近似代替它:

$$\Delta V \approx \mathrm{d}V = 4\pi r^2 \Delta r = 400\pi \cdot 0.05 = 62.8319(\mathrm{cm}^3).$$

利用公式(2.17),若设 $f(x)$ 分别为 $(1+x)^\alpha$,e^x,$\ln(1+x)$,$\sin x$,$\tan x$,在 $|x|$ 很小时,有下列近似公式:

$$(1+x)^\alpha \approx 1+\alpha x, \quad \mathrm{e}^x \approx 1+x, \quad \ln(1+x) \approx x, \quad \sin x \approx x, \quad \tan x \approx x.$$

习 题 2.4

1. 一个正方形的边长为 $8\,\mathrm{cm}$,如果每边长增加:(1) $1\,\mathrm{cm}$;(2) $0.5\,\mathrm{cm}$;(3) $0.1\,\mathrm{cm}$.求面积分别增加多少?并分别求面积(即函数)的微分.

2. 设 $y=x^2+x$,计算在 $x=1$ 处,当 $\Delta x=10,1,0.1,0.01$ 时,相应的函数改变量 Δy 与函数的微分 $\mathrm{d}y$,并观察两者之差 $\Delta y - \mathrm{d}y$ 随着 Δx 减少的变化情况.

3. 求下列函数的微分:

(1) $y=\sin x+\cos x$;   (2) $y=x\sin 2x$;   (3) $y=\dfrac{\cos x}{1-x^2}$;

(4) $y=\dfrac{x}{\sqrt{x^2+1}}$;   (5) $y=\mathrm{e}^x\cos 5x$;   (6) $y=(\mathrm{e}^x+\mathrm{e}^{-x})^2$;

(7) $y=\tan^2 3x$;   (8) $y=3^{\mathrm{lntan}x}$;   (9) $y=\ln\sqrt{1-x^2}$;   (10) $y=\cos^2\sqrt{x}$.

4. 求由下列方程确定的隐函数 $y=f(x)$ 的微分:

(1) $\dfrac{x^2}{a^2}+\dfrac{y^2}{b^2}=1$;   (2) $y^2=x+\arccos y$;   (3) $xy+\mathrm{e}^y=0$;   (4) $y\sin x-\cos(x-y)=0$.

5. 选取适当函数填入括号内,使下列等式成立:

(1) $a\mathrm{d}x=\mathrm{d}(\quad)$;   (2) $bx\mathrm{d}x=\mathrm{d}(\quad)$;   (3) $\dfrac{1}{2\sqrt{x}}\mathrm{d}x=\mathrm{d}(\quad)$;   (4) $\dfrac{1}{x}\mathrm{d}x=\mathrm{d}(\quad)$;

(5) $\dfrac{1}{1+x^2}\mathrm{d}x=\mathrm{d}(\quad)$;   (6) $\dfrac{1}{\sqrt{1-x^2}}\mathrm{d}x=\mathrm{d}(\quad)$;   (7) $\sin 2x\mathrm{d}x=\mathrm{d}(\quad)$;

(8) $\cos ax\mathrm{d}x=\mathrm{d}(\quad)$;   (9) $\mathrm{e}^{-3x}\mathrm{d}x=\mathrm{d}(\quad)$;   (10) $\sec x\cdot\tan x\mathrm{d}x=\mathrm{d}(\quad)$.

*6. 求下列各数的近似值:

(1) $\sqrt[5]{0.95}$;   (2) $\mathrm{e}^{-0.05}$;   (3) $\ln(0.97)$;

(4) $\cos 60°20'$;   (5) $\arctan 1.02$;   (6) $\sqrt[5]{245}$.

*7. 一平面圆形环,其内半径为 $10\,\mathrm{m}$,环宽为 $0.2\,\mathrm{m}$,求此圆环面积的精确值与近似值.

8. 单项选择题:

(1) 已知函数 $y=f(x)$ 在任意点 x 处的微分 $\mathrm{d}y=\dfrac{\Delta x}{1+x^2}$,且 $f(0)=0$,则 $f(x)=(\quad)$.

(A) $\ln(1+x^2)$;   (B) $\dfrac{x}{1+x^2}$;   (C) $\arctan x$;   (D) $\arcsin x$.

(2) 函数 $f(x)$ 在点 x_0 可导是在该点可微的（　　）.

(A) 必要条件,但不是充分条件；　　(B) 充分条件,但不是必要条件；

(C) 充分必要条件；　　(D) 无关条件.

§2.5　边际概念·函数的弹性

导数概念,函数的弹性概念在经济分析中起重要作用,为讲述这些概念的经济意义,我们先讲述经济学中常用到的函数.

一、经济学中常见的几个函数

1. 需求函数与供给函数

（1）需求函数

需求是指消费者在一定价格条件下对商品的需要.这就是消费者愿意购买而且有支付能力.需求价格是指消费者对所需要的一定量的商品所愿支付的价格.

市场上某种商品的需求量往往受很多因素的影响.例如,商品的价格,消费者的收入,商品的选择范围,消费者的爱好等.为了使研究的问题简化,我们假定除商品价格之外的因素都保持不变,只有商品的价格影响需求量.这时,商品的需求数量 Q 可以看成是商品价格 P 的函数,称为**需求函数**,记作

$$Q = \varphi(P), \quad P \geqslant 0.$$

一般说来,需求随价格上涨而减少,或随价格下降而增加.因此,通常假设需求函数是单调减少的,即

$$\frac{\mathrm{d}Q}{\mathrm{d}P} = \varphi'(P) < 0.$$

需求曲线如图 2-9 所示.需求函数的反函数 $P = \varphi^{-1}(Q)$ 在经济学中也称为**需求函数**,有时称为**价格函数**.

下列函数可作为需求函数：

线性函数　　$Q = a - bP$　$(a > 0, b > 0)$；

二次函数　　$Q = a - bP - cP^2$　$(a > 0, b \geqslant 0, c > 0)$；

指数函数　　$Q = Ae^{-bP}$　$(A > 0, b > 0)$；

幂　函　数　　$Q = AP^{-\alpha}$　$(A > 0, \alpha > 0)$.

（2）供给函数

供给是指在某一时期内,生产者在一定价格条件下,愿意并可能出售的产品.供给价格是指生产者为提供一定量商品所愿意接受的价格.

假设供给与价格之间存在着函数关系,视价格 P 为自变量,供给 Q 为因变量,便有**供给函数**,记作

$$Q = f(P).$$

一般情况,假设供给函数是单调增加的,供给曲线如图 2-10 所示.

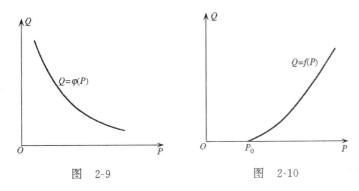

图 2-9   图 2-10

2. 成本函数

成本是指生产活动中所使用的生产要素的价格,成本也称生产费用.生产要素是指生产某种商品时所投入的经济资源,它包括:劳力、资本、土地、企业家才能等.

(1) 总成本函数

总成本是指生产特定产量的产品所需要的**成本总额**.它包括两部分:固定成本和可变成本.固定成本是在一定限度内不随产量变动而变动的费用.可变成本是随产量变动而变动的费用.

若以 Q 表示产量,C 表示总成本,则 C 与 Q 之间的函数关系称为**总成本函数**,记作

$$C = C(Q) = C_0 + V(Q),$$

其中 $C_0 \geqslant 0$ 是固定成本,$V(Q)$ 是可变成本.总成本函数的图形称为总成本曲线(图 2-11).

一般情况下,总成本函数具有下列性质:

(i) 单调增函数,即 $C' = C'(Q) > 0$.这是因为当产量增加时,成本总额必然随之增加;

(ii) 固定成本非负,即 $C_0 = C(0) \geqslant 0$.这很显然,在尚没生产商品时,也需要支出,这与产量无关的支出是固定成本.因此可将 $C(0)$ 理解为固定成本:$C(0) = C_0$;

图 2-11

图 2-12

（2）平均成本函数

平均成本是平均每个单位产品的成本．平均成本记作 AC．若已知总成本函数 $C=C(Q)$，则**平均成本函数**为

$$AC = \frac{总成本}{产量} = \frac{C(Q)}{Q}.$$

在经济学中，平均成本曲线一般如图 2-12 所示的形状．

3. 收益函数

收益是指生产者出售商品的收入．总收益是指将一定量产品出售后所得到的全部收入；平均收益是指出售一定量的商品时，每单位商品所得的平均收入，即每单位商品的售价．

若以销量 Q 为自变量，总收益 R 为因变量，则 R 与 Q 之间的函数关系称为**总收益函数**，记作

$$R = R(Q),$$

Q 取非负数，且 $R|_{Q=0} = R(0) = 0$，即未出售商品时，总收益的值为 0．

总收益函数也称为**总收入函数**．

如果不论需求量如何增加，商品都以不变的既定价格 P_0 出售，则总收益函数是

$$R = R(Q) = P_0 Q.$$

图 2-13

如果随需求量增加，单位商品的售价随之降低，即假定需求函数 $Q = \varphi(P)$ 是单调减函数．则总收益函数是

$$R = R(Q) = P \cdot Q = \varphi^{-1}(Q) \cdot Q,$$

其中 $P = \varphi^{-1}(Q)$ 是需求函数 $Q = \varphi(P)$ 的反函数．这种情况，总收益曲线如图 2-13 所示．这时的平均收益，记作 AR，即

$$AR = \frac{R(Q)}{Q} = \varphi^{-1}(Q) = P,$$

它就是商品的价格．

4. 利润函数

在假设产量与销量一致的情况下，总利润函数定义为总收益函数 $R = R(Q)$ 与总成本函数 $C = C(Q)$ 之差．若以 π 记总利润，则总**利润函数**（简称利润函数）

$$\pi = \pi(Q) = R(Q) - C(Q).$$

显然，若产量为 Q，当 $R(Q) > C(Q)$ 时，为盈利，当 $R(Q) < C(Q)$ 时，为亏损．若产量 Q_0，使得 $\pi(Q_0) = 0$，即 $R(Q_0) = C(Q_0)$，则 Q_0 称为**盈亏分界点**．

二、边际概念

由导数定义知，函数的导数是函数的变化率．它实质上描述了由该函数所表示的那个事物或现象的变化情况．

在经济分析中，通常用"边际"这个概念来描述一个变量 y 关于另一个变量 x 的变化情

况."边际"表示在 x 的某一个值的"边缘上" y 的变化情况,即 x 从一个给定值发生微小变化时 y 的变化情况.显然,这是 y 的瞬时变化率,也就是变量 y 对变量 x 的导数.即边际概念是导数的经济意义.

我们以总成本和边际成本为例来说明边际概念.

在经济学中,**边际成本**是指生产最后增加的那个单位产品所**花费的成本**.或者说,**边际成本**就是每增加或减少一个单位产品而使**总成本变动的数值**.边际成本记作 MC.

若用初等数学(即离散的情况)表达,总成本与边际成本的关系见下表.

产量(Q)	总成本(C)	边际成本(MC)
0	8	
		12
1	20	
		10
2	30	
		6
3	36	
		4
4	40	
		5
5	45	
		15
6	60	

上表说明,生产某产品的固定成本是 8(当 $Q=0$ 时),生产一个产品,总成本为 $C=20$,即生产第一个产品所花费的成本为 12,因而,生产第一个产品的边际成本 $MC=12$.生产两个产品,总成本为 $C=30$,即生产第二个产品所花费的成本为 10,因而,生产第二个产品的边际成本 $MC=10$.依次类推.

在高等数学中,假设总成本函数 $C=C(Q)$ 是连续的,而且是可导的.若产量已经是 Q 单位,在此产出水平上,产量增至 $Q+\Delta Q$,则比值

$$\frac{\Delta C}{\Delta Q} = \frac{C(Q+\Delta Q)-C(Q)}{\Delta Q}$$

就是产量由 Q 增至 $Q+\Delta Q$ 这一生产过程中,每增加单位产量总成本的增量.

由于假设产量 Q 是连续变化的,令 $\Delta Q \to 0$,则极限

$$\lim_{\Delta Q \to 0}\frac{\Delta C}{\Delta Q} = \lim_{\Delta Q \to 0}\frac{C(Q+\Delta Q)-C(Q)}{\Delta Q}$$

就表示产量为某一值 Q 的"边缘上"总成本的变化情况.这样一个极限就是产量为 Q 单位时总成本的变化率,**称为产量为 Q 时的边际成本**,记作 MC,即边际成本就是**总成本 C 对产量 Q 的导数**,边际成本函数为

$$MC = \frac{\mathrm{d}C}{\mathrm{d}Q}.$$

按上述讨论,一般情况,边际成本可解释为:**生产第 Q 个单位产品,总成本增加**(实际上是近似的)**的数量**,即生产第 Q 个单位产品所用的生产成本.

例1 线性总成本函数

$$C = C(Q) = 2Q + 5,$$

由于 $MC = C'(Q) = 2$，这说明，产量为任何水平时，每增加单位产品，总成本都增加 2.

例2 二次成本函数

$$C = C(Q) = 2Q^2 + 36Q + 9800,$$

由于 $MC = C'(Q) = 4Q + 36$，即边际成本是 Q 的函数，说明在不同的产量水平上，每增加单位产品，总成本的增加额将是不同的.

例如，当 $Q = 3$ 时，$MC|_{Q=3} = 48$. 这表明，生产第 3 个单位产品，总成本将增加 48 个单位. 即生产第 3 个单位产品所花费的成本为 48；当 $Q = 5$ 时，$MC|_{Q=5} = 56$，这表明，生产第 5 个单位产品，总成本将增加 56，即生产第 5 个单位产品所花费的成本是 56.

对其他经济函数，"边际"概念有类似的意义，即对经济学中的函数而言，因变量对自变量的导数，统称为"边际". 例如，对总收益函数 $R = R(Q)$，则 R 对 Q 的导数称为边际收益，记作 MR. 边际收益函数为

$$MR = \frac{\mathrm{d}R}{\mathrm{d}Q}.$$

边际收益可解释为：销售第 Q 单位产品，总收益增加的数额，即销售第 Q 个单位产品所得到的收益.

三、函数的弹性及其经济意义

1. 函数弹性概念

对函数 $y = f(x)$，当自变量从 x 起改变了 Δx 时，其自变量的**相对改变量是** $\frac{\Delta x}{x}$，函数 $f(x)$**相对应的相对改变量**则是 $\frac{f(x + \Delta x) - f(x)}{f(x)}$. 函数的弹性是为考察相对变化而引入的.

定义 2.3 设函数 $y = f(x)$ 在点 x 可导，则极限

$$\lim_{\Delta x \to 0} \frac{\dfrac{f(x + \Delta x) - f(x)}{f(x)}}{\dfrac{\Delta x}{x}} = \lim_{\Delta x \to 0} \frac{x}{f(x)} \frac{f(x + \Delta x) - f(x)}{\Delta x} = x \frac{f'(x)}{f(x)}$$

称为函数 $f(x)$**在点 x 的弹性**，记作 $\dfrac{Ey}{Ex}$ 或 $\dfrac{Ef(x)}{Ex}$，即

$$\frac{Ey}{Ex} = x \frac{f'(x)}{f(x)} = \frac{x}{f(x)} \cdot \frac{\mathrm{d}f(x)}{\mathrm{d}x}.$$

显然，函数 $y = f(x)$ 的弹性 $\dfrac{Ey}{Ex}$ 是 x 的函数. 当 x 取定值 x_0 时，函数 $f(x)$ 在 x_0 的弹性，记作

$$\frac{Ey}{Ex}\bigg|_{x=x_0} \quad \text{或} \quad \frac{x_0}{f(x_0)} f'(x_0).$$

由于

$$d[\ln f(x)] = \frac{1}{f(x)}df(x), \quad d(\ln x) = \frac{1}{x}dx,$$

所以,函数 $f(x)$ 的弹性也可表示为函数 $\ln f(x)$ 的微分与函数 $\ln x$ 的微分之比

$$\frac{Ef(x)}{Ex} = \frac{d\ln f(x)}{d\ln x}.$$

由于函数的弹性 $\frac{Ey}{Ex}$ 是就自变量 x 与因变量 y 的相对变化而定义的,它表示函数 $y = f(x)$ 在点 x 的相对变化率,因此,它与任何度量单位无关.

由函数弹性定义知,函数 $f(x)$ 在点 x 的弹性,表示当自变量由 x 起始的相对改变,函数 $f(x)$ 改变幅度的大小,即表示(实质上是近似地表示)当自变量由 x 起始改变 1% 时,函数 $f(x)$ 相应改变的百分数.

例 3 求下列函数的弹性:

(1) $f(x) = c$;　　(2) $f(x) = ax + b$.

解 由函数弹性的定义知:

(1) 对常量函数,由于 $f'(x) = 0$,所以 $\frac{Ec}{Ex} = 0$.

(2) 对线性函数,由于 $f'(x) = a$,所以 $\frac{E(ax+b)}{Ex} = \frac{ax}{ax+b}$.

例 4 求函数 $f(x) = ax^\alpha$ 的弹性.

解 由于 $f'(x) = a\alpha x^{\alpha-1}$,所以

$$\frac{E(ax^\alpha)}{Ex} = x\,\frac{a\alpha x^{\alpha-1}}{ax^\alpha} = \alpha.$$

特别地,函数 $f(x) = ax$ 的弹性

$$\frac{E(ax)}{Ex} = 1,$$

函数 $f(x) = \dfrac{a}{x}$ 的弹性

$$\frac{E(ax^{-1})}{Ex} = -1.$$

2. 弹性的经济意义

(1) 需求价格弹性

我们已经看到,在经济分析中,"边际"可以描述一个变量对另一个变量变化的反应. 如需求函数为 $Q = 100 - 4P$,则边际需求 $\dfrac{dQ}{dP} = -4$. 这表明,价格每提高或降低一个货币单位,需求将减少或增加 4 个单位. 但由于"边际",即函数的导数是有度量单位的,这对度量单位不同的经济现象不能进行比较. 而函数的弹性与度量单位无关,正因为如此,它在经济分析中有着广泛的应用.

我们以需求函数的弹性来说明弹性的经济意义,设需求函数为

$$Q = \varphi(P).$$

按函数弹性定义,需求函数的弹性应定义为

$$\frac{P}{Q}\frac{\mathrm{d}Q}{\mathrm{d}P} = P\,\frac{\varphi'(P)}{\varphi(P)}.$$

由于上式是描述需求 Q 对价格 P 的相对变化率,通常称上式为**需求函数在点 P 的需求价格弹性**,简称为**需求价格弹性**,记作 E_d.

一般情况,因 $P>0$,$\varphi(P)>0$,而 $\varphi'(P)<0$(因假设 $\varphi(P)$ 是单调减函数),所以 E_d 是负数:

$$E_d = P\,\frac{\varphi'(P)}{\varphi(P)} < 0.$$

需求价格弹性也可用微分形式表示:

$$E_d = \frac{\mathrm{d}(\ln Q)}{\mathrm{d}(\ln P)}.$$

由上述说明可知,需求函数在点 P 的需求价格弹性的经济意义是,**在价格为 P 时,如果价格提高或降低 1%,需求由 Q 起,减少或增加的百分数(近似的)是 $|E_d|$**.因此,需求价格弹性反映了当价格变动时需求量变动对价格变动的灵敏程度.

需求价格弹性一般分如下三类:

(i) 若 $E_d>-1$ 或 $|E_d|<1$ 时,称需求是低弹性的.这种情况,价格提高(或降低)1%,而需求减少(或增加)低于 1%.生活必需品多属于此种情况.

(ii) 若 $E_d<-1$ 或 $|E_d|>1$ 时,称需求是弹性的,这时,价格提高(或降低)1%,而需求减少(或增加)大于 1%.奢侈品多属于此类.

(iii) 若 $E_d=-1$ 或 $|E_d|=1$ 时,称需求是单位弹性的,即价格提高(或降低)1%,而需求恰减少(或增加)1%.

例 5 设需求函数 $Q=100-4P$(图 2-14),则需求价格弹性

$$E_d = \frac{P}{Q}\frac{\mathrm{d}Q}{\mathrm{d}P} = \frac{P}{100-4P}(-4) = \frac{P}{P-25}.$$

图 2-14   图 2-15

当 $P=12.5$ 时,$E_d=-1$,需求是单位弹性的.

当 $P=5$ 时,$E_d=-0.25$,需求是低弹性的.不难看出,当 $0<P<12.5$ 时,均有 $E_d>$

−1,即需求都是低弹性的.

当 $P=20$ 时,$E_d=-4$,需求是弹性的.显然,当 $12.5<P<25$ 时,均有 $E_d<-1$,即需求都是弹性的.

当 $P=0$ 时,这时需求量最大,$E_d=0$;当 P 逐渐增加时,E_d 随之减少;当 P 趋于 25 时,E_d 趋于 $-\infty$.E_d 随 P 的变化情况见图 2-15.

在经济分析中,应用商品的需求价格弹性,可以指明当价格变动时,销售总收益的变动情况.

设 $Q=\varphi(P)$ 是需求函数,将总收益 R 表示为 P 的函数:

$$R = R(P) = P \cdot Q = P \cdot \varphi(P),$$

R 对 P 的导数是 R 关于价格 P 的边际收益:

$$\frac{\mathrm{d}R}{\mathrm{d}P} = \frac{\mathrm{d}}{\mathrm{d}P}[P \cdot \varphi(P)] = \varphi(P) + P\varphi'(P) = \varphi(P)\left[1 + P\frac{\varphi'(P)}{\varphi(P)}\right],$$

即

$$\frac{\mathrm{d}R}{\mathrm{d}P} = \varphi(P)[1 + E_d].$$

上式给出了关于价格的边际收益与需求价格弹性之间的关系.分析上式并注意到 $\varphi(P)>0$,$E_d<0$,有

(i) 当 $E_d>-1$ 时,$\frac{\mathrm{d}R}{\mathrm{d}P}>0$,从而总收益函数 $R=R(P)$ 是单调增函数.这时,总收益随价格的提高而增加.换句话说,当需求是低弹性时,由于需求下降的幅度小于价格提高的幅高,因而,提高价格可使总收益增加.

(ii) 当 $E_d<-1$ 时,$\frac{\mathrm{d}R}{\mathrm{d}P}<0$,$R=R(P)$ 是单调减函数.在这种情况下,提高价格,总收益将随之减少.这是因为需求是弹性的,需求下降的幅度大于价格提高的幅度.

(iii) 当 $E_d=-1$ 时,$\frac{\mathrm{d}R}{\mathrm{d}P}=0$,这时,总收益是常数.这表明总收益不因价格变动而变动.

以上分析说明,测定商品的需求价格弹性,对进行市场分析,确定或变动商品的价格有参考价值.

(2) 其他函数的弹性

若 $Q=f(P)$ 为供给函数,则供给的价格弹性定义为

$$E_s = \frac{P}{Q}\frac{\mathrm{d}Q}{\mathrm{d}P} = P\frac{f'(P)}{f(P)}.$$

一般,因假设供给函数 $Q=f(P)$ 是单调增加的,由于 $f'(P)>0$,$P>0$,$f(P)>0$,所以供给的价格弹性 E_s 取正值.供给的价格弹性简称为供给弹性.

例 6 设供给函数 $Q=f(P)=-12+4P+P^2$,求当 $P=3$ 时的供给价格弹性.

解 由于供给价格弹性

$$E_s = P\frac{f'(P)}{f(P)} = P\frac{4+2P}{-12+4P+P^2},$$

所以,当 $P=3$ 时,$E_s=\dfrac{10}{3}$.

　　在依价值与供求关系决定价格的商品社会中,需求价格弹性、供给价格弹性极为重要. 经济领域中的任何函数都可类似的定义弹性.

习　题　2.5

　　1. 生产某产品,固定成本为 $a(a>0)$ 元,每生产一吨产品,总成本增加 $b(b>0)$ 元,试写出总成本函数和平均成本函数.

　　2. 生产某产品,年产量不超过 500 台时,每台售价 200 元,可以全部售出;当年产量超过 500 台时,经广告宣传后又可再多售出 200 台,每台平均广告费 20 元;生产再多,本年就售不出去. 试将本年的销售收益 R 表为年产量 Q 的函数.

　　3. 已知生产某产品的总成本函数为 $C=800+2Q$(元),该产品的销售单价为 10 元/件. 试求:

　　(1) 总收益函数;　　　(2) 利润函数、盈亏临界点.

　　4. 生产某产品的总成本函数为 $C=C(Q)=100+2\sqrt{Q}$,求:

　　(1) 平均成本函数及产量为 100 时的平均成本;

　　(2) 边际成本函数及产量为 100 时的边际成本.

　　5. 已知某产品的需求函数为 $Q=20000-100P$,求生产 50 个单位产品时的总收益、平均收益和边际收益.

　　6. 某产品每周的销量 Q(单位:千克)为其价格 P(单位:元/千克)的函数 $Q=\dfrac{1000}{(2P+1)^2}$,求当 $P=2$ 时的边际需求.

　　7. 求下列函数的弹性:

　　(1) $y=3x+5$;　　　(2) $y=4x^2$;　　　(3) $y=4-\sqrt{x}$;　　　(4) $y=Ae^{\alpha x}$.

　　8. 设函数 $y=e^{-\frac{x}{3}}$,求 $x=3,x=5,x=6$ 时的弹性.

　　9. 设某产品的需求函数为
$$Q=\varphi(P)=Ae^{-bP}(b>0,A>0),\quad P\in[0,+\infty),$$
求需求价格弹性,并作出经济解释.

　　10. 设某市场上白糖的需求函数为 $Q=\varphi(P)=10^{2.1}\cdot P^{-0.25}$,求需求价格弹性.

　　11. 设需求函数为
$$Q=\varphi(P)=10-2P,\quad P\in[0,5],$$
求当 $P=2,P=3$ 时的需求价格弹性.

　　12. 设需求量 Q 是收入 M 的函数
$$Q=f(M)=Ae^{\frac{b}{M}}\quad(A>0,b<0),$$
试求需求的收入弹性.

　　13. 设某产品的供给函数为 $Q=f(P)=-2+2P$. 试求供给价格弹性 E_s 和 $P=2$ 时的供给价格弹性 E_s.

第三章　中值定理·导数应用

在应用导数解决各种问题时,微分中值定理起着重要作用.本章先介绍微分中值定理.作为导数的应用,将讨论:未定式求极限的方法;函数的单调性,极值及曲线的凹向与拐点;最大值最小值应用问题及曲线的曲率.

§3.1　微分中值定理

本节讲述微分学的基本定理.这里,只讲罗尔定理和拉格朗日中值定理.

定理 3.1（罗尔定理）　若函数 $f(x)$ 满足

(1) 在闭区间 $[a,b]$ 上连续;

(2) 在开区间 (a,b) 内可导;

(3) $f(a)=f(b)$,

则在区间 (a,b) 内**至少存在一点** ξ,使得

$$f'(\xi) = 0.$$

由图 3-1 可知罗尔定理的**几何意义**:在两端高度相同的一段连续曲线弧 $\overset{\frown}{AB}$ 上,若除端点外,它在每一点都可作不垂直于 x 轴的切线,则在其中至少有一条切线平行于 x 轴,切点为 $C(\xi,f(\xi))$.

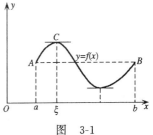

图　3-1

注意　定理中的条件是充分的,但非必要的.这意味着,定理中的三个条件缺少其中任何一个,定理的结论将可能不成立;但定理中的条件不全具备,定理的结论也可能成立.

例 1　验证函数 $f(x)=\sqrt[3]{8x-x^2}$ 在闭区间 $[0,8]$ 上满足罗尔定理的三个条件,并求出 ξ 的值.

解　函数 $f(x)=\sqrt[3]{8x-x^2}$ 是初等函数,在有定义的区间 $[0,8]$ 上连续;其导数

$$f'(x) = \frac{1}{3}\frac{8-2x}{\sqrt[3]{(8x-x^2)^2}}$$

在开区间 $(0,8)$ 内有意义,即 $f(x)$ 在 $(0,8)$ 内可导;又

$$f(0) = 0 = f(8),$$

由

$$f'(x) = \frac{1}{3}\frac{8-2x}{\sqrt[3]{(8x-x^2)^2}} = 0$$

可得 $x=4$，即在区间 $(0,8)$ 内存在一点 $\xi=4$，使得 $f'(\xi)=0$.

定理 3.2（拉格朗日中值定理）　若函数 $f(x)$ 满足

(1) 在闭区间 $[a,b]$ 上连续；

(2) 在开区间 (a,b) 内可导，

则在开区间 (a,b) 内**至少存在一点** ξ，使得

$$f'(\xi) = \frac{f(b)-f(a)}{b-a}.$$

观察定理 3.1 和定理 3.2 的条件和结论，易知，罗尔定理正是拉格朗日中值定理的特殊情形.

图　3-2

由图 3-2 看，$\dfrac{f(b)-f(a)}{b-a}$ 正是过曲线 $y=f(x)$ 的两个端点 $A(a,f(a))$ 和 $B(b,f(b))$ 的弦的斜率. 于是

拉格朗日中值定理的几何意义：若曲线 $y=f(x)$ 在闭区间 $[a,b]$ 上连续，在开区间 (a,b) 内的每一点都有不垂直于 x 轴的切线，则在曲线上至少存在一点 $C_1(\xi_1,f(\xi_1))$，过点 C_1 的切线平行于过曲线两个端点 A 和 B 的弦（图 3-2）.

证　定理结论的表达式可改写作

$$f'(\xi) - \frac{f(b)-f(a)}{b-a} = 0,$$

由此，作辅助函数

$$F(x) = f(x) - \frac{f(b)-f(a)}{b-a}x.$$

易看出函数 $F(x)$ 在闭区间 $[a,b]$ 上连续；在开区间 (a,b) 内可导；且

$$F(a) = f(a) - \frac{f(b)-f(a)}{b-a}a = \frac{f(a)b-f(b)a}{b-a},$$

$$F(b) = f(b) - \frac{f(b)-f(a)}{b-a}b = \frac{f(a)b-f(b)a}{b-a},$$

即 $F(a)=F(b)$.

由于函数 $F(x)$ 在区间 $[a,b]$ 上满足罗尔定理的条件，因而至少存在一点 $\xi\in(a,b)$，使得

$$F'(\xi) = f'(\xi) - \frac{f(b)-f(a)}{b-a} = 0,$$

这就是我们要证明的结论.　□

拉格朗日中值定理有两个**推论**：

推论 1　若函数 $f(x)$ 在区间 I 内可导，且 $f'(x)\equiv 0$，则函数 $f(x)$ 在区间 I 内恒等于一个常数.

推论 2　若函数 $f(x)$ 和 $g(x)$ 在区间 I 内的导数处处相等，即 $f'(x)\equiv g'(x)$，则 $f(x)$ 与

$g(x)$在区间 I 内仅相差一个常数,即存在常数 C,使

$$f(x) - g(x) = C \quad 或 \quad f(x) = g(x) + C.$$

例2 验证函数 $f(x) = \sqrt{x}$ 在闭区间 $[1,4]$ 上满足拉格朗日中值定理的条件,并求出 ξ 的值.

解 因函数 $f(x) = \sqrt{x}$ 在区间 $[0, +\infty)$ 内连续,故在闭区间 $[1,4]$ 上连续;其导数

$$f'(x) = \frac{1}{2\sqrt{x}},$$

故 $f'(x)$ 在区间 $(1,4)$ 内存在. 于是,由

$$f'(\xi) = \frac{f(4) - f(1)}{4 - 1}, \quad 即 \quad \frac{1}{2\sqrt{\xi}} = \frac{\sqrt{4} - \sqrt{1}}{4 - 1},$$

可解得 $\xi = \dfrac{9}{4}$,且 $\dfrac{9}{4} \in (1,4)$.

例3 试证明:在 $(-\infty, +\infty)$ 上有

$$\arctan x + \operatorname{arccot} x = \frac{\pi}{2}.$$

证 设函数

$$f(x) = \arctan x + \operatorname{arccot} x,$$

则对任意的 $x \in (-\infty, +\infty)$,有

$$f'(x) = \frac{1}{1 + x^2} - \frac{1}{1 + x^2} \equiv 0,$$

于是,由拉格朗日中值定理的推论1,在区间 $(-\infty, +\infty)$ 内,恒有

$$\arctan x + \operatorname{arccot} x = C \quad (C\ 为常数).$$

再选一个特殊的 x 值确定 C. 取 $x = 0$,有

$$\arctan 0 + \operatorname{arccot} 0 = 0 + \frac{\pi}{2} = \frac{\pi}{2},$$

因此,在 $(-\infty, +\infty)$ 内有

$$\arctan x + \operatorname{arccot} x = \frac{\pi}{2}.$$

习 题 3.1

1. 验证下列函数是否满足罗尔定理的条件? 若满足,求出定理中的 ξ;若不满足,说明其原因:

(1) $f(x) = \begin{cases} x, & 0 \leqslant x < 1, \\ 0, & x = 1; \end{cases}$ (2) $f(x) = |x|,\ x \in [-1, 1]$;

(3) $f(x) = x,\ x \in [0, 1]$;   (4) $f(x) = \ln \sin x,\ x \in \left[\dfrac{\pi}{6}, \dfrac{5\pi}{6}\right]$.

2. 验证下列函数是否满足拉格朗日中值定理的条件? 若满足,求出定理中的 ξ:

(1) $f(x) = \arctan x,\ x \in [0, 1]$;   (2) $f(x) = x^3 - 3x,\ x \in [0, 2]$.

3. 设 $f(x) = (x-1)(x-2)(x-3)(x-4)$,用罗尔定理说明方程 $f'(x) = 0$ 有几个实根,并说出根所在

的范围.

4. 证明方程 $x^3 + x - 1 = 0$ 在(0,1)内只有一个实根.

5. 证明恒等式:在区间[-1,1]上,有

$$\arcsin x + \arccos x = \frac{\pi}{2}.$$

§3.2 洛必达法则

洛必达法则是求未定式极限的一般方法.未定式共有以下 7 种:$\frac{0}{0}$ 型,$\frac{\infty}{\infty}$ 型,$0 \cdot \infty$ 型,$\infty - \infty$ 型,0^0 型,1^∞型和∞^0 型.

若 $\lim\limits_{x \to x_0} f(x) = 0$,$\lim\limits_{x \to x_0} g(x) = 0$,则 $\lim\limits_{x \to x_0} \dfrac{f(x)}{g(x)}$是 $\frac{0}{0}$型未定式,对$\frac{0}{0}$型未定式有下述法则:

定理 3.3(洛必达法则)   若函数 $f(x)$和 $g(x)$满足:

(1) $\lim\limits_{x \to x_0} f(x) = 0$,$\lim\limits_{x \to x_0} g(x) = 0$;

(2) 在点 x_0 的某空心邻域内可导,且 $g'(x) \neq 0$;

(3) $\lim\limits_{x \to x_0} \dfrac{f'(x)}{g'(x)} = A$(有限数)或$\infty$,

则
$$\lim\limits_{x \to x_0} \frac{f(x)}{g(x)} = \lim\limits_{x \to x_0} \frac{f'(x)}{g'(x)} = A(或\infty).$$

例 1   求 $\lim\limits_{x \to 0} \dfrac{e^x - 1}{x^2 - x}$.

解   因 $\lim\limits_{x \to 0}(e^x - 1) = 0$,$\lim\limits_{x \to 0}(x^2 - x) = 0$,这是 $\frac{0}{0}$ 型未定式.又由于

$$\lim\limits_{x \to 0} \frac{(e^x - 1)'}{(x^2 - x)'} = \lim\limits_{x \to 0} \frac{e^x}{2x - 1} = \frac{1}{-1} = -1,$$

应用洛必达法则,有

$$\lim\limits_{x \to 0} \frac{e^x - 1}{x^2 - x} = -1.$$

例 2   求 $\lim\limits_{x \to a} \dfrac{x^m - a^m}{x^n - a^n}$.

解   这是 $\frac{0}{0}$ 型未定式.应用洛必达法则时,可按如下格式书写:

$$\lim\limits_{x \to a} \frac{x^m - a^m}{x^n - a^n} = \lim\limits_{x \to a} \frac{(x^m - a^m)'}{(x^n - a^n)'} = \lim\limits_{x \to a} \frac{mx^{m-1}}{nx^{n-1}} = \frac{m}{n} \frac{a^{m-1}}{a^{n-1}} = \frac{m}{n} a^{m-n}.$$

例 3   求 $\lim\limits_{x \to 1} \dfrac{\ln x}{(x-1)^2}$.

解   这是 $\frac{0}{0}$ 型未定式.应用洛必达法则,

$$\lim\limits_{x \to 1} \frac{\ln x}{(x-1)^2} = \lim\limits_{x \to 1} \frac{\frac{1}{x}}{2(x-1)} = \infty.$$

说明　(1) 定理 3.3 中的条件(1),若改为 $\lim\limits_{x \to x_0} f(x) = \infty$, $\lim\limits_{x \to x_0} g(x) = \infty$,则 $\lim\limits_{x \to x_0} \dfrac{f(x)}{g(x)}$ 是 $\dfrac{\infty}{\infty}$ 型未定式,则定理仍成立.

(2) 定理 3.3 中的 $x \to x_0$,若改为 $x \to x_0^+$, $x \to x_0^-$, $x \to \infty$, $x \to +\infty$, $x \to -\infty$,只要将定理中的条件(2)作相应的修改,定理仍适用.

(3) 若 $\lim \dfrac{f'(x)}{g'(x)}$ 又是 $\dfrac{0}{0}$ 型或 $\dfrac{\infty}{\infty}$ 型未定式,这时,可对 $\lim \dfrac{f'(x)}{g'(x)}$ 再用一次洛必达法则,即,若 $\lim \dfrac{f'(x)}{g'(x)} = \lim \dfrac{f''(x)}{g''(x)} = A$ 或 ∞,则 $\lim \dfrac{f(x)}{g(x)} = A$ 或 ∞. 依此类推.

(4) 若 $\lim f(x) = 0$, $\lim g(x) = \infty$,则 $\lim f(x)g(x)$ 是 $0 \cdot \infty$ 型未定式;若 $\lim f(x) = \infty$, $\lim g(x) = \infty$,则 $\lim [f(x) - g(x)]$ 是 $\infty - \infty$ 型未定式. 对这两种未定式经简单恒等变形可化成 $\dfrac{0}{0}$ 或 $\dfrac{\infty}{\infty}$ 型未定式,然后再用洛必达法则求极限.

例 4　求 $\lim\limits_{x \to +\infty} \dfrac{x^3}{a^x}$ $(a > 1)$.

解　这是 $\dfrac{\infty}{\infty}$ 型未定式.

$$\lim\limits_{x \to +\infty} \frac{x^3}{a^x} \xlongequal{\text{用法则}} \lim\limits_{x \to +\infty} \frac{3x^2}{a^x \ln a} \left(\frac{\infty}{\infty} \text{型}\right) \xlongequal{\text{用法则}} \lim\limits_{x \to +\infty} \frac{6x}{a^x (\ln a)^2} \left(\frac{\infty}{\infty} \text{型}\right)$$

$$\xlongequal{\text{用法则}} \lim\limits_{x \to +\infty} \frac{6}{a^x (\ln a)^3} = 0.$$

例 5　求 $\lim\limits_{x \to \frac{\pi}{2}^+} \dfrac{\ln\left(x - \dfrac{\pi}{2}\right)}{\tan x}$.

解　这是 $\dfrac{\infty}{\infty}$ 型未定式.

$$\lim\limits_{x \to \frac{\pi}{2}^+} \frac{\ln\left(x - \dfrac{\pi}{2}\right)}{\tan x} \xlongequal{\text{用法则}} \lim\limits_{x \to \frac{\pi}{2}^+} \frac{\dfrac{1}{x - \dfrac{\pi}{2}}}{\sec^2 x} \xlongequal{\text{化简}} \lim\limits_{x \to \frac{\pi}{2}^+} \frac{\cos^2 x}{x - \dfrac{\pi}{2}} \left(\frac{0}{0} \text{型}\right)$$

$$\xlongequal{\text{用法则}} \lim\limits_{x \to \frac{\pi}{2}^+} \frac{2\cos x(-\sin x)}{1} = 0.$$

例 6　求 $\lim\limits_{x \to +\infty} x\left(\dfrac{\pi}{2} - \arctan x\right)$.

解　这是 $0 \cdot \infty$ 型未定式,按如下变形便化为 $\dfrac{0}{0}$ 型:

$$\lim\limits_{x \to +\infty} x\left(\frac{\pi}{2} - \arctan x\right) = \lim\limits_{x \to +\infty} \frac{\dfrac{\pi}{2} - \arctan x}{\dfrac{1}{x}} \left(\frac{0}{0} \text{型}\right) \xlongequal{\text{用法则}} \lim\limits_{x \to +\infty} \frac{-\dfrac{1}{1 + x^2}}{-\dfrac{1}{x^2}}$$

$$= \lim_{x \to +\infty} \frac{x^2}{1+x^2} = 1.$$

例 7 求 $\lim\limits_{x \to 1}\left(\dfrac{x}{x-1} - \dfrac{1}{\ln x}\right)$.

解 这是 $\infty - \infty$ 型未定式,化成分式便是 $\dfrac{0}{0}$ 型.

$$\lim_{x \to 1}\left(\frac{x}{x-1} - \frac{1}{\ln x}\right) = \lim_{x \to 1} \frac{x\ln x - x + 1}{(x-1)\ln x} \quad \left(\frac{0}{0} \text{ 型}\right)$$

$$\xlongequal{\text{用法则}} \lim_{x \to 1} \frac{\ln x + 1 - 1}{\ln x + \dfrac{x-1}{x}} = \lim_{x \to 1} \frac{x\ln x}{x\ln x + x - 1} \quad \left(\frac{0}{0} \text{ 型}\right)$$

$$\xlongequal{\text{用法则}} \lim_{x \to 1} \frac{\ln x + 1}{\ln x + 2} = \frac{1}{2}.$$

例 8 求 $\lim\limits_{x \to 0} \dfrac{x^2\sin\dfrac{1}{x}}{\sin x}$.

解 这是 $\dfrac{0}{0}$ 型未定式,若用洛必达法则,

$$\lim_{x \to 0} \frac{x^2\sin\dfrac{1}{x}}{\sin x} = \lim_{x \to 0} \frac{2x\sin\dfrac{1}{x} - \cos\dfrac{1}{x}}{\cos x}.$$

由于当 $x \to 0$ 时,$2x\sin\dfrac{1}{x} \to 0$,而 $\cos\dfrac{1}{x}$ 振荡无极限,所以上式右端振荡无极限,从而洛必达法则失效.

改用下述方法求极限

$$\lim_{x \to 0} \frac{x^2\sin\dfrac{1}{x}}{\sin x} = \lim_{x \to 0}\left(\frac{x}{\sin x} \cdot x\sin\frac{1}{x}\right) = \lim_{x \to 0} \frac{x}{\sin x} \cdot \lim_{x \to 0} x\sin\frac{1}{x} = 1 \cdot 0 = 0.$$

我们要明确,只有 $\dfrac{0}{0}$,$\dfrac{\infty}{\infty}$ 型未定式才能用洛必达法则. 而每用一次法则之后,要注意化简并分析所得式子:如果可求得极限 A 或 ∞,便得到结论;否则,若所得式子是 $\dfrac{0}{0}$ 和 $\dfrac{\infty}{\infty}$ 型未定式,可继续使用洛必达法则,若不是,即 $\lim \dfrac{f'(x)}{g'(x)}$ 既不是未定式,又求不出极限 A 或 ∞,这时,不能断定 $\lim \dfrac{f(x)}{g(x)}$ 存在与否,需改用其他方法求极限(如例 8 的情形).

对幂指函数 $f(x)^{g(x)}$ 的极限:若 $\lim f(x) = 0$,$\lim g(x) = 0$,这是 0^0 型未定式;若 $\lim f(x) = 1$,$\lim g(x) = \infty$,这是 1^∞ 型未定式;若 $\lim f(x) = +\infty$,$\lim g(x) = 0$,这是 ∞^0 型未定式. 由于

$$f(x)^{g(x)} = e^{g(x)\ln f(x)},$$

而 $\lim g(x)\ln f(x)$ 是 $0 \cdot \infty$ 型未定式,可化为 $\dfrac{0}{0}$ 型或 $\dfrac{\infty}{\infty}$ 型未定式,再用洛必达法则求极限即可.

例 9　求 $\lim\limits_{x\to 0^+} x^x$.

解　这是 0^0 型未定式. 由于 $x^x = e^{x\ln x}$, 且

$$\lim_{x\to 0^+} x\ln x = \lim_{x\to 0^+} \frac{\ln x}{\dfrac{1}{x}} \quad \left(\frac{\infty}{\infty} \text{型}\right) \xlongequal{\text{用法则}} \lim_{x\to 0^+} \frac{\dfrac{1}{x}}{-\dfrac{1}{x^2}} = 0,$$

所以
$$\lim_{x\to 0^+} x^x = e^0 = 1.$$

例 10　求 $\lim\limits_{x\to 1} x^{\frac{1}{1-x}}$.

解　这是 1^∞ 型未定式. 由于 $x^{\frac{1}{1-x}} = e^{\frac{1}{1-x}\ln x}$, 且

$$\lim_{x\to 1} \frac{1}{1-x}\ln x = \lim_{x\to 1} \frac{\ln x}{1-x} \quad \left(\frac{0}{0}\text{型}\right) \xlongequal{\text{用法则}} \lim_{x\to 1} \frac{\dfrac{1}{x}}{-1} = -1,$$

所以
$$\lim_{x\to 1} x^{\frac{1}{1-x}} = e^{-1}.$$

例 11　求 $\lim\limits_{x\to\infty} (1+x^2)^{\frac{1}{x}}$.

解　这是 ∞^0 型未定式. 由于 $(1+x^2)^{\frac{1}{x}} = e^{\frac{1}{x}\ln(1+x^2)}$, 且

$$\lim_{x\to\infty} \frac{1}{x}\ln(1+x^2) = \lim_{x\to\infty} \frac{\ln(1+x^2)}{x} \quad \left(\frac{\infty}{\infty}\text{型}\right) \xlongequal{\text{用法则}} \lim_{x\to\infty} \frac{\dfrac{2x}{1+x^2}}{1} = 0,$$

所以
$$\lim_{x\to\infty} (1+x^2)^{\frac{1}{x}} = e^0 = 1.$$

习　题　3.2

1. 求下列极限：

(1) $\lim\limits_{x\to\frac{\pi}{2}} \dfrac{\cos x}{x-\dfrac{\pi}{2}}$;

(2) $\lim\limits_{x\to 2} \dfrac{\ln(x-1)}{x-2}$;

(3) $\lim\limits_{x\to\pi} \dfrac{1+\cos x}{\tan^2 x}$;

(4) $\lim\limits_{x\to 0} \dfrac{x-\sin x}{x^3}$;

(5) $\lim\limits_{x\to 3} \dfrac{2^x-8}{x-3}$;

(6) $\lim\limits_{x\to 0} \dfrac{e^x-e^{-x}}{\sin x}$;

(7) $\lim\limits_{x\to 0} \dfrac{e^x+\sin x-1}{\ln(1+x)}$;

(8) $\lim\limits_{x\to\frac{\pi}{4}} \dfrac{\tan x-1}{\sin 4x}$;

(9) $\lim\limits_{x\to 0} \dfrac{e^x-e^{-x}-2x}{x-\sin x}$;

(10) $\lim\limits_{x\to 0} \dfrac{\sin^2 x-x\sin x\cos x}{x^4}$;

(11) $\lim\limits_{x\to+\infty} \dfrac{e^x}{x^3}$;

(12) $\lim\limits_{x\to 0^+} \dfrac{\ln x}{\ln\sin x}$;

(13) $\lim\limits_{x\to+\infty} \dfrac{x^n}{\ln x}$ $(n>0)$;

(14) $\lim\limits_{x\to\frac{\pi}{2}} \dfrac{\tan x}{\tan 3x}$;

(15) $\lim\limits_{x\to 0^+} \dfrac{\ln\sin 3x}{\ln\sin x}$;

(16) $\lim\limits_{x\to+\infty} \dfrac{\ln\left(\dfrac{2}{\pi}\arctan x\right)}{e^{-x}}$.

2. 求下列极限：

(1) $\lim\limits_{x\to\infty} x^2\left(\dfrac{\pi}{2}-\arctan 3x^2\right)$;

(2) $\lim\limits_{x\to\infty} x(e^{\frac{1}{x}}-1)$;

(3) $\lim\limits_{x\to 0} x^2 e^{1/x^2}$;

(4) $\lim\limits_{x\to0}\left(\dfrac{1}{x}-\dfrac{1}{e^x-1}\right)$; (5) $\lim\limits_{x\to\frac{\pi}{2}}(\sec x-\tan x)$; (6) $\lim\limits_{x\to0}\left[\dfrac{1}{x}-\dfrac{\ln(1+x)}{x^2}\right]$.

3. 单项选择题：

(1) $\lim\limits_{x\to x_0}\dfrac{f'(x)}{g'(x)}=A$ 或 ∞，是使用洛必达法则计算"$\dfrac{0}{0}$"型未定式 $\lim\limits_{x\to x_0}\dfrac{f(x)}{g(x)}$ 的（　　）.

(A) 必要条件但非充分条件； (B) 充分条件但非必要条件；

(C) 充分必要条件； (D) 无关条件.

(2) 极限 $\lim\limits_{x\to0^+}\dfrac{e^{-\frac{1}{x}}}{x}=$（　　）.

(A) 0； (B) 1； (C) -1； (D) ∞.

4. 求下列极限：

(1) $\lim\limits_{x\to0}x^{\sin x}$; (2) $\lim\limits_{x\to0^+}(\sin x)^{\frac{2}{1+\ln x}}$; (3) $\lim\limits_{x\to e}(\ln x)^{\frac{1}{1-\ln x}}$; (4) $\lim\limits_{x\to+\infty}(1+x)^{\frac{1}{\sqrt{x}}}$.

5. 求下列极限：

(1) $\lim\limits_{x\to+\infty}\dfrac{e^x+\sin x}{e^x-\cos x}$; (2) $\lim\limits_{x\to+\infty}\dfrac{\sqrt{1+x^2}}{x}$; (3) $\lim\limits_{x\to+\infty}\dfrac{x-\sin x}{x+\sin x}$.

§3.3　函数的单调性与极值

一、函数单调性的判别法

在§1.1，我们已给出函数在一个区间 I 上单调增加和单调减少的概念.在§2.1，由导数的几何意义已经看到：若 $f'(x_0)>0$，则函数 $f(x)$ 在 x_0 处增加；若 $f'(x_0)<0$，则函数 $f(x)$ 在 x_0 处减少，这个事实还可推广到一个区间上.

定理 3.4（判别单调性的充分条件）　在函数 $f(x)$ 可导的区间 I 内：

(1) 若 $f'(x)>0$，则函数 $f(x)$ **单调增加**；

(2) 若 $f'(x)<0$，则函数 $f(x)$ **单调减少**.

在此，我们要指出：$f'(x)>0(<0)$，$x\in I$，是函数 $f(x)$ 在区间 I 内单调增加（减少）的充分条件，而不是必要条件.例如，函数 $y=x^3$ 在区间 $(-\infty,+\infty)$ 内是单调增加的，而

$$y'=3x^2\begin{cases}=0,&当\ x=0\ 时，\\>0,&当\ x\neq0\ 时.\end{cases}$$

此例说明，函数 $f(x)$ 在某区间内单调增加（减少）时，在个别点 x_0 处，可以有 $f'(x_0)=0$.对此，我们有一般性的**结论**：

在函数 $f(x)$ 的可导区间 I 内，若 $f'(x)\geq0$ 或 $f'(x)\leq0$（等号仅在一些点处成立），则函数 $f(x)$ 在 I 内**单调增加**或**单调减少**.

例1　讨论函数 $f(x)=2x^3-9x^2+12x-3$ 的单调增减区间.

解　首先确定函数的连续区间（对初等函数就是有定义的区间）.该函数在 $(-\infty,+\infty)$ 内连续.

其次，求导数并确定函数的驻点：

$$f'(x) = 6x^2 - 18x + 12 = 6(x-1)(x-2),$$

由 $f'(x)=0$ 得驻点 $x_1=1$，$x_2=2$.

最后判定函数的增减区间.

驻点 $x_1=1$，$x_2=2$ 将函数 $f(x)$ 的连续区间分成三个部分区间：$(-\infty,1)$，$(1,2)$ 和 $(2,+\infty)$；考察导数 $f'(x)$ 在各个部分区间内的符号. 由 $f'(x)$ 的表示式知：

在区间 $(-\infty,1)$ 内，$f'(x)>0$，函数 $f(x)$ 单调增加；

在区间 $(1,2)$ 内，$f'(x)<0$，函数 $f(x)$ 单调减少；

在区间 $(2,+\infty)$ 内，$f'(x)>0$，函数 $f(x)$ 单调增加.

函数 $f(x)$ 的增减情况见图 3-3.

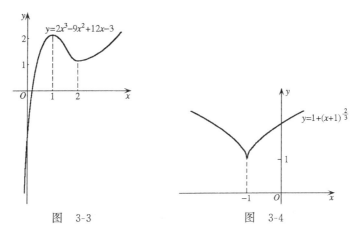

图　3-3　　　　　　　　　　　图　3-4

例 2　讨论函数 $f(x)=1+(x+1)^{\frac{2}{3}}$ 的单调增减区间.

解　函数的连续区间是 $(-\infty,+\infty)$. 由于

$$f'(x) = \frac{2}{3\sqrt[3]{x+1}},$$

该函数没有驻点，但当 $x=-1$ 时，导数 $f'(x)$ 不存在.

$x=-1$ 将函数 $f(x)$ 的连续区间分成两个部分区间：$(-\infty,-1)$ 和 $(-1,+\infty)$.

考察导数 $f'(x)$ 在各个部分区间内的符号：

在区间 $(-\infty,-1)$ 内，$f'(x)<0$，函数单调减少；在区间 $(-1,+\infty)$ 内，$f'(x)>0$，函数单调增加. 函数 $f(x)$ 的增减变化见图 3-4.

二、函数的极值

1. 极值定义

观察图 3-5，在点 x_0 邻近，若比较函数值的大小，显然，$f(x_0)$ 最大，即在点 x_0 的某邻域内，总有 $f(x_0)>f(x)$，$x\neq x_0$. 这时，称 $f(x_0)$ 是函数 $f(x)$ 的极大值，称 x_0 是其极大值点. 类似地，$f(x_1)$ 是函数 $f(x)$ 的极小值，x_1 是其极小值点.

图　3-5

一般有如下定义:

定义 3.1　设函数 $f(x)$ 在点 x_0 的某邻域内有定义,x 是该邻域内的任一点,但 $x \neq x_0$:

（1）若有 $f(x) < f(x_0)$,则称 x_0 是函数 $f(x)$ 的**极大值点**,称 $f(x_0)$ 是函数 $f(x)$ 的**极大值**;

（2）若有 $f(x) > f(x_0)$,则称 x_0 是函数 $f(x)$ 的**极小值点**,称 $f(x_0)$ 是函数 $f(x)$ 的**极小值**.

函数的极大值点与极小值点统称为**函数的极值点**;函数的极大值与极小值统称为**函数的极值**.

在§1.5,讨论函数在闭区间上连续函数的性质时,我们已经知道,若在某一个区间 $[a,b]$ 上比较函数值的大小,把其中最大(小)者称为函数在该区间上的最大(小)值.如果把最大(小)值理解为函数整体性质的话,那么极值就可看作是函数的局部性质,因为极值仅在某一点 x_0 的邻近,即在局部范围内讨论函数值的大小.

2. 极值的判别法

根据定义 3.1,我们再来观察图 3-5,函数 $f(x)$ 在 x_0 处取极大值,在 x_1 处取极小值.按曲线 $y = f(x)$ 的形状看,曲线在 x_0 处和在 x_1 处可作切线,而且切线一定平行于 x 轴,因此应有 $f'(x_0) = 0$,$f'(x_1) = 0$. 由此,有下面的定理.

定理 3.5（极值存在的必要条件）　若函数 $f(x)$ 在点 x_0 **可导**,且**有极值**,则 $f'(x_0) = 0$.

必须指出,这里所说的极值存在的必要条件是在 $f'(x_0)$ 存在的前提下,若 x_0 是极值点,则必有 $f'(x_0) = 0$. **就这个问题我们要说明两点：**

（1）在 $f'(x_0)$ 存在时,$f'(x_0) = 0$ 不是极值存在的充分条件,即驻点不一定是极值点.例如,函数 $f(x) = x^3$ 有 $f'(0) = 0$,但 $x = 0$ 不是该函数的极值点.

（2）在导数不存在的点,函数也可能有极值.例如,$f(x) = |x|$ 在 $x = 0$ 处导数不存在,但在 $x = 0$ 处函数有极小值 $f(0) = 0$;又如,$f(x) = x^{\frac{1}{3}}$ 在 $x = 0$ 处导数不存在,在 $x = 0$ 处函数没有极值.

定理 3.5 及两点说明告诉我们,为了找出函数的极值点,首先要找出函数的驻点和导数不存在的点(函数在该点要连续).由于这种点又不一定是极值点,下一步就要在这种点中判定哪些确实是极值点,以及是极大值点还是极小值点.

对此,有下面的定理.

定理 3.6（极值存在的充分条件）　设函数 $f(x)$ 在点 x_0 的某邻域 $(x_0 - \delta, x_0 + \delta)$ 内连续且可导 $(f'(x_0)$ 可以不存在$)$:

（1）若当 $x \in (x_0 - \delta, x_0)$ 时,$f'(x) > 0$,当 $x \in (x_0, x_0 + \delta)$ 时,$f'(x) < 0$,则 x_0 是函数 $f(x)$ 的**极大值点**;

（2）若当 $x \in (x_0 - \delta, x_0)$ 时,$f'(x) < 0$,当 $x \in (x_0, x_0 + \delta)$ 时,$f'(x) > 0$,则 x_0 是函数 $f(x)$ 的**极小值点**.

由定理 3.4 可直接推出该定理.

例 3 求函数 $f(x)=3x-x^3$ 的极值.

解 首先,函数的连续区间是 $(-\infty,+\infty)$.

其次,求可能取极值的点.由于
$$f'(x) = 3 - 3x^2 = 3(1 + x)(1 - x),$$
由 $f'(x)=0$ 得驻点 $x_1=-1,x_2=1$;没有导数不存在的点.

最后,用定理 3.6 判定.驻点 $x_1=-1,x_2=1$ 将函数 $f(x)$ 的连续区间分成三个部分区间: $(-\infty,-1)$,$(-1,1)$ 和 $(1,+\infty)$.

列表判定极值[①]:

x	$(-\infty,-1)$	-1	$(-1,1)$	1	$(1,+\infty)$
$f'(x)$	$-$	0	$+$	0	$-$
$f(x)$	↘	极小值	↗	极大值	↘

由上表知,函数在 $x=-1$ 处取极小值 $f(-1)=-2$;在 $x=1$ 处取极大值 $f(1)=2$.函数的图形如图 3-6 所示.

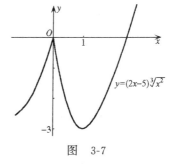

图 3-6   图 3-7

例 4 求 $f(x)=(2x-5)\sqrt[3]{x^2}$ 的极值.

解 首先可断定,函数在 $(-\infty,+\infty)$ 上连续.

其次,求可能取极值的点
$$f(x) = (2x - 5)\sqrt[3]{x^2} = 2x^{\frac{5}{3}} - 5x^{\frac{2}{3}}, \quad f'(x) = \frac{10}{3}x^{\frac{2}{3}} - \frac{10}{3}x^{-\frac{1}{3}} = \frac{10}{3} \cdot \frac{x - 1}{\sqrt[3]{x}}.$$

令 $f'(x)=0$,求得驻点 $x=1$;又当 $x=0$ 时,函数 $f(x)$ 的导数不存在.

再次,列表判定极值:

x	$(-\infty,0)$	0	$(0,1)$	1	$(1,+\infty)$
$f'(x)$	$+$	不存在	$-$	0	$+$
$f(x)$	↗	极大值	↘	极小值	↗

最后,由表可知,$f(0)=0$ 是极大值,$f(1)=-3$ 是极小值.见图 3-7.

---

① 表中符号"↘"表示函数单调减少;符号"↗"表示函数单调增加.

用函数 $f(x)$ 的二阶导数可判定函数的驻点是否为极值点,有如下定理.

定理 3.7(极值存在的充分条件) 设函数 $f(x)$ 在点 x_0 有 $f'(x_0)=0$ 且二阶可导,

(1) 若 $f''(x_0)<0$,则 x_0 是函数 $f(x)$ 的**极大值点**;

(2) 若 $f''(x_0)>0$,则 x_0 是函数 $f(x)$ 的**极小值点**.

例 5 求函数 $f(x)=x^2-\ln x^2$ 的极值.

解 函数的连续区间是 $(-\infty,0)\bigcup(0,+\infty)$.

求驻点:因为

$$f'(x)=2x-\frac{2}{x}=\frac{2(x^2-1)}{x},$$

由 $f'(x)=0$ 得驻点 $x_1=-1,x_2=1$.

用定理 3.7 判定:求二阶导数

$$f''(x)=2+\frac{2}{x^2}.$$

因为 $f''(-1)=4>0,f''(1)=4>0$,所以,$x_1=-1,x_2=1$ 都是极小值点;$f(-1)=1$,$f(1)=1$ 都是函数的极小值(见图 3-8).

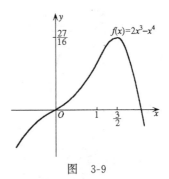

图 3-8   图 3-9

例 6 求函数 $f(x)=2x^3-x^4$ 的极值.

解 首先 $f(x)$ 在 $(-\infty,+\infty)$ 内连续.

其次,求可能取极值的点.因为

$$f'(x)=6x^2-4x^3=2x^2(3-2x),$$

由 $f'(x)=0$,得驻点 $x_1=0,x_2=\frac{3}{2}$.

再次,用二阶导数判定:求二阶导数

$$f''(x)=12x-12x^2=12x(1-x).$$

由于 $f''\left(\frac{3}{2}\right)=12\cdot\frac{3}{2}\left(1-\frac{3}{2}\right)<0$,所以 $x_2=\frac{3}{2}$ 是极大值点,极大值是 $f\left(\frac{3}{2}\right)=\frac{27}{16}$;而 $f''(0)=0$,所以,不能用二阶导数判定 $x_1=0$ 是否为极值点.这时,须用定理 3.6 判定:

当 $x<0$ 时,$f'(x)>0$;当 $0<x<\frac{3}{2}$ 时,也有 $f'(x)>0$,故 $x_1=0$ 不是极值点,见图 3-9.

说明 定理 3.6 和定理 3.7 虽然都是判定极值点的充分条件,但在应用时又有区别. 定理 3.6 对驻点和导数不存在的点均适用;而定理 3.7 用起来较方便,但对下述两种情况不适用:

(1) 导数不存在的点;

(2) 当 $f'(x_0)=0, f''(x_0)=0$ 时. 这时, x_0 可能不是极值点,如例 6 中的 $x=0$;也可能是极值点,如函数 $f(x)=x^4$,有 $f'(0)=f''(0)=0$,而 $x=0$ 是极小值点.

<h2 style="text-align:center">习　题　3.3</h2>

1. 求下列函数的单调增减区间:

(1) $y=x^4-2x^2-5$;

(2) $y=x-\ln(1+x)$;

(3) $y=2x^2-\ln x$;

(4) $y=\dfrac{x^2}{1+x}$.

2. 验证下列结论:

(1) 函数 $f(x)=x+\cos x$ 是单调增加的;

(2) 函数 $f(x)=\arctan x-x$ 是单调减少的.

3. 求下列函数的极值:

(1) $f(x)=x^3-3x$;

(2) $f(x)=3x^4-8x^3+6x^2$;

(3) $f(x)=x-\dfrac{3}{2}x^{\frac{2}{3}}$;

(4) $f(x)=(x-1)\sqrt[3]{x^2}$;

(5) $f(x)=(2x-x^2)^{\frac{2}{3}}$;

(6) $f(x)=2x-\ln(16x^2)$.

4. 求下列函数的单调区间和极值:

(1) $f(x)=x^{\frac{1}{3}}(1-x)^{\frac{2}{3}}$;

(2) $f(x)=\dfrac{3}{8}x^{\frac{8}{3}}-\dfrac{3}{2}x^{\frac{2}{3}}$.

5. 设函数 $f(x)=x^3+3ax^2+3bx+c$ 在 $x=1$ 取极大值,在 $x=2$ 取极小值,求 $f(1)-f(2)$.

6. 单项选择题:

(1) 设函数 $f(x)$ 在区间 (a,b) 内可导,则在 (a,b) 内 $f'(x)>0$ 是 $f(x)$ 在 (a,b) 内单调增加的( ).

(A) 必要条件,非充分条件;

(B) 充分条件,非必要条件;

(C) 充分必要条件;

(D) 无关条件.

(2) 当 $x<x_0$ 时, $f'(x)>0$;当 $x>x_0$ 时, $f'(x)<0$,则( ).

(A) x_0 必定是 $f(x)$ 的驻点;

(B) x_0 必定是 $f(x)$ 的极大值点;

(C) x_0 必定是 $f(x)$ 的极小值点;

(D) 不能判定 x_0 属于以上哪一种情况.

<h2 style="text-align:center">§3.4　曲线的凹向与拐点·函数作图</h2>

一、曲线的凹向与拐点

1. 凹向与拐点的定义

一条曲线不仅有上升和下降的问题,还有弯曲方向的问题. 讨论曲线的凹向就是讨论曲线的弯曲方向问题.

图 3-10 画出了区间 (a,b) 上的一段曲线弧,曲线上的点 $M_0(x_0,f(x_0))$ 把曲线弧分作两

图 3-10

段.在区间(a,x_0)内,曲线向下弯曲,称曲线**下凹**(或**上凸**);在区间(x_0,b)内,曲线向上弯曲,称曲线**上凹**(或**下凸**).我们进一步观察曲线的凹向与其切线的关系:曲线下凹时,过曲线上任一点作切线,切线在上,而曲线在下;而曲线上凹时,曲线与其切线的相对位置刚好相反.曲线上的点$M_0(x_0,f(x_0))$恰好是曲线上凹与下凹的分界点,若过点M_0作曲线的切线,切线只能穿过曲线.这样的点,称为曲线的**拐点**,拐点是扭转曲线弯曲方向的点.

定义 3.2 在区间I内,若曲线弧位于其上任一点切线的上方,则称曲线在该区间内是**上凹的**;若曲线弧位于其上任一点切线的下方,则称曲线在该区间内是**下凹的**.曲线上上凹与下凹的分界点称为曲线的**拐点**.

2. 凹向与拐点的判别法

设在区间I内有曲线弧$y=f(x)$,α表示曲线切线的倾角.由定理 3.4 知,当$f''(x)>0$时,导函数$f'(x)$单调增加,从而切线斜率$\tan\alpha$随x增加而由小变大.图 3-11 中(a),(b),(c)分别给出倾角α为锐角、钝角、既为锐角又为钝角的情形.这时,曲线弧是上凹的.而当$f''(x)<0$时,导函数$f'(x)$单调减少,切线斜率$\tan\alpha$随x增加而由大变小.由图 3-12 知,这种情形,曲线弧是下凹的.

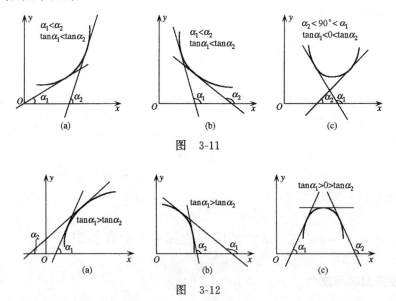

图 3-11

图 3-12

根据上述几何分析,有如下判定曲线凹向的定理.

定理 3.8(判别凹向的充分条件) 在函数$f(x)$二阶可导的区间I内,

(1) 若$f''(x)>0$,则曲线弧$y=f(x)$**上凹**;

(2) 若 $f''(x)<0$, 则曲线弧 $y=f(x)$ **下凹**.

既然拐点是曲线 $y=f(x)$ 上,上凹与下凹的分界点,若点 $(x_0,f(x_0))$ 是曲线的拐点,且 $f''(x_0)$ 存在,依照定理 3.8,一定应该有 $f''(x_0)=0$. 于是有

定理 3.9(**拐点存在的必要条件**) 若函数 $f(x)$ 在点 x_0 **二阶可导**,且点 $(x_0,f(x_0))$ 是曲线 $y=f(x)$ 的**拐点**,则 $f''(x_0)=0$.

在此,我们必须指出:

(1) 在 $f''(x_0)$ 存在的前提下,$f''(x_0)=0$ 仅是拐点存在的必要条件,而不是充分条件. 例如,函数 $y=x^4$, 在 $x=0$ 处,有

$$y''=12x^2\begin{cases}=0, & \text{当 } x=0 \text{ 时,}\\ >0, & \text{当 } x\neq 0 \text{ 时,}\end{cases}$$

且当 $x=0$ 时,$y=0$, 因此,在 $x=0$ 的两侧曲线 $y=x^4$ 都上凹,因而原点 $(0,0)$ 不是曲线的拐点.

(2) 若曲线 $y=f(x)$ 在 x_0 连续,当 $f''(x_0)$ 不存在($f'(x_0)$ 可以存在也可以不存在)时,点 $(x_0,f(x_0))$ 也可能是曲线的拐点.

由定理 3.9 及以上两点说明可知,为了找出曲线 $y=f(x)$ 的拐点,须先在函数 $f(x)$ 的连续区间内找出使 $f''(x_0)=0$ 和 $f''(x_0)$ 不存在的点 x_0, 由于这种点 x_0 又不一定是拐点的横坐标,还必须再用下面的定理判别拐点的存在性.

定理 3.10(**拐点存在的充分条件**) 设函数 $f(x)$ 在点 x_0 的某邻域内连续且二阶可导($f'(x_0)$ 或 $f''(x_0)$ 可以不存在),若在点 x_0 的左、右邻域内,$f''(x)$ 的符号相反,则曲线上的点 $(x_0,f(x_0))$ 是曲线 $y=f(x)$ 的拐点.

例 1 讨论曲线 $y=\ln(1+x^2)$ 的凹向与拐点.

解 首先,确定函数 $\ln(1+x^2)$ 的连续区间是 $(-\infty,+\infty)$.

其次,求二阶导数并求 $y''=0$ 的根.

$$y'=\frac{2x}{1+x^2}, \quad y''=\frac{2(1+x^2)-2x\cdot 2x}{(1+x^2)^2}=\frac{2(1-x^2)}{(1+x^2)^2}.$$

令 $y''=0$, 解得 $x_1=-1$, $x_2=1$.

最后,用定理 3.8 和定理 3.10 判定:

$x_1=-1$ 和 $x_2=1$ 将函数 $\ln(1+x^2)$ 的连续区间 $(-\infty,+\infty)$ 分成三个部分区间: $(-\infty,-1),(-1,1)$ 和 $(1,+\infty)$. 列表①:

x	$(-\infty,-1)$	-1	$(-1,1)$	1	$(1,+\infty)$
y''	$-$	0	$+$	0	$-$
y	$\cap$	拐点	$\cup$	拐点	$\cap$

由表知,曲线在区间 $(-\infty,-1)$ 和 $(1,+\infty)$ 内下凹,在区间 $(-1,1)$ 内上凹;在 $x_1=-1$

---

① 表中符号"$\cup$"表示上凹,符号"$\cap$"表示下凹.

和 $x_2=1$ 处有拐点. 因 $y|_{x=-1}=\ln 2$, $y|_{x=1}=\ln 2$, 所以, 曲线上的点 $(-1,\ln 2)$ 和 $(1,\ln 2)$ 是曲线的拐点(图 3-13).

注意 拐点位于曲线上, 应表示为 $(x_0, f(x_0))$. 例 1 中, $x_1=-1$ 和 $x_2=1$ 仅是拐点的横坐标, 为表示拐点, 必须算出相应的纵坐标.

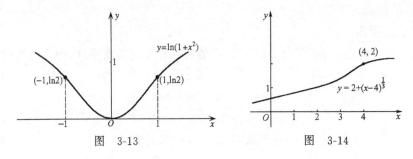

图 3-13　　　　　　　　　　图 3-14

例 2 求曲线 $y=2+(x-4)^{\frac{1}{3}}$ 的凹向与拐点.

解 函数 $2+(x-4)^{\frac{1}{3}}$ 的连续区间是 $(-\infty,+\infty)$.

求二阶导数:

$$y' = \frac{1}{3}(x-4)^{-\frac{2}{3}},$$

$$y'' = -\frac{2}{9}(x-4)^{-\frac{5}{3}} = -\frac{2}{9}\frac{1}{\sqrt[3]{(x-4)^5}}.$$

显然, 没有使二阶导数为 0 的 x 值; 当 $x=4$ 时, y' 和 y'' 都不存在, 而曲线在此连续.
$x=4$ 将连续区间 $(-\infty,+\infty)$ 分成两个部分区间.

在区间 $(-\infty,4)$ 内, $y''>0$, 曲线上凹; 在区间 $(4,+\infty)$ 内, $y''<0$, 曲线下凹.

由于当 $x=4$ 时, $y=2$, 所以点 $(4,2)$ 是曲线的拐点(图 3-14).

二、函数作图

描点作图是作函数图形的基本方法. 现在掌握了微分学的基本知识, 如果先利用微分法讨论函数和曲线的性态, 然后再描点作图, 就能使作出的图形较为准确.

作函数的图形, 一般**程序**如下:

(1) 确定函数的定义域、间断点, 以明确图形的范围;

(2) 讨论函数的奇偶性、周期性, 以判别图形的对称性、周期性;

(3) 考察曲线的渐近线, 以把握曲线伸向无穷远的趋势;

(4) 确定函数的单调区间、极值点; 确定曲线的凹向及拐点, 这就使我们掌握了图形的大致形状;

(5) 为了描点的需要, 有时还要选出曲线上若干个点, 特别是曲线与坐标轴的交点;

(6) 根据以上讨论, 描点作出函数的图形.

例 3 作函数 $y=3x-x^3$ 的图形.

解 (1) 函数的定义域是 $(-\infty,+\infty)$.

(2) 易判定,所给函数是奇函数,故函数的图形关于原点对称.

(3) 由于 $\lim\limits_{x\to\infty}(3x-x^3)=\infty$,且函数在整个数轴上有定义,该函数的图形没有水平渐近线,也没有铅垂的渐近线.

(4) 单调性,极值,凹向和拐点.

由于
$$y'=3-3x^2=3(1+x)(1-x),\quad y''=-6x,$$
由 $y'=0$ 得驻点 $x_1=-1,x_2=1$;由 $y''=0$ 得 $x_3=0$.

列表讨论. 由对称性,只列出 $(0,+\infty)$ 范围内的表即可.

x	0	$(0,1)$	1	$(1,+\infty)$
y'	$+$	$+$	0	$-$
y''	0	$-$	$-$	$-$
y	拐点	↗∩	极大值	↘∩

由表知,函数的极大值是 $y|_{x=1}=2$,由对称性,极小值是 $y|_{x=-1}=-2$. 由于曲线在 $(0,+\infty)$ 内下凹,由对称性,在 $(-\infty,0)$ 内必然上凹,拐点是 $(0,0)$.

(5) 选点. 选曲线与坐标轴的交点. 令 $y=0$,由
$$3x-x^3=x(3-x^2)=0,$$
得 $x=0,x=-\sqrt{3},x=\sqrt{3}$. 于是又有两个点 $(-\sqrt{3},0)$ 和 $(\sqrt{3},0)$.

(6) 根据以上讨论,描点作图,如图 3-15 所示.

例 4 作函数 $y=\dfrac{1}{\sqrt{2\pi}}\mathrm{e}^{-\frac{x^2}{2}}$ 的图形.

解 (1) 函数的定义域是 $(-\infty,+\infty)$.

(2) 易看出,$f(x)$ 是偶函数,图形关于 y 轴对称.

(3) 由于
$$\lim\limits_{x\to\mp\infty}y=\lim\limits_{x\to\mp\infty}\frac{1}{\sqrt{2\pi}}\mathrm{e}^{-\frac{x^2}{2}}=0,$$
所以,曲线有水平渐近线 $y=0$.

(4) 单调性,极值,凹向与拐点.

因
$$y'=-\frac{x}{\sqrt{2\pi}}\mathrm{e}^{-\frac{x^2}{2}},$$
$$y''=\frac{1}{\sqrt{2\pi}}(x+1)(x-1)\mathrm{e}^{-\frac{x^2}{2}}.$$

图 3-15

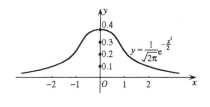

图 3-16

由 $y'=0$，得 $x_1=0$；由 $y''=0$ 得 $x_2=-1,x_3=1$.

由对称性，只列出 $(0,+\infty)$ 范围的表. 列表如下：

x	0	$(0,1)$	1	$(1,+\infty)$
y'	0	$-$	$-$	$-$
y''	$-$	$-$	0	$+$
y	极大值	↘∩	拐点	↘U

由表知，极大值是 $y\mid_{x=0}=\dfrac{1}{\sqrt{2\pi}}\approx0.3989$. 因 $y\mid_{x=1}=\dfrac{1}{\sqrt{2\pi}}e^{-\frac{1}{2}}\approx0.2420$，故拐点是 $(1,0.2420)$，由对称性知，还有一个拐点是 $(-1,0.2420)$.

(5) 描点作图，如图 3-16 所示.

例 5 作函数 $y=x^2+\dfrac{1}{x}$ 的图形.

解 (1) 函数的定义域是 $(-\infty,0),(0,+\infty)$；$x=0$ 是间断点.

(2) 函数无奇偶性.

(3) 由于

$$\lim_{x\to0^-}y=\lim_{x\to0^-}\left(x^2+\frac{1}{x}\right)=-\infty,\quad \lim_{x\to0^+}y=\lim_{x\to0^+}\left(x^2+\frac{1}{x}\right)=+\infty,$$

所以，曲线的两个分支都以直线 $x=0$ 为铅垂渐近线.

(4) 单调性，极值，凹向及拐点. 因

$$y'=2x-\frac{1}{x^2},\quad y''=2+\frac{2}{x^3}=\frac{2(x^3+1)}{x^3}.$$

由 $y'=0$ 解得 $x_1=\dfrac{1}{2}\sqrt[3]{4}\approx0.7937$；由 $y''=0$ 解得 $x_2=-1$.

列表如下：

x	$(-\infty,-1)$	-1	$(-1,0)$	0	$\left(0,\dfrac{1}{2}\sqrt[3]{4}\right)$	$\dfrac{1}{2}\sqrt[3]{4}$	$\left(\dfrac{1}{2}\sqrt[3]{4},+\infty\right)$
y'	$-$	$-$	$-$		$-$	0	$+$
y''	$+$	0	$-$		$+$	$+$	$+$
y	↘U	拐点	↘∩	间断	↘U	极小值	↗U

由表知，函数在 $x=\dfrac{1}{2}\sqrt[3]{4}$ 处取极小值，其值是 $y=\dfrac{3}{2}\sqrt[3]{2}\approx1.8899$. 曲线有一个拐点 $(-1,0)$.

(5) 选点. 由于曲线有两个分支，且每一个分支仅知道一个点. 再选几个点. 由 $x=-2$，$x=-\dfrac{1}{2},x=\dfrac{1}{2},x=2$ 得到相应的 y 值分别是 $y=\dfrac{7}{2},y=-\dfrac{7}{4},y=\dfrac{9}{4},y=\dfrac{9}{2}$. 这样便得到曲线上的点 $\left(-2,\dfrac{7}{2}\right),\left(-\dfrac{1}{2},-\dfrac{7}{4}\right),\left(\dfrac{1}{2},\dfrac{9}{4}\right),\left(2,\dfrac{9}{2}\right)$.

(6) 描点并作出函数的图形，如图 3-17 所示.

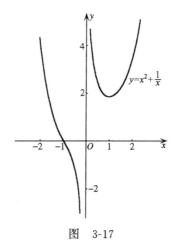

图　3-17

习　题　3.4

1. 讨论下列曲线的凹向与拐点：

(1) $y=x\arctan x$；　　　　(2) $y=\dfrac{1}{1+x^2}$；　　　　(3) $y=\dfrac{2x}{\ln x}$；

(4) $y=x^4-6x^3+12x^2-10$；　　(5) $y=x+x^{\frac{5}{3}}$；　　　(6) $y=x\mathrm{e}^{-x}$.

2. 设曲线 $y=x^3+ax^2+bx+c$ 有一个拐点 $(1,-1)$，且在 $x=0$ 处有极大值，试确定 a,b,c 的值.

3. 设 $y=\dfrac{1}{x}+4x^2$，试讨论：

(1) 函数的定义域及间断点；　　　　　(2) 函数的奇偶性及周期性；

(3) 曲线的水平及铅垂渐近线；　　　　(4) 函数的增减区间及极值；

(5) 曲线的凹向与拐点；　　　　　　　(6) 描点作出函数的图形.

4. 作出下列函数的图形：

(1) $y=\mathrm{e}^{-x^2}$；　　(2) $y=2x^3-3x^2$；　　(3) $y=\dfrac{x}{1+x^2}$；　　(4) $y=\dfrac{x^2-2x+2}{x-1}$.

5. 单项选择题：

(1) 若点 $(1,3)$ 是曲线 $y=ax^3+bx^2$ 的拐点，则 a,b 的值分别为(　　).

(A) $\dfrac{9}{2},-\dfrac{3}{2}$；　　(B) $-6,9$；　　(C) $-\dfrac{3}{2},\dfrac{9}{2}$；　　(D) $6,-9$.

(2) 当 $x<x_0$ 时，$f''(x)<0$，当 $x>x_0$ 时，$f''(x)>0$，则下列结论正确的是(　　).

(A) x_0 是函数 $f(x)$ 的极大值点；　　　(B) x_0 是函数 $f(x)$ 的极小值点；

(C) 点 $(x_0,f(x_0))$ 必定是曲线 $y=f(x)$ 的拐点；　　(D) 点 $(x_0,f(x_0))$ 未必是曲线的拐点.

§3.5　最大值与最小值及应用问题

一、函数的最大值与最小值

由§1.5 中的闭区间上连续函数的性质，我们已经知道：若函数 $f(x)$ 在闭区间 $[a,b]$ 上连续,则 $f(x)$ 在 $[a,b]$ 上必有最大值与最小值. 最大值与最小值可在区间内部取得,也可在区间端点取得,它是函数在区间 $[a,b]$ 上的整体性质.

极值是仅就区间内的某一点 x_0 的邻近而言,按极值定义,极值只能在区间内部取得,它是函数的局部性质.

现假设函数 $f(x)$ 在闭区间 $[a,b]$ 上连续,求函数 $f(x)$ 在 $[a,b]$ 上的最大值与最小值的**一般程序**是:

首先,要求出函数在开区间 (a,b) 内所有可能是极值点的函数值;

其次,求出区间端点的函数值 $f(a)$ 和 $f(b)$;

最后,将这些函数值进行比较,其中最大(小)者为最大(小)值.

求函数的最值时,常遇到下述情况:

(1) 若函数 $f(x)$ 在连续区间 (a,b) 内仅有一个极值,是极大(小)值时,它就是函数 $f(x)$ 在闭区间 $[a,b]$ 上的最大(小)值(图 3-18). 解极值应用问题时,此种情形较多.

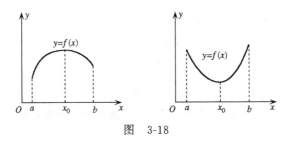

图   3-18

(2) 若函数 $f(x)$ 在闭区间 $[a,b]$ 上是单调增加(减少)的,则最值在区间端点取得.

例 1   求函数 $f(x)=3x^4-4x^3-12x^2+1$ 在闭区间 $[-3,1]$ 上的最大值和最小值.

解   所给函数 $f(x)$ 在闭区间 $[-3,1]$ 上连续,所以它在该区间上存在最大值和最小值. 先求驻点的函数值. 由
$$f'(x)=12x^3-12x^2-24x=12x(x+1)(x-2)=0,$$
解得 $x_1=-1,x_2=0,x_3=2$ ($x_3=2$ 不在所给区间内,舍去). 可算得
$$f(-1)=-4, \quad f(0)=1.$$
再求区间端点的函数值:
$$f(-3)=244, \quad f(1)=-12.$$
最后,由比较可知,在区间 $[-3,1]$ 上,最小值是 $f(1)=-12$,最大值是 $f(-3)=244$.

函数的最大值与最小值问题,在实践中有广泛的应用. 在给定条件的情况下,要求效益最佳的问题,就是最大值问题;而在效益一定的情况下,要求所给条件最少的问题,是最小值问题.

在解决实际问题时,首先要把问题的要求作为目标,建立目标函数,并确定函数的定义域;其次,应用极值知识求目标函数的最大值或最小值;最后应按问题的要求给出结论.

二、几何应用问题

很多实际问题,都可化为几何问题.

例 2　将边长为 a 的一块正方形铁皮,四角各截去一个大小相同的小正方形,然后将四边折起做一个无盖的方盒.问截掉的小正方形边长为多大时,所得方盒的容积最大? 最大容积为多少(图 3-19)?

图　3-19

解　(1) 分析问题,建立目标函数.

按题目的要求在铁皮大小给定的条件下,要使方盒的容积最大是我们的目标.而方盒的容积依赖于截掉的小正方形的边长.这样,目标函数就是方盒的容积与截掉的小正方形边长之间的函数关系.

设小正方形的边长为 x,则方盒底的边长为 $a-2x$,若以 V 表示方盒的容积,则 V 与 x 的函数关系是

$$V = x(a-2x)^2, \quad x \in \left(0, \frac{a}{2}\right).$$

(2) 解最大值问题,即确定 x 的取值,以使 V 取最大值.

$$\frac{\mathrm{d}V}{\mathrm{d}x} = (a-2x)^2 - 4x(a-2x) = (a-2x)(a-6x).$$

令 $\dfrac{\mathrm{d}V}{\mathrm{d}x}=0$,得驻点 $x=\dfrac{a}{6}$ 和 $x=\dfrac{a}{2}$,其中 $\dfrac{a}{2}$ 舍去,因为它不在区间 $\left(0, \dfrac{a}{2}\right)$ 内.

因为当 $x \in \left(0, \dfrac{a}{6}\right)$ 时,$\dfrac{\mathrm{d}V}{\mathrm{d}x}>0$;当 $x \in \left(\dfrac{a}{6}, \dfrac{a}{2}\right)$ 时,$\dfrac{\mathrm{d}V}{\mathrm{d}x}<0$,所以 $x=\dfrac{a}{6}$ 是极大值点.由于在区间内部只有一个极值点且是极大值点,这也就是取最大值的点.

于是,当小正方形边长 $x=\dfrac{a}{6}$ 时,方盒容积最大,其值为

$$V = \frac{2a^3}{27}.$$

例 3　欲制做一个容积为 $500\ \mathrm{cm}^3$ 的圆柱形的铝罐.为使所用材料最省,铝罐的底半径和高的尺寸应是多少?

解　建立目标函数.

这是在容积一定的条件下,使用料最省.我们的目标自然就是使铝罐的表面积最小.铝罐有圆形的上底和下底,还有一个长方形的侧面(图 3-20).

图　3-20

设铝罐的底半径为 $r\ \mathrm{cm}$,高为 $h\ \mathrm{cm}$,表面积为 $A\ \mathrm{cm}^2$,则

$$A = 两底圆面积 + 侧面面积 = 2\pi r^2 + 2\pi rh.$$

由于铝罐的容积为 $500\ \mathrm{cm}^3$,所以有

$$\pi r^2 h = 500, \quad h = \frac{500}{\pi r^2}.$$

于是,表面积 A 与底半径 r 的函数关系为

$$A = 2\pi r^2 + \frac{1000}{r}, \quad r \in (0, +\infty).$$

解最小值问题.由

$$\frac{\mathrm{d}A}{\mathrm{d}r} = 4\pi r - \frac{1000}{r^2} = 0,$$

可解得惟一驻点 $r = \sqrt[3]{\dfrac{250}{\pi}} \approx 4.3013(\mathrm{cm})$. 又

$$\frac{\mathrm{d}^2 A}{\mathrm{d}r^2} = 4\pi + \frac{2000}{r^3}, \quad \frac{\mathrm{d}^2 A}{\mathrm{d}r^2}\bigg|_{r=4.3} > 0,$$

所以,$r = 4.3013$ cm 是极小值点,也是取最小值的点.由上面 h 的表达式可得

$$h = \frac{500}{\pi r^2} = 2\sqrt[3]{\frac{250}{\pi}} = 2r \approx 8.6026 \,(\mathrm{cm}).$$

因此,当底半径 $r = 4.3013$ cm,侧面高 $h = 2r = 8.6026$ cm 时,所做铝罐用料最省.

三、经济应用问题

利用微分法求解经济领域中的极值问题是微分学在经济决策和计量方面的重要应用,本节讨论利润最大、收益最大、平均成本最低、存货总费用最小问题.

1. 利润最大

前面已讲述,在假设产量与销量一致的情况下,总利润函数定义为总收益函数 $R(Q)$ 与总成本函数 $C(Q)$ 之差,即

$$\pi = \pi(Q) = R(Q) - C(Q).$$

如果企业主以**利润最大为目标**而控制产量,那么,应**选择产量 Q 的值**,使目标函数 $\pi = \pi(Q)$ 取最大值.

假若产量为 Q_0 时可达此目的,根据极值存在的必要条件(定理 3.5)和充分条件(定理 3.7),应有

$$\frac{\mathrm{d}\pi}{\mathrm{d}Q}\bigg|_{Q=Q_0} = R'(Q_0) - C'(Q_0) = 0, \quad \frac{\mathrm{d}^2\pi}{\mathrm{d}Q^2}\bigg|_{Q=Q_0} = R''(Q_0) - C''(Q_0) < 0.$$

上两式可写作,当 $Q = Q_0$ 时,

$$MR = MC, \tag{3.1}$$

$$\frac{\mathrm{d}(MR)}{\mathrm{d}Q} < \frac{\mathrm{d}(MC)}{\mathrm{d}Q}. \tag{3.2}$$

(3.1)式表明,边际收益等于边际成本,这被称为**最大利润原则**.(3.2)式表明,边际成本的变化率大于边际收益的变化率.综合(3.1)和(3.2)式,关于利润最大化有下述结论:

产量水平能使**边际成本等于边际收益**,且若再增加产量,**边际成本将大于边际收益时**,可获得最大利润.

若从图形上看,图 3-21 表示的是商品以固定价格 P_0 销售,总收益函数 $R=R(Q)=P_0Q$ 的图形是一条直线.图 3-22 表示需求函数 $Q=\varphi(P)$ 是单调减少的,总收益函数 $R=R(Q)=\varphi^{-1}(Q)\cdot Q$ 的图形是一条曲线.显然,在利润最值点 Q_0 处,总成本曲线与总收益曲线的切线互相平行,即边际成本等于边际收益;若产量 Q 超过 Q_0 时,总成本曲线的斜率将大于总收益曲线的斜率,即边际成本将大于边际收益.这正是我们所得的结论.

图 3-21   图 3-22

例 4 设总收益函数和总成本函数分别为

$$R=R(Q)=20Q-3Q^2, \quad C=C(Q)=2Q^2+3,$$

求:(1)利润最大时的产出水平;   (2)最大利润;   (3)利润最大时产品的销售价格.

解 (1)利润函数为

$$\pi=\pi(Q)=R-C=20Q-3Q^2-(2Q^2+3)=-5Q^2+20Q-3.$$

由 $\pi'(Q)=-10Q+20=0$,得 $Q=2$.又

$$\pi''(Q)=-10, \quad \pi''(2)<0,$$

所以,利润最大时的产出水平为 $Q=2$.

(2)当 $Q=2$ 时,最大利润为

$$\pi(2)=-5\cdot2^2+20\cdot2-3=17.$$

(3)由总收益函数可得价格函数

$$P=\frac{R(Q)}{Q}=\frac{20Q-3Q^2}{Q}=20-3Q,$$

于是,利润最大时的销售价格为

$$P(2)=20-3\cdot2=14.$$

例 5 一商店按批发价每件 6 元买进一批商品零售,若零售价每件定为 7 元,估计可卖出 100 件,若每件售价每降低 0.1 元,则可多卖出 50 件. 问商店应买进多少件,每件售价定为多少元时,才可获得最大利润?最大利润是多少?

解 设因降价可多卖出 Q 件,利润为 π.

依题意,卖出的件数为 $100+Q$,每件降价为 $0.1 \times \dfrac{Q}{50}$ 元,因而每件售价为

$$P = \left(7 - \frac{0.1}{50}Q\right) \text{ 元 / 件,}$$

每件利润为

$$\left\{\left(7 - \frac{0.1}{50}Q\right) - 6\right\} \text{ 元 / 件,}$$

于是,利润函数为每件利润与销售件数的乘积,即

$$\pi = \pi(Q) = \left(7 - \frac{0.1}{50}Q - 6\right)(100 + Q) = -0.002Q^2 + 0.8Q + 100.$$

由 $\pi'(Q) = -0.004Q + 0.08 = 0$,得 $Q = 200$. 又

$$\pi''(Q) = -0.004, \quad \pi''(200) < 0,$$

所以,当多卖出 $Q = 200$ 件时,利润最大;最大利润为

$$\pi(200) = -0.002 \times (200)^2 + 0.8 \times 200 + 100 = 180(\text{元}).$$

由此知,商店进货件数为 $100 + 200 = 300$(件).

每件销售价格定为

$$P = 7 - \frac{0.1}{50} \times 200 = 6.60(\text{元 / 件})$$

时,可获最大利润.

2. 收益最大

若企业主的目标是获得最大收益,这时,应以总收益函数 $R = P \cdot Q$ 为目标函数而决策产量 Q 或决策产品的价格.

如果产品以固定价格 P 销售,销售量越多,总收益越多,没有最大值问题. 现设需求函数 $Q = \varphi(P)$ 是单调减少的,则总收益函数为

$$R = R(Q) = \varphi^{-1}(Q) \cdot Q.$$

我们考虑这种情况下的最大值问题.

在实际中,企业主不可能只追求收益最大而不考虑利润. 有时,为了某种需要,而是以一定利润为约束条件的收益最大化问题.

例 6 某厂商的总收益函数和总成本函数分别为

$$R = R(Q) = 10Q - 1.5Q^2, \quad C = C(Q) = 1.5Q^2 + 1,$$

求

(1) 收益最大时产出水平、价格、总收益和总利润;

（2）最低利润约束条件 $\pi \geqslant 2$ 是否允许取该收益最大化的产出水平？若不允许,产出水平应调整为多少？并求这时的总收益.

解 （1）总收益函数为

$$R = R(Q) = 10Q - 1.5Q^2.$$

由 $R'(Q) = 10 - 3Q = 0$,得 $Q = \dfrac{10}{3}$. 又

$$R''(Q) = -3, \quad R''\left(\dfrac{10}{3}\right) < 0,$$

所以,产出水平 $Q = \dfrac{10}{3}$ 时,收益最大. 这时,产品的价格

$$P\left(\dfrac{10}{3}\right) = 10 - 1.5\left(\dfrac{10}{3}\right) = 5,$$

总收益

$$R\left(\dfrac{10}{3}\right) = 10 \cdot \dfrac{10}{3} - 1.5\left(\dfrac{10}{3}\right)^2 = \dfrac{50}{3}.$$

因总利润函数为

$$\pi = \pi(Q) = R - C = 10Q - 1.5Q^2 - (1.5Q^2 + 1) = -3Q^2 + 10Q - 1,$$

故收益最大时的利润

$$\pi\left(\dfrac{10}{3}\right) = -1.$$

（2）因为在收益最大时的产出水平上,利润为 -1,所以,最低利润约束条件 $\pi \geqslant 2$ 不允许取该收益最大化的产出水平. 这时,需调整产量.

我们假设利润 $\pi = 2$,并以利润函数 $\pi = \pi(Q)$ 求出这时的产出水平. 由

$$-3Q^2 + 10Q - 1 = 2 \quad 或 \quad 3Q^2 - 10Q + 3 = 0,$$

可解得 $Q_1 = \dfrac{1}{3}$, $Q_2 = 3$. 因为

$$R\left(\dfrac{1}{3}\right) = 10 \cdot \dfrac{1}{3} - 1.5\left(\dfrac{1}{3}\right)^2 = \dfrac{19}{6}, \quad R(3) = 10 \cdot 3 - 1.5 \cdot 3^2 = \dfrac{33}{2},$$

所以适合 $\pi \geqslant 2$,并使收益最大的产出水平是 $Q = 3$. 这时总收益为

$$R(3) = \dfrac{33}{2}.$$

3. 平均成本最低

设厂商的总成本函数为 $C = C(Q)$. 若厂商以平均成本最低为目标,而控制产量水平,这是求平均成本函数

$$AC = \dfrac{C(Q)}{Q}$$

的最小值问题.

例 7 设某企业的总成本函数为

$$C = C(Q) = 0.3Q^2 + 9Q + 30,$$

求

(1) 平均成本最低时的产出水平及最低平均成本；

(2) 平均成本最低时的边际成本，并与最低平均成本作比较.

解 用总成本函数得平均成本函数

$$AC = \frac{C(Q)}{Q} = 0.3Q + 9 + \frac{30}{Q}.$$

由 $\dfrac{\mathrm{d}(AC)}{\mathrm{d}Q} = 0.3 - \dfrac{30}{Q^2} = 0$ 可解得 $Q = 10(Q = -10$ 舍去$)$. 又

$$\frac{\mathrm{d}^2(AC)}{\mathrm{d}Q^2} = \frac{60}{Q^3}, \quad \left.\frac{\mathrm{d}^2(AC)}{\mathrm{d}Q^2}\right|_{Q=10} > 0,$$

所以,当产出水平 $Q = 10$ 时,平均成本最低. 最低平均成本为

$$AC|_{Q=10} = 0.3 \cdot 10 + 9 + \frac{30}{10} = 15.$$

(2) 由总成本函数得边际成本函数

$$MC = 0.6Q + 9,$$

平均成本最低时的产出水平 $Q = 10$,这时的边际成本为

$$MC|_{Q=10} = 0.6 \cdot 10 + 9 = 15.$$

由以上计算知,平均成本最低时的边际成本与最低平均成本相等,都为 15.

上述结果不是偶然的,在产出水平 Q_0 能使平均成本最低时,**必然有平均成本等于边际成本**.

4. 库存模型

存贮在社会的各个系统中都是一个重要问题. 这里只讲述最简单的库存模型,即"成批到货,一致需求,不许缺货"的库存模型.

所谓"成批到货",就是工厂生产的每批产品,先整批存入仓库；"一致需求",就是市场对这种产品的需求在单位时间内数量相同,因而产品由仓库均匀提取投放市场；"不许缺货",就是当前一批产品由仓库提取完后,下一批产品立即进入仓库.

在这种假设下,仓库的库存水平变动情况如图 3-23 所示. 并规定仓库的平均库存量为每批产量的一半.

现假设在一个计划期内：

(1) 工厂生产总量为 D；

(2) 分批投产,每次投产数量,即批量为 Q；

(3) 每批生产准备费为 C_1；

(4) 每件产品的库存费为 C_2,且按批量的一半,即 $\dfrac{Q}{2}$ 收取库存费.

(5) 存货总费用是生产准备费与库存费之和,记作 E.

图 3-23

我们的问题是：如何决策每批的生产数量,即

批量 Q,以使存货总费用 E 取最小值.

先建立目标函数——总费用函数.

依题设,在一个计划期内

$$\text{库存费} = \text{每件产品的库存费} \times \text{批量的一半} = C_2 \cdot \frac{Q}{2},$$

$$\text{生产准备费} = \text{每批生产准备费} \times \text{生产批数} = C_1 \cdot \frac{D}{Q},$$

于是,总费用函数为

$$E = E(Q) = \frac{D}{Q}C_1 + \frac{Q}{2}C_2, \quad Q \in (0, D].$$

实际上,上式中的 Q 取区间 $(0, D]$ 中 D 的整数因子.

根据极值存在的必要条件,有

$$E'(Q) = -\frac{C_1 D}{Q^2} + \frac{C_2}{2} = 0,$$

或

$$C_2 Q^2 = 2 C_1 D, \tag{3.3}$$

可解得

$$Q_0 = \sqrt{\frac{2 C_1 D}{C_2}} \quad (\text{只取正值}). \tag{3.4}$$

根据极值存在的充分条件:

$$E''(Q) = \frac{2 C_1 D}{Q^3} > 0 \quad (\text{因 } D, C_1, Q \text{ 均为正数}).$$

所以,当批量由(3.4)式确定时,总费用最小,其值

$$E_0 = \frac{C_1 D}{Q_0} + \frac{C_2 Q_0}{2} = \sqrt{2 D C_1 C_2}. \tag{3.5}$$

表达式(3.4)式称为**"经济批量"公式**.

注意到(3.3)式:$C_2 Q^2 = 2 C_1 D$,可改写作

$$\frac{C_2}{2} Q = \frac{C_1 D}{Q}.$$

该式表明:在一个计划期内,**使库存费与生产准备费相等的批量是经济批量**.

例8 某厂生产摄影机,年产量 1000 台,每台成本 800 元,每一季度每台摄影机的库存费是成本的 5%;工厂分批生产,每批生产准备费为 5000 元;市场对产品一致需求,不许缺货. 试决策经济批量及一年最小存货总费用.

解 由题设知,$D = 1000$ 台,$C_1 = 5000$ 元,每年每台库存费用

$$C_2 = 800 \cdot 5\% \cdot 4 = 160(\text{元}).$$

存货总费用 E 与每批生产台数 Q 的关系

$$E = E_1 + E_2 = \frac{1000 \cdot 5000}{Q} + \frac{160}{2}Q.$$

由(3.4)式,经济批量

$$Q_0 = \sqrt{\frac{2 \cdot 1000 \cdot 5000}{160}} = 250(台),$$

一年最小存货总费用(图 3-24)

$$E_0 = \frac{160 \cdot 250}{2} + \frac{1000 \cdot 5000}{250} = 40000(元),$$

图 3-24

或由(3.5)式,一年最小存货总费用

$$E_0 = \sqrt{2 \cdot 1000 \cdot 5000 \cdot 160} = 40000(元).$$

说明 库存问题,若把一个计划期内的生产总量改为需求总量或订购货物总量;分批投产改为分批订货,每批生产准备费改为每批订货费,上述结论仍适用.

习 题 3.5

1. 求下列函数的最大值与最小值:

(1) $f(x) = 2x^3 + 3x^2 - 12x + 14$, $x \in [-3, 4]$;   (2) $f(x) = 2x^2 - \ln x$, $x \in \left[\frac{1}{3}, 3 \right]$;

(3) $f(x) = \frac{x-1}{x+1}$, $x \in [0, 4]$;   (4) $f(x) = 1 - \frac{2}{3}(x-2)^{\frac{2}{3}}$, $x \in [0, 3]$.

2. 以直的河岸为一边用篱笆围出一矩形场地. 现有篱笆长 36 m,问所能围出的最大场地的面积是多少?

3. 欲用长 $l = 6$ m 的木料加工一日字形的窗框,问它的边长和边宽分别为多少时,才能使窗框的面积最大? 最大面积为多少?

4. 要做一个底面为长方形的带盖的箱子,其体积为 72 cm³,其底边的长和宽成 2∶1 的关系,问各边长为多少时,才能使表面积为最小?

5. 做一容积为 V 的圆柱形容器,已知其两底面的材料价格每单位面积造价为 a 元,侧面材料价格,每单位面积造价为 b 元,问底半径和高各为多少时造价最小?

6. 今欲制一容积为 V 的圆柱形铝罐.在截剪罐的侧面时,材料可以不受损耗;但从一块正方形材料上截剪出圆形的上、下底时,在四个角上就有材料损耗(图 3-25).欲使所用铝板最省,铝罐的高与底半径之比应是多少?

图 3-25　　　　　　　　　图 3-26

7. 设一水雷艇 A 停泊在距海岸 $OA=9$ km 处,现需派人送信到岸上某沿海兵营 B;兵营距 O 点相距 15 km,设步行每小时 5 km,划小舟每小时 4 km,问送信者在何处上岸,所费时间最短?(图 3-26)

8. 铁路线上 AB 段的距离为 100 km,工厂 C 距 A 处为 20 km,AC 垂直于 AB(图 3-27).为了运输需要,要在 AB 线上选定一点 D 向工厂修筑一条公路.已知铁路上每千米货运的运费与公路上每千米货运的运费之比为 3∶5.为了使货物从供应站 B 运到工厂 C 的运费最省,问 D 点应选在何处?

9. 由材料力学知道,一个截面为矩形的横梁的强度与矩形的宽和高的平方成比例.欲将一根直径为 d 的圆木切割成具有最大强度而截面为矩形的横梁,问矩形的高 h 与宽 b 之比应是多少(图 3-28)?

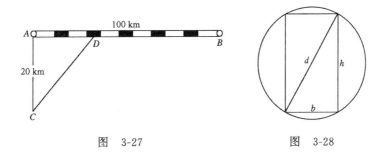

图　3-27　　　　　　　　图　3-28

10. 设某产品的需求函数和总成本函数分别为
$$Q = 1000 - 100P, \quad C = 100 + 6Q.$$
求利润最大时产量和利润.

11. 设总收益函数与总成本函数分别为
$$R = R(Q) = 33Q - 4Q^2, \quad C = C(Q) = Q^3 - 9Q^2 + 36Q + 6.$$
求利润最大时的产量、产品的价格和利润.

12. 按批发价每件 3 元购进一批商品,该商品的需求函数是 $Q=920-200P$,试求该商品销售的最优价格和最大利润是多少?

13. 某商品的需求函数为 $Q=75-P^2$,试确定商品的价格 P、需求 Q,以使收益最大.

14. 某厂商的总收益函数和总成本函数分别为

$$R(Q) = 20Q - Q^2, \quad C(Q) = \frac{1}{3}Q^3 - 6Q^2 + 29Q + 15.$$

(1) 求收益最大时产量、价格、总收益和总利润;

(2) 最低利润约束条件 $\pi \geqslant 50$ 是否可取该收益最大化的产量?

15. 已知生产某产品的总成本函数为 $C = 1000 + 2Q + 0.001Q^2$,求:

(1) 边际成本函数及产量为 1000 时的边际成本;

(2) 平均成本函数及产量为 1000 时的平均成本;

(3) 产量为多少时,平均成本最低及最低平均成本.

16. 设某企业的需求函数为

$$P = 30 - 0.75Q,$$

而平均成本函数为

$$AC = \frac{30}{Q} + 9 + 0.3Q.$$

(1) 求相应的产出水平,使

(i) 收益最大; (ii) 平均成本最低; (iii) 利润最大.

(2) 在下列情况,试求获得最大利润的产出水平:

(i) 当政府所征收一次总付税款为 10;

(ii) 当政府对企业每单位产品征收的税款(即税率)为 8.4;

(iii) 当政府给予企业每单位产品的补贴为 4.2.

17. 设某企业每月需要使用某种零件 2400 件,每件成本为 150 元,每件每年的库存费为成本的 6%,每次订货费为 100 元,试求每批订货量为多少时,方能使每月的库存费与订货费之和为最少,并求出最小费用(假设零件使用是均匀的且不允许短缺).

18. 工厂每年生产某种产品 40000 个,分批生产全部存放仓库,均匀投放市场,市场不能缺货. 每个产品的生产成本为 500 元,每次开工的生产准备费用为 1000 元,每个产品的年库存费为 80 元,求最优经济批量和一年的最小总费用.

*§3.6 曲线的曲率

一、曲线的曲率

在 §3.4,我们用函数 $f(x)$ 的二阶导数 $f''(x)$ 的符号判定了曲线的凹向,或者说,判定了曲线弯曲的方向. 但是,从直观上看,曲线还有弯曲程度的问题. 例如,在图 3-29 中给出的一段曲线弧,其 AB 段与 BC 段弯曲的方向相同,都是下凹的. 若看弯曲程度,BC 段要比 AC 段弯曲得厉害些. 又如,同一个圆上的各部分弯曲的程度是一样的;但若有半径不同的圆在一点相切(图 3-30),则显见半径小的圆在这一点的弯曲程度比半径比它大的圆的弯曲程度来得厉害. 这一些感性的知识仅仅提供了我们对曲线弯曲程度的"定性"的了解. 而在力学及许多工程技术问题中,仅有定性的判断是不够的,还必须"定量地"给出曲线弯曲程度的量的估计. 或者说,还需要度量曲线弯曲程度的大小.

我们的问题就是,要定义一个量,使它能描述曲线弯曲的程度.

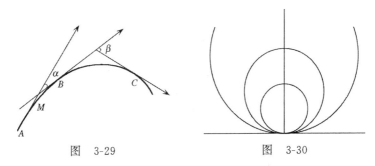

图 3-29　　　　　　　　　　　图 3-30

设曲线有连续转动的切线,如图 3-29 所示.当曲线上的动点 M 沿曲线从点 A 移动到点 B 时,相应的曲线上的点 A 处的切线沿曲线转动到点 B 处,它所转过的角,称为曲线弧 $\overset{\frown}{AB}$ 的转角,该角为 α.同样,曲线弧 $\overset{\frown}{BC}$ 的转角为 β.显然,转角 β 大于转角 α,而曲线弧 $\overset{\frown}{BC}$ 弯曲的程度要比曲线弧 $\overset{\frown}{AB}$ 弯曲的程度厉害些.这样看来,曲线弧弯曲的程度与曲线弧的转角有关:转角小的,弯曲得较小;转角大的,弯曲得就厉害.

再观察图 3-31 中的曲线弧 $\overset{\frown}{AB}$ 与曲线弧 $\overset{\frown}{CD}$:它们的转角相等,都是 φ.但由于曲线弧 $\overset{\frown}{CD}$ 的长度要短于曲线弧 $\overset{\frown}{AB}$ 的长度,因而,曲线弧 $\overset{\frown}{CD}$ 要比曲线弧 $\overset{\frown}{AB}$ 弯曲得厉害.由此知,曲线弧弯曲的程度还与这条曲线弧的长度有关.

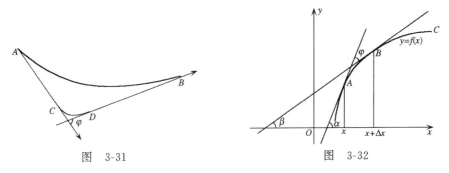

图 3-31　　　　　　　　　　　图 3-32

由上述分析可知,曲线弧弯曲的程度取决于两个因素:

(1) 曲线弧的转角;　　　(2) 曲线弧的长度.

若把反映曲线弧弯曲程度的量称为曲线的**曲率**,则可以从几何直观给出曲率的定义.

设曲线 C 有连续转动的切线,若曲线弧 $\overset{\frown}{AB}$ 的转角为 φ(图 3-32),该曲线弧的长度为 S,则 $\dfrac{\varphi}{S}$ 就表示在单位长度上曲线弧的转角,它反映了曲线弧 $\overset{\frown}{AB}$ 的平均弯曲程度,称它为该曲线弧的**平均曲率**.

一般说来,曲线弯曲的程度随点而异.若曲线上的两点 A,B 很接近,即 S 很小,我们可以认为在这一小段曲线弧中,弯曲的程度来不及有显著的变化,因此,它的平均曲率 $\dfrac{\varphi}{S}$ 就可以比较好地近似曲线在点 A 的曲率.B 越接近 A,这种近似程度也就越精确.若当 $B\rightarrow A$ 时,

或者说当 $S \to 0$ 时,$\dfrac{\varphi}{S}$ 有极限,则很自然,就把这个极限 K 叫做曲线在点 A 的曲率.

定义 3.3　设曲线 C 有连续转动的切线,弧段上 $\overset{\frown}{AB}$ 切线的转角 φ 与弧段 $\overset{\frown}{AB}$ 的长度 S 之比 $\dfrac{\varphi}{S}$,当点 B 沿曲线趋于点 A 时,即 $S \to 0$ 时,$\dfrac{\varphi}{S}$ 的极限称为曲线 C 在点 A 处的**曲率**,记作 K,即

$$K = \lim_{S \to 0} \frac{\varphi}{S}.$$

设函数 $y = f(x)$ 具有二阶导数,可以推出曲线 $y = f(x)$ 在点 x 处曲率 K 的计算公式是

$$K = \frac{|y''|}{(1 + y'^2)^{\frac{3}{2}}}. \tag{3.6}$$

若曲线由参数方程

$$\begin{cases} x = \varphi(t), \\ y = \psi(t) \end{cases}$$

给出,其中 $\varphi(t)$ 和 $\psi(t)$ 均二阶可导且 $\varphi'^2(t) + \psi'^2(t) \neq 0$. 利用由参数方程所确定的函数的求导法,求出 $\dfrac{\mathrm{d}y}{\mathrm{d}x}$ 和 $\dfrac{\mathrm{d}^2 y}{\mathrm{d}x^2}$,将其代入(3.6)式,便可得计算曲率 K 的计算公式

$$K = \frac{|\varphi'(t)\psi''(t) - \varphi''(t)\psi'(t)|}{[\varphi'^2(t) + \psi'^2(t)]^{\frac{3}{2}}}. \tag{3.7}$$

例 1　直线方程是 $y = ax + b$,计算其上任一点处的曲率.

解　由于 $y' = a$,$y'' = 0$,由曲率公式(3.6)知,$K = 0$.
这与直线不弯曲是相吻合的.

例 2　设圆的方程是 $(x - a)^2 + (y - b)^2 = R^2$,求其上任一点处的曲率.

解　若用参数方程表示圆,则是

$$\begin{cases} x = R\cos t + a, \\ y = R\sin t + b, \end{cases} \quad 0 \leqslant t \leqslant 2\pi.$$

由于

$$x'(t) = -R\sin t, \quad x''(t) = -R\cos t,$$
$$y'(t) = R\cos t, \quad y''(t) = -R\sin t,$$

由曲率公式(3.7),

$$K = \frac{|(-R\sin t) \cdot (-R\sin t) - (-R\cos t) \cdot (R\cos t)|}{(R^2\sin^2 t + R^2\cos^2 t)^{\frac{3}{2}}} = \frac{R^2}{R^3} = \frac{1}{R}.$$

这说明,圆上各点处的曲率都相同,即圆上各点处弯曲的程度都相同,均是半径 R 的倒数 $\dfrac{1}{R}$;显然,半径 R 越小,曲率越大,即弯曲的程度越厉害.这也与我们的感性认识是一致的.

例 3　求曲线 $y = x^3$ 的曲率及在点 $(0,0)$ 处的曲率.

解　由于 $y'=3x^2$, $y''=6x$, 所以, 曲线在任意点处的曲率为

$$K = \frac{|6x|}{[1+(3x^2)^2]^{3/2}} = \frac{|6x|}{(1+9x^4)^{3/2}}.$$

将 $x=0$ 代入上式, 即得点 $(0,0)$ 处的曲率 $K=0$.

由于点 $(0,0)$ 是曲线 $y=x^3$ 的拐点, 本例的结论是: 曲线在拐点处的曲率为零.

本例的结论具有一般性: 若函数 $y=f(x)$ 二阶可导, 则曲线 $y=f(x)$ 在**拐点处的曲率一定为零**.

二、曲率圆

设曲线 $y=f(x)$ 在点 $A(x,y)$ 处的曲率 K 不为零. 过点 A 引曲线的法线, 又在法线上, 凹向的一侧取一点 C, 记线段 AC 的长度为 R, 使 $R=\dfrac{1}{K}$, 而且以点 C 为中心, R 为半径作一圆(图 3-33). 由于点 C 在曲线的法线上, 这个圆和曲线在点 A 处相切, 而且两者在点 A 有相同的凹向. 不仅如此, 由于圆的曲率等于半径的倒数, 即

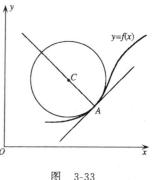

图　3-33

$$\frac{1}{R} = \frac{1}{\dfrac{1}{K}} = K,$$

故该圆在点 A 和曲线有相同的曲率. 因此, 在通过点 A 的一切圆中, 以这个圆在点 A 附近和曲线的形状最为接近: 它们有共同的**切线**, 相同的**曲率**和相同的**凹向**.

我们把上述的这个圆称为曲线 $y=f(x)$ 在点 A 的**曲率圆**, 它的半径称为**曲率半径**, 它的中心称为**曲率中心**.

由于曲率圆具有上述性质, 因此, 在具体问题中, 在涉及到曲线的凹向和曲率时, 往往用曲率圆在点 A 的一段圆弧来近似代替曲线弧, 以使问题简化.

例 4　求抛物线 $y=ax^2+bx+c$ $(a\neq0)$ 的曲率, 判定抛物线在哪一点的曲率半径最小? 并求出曲率半径.

解　由于

$$y'=2ax+b, \quad y''=2a,$$

所以, 抛物线的曲率为

$$K = \frac{|y''|}{(1+y'^2)^{3/2}} = \frac{|2a|}{[1+(2ax+b)^2]^{3/2}}.$$

由于曲率半径 R 与曲率互为倒数, 为使 R 最小, 应取 K 的最大值.

在上式中, K 为正数, 且分子 $|2a|$ 为常数, 故当上式中的分母最小时, 即当

$$2ax+b=0 \quad 或 \quad x=-\frac{b}{2a}$$

时, K 最大. 当 $x=-\dfrac{b}{2a}$ 时, $y=\dfrac{4ac-b^2}{4a}$, 而点 $\left(-\dfrac{b}{2a}, \dfrac{4ac-b^2}{4a}\right)$ 正是该抛物线的顶点. 由此知,

抛物线在顶点处的曲率半径最小,其值为

$$R = \frac{1}{|2a|}.$$

图   3-34

例 5   设一个工件内表面的截线为抛物线 $y = 0.8x^2$(图 3-34),现在要用砂轮磨削其内表面,问用直径多大的砂轮才比较合适?

解   按题设要求,所选砂轮的半径当等于或小于该抛物线上曲率半径的最小值时,工件内表面与砂轮接触处的附近才不会被砂轮磨削去太多. 由例 4 知,抛物线在其顶点处的曲率半径最小. 为此,应求抛物线 $y = 0.8x^2$ 在其顶点处的曲率半径. 用例 4 的结论.

因 $a = 0.8$,故

$$R = \frac{1}{|2 \times 0.8|} = 0.625.$$

所选用的砂轮,其直径不要超过 1.25.

习   题   3.6

1. 求下列曲线在指定点处的曲率:

(1) 曲线 $y = x^2$ 在点 $(\sqrt{2}, 2)$ 处;

(2) 曲线 $y = x^3$ 在点 $(-1, -1)$ 处;

(3) 曲线 $y = 4x - x^2$ 在顶点处;

(4) 曲线 $y = \ln x$ 在点 $(e, 1)$ 处;

(5) 曲线 $xy = 4$ 在点 $(2, 2)$ 处;

(6) 曲线 $y = \sin x$ 在点 $\left(\frac{\pi}{2}, 1\right)$ 处.

2. 求下列曲线在指定点处的曲率:

(1) 曲线 $\begin{cases} x = a\cos t, \\ y = b\sin t \end{cases}$ $(a, b > 0)$ 在 $t = \frac{\pi}{2}$ 处;

(2) 曲线 $\begin{cases} x = a(t - \sin t), \\ y = a(1 - \cos t) \end{cases}$ $(0 < t < 2\pi, a > 0)$ 在点 $(\pi a, 2a)$ 处.

3. 求抛物线 $y = x^2 - 4x + 3$ 上曲率半径最小的点及相应的曲率半径.

4. 求曲线 $\begin{cases} x = 3t^2, \\ y = 3t - t^3 \end{cases}$ 在与 $t = 1$ 处相应点处的曲率半径.

第四章 不定积分

一元函数积分学包括两部分内容：不定积分与定积分，其中的不定积分是作为微分法的逆运算引入的．本章讲述不定积分概念、性质和求不定积分的基本方法．

§4.1 不定积分概念与性质

一、不定积分概念

1. 原函数

正如乘法有它的逆运算除法一样，微分法也有它的逆运算——积分法．

微分法是研究如何从已知函数求出其导函数，那么与之相反的问题则是：求一个未知的函数，使其导函数恰好是某一个已知的函数．

例如，若已知函数 $F(x) = \sin x$，要求它的导函数，则是

$$F'(x) = (\sin x)' = \cos x,$$

即 $\cos x$ 是 $\sin x$ 的导函数，这个问题是已知函数 $F(x)$，要求它的导函数 $F'(x)$．

现在的问题是：已知函数 $\cos x$，要求一个函数，使其导函数恰是 $\cos x$．这个问题是，已知导函数 $F'(x)$，要还原函数 $F(x)$．显然，这是微分法的逆问题．

由于 $(\sin x)' = \cos x$，我们可以说，要求的这个函数是 $\sin x$．因为它的导函数恰好是已知的函数 $\cos x$．这时，称 $\sin x$ 是函数 $\cos x$ 的一个**原函数**．

我们称这类由已知的导函数 $F'(x)$ 求原来的函数 $F(x)$ 的运算为**积分法**．

讨论这类问题具有现实意义．例如，设物体作变速直线运动，若已知其运动方程 $s = s(t)$，则该物体在时刻 t 的瞬时速度，就是 s 对 t 的导数：

$$v(t) = \frac{\mathrm{d}s}{\mathrm{d}t}.$$

这是微分学已解决的问题．现在的问题是，若已知物体的运动速度 $v = v(t)$，我们要求出该物体的运动方程，即将运动的距离 s 表为时间 t 的函数（即位移函数）．很显然，这就是要求一个函数 $s(t)$，使得

$$s'(t) = v(t).$$

这个问题的实质就是求速度函数 $v = v(t)$ 的原函数——路程函数 $s = s(t)$ 的问题．

定义 4.1 在某区间 I 上，若有

$$F'(x) = f(x) \quad \text{或} \quad \mathrm{d}F(x) = f(x)\mathrm{d}x,$$

则称函数 $F(x)$ 是函数 $f(x)$ 在该区间上的**一个原函数**．

例如,因为 $(\arctan x)' = \dfrac{1}{1+x^2}$ 对区间 $(-\infty, +\infty)$ 上的任意 x 都成立,所以,$\arctan x$ 是函数 $\dfrac{1}{1+x^2}$ 在区间 $(-\infty, +\infty)$ 上的一个原函数.

又如,$\dfrac{1}{5} x^5$ 是函数 x^4 在区间 $(-\infty, +\infty)$ 上的一个原函数,因为 $\left(\dfrac{1}{5} x^5\right)' = x^4$, $x \in (-\infty, +\infty)$.

设 C 是任意常数,因为 $\left(\dfrac{1}{5} x^5 + C\right)' = x^4$,所以 $\dfrac{1}{5} x^5 + C$ 也是 x^4 的原函数;C 每取定一个实数,就得到 x^4 的一个原函数,从而 x^4 有无穷多个原函数. 由此可见,若函数 $f(x)$ 存在原函数,它的原函数不是惟一的,因此,原函数有如下特性:

若函数 $F(x)$ 是函数 $f(x)$ 的一个原函数,则

(1) 对任意的常数 C,函数族 $F(x) + C$ 也是函数 $f(x)$ 的原函数;

(2) 函数 $f(x)$ 的任意两个原函数之间仅相差一个常数.

事实上

(1) 由已知条件 $F'(x) = f(x)$,有
$$(F(x) + C)' = F'(x) = f(x),$$
由原函数定义,$F(x) + C$ 是 $f(x)$ 的原函数.

(2) 设 $G(x)$ 是 $f(x)$ 的任一原函数,即 $G'(x) = f(x)$. 由于
$$[G(x) - F(x)]' = G'(x) - F'(x) = f(x) - f(x) = 0,$$
所以,由拉格朗日中值定理的推论 1,有
$$G(x) - F(x) = C.$$

上述事实表明,若一个函数有原函数存在,则它必有无穷多个原函数;若函数 $F(x)$ 是其中的一个,则这无穷多个都可写成 $F(x) + C$ 的形式. 由此,若要把已知函数的所有原函数求出来,只需求出其中的任意一个,由它分别加上各个不同的常数便得到所有的原函数.

关于原函数存在问题,这里先给出结论,下一章将给出证明.

若函数 $f(x)$ 在区间 I 上**连续**,则它在该区间上**存在原函数**.

由于初等函数在其有定义的区间上是连续的,所以每个初等函数在其定义区间上都有原函数.

2. 不定积分

(1) 不定积分定义

定义 4.2 函数 $f(x)$ 的所有原函数称为 $f(x)$ 的**不定积分**,记作
$$\int f(x) \mathrm{d}x,$$
其中符号 $\int$ 为积分号,$f(x)$ 称为**被积函数**,$f(x)\mathrm{d}x$ 称为**被积表达式**,x 称为**积分变量**.

由该定义可知,不定积分与原函数是整体与个体的关系,$f(x)$ 的不定积分是 $f(x)$ 的原函数的全体,是一族函数. 即,若 $F(x)$ 是 $f(x)$ 的一个原函数,通常记作

$$\int f(x)\mathrm{d}x = F(x) + C,$$

这里 C 可取一切实数值, 称它为**积分常数**.

例如, 根据前面所述, 有

$$\int \cos x \mathrm{d}x = \sin x + C,$$

$$\int \frac{1}{1+x^2}\mathrm{d}x = \arctan x + C,$$

$$\int x^4 \mathrm{d}x = \frac{1}{5}x^5 + C.$$

例 1　求下列不定积分:

(1) $\int \mathrm{e}^x \mathrm{d}x$;　　　　(2) $\int a^x \mathrm{d}x$.

解　(1) 被积函数 $f(x) = \mathrm{e}^x$, 因为 $(\mathrm{e}^x)' = \mathrm{e}^x$, 即 e^x 是 e^x 的一个原函数, 所以不定积分

$$\int \mathrm{e}^x \mathrm{d}x = \mathrm{e}^x + C.$$

(2) 被积函数 $f(x) = a^x$, 因为 $(a^x)' = a^x \ln a$, 故 $\left(\dfrac{a^x}{\ln a}\right)' = \dfrac{1}{\ln a}a^x \ln a = a^x$, 于是

$$\int a^x \mathrm{d}x = \frac{1}{\ln a}a^x + C.$$

例 2　求不定积分 $\int x^\alpha \mathrm{d}x \ (\alpha \neq -1)$.

解　注意到 $(x^{\alpha+1})' = (\alpha+1)x^\alpha$, 故 $\left(\dfrac{1}{\alpha+1}x^{\alpha+1}\right)' = x^\alpha$, 于是

$$\int x^\alpha \mathrm{d}x = \frac{1}{\alpha+1}x^{\alpha+1} + C.$$

由例 2 可得如下各式

$$\int x^2 \mathrm{d}x = \frac{1}{2+1}x^{2+1} + C = \frac{1}{3}x^3 + C,$$

$$\int \frac{1}{x^2}\mathrm{d}x = \int x^{-2}\mathrm{d}x = \frac{1}{-2+1}x^{-2+1} + C = -\frac{1}{x} + C,$$

$$\int \sqrt{x}\,\mathrm{d}x = \int x^{\frac{1}{2}}\mathrm{d}x = \frac{1}{\frac{1}{2}+1}x^{\frac{1}{2}+1} + C = \frac{2}{3}x^{\frac{3}{2}} + C,$$

$$\int \frac{1}{\sqrt{x}}\,\mathrm{d}x = \int x^{-\frac{1}{2}}\mathrm{d}x = \frac{1}{-\frac{1}{2}+1}x^{-\frac{1}{2}+1} + C = 2\sqrt{x} + C.$$

例 3　求不定积分 $\int \frac{1}{x}\mathrm{d}x$.

解　被积函数 $f(x) = \dfrac{1}{x}$, 当 $x=0$ 时无意义;

当 $x>0$ 时,因为 $(\ln x)'=\dfrac{1}{x}$,所以

$$\int \frac{1}{x}\mathrm{d}x = \ln x + C;$$

当 $x<0$ 时,因为

$$[\ln(-x)]' = \frac{1}{-x}(-x)' = \frac{1}{-x}(-1) = \frac{1}{x},$$

所以

$$\int \frac{1}{x}\mathrm{d}x = \ln(-x) + C.$$

将上面两式合并在一起写,当 $x\neq 0$ 时,就有

$$\int \frac{1}{x}\,\mathrm{d}x = \ln|x| + C.$$

(2) 不定积分的几何意义

先看一例.

例 4 设某一曲线在 x 处的切线斜率 $k=2x$,又曲线过点 $(2,5)$,求这条曲线的方程.

解 设所求的曲线方程是 $y=F(x)$.

由导数的几何意义,已知条件 $k=2x$,就是 $F'(x)=2x$,而

$$\int 2x\mathrm{d}x = x^2 + C,$$

于是

$$y = F(x) = x^2 + C.$$

$y=x^2$ 是一条抛物线,而 $y=x^2+C$ 是一族抛物线. 我们要求的曲线是这一族抛物线中过点 $(2,5)$ 的那一条. 将 $x=2$,$y=5$ 代入 $y=x^2+C$ 可确定积分常数 C:$5=2^2+C$,即 $C=1$.

由此,所求的曲线方程是 $y=x^2+1$.

从几何上看,抛物线族 $y=x^2+C$,可由其中一条抛物线 $y=x^2$ 沿着 y 轴平行移动而得到,而且在横坐标相同的点 x 处,它们的切线互相平行.

通常称函数 $y=x^2$ 的图形是函数 $2x$ 的一条积分曲线,称函数族 $y=x^2+C$ 的图形是函数 $2x$ 的积分曲线族.

一般言之,不定积分的**几何意义**是:函数 $f(x)$ 的不定积分 $\int f(x)\mathrm{d}x$ 是**一族积分曲线**,这一族积分曲线可由其中任一条沿着 y 轴平行移动而得到. 在每一条积分曲线上横坐标相同的点 x 处作切线,**切线互相平行,其斜率都是** $f(x)$ (图 4-1).

在函数 $f(x)$ 的所有原函数 $F(x)+C$ 中,确定其中一个原函数的条件:$F(x_0)=y_0$,或在函数 $f(x)$ 的积分曲线族中,确定其中一条曲线的条件:曲线过点 $M(x_0,y_0)$,这样的条件一般称为**初始条件**. 初始条件可给积分常数 C 以确定

图 4-1

的值,从而在原函数族或积分曲线族中分离出一个满足这个特定条件的原函数或一条积分曲线.

二、不定积分的性质

性质 1 求不定积分与求导数或求微分互为逆运算.

(1) $\dfrac{\mathrm{d}}{\mathrm{d}x}\Big[\displaystyle\int f(x)\mathrm{d}x\Big]=f(x)$ 或 $\mathrm{d}\Big[\displaystyle\int f(x)\mathrm{d}x\Big]=f(x)\mathrm{d}x$;

(2) $\displaystyle\int F'(x)\mathrm{d}x=F(x)+C$ 或 $\displaystyle\int \mathrm{d}F(x)=F(x)+C$.

这些等式,由不定积分定义立即可得.需要注意的是,一个函数先进行微分运算,再进行积分运算,得到的不是这一个函数,而是一族函数,必须加上一个任意常数 C.

性质 2 被积函数中不为零的常数因子 k 可移到积分符号外

$$\int kf(x)\mathrm{d}x = k\int f(x)\mathrm{d}x.$$

证 只需证明等式右端的导数是左端的被积函数即可.由导数运算法则和性质 1

$$\Big(k\int f(x)\mathrm{d}x\Big)' = k\Big(\int f(x)\mathrm{d}x\Big)' = kf(x).$$

这说明 $k\displaystyle\int f(x)\mathrm{d}x$ 是被积函数 $kf(x)$ 的原函数.故所证等式成立.

性质 3 函数代数和的不定积分等于函数的不定积分的代数和:

$$\int[f(x) \pm g(x)]\mathrm{d}x = \int f(x)\mathrm{d}x \pm \int g(x)\mathrm{d}x.$$

该性质与性质 2 证法相同.

三、基本积分公式

由于求不定积分是求导数的逆运算,由基本初等函数的导数公式便可得到相应的基本积分公式.以下列出基本积分公式:

1. $\displaystyle\int 0\mathrm{d}x=C$;   2. $\displaystyle\int x^{\alpha}\mathrm{d}x=\dfrac{1}{\alpha+1}x^{\alpha+1}+C\ (\alpha\neq-1)$;

3. $\displaystyle\int\dfrac{1}{x}\mathrm{d}x=\ln|x|+C$;   4. $\displaystyle\int a^x\mathrm{d}x=\dfrac{a^x}{\ln a}+C\ (a>0,a\neq1)$;

5. $\displaystyle\int \mathrm{e}^x\mathrm{d}x=\mathrm{e}^x+C$;   6. $\displaystyle\int \sin x\mathrm{d}x=-\cos x+C$;

7. $\displaystyle\int \cos x\mathrm{d}x=\sin x+C$;   8. $\displaystyle\int \sec^2 x\mathrm{d}x=\int\dfrac{1}{\cos^2 x}\mathrm{d}x=\tan x+C$;

9. $\displaystyle\int \csc^2 x\mathrm{d}x=\int\dfrac{1}{\sin^2 x}\mathrm{d}x=-\cot x+C$;   10. $\displaystyle\int \sec x\tan x\mathrm{d}x=\sec x+C$;

11. $\displaystyle\int \csc x\cot x\mathrm{d}x=-\csc x+C$;   12. $\displaystyle\int\dfrac{1}{\sqrt{1-x^2}}\mathrm{d}x=\arcsin x+C=-\arccos x+C$;

13. $\displaystyle\int\dfrac{1}{1+x^2}\mathrm{d}x=\arctan x+C=-\operatorname{arccot}x+C$.

这些公式,读者必须熟记,它们是求不定积分的基础.

直接用基本积分公式和不定积分的运算性质,有时须先将被积函数进行恒等变形,便可求得一些函数的不定积分.

例 5　求 $\int\left(3x^3-4x-\dfrac{1}{x}+3\right)\mathrm{d}x$.

解　由不定积分的性质和基本积分公式,得①

$$I=3\int x^3\,\mathrm{d}x-4\int x\mathrm{d}x-\int\frac{1}{x}\,\mathrm{d}x+3\int\mathrm{d}x$$

$$=3\cdot\frac{1}{3+1}x^{3+1}-4\cdot\frac{1}{1+1}x^{1+1}-\ln|x|+3x+C$$

$$=\frac{3}{4}x^4-2x^2-\ln|x|+3x+C.$$

例 6　求 $\int\dfrac{2x^2}{1+x^2}\,\mathrm{d}x$.

解　先将被积函数进行代数恒等变形:$x^2=x^2+1-1$,并将被积函数分项,再用基本积分公式.

$$I=2\int\frac{x^2+1-1}{1+x^2}\mathrm{d}x=2\left[\int\mathrm{d}x-\int\frac{1}{1+x^2}\mathrm{d}x\right]=2(x-\arctan x)+C.$$

例 7　求 $\int\tan^2 x\mathrm{d}x$.

解　注意到公式:$\tan^2 x=\sec^2 x-1$. 先将被积函数三角恒等变形,再用基本积分公式.

$$I=\int(\sec^2 x-1)\mathrm{d}x=\tan x-x+C.$$

例 8　求 $\int\cos^2\dfrac{x}{2}\mathrm{d}x$.

解　利用三角函数的降幂公式:$\cos^2\dfrac{x}{2}=\dfrac{1}{2}(1+\cos x)$,于是

$$I=\frac{1}{2}\int(1+\cos x)\mathrm{d}x=\frac{1}{2}(x+\sin x)+C.$$

例 9　求 $\int\dfrac{1}{\sin^2 x\cos^2 x}\mathrm{d}x$.

解　被积函数是分式,根据分母是 $\sin^2 x\cos^2 x$,利用三角恒等式 $1=\sin^2 x+\cos^2 x$,把被积函数恒等变形,

$$\frac{1}{\sin^2 x\cos^2 x}=\frac{\sin^2 x+\cos^2 x}{\sin^2 x\cos^2 x}=\frac{1}{\cos^2 x}+\frac{1}{\sin^2 x},$$

于是

$$I=\int\left(\frac{1}{\cos^2 x}+\frac{1}{\sin^2 x}\right)\mathrm{d}x=\tan x-\cot x+C.$$

①　此处用"I"表示所求的不定积分,以下均如此.

习 题 4.1

1. 填空题：

(1) 设 $f(x)=\sin x+\cos x$，则 $\int f'(x)\mathrm{d}x=$_____，$\int f(x)\mathrm{d}x=$_____；

(2) 设 $\int f(x)\mathrm{d}x=\mathrm{e}^x(x^2-2x+2)+C$，则 $f(x)=$_____；

(3) 设 e^{-x} 是 $f(x)$ 的一个原函数，则 $\int f(x)\mathrm{d}x=$_____，$\int f'(x)\mathrm{d}x=$_____，$\int \mathrm{e}^x f'(x)\mathrm{d}x=$_____；

(4) 设 $f(x)=\ln x$，则 $\int \mathrm{e}^{2x}f'(\mathrm{e}^x)\mathrm{d}x=$_____.

2. 求下列不定积分：

(1) $\int\left(3+x^3+\dfrac{1}{x^3}+3^x\right)\mathrm{d}x$；

(2) $\int\left(\dfrac{2}{\sqrt{x}}+\dfrac{x\sqrt{x}}{2}-\dfrac{2}{\sqrt[3]{x^2}}\right)\mathrm{d}x$；

(3) $\int\left(\sin x+\dfrac{2}{\sqrt{1-x^2}}\right)\mathrm{d}x$；

(4) $\int 3^{2x}\,\mathrm{e}^x\mathrm{d}x$；

(5) $\int\dfrac{(2x-3)^2}{\sqrt{x}}\mathrm{d}x$；

(6) $\int\dfrac{2x^4}{1+x^2}\mathrm{d}x$；

(7) $\int\dfrac{1}{x^2(1+x^2)}\mathrm{d}x$；

(8) $\int\dfrac{2+x^2}{x^2(1+x^2)}\mathrm{d}x$；

(9) $\int\dfrac{\sqrt{1+x^2}}{\sqrt{1-x^4}}\mathrm{d}x$；

(10) $\int\dfrac{x-9}{\sqrt{x}+3}\mathrm{d}x$；

(11) $\int\sin^2\dfrac{x}{2}\,\mathrm{d}x$；

(12) $\int\cot^2 x\mathrm{d}x$；

(13) $\int\sec x(\sec x-\tan x)\mathrm{d}x$；

(14) $\int\dfrac{\cos 2x}{\cos x+\sin x}\mathrm{d}x$.

3. 求下列曲线方程 $y=f(x)$：

(1) 已知曲线在任一点 x 处的切线斜率为 $\dfrac{1}{2\sqrt{x}}$，且曲线过点 $(4,3)$；

(2) 已知曲线在任一点 x 处的切线斜率与 x^3 成正比，且曲线过点 $A(1,6)$ 和 $B(2,-9)$.

4. 已知质点在时刻 t 的速度为 $v=3t+2$，且 $t=0$ 时位移 $s=5$，求此质点的运动方程.

5. 单项选择题：

(1) 设 $f(x)$ 的一个原函数为 $\ln x$，则 $f'(x)=$（   ）.

(A) $\dfrac{1}{x}$；　　(B) $-\dfrac{1}{x^2}$；　　(C) $x\ln x$；　　(D) e^x.

(2) 设函数 $f(x)$ 的导数是 a^x，则 $f(x)$ 的全体原函数是（   ）.

(A) $\dfrac{a^x}{\ln a}+C$；　　(B) $\dfrac{a^x}{\ln^2 a}+C$；　　(C) $\dfrac{a^x}{\ln^2 a}+C_1x+C_2$；　　(D) $a^x\ln^2 a+C_1x+C_2$.

§4.2 换元积分法

求不定积分有两个主要方法：换元积分法和分部积分法. 本节讲换元积分法. 换元积分法分为第一换元积分法和第二换元积分法.

一、第一换元积分法

先看引例.

引例 求 $\int \sin^2 x \cos x \mathrm{d}x$.

分析 被积函数 $\sin^2 x \cos x$ 可看成是两个因子的乘积：

一个因子是 $\sin^2 x$，它可看成是 $\sin x$ 的函数，即

$$\sin^2 x = f(\sin x);$$

另一个因子是 $\cos x$，它是 $\sin x$ 的导数，即 $\cos x = (\sin x)'$. 于是 $\sin^2 x \cdot \cos x$ 是

$$f(\sin x) \cdot (\sin x)' \text{ 形式}.$$

计算过程

$$\int \sin^2 x \cos x \mathrm{d}x = \int \sin^2 x \mathrm{d}\sin x \xrightarrow[\text{令}\,\sin x = u]{\text{换元}} \int u^2 \mathrm{d}u$$

$$\xrightarrow{\text{用积分公式}} \frac{1}{3} u^3 + C$$

$$\xrightarrow[u = \sin x]{\text{还原}} \frac{1}{3} \sin^3 x + C.$$

这种求不定积分的方法就是第一换元积分法. 本例可用该法的关键是被积函数具有形式 $f(\sin x)(\sin x)'$. 若将函数 $\sin x$ 换成一般函数形式 $\varphi(x)$，则被积函数应具有形式 $f(\varphi(x))\varphi'(x)$.

一般，被积函数若具有 $f(\varphi(x))\varphi'(x)$ 形式，则可用第一换元积分法. 第一换元积分法如下叙述：

第一换元积分法 设函数 $u = \varphi(x)$ 可导，若

$$\int f(u)\mathrm{d}u = F(u) + C,$$

则　　　　$$\int f(\varphi(x))\varphi'(x)\mathrm{d}x = \int f(\varphi(x))\mathrm{d}\varphi(x) = F(\varphi(x)) + C. \qquad (4.1)$$

由 (4.1) 式可看出，第一换元积分法的实质**正是复合函数求导数公式的逆用**. 也就是将积分公式中的自变量 x 换以可微函数 $\varphi(x)$，所得结果仍然成立.

例 1 求 $\int \frac{1}{x^2} \mathrm{e}^{\frac{1}{x}} \mathrm{d}x$.

解 因 $\left(\frac{1}{x}\right)' = -\frac{1}{x^2}$，若将函数 $\frac{1}{x}$ 理解成公式 (4.1) 中的 $\varphi(x)$，则

$$\frac{1}{x^2} \mathrm{e}^{\frac{1}{x}} = -\mathrm{e}^{\frac{1}{x}}\left(-\frac{1}{x^2}\right) = -\mathrm{e}^{\frac{1}{x}}\left(\frac{1}{x}\right)'.$$

设 $u = \frac{1}{x}$，则 $\mathrm{d}u = -\frac{1}{x^2}\mathrm{d}x$. 于是

$$I = -\int \mathrm{e}^{\frac{1}{x}}\left(-\frac{1}{x^2}\right)\mathrm{d}x = -\int \mathrm{e}^u \mathrm{d}u = -\mathrm{e}^u + C = -\mathrm{e}^{\frac{1}{x}} + C.$$

例 2 求 $\int x\sqrt{4+x^2}\mathrm{d}x$.

解 被积函数是 $\sqrt{4+x^2}$ 与 x 的乘积,而 $\sqrt{4+x^2}$ 可视为是二次函数 $4+x^2$ 的函数,且 $(4+x^2)'=2x$. 于是

$$x\sqrt{4+x^2}=\frac{1}{2}\sqrt{4+x^2}\cdot 2x.$$

若将 $4+x^2$ 理解为公式(4.1)中的 $\varphi(x)$,可用换元积分法.

设 $u=4+x^2$,则 $\mathrm{d}u=2x\mathrm{d}x$. 于是

$$I=\frac{1}{2}\int\sqrt{4+x^2}\cdot 2x\mathrm{d}x=\frac{1}{2}\int u^{\frac{1}{2}}\mathrm{d}u=\frac{1}{2}\cdot\frac{2}{3}u^{\frac{3}{2}}+C=\frac{1}{3}(4+x^2)^{\frac{3}{2}}+C.$$

例 3 求 $\int\tan x\mathrm{d}x$.

解 因 $\tan x=\frac{1}{\cos x}\sin x=-\frac{1}{\cos x}(\cos x)'$. 若将 $\cos x$ 视为公式(4.1)中的 $\varphi(x)$,应设 $u=\cos x$,则 $\mathrm{d}u=-\sin x\mathrm{d}x$. 于是

$$I=-\int\frac{1}{\cos x}(-\sin x)\mathrm{d}x=-\int\frac{1}{u}\mathrm{d}u=-\ln|u|+C=-\ln|\cos x|+C.$$

类似地,可以得到

$$\int\cot x\mathrm{d}x=\ln|\sin x|+C.$$

例 4 求 $\int(2-3x)^{20}\mathrm{d}x$.

解 $(2-3x)$ 是线性函数,$(2-3x)^{20}$ 可理解为是线性函数 $(2-3x)$ 的函数;而 $(2-3x)'=-3$ 是常数,可将 $(2-3x)$ 理解成公式(4.1)中的 $\varphi(x)$.

设 $u=2-3x$,则 $\mathrm{d}u=-3\mathrm{d}x$. 于是

$$I=-\frac{1}{3}\int(2-3x)^{20}(-3)\mathrm{d}x=-\frac{1}{3}\int u^{20}\mathrm{d}u$$

$$=-\frac{1}{3}\frac{1}{21}u^{21}+C=-\frac{1}{63}(2-3x)^{21}+C.$$

解题较熟练时,例 4 可不设出 $u=2-3x$,解题过程可如下书写:

$$I=-\frac{1}{3}\int(2-3x)^{20}\mathrm{d}(2-3x)=-\frac{1}{3}\times\frac{1}{21}(2-3x)^{21}+C=-\frac{1}{63}(2-3x)^{21}+C.$$

上述解题过程看上去没换元,实际上用了换元积分法,是把被积表达式中的 $(2-3x)$ 理解成新变量 u,直接用了基本积分公式 2.

例 5 求 $\int\frac{1}{a^2+x^2}\mathrm{d}x$.

解 注意到基本积分公式 13. 因

$$\frac{1}{a^2+x^2}=\frac{1}{a^2\left[1+\left(\frac{x}{a}\right)^2\right]}\quad\text{且}\quad\left(\frac{x}{a}\right)'=\frac{1}{a},$$

于是
$$I = \frac{1}{a} \int \frac{1}{1 + \left(\frac{x}{a}\right)^2} \frac{1}{a} dx = \frac{1}{a} \int \frac{1}{1 + \left(\frac{x}{a}\right)^2} d\left(\frac{x}{a}\right) = \frac{1}{a} \arctan \frac{x}{a} + C.$$

类似地,由基本积分公式 12 可得到
$$\int \frac{1}{\sqrt{a^2 - x^2}} dx = \arcsin \frac{x}{a} + C.$$

例 6 求 $\int \frac{\ln x + 1}{x} dx$.

解 由于 $(\ln x + 1)' = \frac{1}{x}$,于是
$$I = \int (\ln x + 1) d(\ln x + 1) = \frac{1}{2} (\ln x + 1)^2 + C.$$

例 7 求 $\int \frac{1}{a^2 - x^2} dx$.

解 由于
$$\frac{1}{a^2 - x^2} = \frac{1}{(a + x)(a - x)} = \frac{1}{2a} \cdot \frac{(a - x) + (a + x)}{(a + x)(a - x)} = \frac{1}{2a} \left(\frac{1}{a + x} + \frac{1}{a - x} \right),$$
并注意 $(a - x)' = -1$,
$$I = \frac{1}{2a} \left[\int \frac{1}{a + x} d(a + x) - \int \frac{1}{a - x} d(a - x) \right]$$
$$= \frac{1}{2a} [\ln|a + x| - \ln|a - x|] + C = \frac{1}{2a} \ln \left| \frac{a + x}{a - x} \right| + C.$$

由该例可知,有
$$\int \frac{1}{x^2 - a^2} dx = \frac{1}{2a} \ln \left| \frac{x - a}{x + a} \right| + C.$$

例 8 求 $\int \csc x dx$.

解 先将被积函数恒等变形,并利用例 7 的结果. 有
$$I = \int \frac{1}{\sin x} dx = \int \frac{1}{\sin^2 x} \sin x dx = -\int \frac{1}{1 - \cos^2 x} d\cos x$$
$$= \frac{1}{2} \ln \left| \frac{1 - \cos x}{1 + \cos x} \right| + C = \frac{1}{2} \ln \left| \frac{(1 - \cos x)^2}{1 - \cos^2 x} \right| + C$$
$$= \ln \left| \frac{1 - \cos x}{\sin x} \right| + C = \ln|\csc x - \cot x| + C.$$

本例也可如下计算:
$$I = \int \frac{\csc x (\csc x - \cot x)}{\csc x - \cot x} dx = \int \frac{1}{\csc x - \cot x} d(\csc x - \cot x)$$
$$= \ln|\csc x - \cot x| + C.$$

由于 $\sec x = \csc \left(x + \frac{\pi}{2} \right)$,由该例可得

$$\int \sec x \mathrm{d}x = \int \csc\left(x + \frac{\pi}{2}\right) \mathrm{d}\left(x + \frac{\pi}{2}\right) = \ln\left|\csc\left(x + \frac{\pi}{2}\right) - \cot\left(x + \frac{\pi}{2}\right)\right| + C$$
$$= \ln|\sec x + \tan x| + C.$$

例 9 求 $\int \cos^2 x \mathrm{d}x.$

解 因 $\cos^2 x = \dfrac{1 + \cos 2x}{2}$,用该三角公式可将余弦的二次式化为余弦的一次式. 于是

$$I = \frac{1}{2}\int (1 + \cos 2x) \mathrm{d}x = \frac{1}{2}x + \frac{1}{4}\int \cos 2x \mathrm{d}(2x) = \frac{1}{2}x + \frac{1}{4}\sin 2x + C.$$

二、第二换元积分法

还是从引例讲起.

引例 求 $\int \dfrac{\sqrt{x-1}}{x} \mathrm{d}x.$

分析 该题中,被积函数中含有根式 $\sqrt{x-1}$. 若视 $\sqrt{x-1} = t$,即用 t 代换 $\sqrt{x-1}$,则被积函数中的根式可以去掉. 为了将被积函数中的积分变量 x 换成 t,须先由 $\sqrt{x-1} = t$ 解出 x,得其反函数 $x = 1 + t^2$.

计算过程

设 $x = 1 + t^2$,则 $\mathrm{d}x = 2t\mathrm{d}t$. 于是

$$I \xlongequal{\text{换元}} \int \frac{t}{1 + t^2} \cdot 2t\mathrm{d}t$$

$$\xlongequal{\text{恒等变形}} 2\int \frac{1 + t^2 - 1}{1 + t^2} \mathrm{d}t = 2\int \left(1 - \frac{1}{1 + t^2}\right) \mathrm{d}t$$

$$\xlongequal{\text{用积分公式}} 2(t - \arctan t) + C$$

$$\xlongequal[t = \sqrt{x-1}]{\text{变量还原}} 2(\sqrt{x-1} - \arctan\sqrt{x-1}) + C.$$

此例给出的解题思路和计算过程就是第二换元积分法. 第一换元积分法是把被积表达式中原积分变量 x 的某一函数 $\varphi(x)$ 换成新的积分变量 u:$\varphi(x) = u$;而第二换元积分法则是把被积表达式中原积分变量 x 换成新变量 t 的某一函数 $\varphi(t)$:$x = \varphi(t)$.

第二换元积分法可如下叙述:

第二换元积分法 设函数 $x = \varphi(t)$ 可微,其反函数 $t = \varphi^{-1}(x)$ 存在且可微,若

$$\int f(\varphi(t))\varphi'(t)\mathrm{d}t = F(t) + C,$$

则

$$\int f(x)\mathrm{d}x = F(\varphi^{-1}(x)) + C. \tag{4.2}$$

例 10 求 $\int \dfrac{x+1}{\sqrt[3]{3x+1}} \mathrm{d}x.$

分析 为了去掉被积函数中的根式 $\sqrt[3]{3x+1}$. 若视 $\sqrt[3]{3x+1} = t$,可得 $x = \dfrac{t^3 - 1}{3}.$

解　设 $x=\dfrac{t^3-1}{3}$，则 $\mathrm{d}x=t^2\,\mathrm{d}t$. 于是

$$I=\int\frac{\dfrac{t^3-1}{3}+1}{t}t^2\,\mathrm{d}t=\frac{1}{3}\int(t^4+2t)\mathrm{d}t=\frac{1}{3}\left(\frac{t^5}{5}+t^2\right)+C$$

$$=\frac{1}{3}\left[\frac{1}{5}(3x+1)^{\frac{5}{3}}+(3x+1)^{\frac{2}{3}}\right]+C=\frac{1}{5}(x+2)\sqrt[3]{(3x+1)^2}+C.$$

例 11　求 $\displaystyle\int\sqrt{1-x^2}\,\mathrm{d}x$.

分析　为去掉被积函数中的根式 $\sqrt{1-x^2}$，注意到恒等式 $1-\sin^2 t=\cos^2 t$. 若设 $x=\sin t$，则

$$\sqrt{1-x^2}=\sqrt{1-\sin^2 t}=\sqrt{\cos^2 t}=\cos t.$$

解　设 $x=\sin t$，则 $\mathrm{d}x=\cos t\mathrm{d}t$. 于是

$$I=\int\sqrt{1-\sin^2 t}\,\cos t\mathrm{d}t=\int\frac{1+\cos 2t}{2}\mathrm{d}t$$

$$=\frac{1}{2}\left(t+\frac{1}{2}\sin 2t\right)+C=\frac{1}{2}(t+\sin t\cos t)+C$$

$$=\frac{1}{2}(\arcsin x+x\sqrt{1-x^2})+C.$$

这里，在变量还原时，由所设 $x=\sin t$，得到

$$t=\arcsin x,\quad \cos t=\sqrt{1-\sin^2 t}=\sqrt{1-x^2}.$$

在变量还原时，也可用直角三角形边角之间的关系：由所设 $x=\sin t$ 作出直角三角形（图 4-2）. 由此可知

$$\cos t=\sqrt{1-x^2}.$$

图　4-2　　　　　　　　图　4-3

例 12　求 $\displaystyle\int\frac{1}{\sqrt{x^2+a^2}}\mathrm{d}x\,(a>0)$.

分析　为了去掉根式 $\sqrt{x^2+a^2}$，用三角恒等式

$$\sec^2 t=\tan^2 t+1\quad\text{或}\quad a^2\sec^2 t=a^2\tan^2 t+a^2.$$

若设 $x=a\tan t$，则

$$\sqrt{x^2+a^2}=\sqrt{a^2\tan^2 t+a^2}=\sqrt{a^2\sec^2 t}=a\sec t.$$

解　设 $x=a\tan t$，则 $\mathrm{d}x=a\sec^2 t\mathrm{d}t$. 于是

$$I = \int \frac{a\sec^2 t}{\sqrt{a^2 \tan^2 t + a^2}} dt = \int \sec t \, dt = \ln|\sec t + \tan t| + C$$

$$= \ln\left| \frac{\sqrt{x^2 + a^2}}{a} + \frac{x}{a} \right| + C_1 = \ln|\sqrt{x^2 + a^2} + x| + C \quad (C = C_1 - \ln a).$$

上面计算过程,在变量还原时,

由 $x = a\tan t$ 得 $\tan t = \dfrac{x}{a}$;由 $\sqrt{x^2+a^2} = a\sec t$ 得 $\sec t = \dfrac{\sqrt{x^2+a^2}}{a}$.

由所设 $\dfrac{x}{a} = \tan t$ 作直角三角形(图 4-3),作变量还原也可.

例 13 求 $\displaystyle\int \frac{1}{\sqrt{x^2 - a^2}} dx \ (a > 0)$.

解 为去掉根式 $\sqrt{x^2-a^2}$,可用三角恒等式 $a^2\sec^2 t - a^2 = a^2\tan^2 t$.

设 $x = a\sec t$,则 $dx = a\sec t \cdot \tan t \, dt$,$\sqrt{x^2-a^2} = a\tan t$. 于是

$$I = \int \frac{a\sec t \cdot \tan t}{a\tan t} dt = \int \sec t \, dt = \ln|\sec t + \tan t| + C_1$$

$$= \ln\left| \frac{x}{a} + \frac{\sqrt{x^2-a^2}}{a} \right| + C_1 = \ln|x + \sqrt{x^2-a^2}| + C.$$

上面计算,在变量还原时,用了由 $\dfrac{x}{a} = \sec t$ 所作的直角三角形
(图 4-4).

以上所讲例题,被积函数中均含有根式,都是通过变量替换使被
积函数有理化,从而求得不定积分的结果. 按被积函数所含根式的形
式可归纳为如下一般情况:

含形如 $\sqrt[n]{ax+b}$ (n 为正整数)的根式,由 $\sqrt[n]{ax+b} = t$,设 $x = \dfrac{t^n - b}{a}$;

含形如 $\sqrt{a^2 - x^2}$ ($a > 0$)的根式,设 $x = a\sin t$;

含形如 $\sqrt{x^2 + a^2}$ ($a > 0$)的根式,设 $x = a\tan t$;

含形如 $\sqrt{x^2 - a^2}$ ($a > 0$)的根式,设 $x = a\sec t$.

图 4-4

比较第二换元积分法公式与第一换元积分法公式,显然,第二换元积分法公式正是从相
反方向运用第一换元积分法公式,即两者正是一个公式从两个不同的方向运用:

$$\int f(\varphi(x))\varphi'(x)dx \underset{\underset{\text{第二换元法}}{\overset{u = \varphi(x)}{\longleftarrow}}}{\overset{\overset{\text{第一换元法}}{\varphi(x) = u}}{\longrightarrow}} \int f(u)du.$$

在本节的例题中,有一些不定积分的结果,以后经常要用到,可作为基本积分公式的补
充,请读者记住:

1. $\displaystyle\int \tan x \, dx = -\ln|\cos x| + C.$ 　　　　2. $\displaystyle\int \cot x \, dx = \ln|\sin x| + C.$

3. $\displaystyle\int \sec x\mathrm{d}x=\ln|\sec x+\tan x|+C.$ 4. $\displaystyle\int \csc x\mathrm{d}x=\ln|\csc x-\cot x|+C.$

5. $\displaystyle\int \frac{1}{a^2+x^2}\,\mathrm{d}x=\frac{1}{a}\arctan\frac{x}{a}+C.$ 6. $\displaystyle\int \frac{1}{a^2-x^2}\,\mathrm{d}x=\frac{1}{2a}\ln\left|\frac{a+x}{a-x}\right|+C.$

7. $\displaystyle\int \frac{1}{x^2-a^2}\,\mathrm{d}x=\frac{1}{2a}\ln\left|\frac{x-a}{x+a}\right|+C.$ 8. $\displaystyle\int \frac{1}{\sqrt{a^2-x^2}}\,\mathrm{d}x=\arcsin\frac{x}{a}+C.$

9. $\displaystyle\int \frac{1}{\sqrt{x^2+a^2}}\,\mathrm{d}x=\ln|x+\sqrt{x^2+a^2}|+C.$ 10. $\displaystyle\int \frac{1}{\sqrt{x^2-a^2}}\,\mathrm{d}x=\ln|x+\sqrt{x^2-a^2}|+C.$

习 题 4.2

1. 下列各式正确否？若是错的,找出原因并把错误的改正过来：

(1) $\displaystyle\int \cos2x\mathrm{d}x=\sin2x+C;$ (2) $\displaystyle\int \mathrm{e}^{-x}\,\mathrm{d}x=\mathrm{e}^{-x}+C;$

(3) $\displaystyle\int \frac{1+\sin x}{\sin^2 x}\,\mathrm{d}x=\int \frac{1}{\sin^2 x}\,\mathrm{d}x+\int \frac{1}{\sin x}\mathrm{d}x=-\cot x+\ln|\sin x|+C;$

(4) $\displaystyle\int (1-\sin x)\cos x\mathrm{d}x=\int (1-\sin x)\mathrm{d}\sin x=x-\frac{1}{2}(\sin x)^2+C.$

2. 填空(假设下列不定积分均存在)：

(1) $\displaystyle\int f'(ax+b)\mathrm{d}x=\underline{\hspace{2cm}};$ (2) $\displaystyle\int xf'(ax^2+b)\mathrm{d}x=\underline{\hspace{2cm}};$

(3) 设 $a\neq-1,\displaystyle\int f'(x)[f(x)]^a\mathrm{d}x=\underline{\hspace{2cm}};$ (4) $\displaystyle\int \frac{1}{f(x)}f'(x)\mathrm{d}x=\underline{\hspace{2cm}};$

(5) $\displaystyle\int \frac{f'(x)}{\sqrt{1-[f(x)]^2}}\,\mathrm{d}x=\underline{\hspace{2cm}};$ (6) $\displaystyle\int \frac{f'(x)}{1+[f(x)]^2}\,\mathrm{d}x=\underline{\hspace{2cm}};$

(7) $\displaystyle\int \mathrm{e}^{f(x)}f'(x)\mathrm{d}x=\underline{\hspace{2cm}};$ (8) $\displaystyle\int a^{f(x)}f'(x)\mathrm{d}x=\underline{\hspace{2cm}};$

(9) $\displaystyle\int \frac{f'(x)}{2\sqrt{f(x)}}\,\mathrm{d}x=\underline{\hspace{2cm}}.$

3. 单项选择题：

(1) 若 $\displaystyle\int f(x)\mathrm{e}^{\frac{1}{x}}\,\mathrm{d}x=-\mathrm{e}^{\frac{1}{x}}+C,$ 则 $f(x)=($ $).$

(A) $\dfrac{1}{x};$ (B) $\dfrac{1}{x^2};$ (C) $-\dfrac{1}{x};$ (D) $-\dfrac{1}{x^2}.$

(2) 若 $\displaystyle\int f(x)\mathrm{d}x=F(x)+C,$ 则 $\displaystyle\int \mathrm{e}^{-x}f(\mathrm{e}^{-x})\mathrm{d}x=($ $).$

(A) $F(\mathrm{e}^x)+C;$ (B) $F(\mathrm{e}^{-x})+C;$ (C) $-F(\mathrm{e}^x)+C;$ (D) $-F(\mathrm{e}^{-x})+C.$

(3) 设 $f(x)=2^x+x^2,$ 则 $\displaystyle\int f'(2x)\mathrm{d}x=($ $).$

(A) $\dfrac{1}{2}(2^x+x^2)+C;$ (B) $2^{2x}+(2x)^2+C;$ (C) $\dfrac{1}{2}2^{2x}+2x^2+C;$ (D) $\dfrac{1}{2}2^{2x}+x^2+C.$

4. 求下列不定积分：

(1) $\displaystyle\int (2x+1)^{10}\,\mathrm{d}x;$ (2) $\displaystyle\int \frac{1}{(1-2x)^{10}}\,\mathrm{d}x;$ (3) $\displaystyle\int \sqrt{(2-x)^5}\,\mathrm{d}x;$

(4) $\displaystyle\int \mathrm{e}^{-\frac{1}{2}x}\mathrm{d}x;$ (5) $\displaystyle\int \sin(1-3x)\mathrm{d}x;$ (6) $\displaystyle\int 10^{3x}\,\mathrm{d}x;$

(7) $\displaystyle\int \frac{x}{x^2+4}\,\mathrm{d}x;$ (8) $\displaystyle\int \frac{x-2}{x^2-4x-5}\,\mathrm{d}x;$ (9) $\displaystyle\int \frac{\mathrm{e}^x}{\mathrm{e}^x+1}\,\mathrm{d}x;$

(10) $\displaystyle\int \frac{x}{\sqrt{1-x^2}}\,\mathrm{d}x$;

(11) $\displaystyle\int x\sqrt{4x^2-1}\,\mathrm{d}x$;

(12) $\displaystyle\int x\cos x^2\,\mathrm{d}x$;

(13) $\displaystyle\int x\sin(2x^2+1)\mathrm{d}x$;

(14) $\displaystyle\int (x-1)\mathrm{e}^{x^2-2x+1}\mathrm{d}x$;

(15) $\displaystyle\int \mathrm{e}^{2x^2+\ln x}\,\mathrm{d}x$;

(16) $\displaystyle\int \frac{1}{x^2}\sin\frac{1}{x}\,\mathrm{d}x$;

(17) $\displaystyle\int x^2\sqrt[4]{1+x^3}\,\mathrm{d}x$;

(18) $\displaystyle\int \frac{1}{\sqrt{x}}\cos\sqrt{x}\,\mathrm{d}x$;

(19) $\displaystyle\int \frac{x^4}{(1-x^5)^3}\,\mathrm{d}x$;

(20) $\displaystyle\int \frac{1}{4+9x^2}\,\mathrm{d}x$;

(21) $\displaystyle\int \frac{1}{\sqrt{x}\,(1+x)}\,\mathrm{d}x$;

(22) $\displaystyle\int \frac{1}{\sqrt{4-9x^2}}\,\mathrm{d}x$;

(23) $\displaystyle\int \frac{1}{x^2+6x+5}\,\mathrm{d}x$;

(24) $\displaystyle\int \frac{1}{4-9x^2}\,\mathrm{d}x$;

(25) $\displaystyle\int \frac{4-\ln x}{x}\,\mathrm{d}x$;

(26) $\displaystyle\int \frac{\sqrt{1+\ln x}}{x}\,\mathrm{d}x$;

(27) $\displaystyle\int \mathrm{e}^x\sin \mathrm{e}^x\,\mathrm{d}x$;

(28) $\displaystyle\int \frac{(\arctan x)^2}{1+x^2}\,\mathrm{d}x$;

(29) $\displaystyle\int \cos^3 x\mathrm{d}x$;

(30) $\displaystyle\int \sin^4 x\cos x\mathrm{d}x$.

5. 求下列不定积分:

(1) $\displaystyle\int \frac{1}{1+\sqrt{2x}}\,\mathrm{d}x$;

(2) $\displaystyle\int x\sqrt[4]{2x+3}\,\mathrm{d}x$;

(3) $\displaystyle\int \frac{1}{\sqrt{x}+\sqrt[4]{x}}\,\mathrm{d}x$.

6. 求下列不定积分:

(1) $\displaystyle\int \frac{x^2}{\sqrt{2-x^2}}\,\mathrm{d}x$;

(2) $\displaystyle\int \frac{1}{x\sqrt{9-x^2}}\,\mathrm{d}x$;

(3) $\displaystyle\int \frac{\sqrt{x^2-a^2}}{x}\,\mathrm{d}x\ (a>0)$;

(4) $\displaystyle\int \frac{1}{x\sqrt{x^2+4}}\,\mathrm{d}x$.

§ 4.3 分部积分法

正如前节所述,分部积分法也是求不定积分的主要方法.

先看引例.

引例 求不定积分 $\displaystyle\int x\cos x\mathrm{d}x$.

分析 被积函数可视为 x 和 $\cos x$ 的乘积,由乘积的导数公式入手. 由于

$$(x\sin x)' = \sin x + x\cos x,$$

两端同时求不定积分,得

$$x\sin x = \int \sin x\mathrm{d}x + \int x\cos x\mathrm{d}x,$$

移项,有

$$\int x\cos x\mathrm{d}x = x\sin x - \int \sin x\mathrm{d}x. \tag{4.3}$$

左端为所求的不定积分,上式表明,所求的不定积分转化为右端的两项,其中只有一项是不定积分,即

$$求 \int x\cos x\mathrm{d}x 转化为求 \int \sin x\mathrm{d}x.$$

而后者可用基本积分公式求得. 于是

$$\int x\cos x \mathrm{d}x = x\sin x + \cos x + C.$$

由 (4.3) 式看到,该问题之所以解决,就是将左端的不定积分转化为右端的不定积分,且右端的不定积分我们能求出来.

把上述例题推广为一般情况,有下述分部积分法公式.

分部积分法公式

设函数 $u = u(x), v = v(x)$ 都有连续的导数,由微分法

$$\left[u(x)v(x)\right]' = u'(x)v(x) + u(x)v'(x),$$

两端积分,得

$$u(x)v(x) = \int u'(x)v(x)\mathrm{d}x + \int u(x)v'(x)\mathrm{d}x,$$

移项,有

$$\int u(x)v'(x)\mathrm{d}x = u(x)v(x) - \int v(x)u'(x)\mathrm{d}x. \tag{4.4}$$

简写作

$$\int uv'\mathrm{d}x = uv - \int vu'\mathrm{d}x, \tag{4.5}$$

或

$$\int u\mathrm{d}v = uv - \int v\mathrm{d}u. \tag{4.6}$$

(4.5) 式或 (4.6) 式就是分部积分法公式.

对照引例中 (4.3) 式和分部积分法公式 (4.4) 式

$$\int x \; \cdot \; \cos x \mathrm{d}x = \quad x \; \cdot \; \sin x - \int \sin x \cdot 1 \,\mathrm{d}x$$

$$\downarrow \qquad \downarrow \qquad \downarrow \qquad \downarrow \qquad\qquad \downarrow \qquad \downarrow$$

$$\int u(x) \cdot v'(x)\mathrm{d}x = u(x) \cdot v(x) - \int v(x)u'(x)\mathrm{d}x$$

我们来理解分部积分法公式的意义和使用原则.

1. 公式的意义

对一个不易求出结果的不定积分,若被积函数 $g(x)$ 可看作是两个因子的乘积

$$g(x) = x \cdot \cos x, \quad g(x) = u(x) \cdot v'(x),$$

则问题就转化为求另外两个因子的乘积

$$f(x) = \sin x \cdot 1, \quad f(x) = v(x) \cdot u'(x)$$

作为被积函数的不定积分. 右端或者可直接计算出结果,或者较左端易于计算,这就是用分部积分法公式 (4.4) 式的意义.

由得到分部积分法公式 (4.4) 式的推导过程可知,分部积分法实质上是两个函数乘积导数公式的逆用. 正因为如此,若被积函数是两个函数的乘积,用分部积分法往往有效.

2. 选取 $u(x)$ 和 $v'(x)$ 的原则

若被积函数可看作是两个函数的乘积,那么,其中哪一个应视为 $u(x)$,哪一个应视为 $v'(x)$ 呢? 一般如下考虑:

(1) 因公式(4.4)式右端出现 $v(x)$,因此,选作 $v'(x)$ 的函数,必须能求出它的原函数 $v(x)$,这是可用分部积分法的**前提**;

(2) 选取 $u(x)$ 和 $v'(x)$,最终要使公式(4.4)式右端的积分 $\displaystyle\int v(x)u'(x)\mathrm{d}x$ 较左端的积分 $\displaystyle\int u(x)v'(x)\mathrm{d}x$ 易于计算,这是用分部积分法要达到的**目的**.

例 1 求 $\displaystyle\int x\mathrm{e}^x\,\mathrm{d}x$.

解 被积函数可看作两个函数 x 与 e^x 的乘积. 用分部积分法.

设 $u=x,v'=\mathrm{e}^x$,则 $u'=1,v=\mathrm{e}^x$. 于是,由(4.4)式

$$I = x\mathrm{e}^x - \int \mathrm{e}^x \cdot 1\mathrm{d}x = x\mathrm{e}^x - \mathrm{e}^x + C.$$

再看另一种情况.

若设 $u=\mathrm{e}^x,v'=x$,则 $u'=\mathrm{e}^x,v=\dfrac{1}{2}x^2$. 于是

$$\int x\mathrm{e}^x\,\mathrm{d}x = \frac{1}{2}x^2\,\mathrm{e}^x - \frac{1}{2}\int x^2\,\mathrm{e}^x\,\mathrm{d}x.$$

这时,上式右端的积分比左端的积分更难于计算. 这样选取 $u(x)$ 和 $v'(x)$ 显然失效.

例 2 求 $\displaystyle\int x^2\,\mathrm{e}^{-x}\,\mathrm{d}x$.

解 被积函数可看作是 x^2 与 e^{-x} 的乘积. 用分部积分法.

设 $u=x^2,v'=\mathrm{e}^{-x}$,则 $u'=2x,v=-\mathrm{e}^{-x}$. 于是,由(4.4)式

$$I = - x^2\,\mathrm{e}^{-x} + 2\int x\mathrm{e}^{-x}\,\mathrm{d}x.$$

对上式右端的不定积分再用一次分部积分法公式.

设 $u=x,v'=\mathrm{e}^{-x}$,则 $u'=1,v=-\mathrm{e}^{-x}$. 有

$$\int x\mathrm{e}^{-x}\,\mathrm{d}x = - x\mathrm{e}^{-x} + \int \mathrm{e}^{-x}\,\mathrm{d}x = - x\,\mathrm{e}^{-x} - \mathrm{e}^{-x} + C.$$

将该结果代入原不定积分,有

$$I = - x^2\,\mathrm{e}^{-x} + 2(- x\mathrm{e}^{-x} - \mathrm{e}^{-x}) + C = - \mathrm{e}^{-x}(x^2 + 2x + 2) + C.$$

该例题,实际上是用了两次分部积分法. 有的积分需连续两次或更多次用分部积分法方能得到结果.

例 3 求 $\displaystyle\int x^2 \sin x\mathrm{d}x$.

解 被积函数可看作是两个函数 x^2 与 $\sin x$ 的乘积,用分部积分法.

设 $u=x^2,v'=\sin x$,则 $u'=2x,v=-\cos x$. 于是,由(4.4)式

$$I = x^2(-\cos x) + 2\int x\cos x\mathrm{d}x.$$

右端的不定积分虽不能直接计算结果,但若再用一次分部积分法,见本节引例,便有

$$I = -x^2\cos x + 2x\sin x + 2\cos x + C.$$

由例 1、例 2 和例 3 知,下列积分可用分部积分法求出结果:

$$\int x^n \mathrm{e}^{ax}\,\mathrm{d}x,\quad \int x^n \sin ax\mathrm{d}x,\quad \int x^n \cos ax\mathrm{d}x,$$

其中 n 为正整数,应将 x^n 视为分部积分法公式中的 $u(x)$.

例 4 求 $\int x\ln x\mathrm{d}x.$

解 被积函数是 x 与 $\ln x$ 的乘积. 由于尚不知函数 $\ln x$ 的原函数. 故

设 $u = \ln x, v' = x,$ 则 $u' = \dfrac{1}{x}, v = \dfrac{x^2}{2}.$ 于是

$$I = \frac{1}{2}\,x^2\ln x - \int \frac{1}{x}\cdot\frac{x^2}{2}\,\mathrm{d}x = \frac{1}{2}\,x^2\ln x - \frac{1}{4}\,x^2 + C.$$

在用分部积分法公式时,也可不写出 u 和 v' 而直接用公式 (4.6).

例 5 求 $\int x\arctan x\mathrm{d}x.$

解 注意到 $x\arctan x\mathrm{d}x = \arctan x\mathrm{d}\left(\dfrac{1}{2}x^2\right)$,若将被积表达式中的 $\arctan x$ 理解为公式

(4.6)中的 $u, \dfrac{1}{2}x^2$ 理解为公式(4.6)中的 $v.$ 则

$$I = \int \arctan x\mathrm{d}\left(\frac{1}{2}x^2\right) = \frac{1}{2}\,x^2\arctan x - \frac{1}{2}\int x^2\,\mathrm{d}\arctan x$$

$$= \frac{1}{2}\,x^2\arctan x - \frac{1}{2}\int \frac{x^2}{1+x^2}\,\mathrm{d}x$$

$$= \frac{1}{2}\,x^2\arctan x - \frac{1}{2}\int \left(1 - \frac{1}{1+x^2}\right)\,\mathrm{d}x$$

$$= \frac{1}{2}\,x^2\arctan x - \frac{1}{2}\,(x - \arctan x) + C.$$

例 6 求 $\int \arcsin x\mathrm{d}x.$

解 用分部积分法公式(4.5)

$$I = x\arcsin x - \int x\cdot\frac{1}{\sqrt{1-x^2}}\,\mathrm{d}x$$

$$= x\arcsin x + \frac{1}{2}\int \frac{1}{\sqrt{1-x^2}}\,\mathrm{d}\,(1-x^2)$$

$$= x\arcsin x + \sqrt{1-x^2} + C.$$

由例 4、例 5 和例 6 知,下述类型的不定积分适用于分部积分法:

$$\int x^n \ln x\mathrm{d}x,\quad \int x^n \arcsin x\mathrm{d}x,\quad \int x^n \arctan x\mathrm{d}x,$$

其中 n 是正整数或零. 特别地, 对 $\int x^n \ln x \, dx$, $n \neq -1$, 为实数即可. 应将 $\ln x, \arcsin x, \arctan x$ 理解为 $u(x)$, x^n 理解为 $v'(x)$.

例7 求 $\int e^x \sin x \, dx$.

解 用公式 (4.6), 则

$$I = \int \sin x \, de^x = e^x \sin x - \int e^x \, d\sin x = e^x \sin x - \int e^x \cos x \, dx$$

$$= e^x \sin x - \int \cos x \, de^x = e^x \sin x - e^x \cos x - \int e^x \sin x \, dx.$$

可以看到, 连续两次用分部积分法, 出现了"循环"现象. 正因为如此, 我们的问题解决了. 上式可视为关于积分 $\int e^x \sin x \, dx$ 的方程. 移项, 得

$$2\int e^x \sin x \, dx = e^x \sin x - e^x \cos x + C_1,$$

故

$$\int e^x \sin x \, dx = \frac{1}{2} e^x (\sin x - \cos x) + C.$$

例8 求 $\int \sin \sqrt{x} \, dx$.

解 被积函数中含有根式 $\sqrt{x}$. 先用第二换元积分法去掉 $\sqrt{x}$.

设 $x = t^2$, 则 $dx = 2t \, dt$. 于是

$$I = 2\int t \sin t \, dt = -2\int t \, d\cos t = -2t\cos t + 2\int \cos t \, dt$$

$$= -2t\cos t + 2\sin t + C$$

$$= -2\sqrt{x} \cos \sqrt{x} + 2\sin \sqrt{x} + C.$$

习 题 4.3

1. 填空:

(1) $\int x f''(x) \, dx = $ _____;

(2) 设 $f(x)$ 的一个原函数是 $\dfrac{\ln x}{x}$, 则 $\int x f'(x) \, dx = $ _____.

2. 单项选择题:

(1) 设 e^{-x} 是 $f(x)$ 的一个原函数, 则 $\int x f(x) \, dx = ($).

(A) $e^{-x}(1-x)+C$;   (B) $e^{-x}(1+x)+C$;

(C) $e^{-x}(x-1)+C$;   (D) $-e^{-x}(x+1)+C$.

(2) $\int e^{\sin\theta} \sin\theta\cos\theta \, d\theta = ($).

(A) $e^{\sin\theta}+C$;   (B) $e^{\sin\theta}\sin\theta+C$;

(C) $e^{\sin\theta}\cos\theta+C$;   (D) $e^{\sin\theta}(\sin\theta-1)+C$.

3. 求下列不定积分：

(1) $\int x\cos 4x\mathrm{d}x$；

(2) $\int x^2\cos x\mathrm{d}x$；

(3) $\int x\mathrm{e}^{-4x}\,\mathrm{d}x$；

(4) $\int x^2\,\mathrm{e}^x\,\mathrm{d}x$；

(5) $\int \ln x\mathrm{d}x$；

(6) $\int x^3\ln x\mathrm{d}x$；

(7) $\int \sqrt{x}\,\ln x\mathrm{d}x$；

(8) $\int x\ln(x-1)\mathrm{d}x$；

(9) $\int \ln(1+x^2)\mathrm{d}x$；

(10) $\int \dfrac{\ln x}{x^3}\,\mathrm{d}x$；

(11) $\int (\arcsin x)^2\mathrm{d}x$；

(12) $\int \arctan x\mathrm{d}x$；

(13) $\int \mathrm{e}^x\cos nx\mathrm{d}x$；

(14) $\int \mathrm{e}^{-x}\sin nx\mathrm{d}x$；

(15) $\int \cos(\ln x)\mathrm{d}x$；

(16) $\int x\sec^2 x\mathrm{d}x$．

4. 求下列不定积分：

(1) $\int x^3\,\mathrm{e}^{x^2}\,\mathrm{d}x$；

(2) $\int \dfrac{\ln\ln x}{x}\mathrm{d}x$；

(3) $\int \mathrm{e}^{x^{1/3}}\mathrm{d}x$；

(4) $\int \ln(1-\sqrt{x}\,)\mathrm{d}x$．

第五章　定积分及其应用

定积分是高等数学的重要概念之一.它是从几何、物理等学科的某些具体问题中抽象出来的,因而在各个领域中有着广泛的应用.本章讲述定积分定义与性质;介绍揭示积分法与微分法之间关系的微积分学基本定理,从而引出计算定积分的一般方法;并在此基础上讨论定积分的应用;最后简要讲述广义积分.

§5.1　定积分概念与性质

一、两个实例

我们从几何上的面积问题和物理上的路程问题引进定积分概念.

1. 曲边梯形的面积

由连续曲线 $y=f(x)(\geqslant 0)$,直线 $x=a,x=b(a<b)$ 和 $y=0$(即 x 轴)所围成的平面图形 $aABb$ 称为**曲边梯形**.如图 5-1 所示.

这个四边形,由于有一条边为曲边 $y=f(x)$,所以不能用初等数学方法计算面积.按下述程序计算曲边梯形的面积 A.

图　5-1

图　5-2

（1）**分割**——分曲边梯形为 n 个小曲边梯形

任意选取分点

$$a = x_0 < x_1 < x_2 < \cdots < x_{n-1} < x_n = b,$$

把区间 $[a,b]$ 分成 n 个小区间 $[x_0,x_1],[x_1,x_2],\cdots,[x_{n-1},x_n]$,简记作

$$[x_{i-1},x_i],\quad i=1,2,\cdots,n.$$

每个小区间的长度是

$$\Delta x_i = x_i - x_{i-1},\quad i=1,2,\cdots,n,$$

其中最长的记作 Δx,即

$$\Delta x = \max_{1\leqslant i\leqslant n}\{\Delta x_i\}.$$

过各分点作 x 轴的垂线,这样,原曲边梯形就被分成 n 个小曲边梯形(图 5-2).第 i 个小曲边梯形的面积记作

$$\Delta A_i, \quad i=1,2,\cdots,n.$$

(2) **近似代替**——用小矩形的面积代替小曲边梯形的面积

在每一个小区间 $[x_{i-1},x_i](i=1,2,\cdots,n)$ 上任选一点 ξ_i,用与小曲边梯形同底,以 $f(\xi_i)$ 为高的小矩形的面积 $f(\xi_i)\Delta x_i$ 近似代替小曲边梯形的面积.这时有(图 5-2)

$$\Delta A_i \approx f(\xi_i)\Delta x_i, \quad i=1,2,\cdots,n.$$

(3) **求和**——求 n 个小矩形面积之和

n 个小矩形构成的阶梯形的面积 $\sum_{i=1}^{n}f(\xi_i)\Delta x_i$,是原曲边梯形面积的一个近似值(图 5-2),即有

$$A = \sum_{i=1}^{n}\Delta A_i \approx \sum_{i=1}^{n}f(\xi_i)\Delta x_i.$$

(4) **取极限**——由近似值过渡到精确值

分割区间 $[a,b]$ 的点数越多,即 n 越大,且每个小区间的长度 Δx_i 越短,即分割越细,阶梯形的面积,即和数 $\sum_{i=1}^{n}f(\xi_i)\Delta x_i$ 与曲边梯形面积 A 的误差越小.但不管 n 多大,只要取定为有限数,上述和数都只能是面积 A 的近似值.现将区间 $[a,b]$ 无限地细分下去,并使每个小区间的长度 Δx_i 都趋于零,这时,和数的极限就是原曲边梯形面积的精确值:

$$A = \lim_{\Delta x\to 0}\sum_{i=1}^{n}f(\xi_i)\Delta x_i.$$

这就得到了曲边梯形的面积.我们看到,曲边梯形的面积是用一个和式的极限 $\lim_{\Delta x\to 0}\sum_{i=1}^{n}f(\xi_i)\Delta x_i$ 来表达的,这是无限项相加.计算方法是:**分割取近似,求和取极限**,即

先求阶梯形的面积:在局部范围内,**以直代曲**,即以直线段代替曲线段,求得阶梯形的面积,它是曲边梯形面积的近似值;

再求曲边梯形的面积:通过取极限,**由有限过渡到无限**,即对区间 $[a,b]$ 由有限分割过渡到无限细分,阶梯形变为曲边梯形,从而得到曲边梯形的面积.

2. 变速直线运动的路程

若物体作匀速直线运动,它所走过的路程,我们会计算,即

路程 s = 速度 × 所经历的时间.

现物体作变速直线运动,其速度 v 是时间 t 的函数 $v=v(t)$,试确定物体由时刻 $t=a$ 到时刻 $t=b$ 这一段时间内,即在时间区间 $[a,b]$ 内所走过的路程.

由于物体作变速直线运动,不能直接求得路程,按下述程序计算路程 s.

(1) **分割**——分整个路程为 n 个小段路程

任意选取分点(图 5-3)

$$a=t_0<t_1<\cdots<t_{n-1}<t_n=b,$$

图　5-3

把时间区间$[a,b]$分成 n 个小时间区间

$$[t_{i-1},t_i],\quad i=1,2,\cdots,n.$$

每个小时间区间的长度是

$$\Delta t_i=t_i-t_{i-1},\quad i=1,2,\cdots,n,$$

且

$$\Delta t=\max_{1\leqslant i\leqslant n}\{\Delta t_i\}.$$

在第 i 个小时间区间所走过的路程记作

$$\Delta s_i,\quad i=1,2,\cdots,n.$$

（2）**近似代替**——以匀速直线运动的路程代替变速直线运动的路程

在每一个小时间区间$[t_{i-1},t_i](i=1,2,\cdots,n)$上任取一时刻 τ_i，假设以该点的速度 $v(\tau_i)$ 作匀速运动，在相应的小时间区间上所走过的路程 $v(\tau_i)\Delta t_i$ 近似代替变速运动在该小时间区间上所走过的路程，即

$$\Delta s_i\approx v(\tau_i)\Delta t_i,\quad i=1,2,\cdots,n.$$

（3）**求和**——求 n 个匀速运动小段路程之和

n 个匀速运动小段路程加到一起所得到的路程 $\sum\limits_{i=1}^{n}v(\tau_i)\Delta t_i$ 作为变速运动在时间区间 $[a,b]$ 上所走过路程的近似值

$$s=\sum_{i=1}^{n}\Delta s_i\approx\sum_{i=1}^{n}v(\tau_i)\Delta t_i.$$

（4）**取极限**——由近似值过渡到精确值

分割时间区间$[a,b]$的点数越多，即 n 越大，且每个小时间区间的长度 Δt_i 越短，即分割越细，n 个匀速运动小段路程之和，即和数 $\sum\limits_{i=1}^{n}v(\tau_i)\Delta t_i$ 与变速运动所走过的路程误差越小. 但不管 n 多大，只要取定为有限数，上述和数都只是路程 s 的近似值. 现将时间区间$[a,b]$无限地细分下去，并使每一个小时间区间的长度 Δt_i 都趋于零，这时，和数的极限就是作变速直线运动的物体所走过路程 s 的精确值，则

$$s=\lim_{\Delta t\to 0}\sum_{i=1}^{n}v(\tau_i)\Delta t_i,$$

这就得到了变速直线运动的路程.

变速直线运动的路程也是一个和式的极限$\lim\limits_{\Delta t\to 0}\sum\limits_{i=1}^{n}v(\tau_i)\Delta t_i$，这是无限项相加. 以上计算方法，也是通过分割取近似，求和取极限得到的，即

先求匀速运动所走过的路程：在局部范围内，**以不变代变**，即以匀速运动代替变速运

动,求得匀速运动所走过的路程,它是变速运动所走过路程的近似值.

再求变速运动所走过的路程:通过取极限,由有限过渡到无限,即对时间区间$[a,b]$由有限分割过渡到无限细分,匀速运动所走过的路程就成为变速运动所走过的路程,从而得到物体作变速直线运动所走过的路程.

以上两个实际问题,其一是几何问题:求曲边梯形的面积,其二是物理问题:求变速直线运动的路程,这两个问题的内容虽然不同,但解决问题的方法却完全相同:都是采取**分割**、**近似代替**、**求和**、**取极限**的方法.而最后都归结为**同一种结构的和式的极限**.事实上,很多实际问题的解决都采取这种方法,并且都归结为这种结构和式的极限.现抛开问题的实际内容,只从数量关系上的共性加以概括和抽象,便得到了定积分概念.

二、定积分概念

1. 定积分定义

定义 5.1　设函数 $f(x)$ 在闭区间 $[a,b]$ 上有定义,用分点

$$a = x_0 < x_1 < x_2 < \cdots < x_{n-1} < x_n = b$$

把区间 $[a,b]$ 任意分割成 n 个小区间

$$[x_{i-1}, x_i] \quad (i = 1, 2, \cdots, n),$$

其长度

$$\Delta x_i = x_i - x_{i-1} \quad (i = 1, 2, \cdots, n),$$

并记

$$\Delta x = \max_{1 \leqslant i \leqslant n} \{\Delta x_i\}.$$

在每个小区间 $[x_{i-1}, x_i]$ 上任取一点 ξ_i,作乘积的和式

$$\sum_{i=1}^{n} f(\xi_i) \Delta x_i.$$

当 $\Delta x \to 0$ 时,若上述和式的极限存在,且这极限与区间 $[a,b]$ 的分法无关,与点 ξ_i 的取法无关,则称函数 $f(x)$ 在 $[a,b]$ 上**是可积的**,并称**此极限值**为函数 $f(x)$ 在 $[a,b]$ 上的**定积分**,记作

$$\int_a^b f(x)\mathrm{d}x,$$

即

$$\int_a^b f(x)\mathrm{d}x = \lim_{\Delta x \to 0} \sum_{i=1}^{n} f(\xi_i) \Delta x_i,$$

其中 $f(x)$ 称为**被积函数**,$f(x)\mathrm{d}x$ 称为**被积表达式**,x 称为**积分变量**,a 称为**积分下限**,b 称为**积分上限**,$[a,b]$ 称为**积分区间**.

由上述定义知,定积分 $\int_a^b f(x)\mathrm{d}x$ 表示一个数值,这个值取决于被积函数 $f(x)$ 和积分区间 $[a,b]$.而与积分变量用什么字母**无关**,即

$$\int_a^b f(x)\mathrm{d}x = \int_a^b f(t)\mathrm{d}t.$$

还有,在定积分记号$\int_a^b f(x)\mathrm{d}x$中,是假设$a<b$,但实际上,定积分的上下限的大小是不受限制的,不过在颠倒积分上下限时,必须改变定积分的**符号**:

$$\int_a^b f(x)\mathrm{d}x = -\int_b^a f(x)\mathrm{d}x.$$

特别地,有

$$\int_a^a f(x)\mathrm{d}x = 0.$$

当函数$f(x)$在区间$[a,b]$上的定积分存在时,则称$f(x)$在$[a,b]$上是**可积的**.关于可积这个问题有如下**结论**:

(1) 若函数$f(x)$在闭区间$[a,b]$上可积,则$f(x)$在$[a,b]$上**有界**.

这表明函数有界是可积的必要条件;无界函数一定不可积.

(2) 若函数$f(x)$在闭区间$[a,b]$上连续,则$f(x)$在$[a,b]$上**可积**.

在有限区间上,函数连续是可积的充分条件,但不是必要条件.

在闭区间$[a,b]$上,只有有限个间断点的有界函数$f(x)$,在该区间上可积.

2. 定积分的几何意义

按定积分的定义,由连续曲线$y=f(x)\geqslant 0$,直线$x=a,x=b(a<b)$和x轴所围成的曲边梯形,其面积A是作为曲边的函数$y=f(x)$在区间$[a,b]$上的定积分

$$A = \int_a^b f(x)\mathrm{d}x.$$

特别地,在区间$[a,b]$上,若$f(x)\equiv 1$,则

$$\int_a^b f(x)\mathrm{d}x = \int_a^b \mathrm{d}x = b - a.$$

从几何上看,上述积分表示以区间$[a,b]$为底,高为1的矩形的面积(图 5-4).显然,在数值上它等于区间长度.

图　5-4

图　5-5

当$f(x)\leqslant 0$时,由曲线$y=f(x)$,直线$x=a,x=b$和x轴所围成的平面图形是倒挂在x轴上的曲边梯形(图 5-5).这时,定积分$\int_a^b f(x)\mathrm{d}x$在几何上表示曲边梯形面积的负值.若以A记曲边梯形的面积,则

$$A = -\int_a^b f(x)\mathrm{d}x.$$

当 $f(x)$ 在区间 $[a,b]$ 上有正有负时,如图 5-6 所示,定积分 $\int_a^b f(x)\mathrm{d}x$ 在几何上表示,有阴影各个部分面积的代数和.若以 A 记有阴影部分的面积,则

$$A = \int_a^c f(x)\mathrm{d}x - \int_c^d f(x)\mathrm{d}x + \int_d^b f(x)\mathrm{d}x.$$

图 5-6

例 1 在区间 $[a,b]$ 上,若 $f(x)>0$,$f'(x)>0$,试用几何图形说明下不等式成立:

$$f(a)(b-a) < \int_a^b f(x)\mathrm{d}x < f(b)(b-a).$$

解 在区间 $[a,b]$ 上,因 $f(x)>0$,$f'(x)>0$,所以曲线 $y=f(x)$ 在 x 轴上方且单调上升,如图 5-7 所示.

$$\text{曲边梯形 } aABb \text{ 的面积} = \int_a^b f(x)\mathrm{d}x,$$

$$\text{矩形 } aACb \text{ 的面积} = f(a)(b-a),$$

$$\text{矩形 } aDBb \text{ 的面积} = f(b)(b-a),$$

显然,有

$$f(a)(b-a) < \int_a^b f(x)\mathrm{d}x < f(b)(b-a).$$

图 5-7 　　　　　　　　　图 5-8

例 2 用几何图形说明等式 $\int_{-1}^1 \sqrt{1-x^2}\,\mathrm{d}x = \dfrac{\pi}{2}$ 成立.

解 曲线 $y=\sqrt{1-x^2}$,$x\in[-1,1]$ 是单位圆在 x 轴上方的部分(图 5-8).按定积分的几何意义,上半圆的面积正是作为曲边的函数 $y=\sqrt{1-x^2}$ 在区间 $[-1,1]$ 上的定积分;而上半

圆的面积是 $\dfrac{\pi}{2}$. 故有等式

$$\int_{-1}^{1} \sqrt{1-x^2}\,\mathrm{d}x = \frac{\pi}{2}.$$

最后,回到我们开始提出的变速直线运动的路程问题.按定积分的定义,变速直线运动从时刻 $t=a$ 到时刻 $t=b$ 所走过的路程 s,应是作为速度的函数 $v=v(t)$,在时间区间 $[a,b]$ 上的定积分

$$s = \int_{a}^{b} v(t)\,\mathrm{d}t.$$

三、定积分的性质

以下总假设所讨论的函数在给定的区间上是可积的;在作几何说明时,又假设所给函数是非负的.

性质 1 常数因子 k 可提到积分符号前

$$\int_{a}^{b} kf(x)\,\mathrm{d}x = k \int_{a}^{b} f(x)\,\mathrm{d}x.$$

证 由定积分的定义和极限的性质可推出:

$$\int_{a}^{b} kf(x)\,\mathrm{d}x = \lim_{\Delta x \to 0} \sum_{i=1}^{n} kf(\xi_i)\Delta x_i = k \lim_{\Delta x \to 0} \sum_{i=1}^{n} f(\xi_i)\Delta x_i = k \int_{a}^{b} f(x)\,\mathrm{d}x.$$

性质 2 代数和的积分等于积分的代数和

$$\int_{a}^{b} [f(x) \pm g(x)]\,\mathrm{d}x = \int_{a}^{b} f(x)\,\mathrm{d}x \pm \int_{a}^{b} g(x)\,\mathrm{d}x.$$

用证明性质 1 的方法同样可证.

性质 3(定积分对积分区间的可加性) 对任意三个数 a,b,c,总有

$$\int_{a}^{b} f(x)\,\mathrm{d}x = \int_{a}^{c} f(x)\,\mathrm{d}x + \int_{c}^{b} f(x)\,\mathrm{d}x. \tag{5.1}$$

对(5.1)式我们作几何说明.

(1) 当 $a<c<b$ 时,由定积分的几何意义(图 5-9)可知

曲边梯形 $aABb$ 的面积$=aACc$ 的面积$+cCBb$ 的面积,

即 $$\int_{a}^{b} f(x)\,\mathrm{d}x = \int_{a}^{c} f(x)\,\mathrm{d}x + \int_{c}^{b} f(x)\,\mathrm{d}x.$$

(2) 当 $a<b<c$ 时,由前一种情形,应有

$$\int_{a}^{c} f(x)\,\mathrm{d}x = \int_{a}^{b} f(x)\,\mathrm{d}x + \int_{b}^{c} f(x)\,\mathrm{d}x,$$

移项,有 $$\int_{a}^{b} f(x)\,\mathrm{d}x = \int_{a}^{c} f(x)\,\mathrm{d}x - \int_{b}^{c} f(x)\,\mathrm{d}x.$$

对等式右端的第二个积分,交换上、下限,有

图 5-9

$$\int_a^b f(x)\mathrm{d}x = \int_a^c f(x)\mathrm{d}x + \int_c^b f(x)\mathrm{d}x.$$

其他情形可类似推出.

例3   用几何图形说明下列各式成立：

(1) $\int_{-\frac{\pi}{2}}^{\frac{\pi}{2}} \sin x\mathrm{d}x = 0$;   (2) $\int_{-\frac{\pi}{2}}^{\frac{\pi}{2}} \cos x\mathrm{d}x = 2\int_0^{\frac{\pi}{2}} \cos x\mathrm{d}x.$

解   (1) 如图 5-10(a)所示,由上述性质 3 和定积分的几何意义

$$\int_{-\frac{\pi}{2}}^{\frac{\pi}{2}} \sin x\mathrm{d}x = \int_{-\frac{\pi}{2}}^{0} \sin x\mathrm{d}x + \int_0^{\frac{\pi}{2}} \sin x\mathrm{d}x = 0.$$

(2) 如图 5-10(b)所示,如上同样理由

$$\int_{-\frac{\pi}{2}}^{\frac{\pi}{2}} \cos x\mathrm{d}x = \int_{-\frac{\pi}{2}}^{0} \cos x\mathrm{d}x + \int_0^{\frac{\pi}{2}} \cos x\mathrm{d}x = 2\int_0^{\frac{\pi}{2}} \cos x\mathrm{d}x.$$

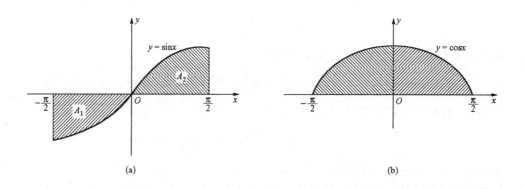

(a)   (b)

图   5-10

上述结果,是由于函数 $f(x)=\sin x$ 和 $f(x)=\cos x$ 在对称区间 $\left[-\dfrac{\pi}{2},\dfrac{\pi}{2}\right]$ 上分别为奇函数和偶函数. 对此,我们有一般**结论**:

设函数 $f(x)$ 在对称区间 $[-a,a]$ 上连续,

(1) 若 $f(x)$ 是奇函数,即 $f(-x)=-f(x)$,则

$$\int_{-a}^a f(x)\mathrm{d}x = 0;$$

(2) 若 $f(x)$ 是偶函数,即 $f(-x)=f(x)$,则

$$\int_{-a}^a f(x)\mathrm{d}x = 2\int_0^a f(x)\mathrm{d}x.$$

性质 4(比较性质)   若函数 $f(x)$ 和 $g(x)$ 在区间 $[a,b]$ 上总有 $f(x) \leqslant g(x)$,则

$$\int_a^b f(x)\mathrm{d}x \leqslant \int_a^b g(x)\mathrm{d}x.$$

由图 5-11 知,两个曲边梯形的面积有关系:

$$aABb \text{ 的面积} \leqslant aA_1B_1b \text{ 的面积},$$

即

$$\int_a^b f(x)\mathrm{d}x \leqslant \int_a^b g(x)\mathrm{d}x.$$

图　5-11

例 4　比较下列积分的大小:

(1) $\int_1^2 \ln x\mathrm{d}x$ 与 $\int_1^2 \ln^2 x\mathrm{d}x$；　(2) $\int_0^1 \mathrm{e}^x\,\mathrm{d}x$ 与 $\int_0^1 \mathrm{e}^{x^2}\mathrm{d}x$.

解　(1) 在区间 $[1,2]$ 上,因 $0 \leqslant \ln x < 1$,所以,$\ln x \geqslant \ln^2 x$,故

$$\int_1^2 \ln x\mathrm{d}x \geqslant \int_1^2 \ln^2 x\mathrm{d}x.$$

(2) 在区间 $[0,1]$ 上,因 $x \geqslant x^2$,而 e^x 是增函数,即 $\mathrm{e}^x \geqslant \mathrm{e}^{x^2}$,故

$$\int_0^1 \mathrm{e}^x\mathrm{d}x \geqslant \int_0^1 \mathrm{e}^{x^2}\mathrm{d}x.$$

性质 5(估值定理)　若函数 $f(x)$ 在区间 $[a,b]$ 上的最大值与最小值分别为 M 与 m,则

$$m(b-a) \leqslant \int_a^b f(x)\mathrm{d}x \leqslant M(b-a).$$

从定积分的几何意义看,如图 5-12 所示,上述结果是显然的:

$$\text{矩形 } aA_1B_1b \text{ 的面积} \leqslant \text{曲边梯形 } aABb \text{ 的面积}$$
$$\leqslant \text{矩形 } aA_2B_2b \text{ 的面积},$$

即

$$m(b-a) \leqslant \int_a^b f(x)\mathrm{d}x \leqslant M(b-a).$$

图　5-12

图　5-13

性质 6(积分中值定理)　若函数 $f(x)$ 在区间 $[a,b]$ 上连续,则至少存在一点 $\xi \in [a,b]$,使得

$$\int_a^b f(x)\mathrm{d}x = f(\xi)(b-a). \tag{5.2}$$

该定理的**几何意义**是(图 5-13),以区间 $[a,b]$ 为底,$f(\xi)$ 为高的矩形 $aCDb$ 的面积等于

同底的曲边梯形 $aABb$ 的面积. 这样,可以把 $f(\xi)$ 看作是曲边梯形的平均高度.

(5.2)式可改写为

$$f(\xi) = \frac{1}{b-a}\int_a^b f(x)\mathrm{d}x,$$

通常称 $f(\xi)$ 为函数 $f(x)$ 在闭区间 $[a,b]$ 上的**积分平均值**,简称为函数 $f(x)$ 在区间 $[a,b]$ 上的**平均值**.

习 题 5.1

1. 用几何图形说明下列各式对否:

(1) $\displaystyle\int_0^\pi \sin x \mathrm{d}x > 0$;   (2) $\displaystyle\int_0^\pi \cos x \mathrm{d}x > 0$;   (3) $\displaystyle\int_0^1 x\mathrm{d}x = \frac{1}{2}$;   (4) $\displaystyle\int_0^a \sqrt{a^2-x^2}\mathrm{d}x = \frac{\pi a^2}{4}$.

2. 用定积分的几何意义,判别下列不等式对否:

(1) 在区间 $[a,b]$ 上,若 $f(x)>0, f'(x)>0, f''(x)<0$,则

$$(b-a)\frac{f(a)+f(b)}{2} < \int_a^b f(x)\mathrm{d}x < (b-a)f(b).$$

(2) 在区间 $[a,b]$ 上,若 $f(x)>0, f'(x)<0, f''(x)>0$,则

$$(b-a)f(b) < \int_a^b f(x)\mathrm{d}x < (b-a)\frac{f(a)+f(b)}{2}.$$

3. 利用定积分的性质,判别下列各式对否:

(1) $\displaystyle\int_0^1 x\mathrm{d}x \leqslant \int_0^1 x^2\mathrm{d}x$;   (2) $\displaystyle\int_0^{\frac{\pi}{2}} x\mathrm{d}x \leqslant \int_0^{\frac{\pi}{2}} \sin x\mathrm{d}x$;   (3) $\displaystyle\int_1^2 x^2\mathrm{d}x \leqslant \int_1^2 x^3\mathrm{d}x$;   (4) $\displaystyle\int_0^{\frac{\pi}{4}} \sin x\mathrm{d}x \leqslant \int_0^{\frac{\pi}{4}} \cos x\mathrm{d}x$.

4. 单项选择题:

(1) 函数 $f(x)$ 在闭区间 $[a,b]$ 上可积的必要条件是 $f(x)$ 在 $[a,b]$ 上(   ).

(A) 有界;   (B) 无界;   (C) 单调;   (D) 连续.

(2) 函数 $f(x)$ 在闭区间 $[a,b]$ 上连续是 $f(x)$ 在 $[a,b]$ 上可积的(   ).

(A) 必要条件非充分条件;   (B) 充分条件非必要条件;   (C) 充分必要条件;   (D) 无关条件.

§5.2 定积分的计算

计算函数 $f(x)$ 在区间 $[a,b]$ 上的定积分,我们可以从定积分的定义出发,用求和式极限的方法. 但这种方法只能求出极少数函数的定积分,而且对于不同的被积函数要用不同的技巧. 因此,这种方法远不能解决定积分的计算问题.

本节通过揭示导数与定积分的关系,引出计算定积分的基本公式:把求定积分的问题转化为求被积函数的原函数问题,从而可把求不定积分的方法移植到计算定积分的方法中来.

一、微积分学基本定理

1. 微积分学基本定理

设函数 $f(x)$ 在区间 $[a,b]$ 上连续,若 $x \in [a,b]$,则定积分 $\displaystyle\int_a^x f(x)\mathrm{d}x$ 存在. 该式中,x 既

表示积分变量,又表示积分上限,为区别起见,把积分变量换成字母 t,改写作

$$\int_a^x f(t)\mathrm{d}t, \quad x \in [a,b]. \tag{5.3}$$

由于定积分 $\int_a^b f(x)\mathrm{d}x$ 表示一个数值,这个值只取决于被积函数 $f(x)$ 和积分区间 $[a,b]$.由此,给定积分区间 $[a,b]$ 上的一个 x 值,按(5.3)式就有一个积分值与之对应,因此,(5.3)式可看作是积分上限 x 的函数,其定义域是区间 $[a,b]$,记作 $F(x)$,即

$$F(x) = \int_a^x f(t)\mathrm{d}t, \quad x \in [a,b]. \tag{5.4}$$

通常称上式为**变上限的定积分**.

函数 $F(x)$ 的几何意义 $F(x)$ 表示右侧一边可以变动的曲边梯形 $aACx$ 的面积.它的面积随右侧一边的位置 x 而改变.当 x 给定后,这条边也就确定了,面积 $F(x)$ 也随之而定,因而 $F(x)$ 是 x 的函数(图 5-14).

图 5-14

定理 5.1(微积分学基本定理) 若函数 $f(x)$ 在区间 $[a,b]$ 上连续,则函数

$$F(x) = \int_a^x f(t)\mathrm{d}t, \quad x \in [a,b]$$

是函数 $f(x)$ 在区间 $[a,b]$ 上的一个原函数,即

$$F'(x) = \left(\int_a^x f(t)\mathrm{d}t\right)' = f(x). \tag{5.5}$$

证 由导数定义,只需证

$$\lim_{\Delta x \to 0} \frac{F(x + \Delta x) - F(x)}{\Delta x} = f(x), \quad x \in [a,b].$$

若 $\Delta x \neq 0$,且 $x+\Delta x \in [a,b]$,由函数 $F(x)$ 的定义及定积分对积分区间的可加性,有

$$F(x + \Delta x) - F(x) = \int_a^{x+\Delta x} f(t)\mathrm{d}t - \int_a^x f(t)\mathrm{d}t = \int_a^x f(t)\mathrm{d}t + \int_x^{x+\Delta x} f(t)\mathrm{d}t - \int_a^x f(t)\mathrm{d}t$$

$$= \int_x^{x+\Delta x} f(t)\mathrm{d}t$$

对等式右端应用积分中值定理,则

$$F(x + \Delta x) - F(x) = f(\xi)\Delta x,$$

其中 ξ 介于 x 与 $x+\Delta x$ 之间.上式两端除以 Δx,令 $\Delta x \to 0$,取极限

$$\lim_{\Delta x \to 0} \frac{F(x + \Delta x) - F(x)}{\Delta x} = \lim_{\Delta x \to 0} f(\xi).$$

当 $\Delta x \to 0$ 时,$(x+\Delta x) \to x$,从而 $\xi \to x$;由于 $f(x)$ 在 $[a,b]$ 上连续,故

$$\lim_{\Delta x \to 0} f(\xi) = \lim_{\xi \to x} f(\xi) = f(x),$$

因此 $\qquad\qquad F'(x) = f(x), \ x \in [a,b]. \quad \square$

按原函数定义,该定理又告诉我们:**连续函数 $f(x)$ 一定有原函数**,并以变上限定积分 (5.4) 式给出了 $f(x)$ 的一个原函数. 这就回答了在 §4.1 中,关于连续函数存在原函数的结论.

(5.5) 式揭示了导数与定积分之间的内在联系:求导数运算恰是求可变上限定积分运算的逆运算.

例1 求下列函数 $F(x)$ 的导数:

(1) $F(x) = \int_2^x \sqrt{1+t^2}\,\mathrm{d}t$; (2) $F(x) = \int_x^5 \frac{2t}{3+2t+t^2}\,\mathrm{d}t$.

解 (1) 按 (5.5) 式

$$F'(x) = \left(\int_2^x \sqrt{1+t^2}\,\mathrm{d}t \right)' = \sqrt{1+x^2}.$$

(2) 因 (5.5) 式是对积分上限求导数,先交换积分上、下限,再求导数. 由于

$$F(x) = \int_x^5 \frac{2t}{3+2t+t^2}\,\mathrm{d}t = -\int_5^x \frac{2t}{3+2t+t^2}\,\mathrm{d}t,$$

故 $\quad F'(x) = \left(-\int_5^x \frac{2t}{3+2t+t^2}\,\mathrm{d}t \right)' = -\left(\int_5^x \frac{2t}{3+2t+t^2}\,\mathrm{d}t \right)' = -\frac{2x}{3+2x+x^2}.$

例2 设 $F(x) = \int_a^{x^2} \frac{1}{1+t^3}\,\mathrm{d}t$,求 $\frac{\mathrm{d}F(x)}{\mathrm{d}x}$.

解 注意到该例变上限的定积分的上限是 x^2,即是 x 的函数,若设 $u = x^2$,则函数 $\int_a^{x^2} \frac{1}{1+t^3}\,\mathrm{d}t$ 可看成是由函数 $\int_a^u \frac{1}{1+t^3}\,\mathrm{d}t$ 和函数 $u = x^2$ 复合而成. 因此,根据复合函数的导数法则及 (5.5) 式,得

$$\frac{\mathrm{d}}{\mathrm{d}x} \int_a^{x^2} \frac{1}{1+t^3}\,\mathrm{d}t = \frac{\mathrm{d}}{\mathrm{d}u} \int_a^u \frac{1}{1+t^3}\,\mathrm{d}t \cdot \frac{\mathrm{d}u}{\mathrm{d}x} = \frac{1}{1+u^3} \cdot (x^2)' = \frac{1}{1+(x^2)^3} \cdot 2x = \frac{2x}{1+x^6}.$$

由该例,我们可以得到如下一般结论:

若函数 $\varphi(x)$ 可微,函数 $f(x)$ 连续时,则

$$\frac{\mathrm{d}}{\mathrm{d}x} \left(\int_a^{\varphi(x)} f(t)\,\mathrm{d}t \right) = f(\varphi(x)) \varphi'(x).$$

2. 牛顿-莱布尼茨公式

定理 5.2(微积分基本公式) 若函数 $f(x)$ 在区间 $[a,b]$ 上连续,$F(x)$ 是 $f(x)$ 在 $[a,b]$ 上的一个原函数,则

$$\int_a^b f(x)\,\mathrm{d}x = F(b) - F(a). \tag{5.6}$$

证 已知 $F(x)$ 是函数 $f(x)$ 的一个原函数;由定理 5.1 知,$\int_a^x f(t)\,\mathrm{d}t$ 也是 $f(x)$ 的一个原函数,因此,它们之间仅相差一个常数 C:

$$\int_a^x f(t)\,\mathrm{d}t = F(x) + C.$$

在上式中,令 $x=a$ 便可确定常数 C:

$$0 = F(a) + C, \quad 即 \quad C = -F(a),$$

于是

$$\int_a^x f(t)\mathrm{d}t = F(x) - F(a).$$

若在该式中,再令 $x=b$,则有

$$\int_a^b f(t)\mathrm{d}t = F(b) - F(a),$$

即

$$\int_a^b f(x)\mathrm{d}x = F(b) - F(a). \quad \square$$

这个公式称为**牛顿-莱布尼茨公式**,它是微积分学中的一个基本公式. 通常以 $F(x)\Big|_a^b$ 表示 $F(b)-F(a)$,故公式(5.6)式可写作

$$\int_a^b f(x)\mathrm{d}x = F(x)\Big|_a^b. \tag{5.7}$$

公式(5.7)式阐明了**定积分与原函数之间的关系**:定积分的值等于被积函数的任一个原函数在积分上限与积分下限的函数值之差. 这样,就把求定积分的问题转化为求被积函数的原函数的问题.

例 3 求 $\int_0^1 \dfrac{1}{1+x^2}\mathrm{d}x$.

解 因 $\dfrac{1}{1+x^2}$ 的一个原函数是 $\arctan x$,由牛顿-莱布尼茨公式

$$\int_0^1 \frac{1}{1+x^2}\mathrm{d}x = \arctan x\Big|_0^1 = \arctan 1 - \arctan 0 = \frac{\pi}{4}.$$

例 4 求 $\int_0^\pi |\cos x|\mathrm{d}x$.

解 先去掉被积函数绝对值的符号. 因

$$|\cos x| = \begin{cases} \cos x, & 0 \leqslant x \leqslant \dfrac{\pi}{2}, \\ -\cos x, & \dfrac{\pi}{2} < x \leqslant \pi, \end{cases}$$

由定积分对区间的可加性和(5.6)式

$$\int_0^\pi |\cos x|\mathrm{d}x = \int_0^{\frac{\pi}{2}} \cos x\,\mathrm{d}x - \int_{\frac{\pi}{2}}^\pi \cos x\,\mathrm{d}x = \sin x\Big|_0^{\frac{\pi}{2}} - \sin x\Big|_{\frac{\pi}{2}}^\pi = 1 - (-1) = 2.$$

二、定积分的换元积分法

由于牛顿-莱布尼茨公式,已把计算定积分的问题归结为求原函数(或不定积分)的问题. 这样,计算定积分仍然可以用第四章已学过的求不定积分的换元积分法和分部积分法,而且思路基本一致. 但读者须注意计算定积分与计算不定积分的区别.

从例题讲起.

例 5 求 $\int_0^4 \dfrac{1}{1+\sqrt{x}}dx$.

分析 若用牛顿-莱布尼茨公式计算该定积分,首先需要求出被积函数的一个原函数.由不定积分的换元积分法知,为了去掉被积函数中的根式 $\sqrt{x}$,须作变量替换 $x=t^2$.

解 变量换元:设 $x=t^2(t>0)$,则 $dx=2tdt$. 被积表达式 $\dfrac{dx}{1+\sqrt{x}}$ 化为 $\dfrac{2t}{1+t}dt$.

换积分限:已知定积分的积分区间 $[0,4]$,这是积分变量 x 的变化范围.由于已通过关系式 $x=t^2$ 把积分变量化为 t,因此,我们仍须由该关系式出发,由积分变量 x 的变化范围,确定积分变量 t 的变化范围,由关系式 $x=t^2$ 知:x 从 0 变到 4,相应的 t 从 0 变到 2,即

当 $x=0$ 时,$t=0$;当 $x=4$ 时,$t=2$. 于是

$$\int_0^4 \frac{1}{1+\sqrt{x}}dx = \int_0^2 \frac{2t}{1+t}dt.$$

上述等式,从左到右,由关系式 $x=t^2$ 换元,同时也利用这一关系式进行换限,把左端的定积分转化为右端的定积分.

下面计算右端的定积分

$$\int_0^2 \frac{2t}{1+t}dt \xlongequal{\text{恒等变形}} 2\int_0^2\left(1-\frac{1}{1+t}\right)dt \xlongequal{\text{用公式}} 2[t-\ln(1+t)]\Big|_0^2 = 2(2-\ln 3).$$

在不定积分的换元积分法中,最后须要有变量还原的过程.由于用定积分的换元积分法,在变量换元的同时,也相应地换了积分限,因此,最后无须变量还原这一过程.

例 6 求 $\int_0^{\frac{1}{2}} \dfrac{x^2}{\sqrt{1-x^2}}dx$.

解 由不定积分的换元积分法,为了去掉被积函数的根式 $\sqrt{1-x^2}$,须作变量替换 $x=\sin t$.

设 $x=\sin t$,则 $dx=\cos t dt$.

由关系式 $x=\sin t$ 知,当 x 从 0 变到 $\dfrac{1}{2}$ 时,相应的 t 则从 0 变到 $\dfrac{\pi}{6}$,即

当 $x=0$ 时,$t=0$;当 $x=\dfrac{1}{2}$ 时,$t=\dfrac{\pi}{6}$. 于是[1]

$$I = \int_0^{\frac{\pi}{6}} \frac{\sin^2 t}{\cos t}\cos t dt = \int_0^{\frac{\pi}{6}} \frac{1-\cos 2t}{2}dt = \left[\frac{t}{2}-\frac{1}{4}\sin 2t\right]\Big|_0^{\frac{\pi}{6}} = \frac{\pi}{12}-\frac{\sqrt{3}}{8}.$$

一般,欲计算定积分 $\int_a^b f(x)dx$,有如下的**换元积分法公式**:

若函数 $f(x)$ 在区间 $[a,b]$ 上连续,设 $x=\varphi(t)$,使之满足:

(1) $\varphi(t)$ 是区间 $[\alpha,\beta]$ 上的单调连续函数;

---

[1] 用 I 表示所求的定积分,以下同.

(2) $\varphi(\alpha)=a,\varphi(\beta)=b$;

(3) $\varphi(t)$ 在区间 $[\alpha,\beta]$ 上有连续的导数 $\varphi'(t)$,

则
$$\int_a^b f(x)\mathrm{d}x \xrightarrow{x=\varphi(t)} \int_\alpha^\beta f(\varphi(t))\varphi'(t)\mathrm{d}t. \tag{5.8}$$

例7　求 $\displaystyle\int_0^{\ln2}\sqrt{\mathrm{e}^x-1}\,\mathrm{d}x$.

解　为去掉被积函数中的根式 $\sqrt{\mathrm{e}^x-1}$,设 $x=\ln(1+t^2)$,则 $\mathrm{d}x=\dfrac{2t}{1+t^2}\mathrm{d}t$.

当 $x=0$ 时,$t=0$;当 $x=\ln2$ 时,$t=1$. 于是
$$I=\int_0^1 t\,\frac{2t}{1+t^2}\,\mathrm{d}t = 2\int_0^1\frac{1+t^2-1}{1+t^2}\,\mathrm{d}t$$
$$=2(t-\arctan t)\Big|_0^1 = 2\Big(1-\frac{\pi}{4}\Big).$$

例8　求 $\displaystyle\int_0^1\frac{x}{1+x^2}\,\mathrm{d}x$.

解　按不定积分的第一换元积分法.应设 $u=1+x^2$,则 $\mathrm{d}u=2x\mathrm{d}x$. 当 $x=0$ 时,$u=1$;当 $x=1$ 时,$u=2$. 于是
$$I=\frac{1}{2}\int_1^2\frac{1}{u}\mathrm{d}u = \frac{1}{2}\ln u\Big|_1^2 = \frac{1}{2}\ln2.$$

例8这类题目要用换元积分法,但可以不写出新的积分变量. 若不写出新的积分变量,也就无须换限. 可按下面方式书写:
$$I=\frac{1}{2}\int_0^1\frac{1}{1+x^2}\,\mathrm{d}(1+x^2) = \frac{1}{2}\ln(1+x^2)\Big|_0^1 = \frac{1}{2}\ln2.$$

例9　求 $\displaystyle\int_{\frac{1}{\pi}}^{\frac{2}{\pi}}\frac{1}{x^2}\sin\frac{1}{x}\,\mathrm{d}x$.

解　按不定积分的第一换元积分法
$$I=-\int_{\frac{1}{\pi}}^{\frac{2}{\pi}}\sin\frac{1}{x}\,\mathrm{d}\Big(\frac{1}{x}\Big) = \cos\frac{1}{x}\Big|_{\frac{1}{\pi}}^{\frac{2}{\pi}} = \cos\frac{\pi}{2}-\cos\pi = 1.$$

三、定积分的分部积分法

定积分的分部积分法与不定积分的分部积分法有类似的公式.

设函数 $u=u(x),v=v(x)$ 在区间 $[a,b]$ 上有连续的导数,则
$$\int_a^b uv'\mathrm{d}x = uv\Big|_a^b - \int_a^b u'v\mathrm{d}x, \tag{5.9}$$

或
$$\int_a^b u\,\mathrm{d}v = uv\Big|_a^b - \int_a^b v\mathrm{d}u. \tag{5.10}$$

这就是定积分的**分部积分法公式**.

例 10 求 $\int_0^1 xe^{2x}dx$.

解 用公式(5.10),有

$$I = \int_0^1 xd\left(\frac{1}{2}e^{2x}\right) = x\cdot\frac{1}{2}e^{2x}\Big|_0^1 - \int_0^1 \frac{1}{2}e^{2x}dx$$

$$= \frac{1}{2}e^2 - \frac{1}{4}e^{2x}\Big|_0^1 = \frac{1}{2}e^2 - \frac{1}{4}[e^2-1] = \frac{1}{4}(e^2+1).$$

例 11 求 $\int_0^{\frac{1}{\sqrt{2}}} \arccos x dx$.

解 用公式(5.10),有

$$I = x\arccos x\Big|_0^{\frac{1}{\sqrt{2}}} - \int_0^{\frac{1}{\sqrt{2}}} xd\arccos x = \frac{1}{\sqrt{2}}\cdot\frac{\pi}{4} + \int_0^{\frac{1}{\sqrt{2}}}\frac{x}{\sqrt{1-x^2}}dx$$

$$= \frac{\pi}{4\sqrt{2}} - \sqrt{1-x^2}\Big|_0^{\frac{1}{\sqrt{2}}} = \frac{\pi}{4\sqrt{2}} - \frac{1}{\sqrt{2}} + 1.$$

例 12 求 $\int_0^{\sqrt{\ln 2}} x^3 e^{x^2}dx$.

解 注意到 $2xe^{x^2}dx = de^{x^2}$,于是

$$I = \frac{1}{2}\int_0^{\sqrt{\ln 2}} x^2 de^{x^2} = \frac{1}{2}x^2 e^{x^2}\Big|_0^{\sqrt{\ln 2}} - \frac{1}{2}\int_0^{\sqrt{\ln 2}} e^{x^2}dx^2 = \ln 2 - \frac{1}{2}e^{x^2}\Big|_0^{\sqrt{\ln 2}} = \ln 2 - \frac{1}{2}.$$

习 题 5.2

1. 填空题:

(1) 设 $F(x) = \int_0^x \sin t dt$,则 $F(0) = \underline{\qquad}$,$F\left(\frac{\pi}{2}\right) = \underline{\qquad}$,$F'(0) = \underline{\qquad}$,$F''(\pi) = \underline{\qquad}$;

(2) 设 $F(x) = \int_0^x t^2\sqrt{1+t}dt$,则 $F'(x) = \underline{\qquad}$;

(3) 设 $F(x) = \int_0^{\sqrt{x}} \sin t^2 dt$,则 $F'(x) = \underline{\qquad}$.

2. 已知 $\int_a^x f(t)dt = 5x^3 + 40$,求 $f(x)$ 和 a.

3. 求函数 $F(x) = \int_0^x te^{-t^2}dt$ 的极值.

4. 用牛顿-莱布尼茨公式计算下列定积分:

(1) $\int_a^b x^n dx$ $(n \neq -1)$;   (2) $\int_0^{\frac{\pi}{4}} \tan^2 x dx$;   (3) $\int_0^{\sqrt{3}a} \frac{1}{a^2+x^2}dx$;

(4) $\int_0^1 \frac{1}{\sqrt{4-x^2}}dx$;   (5) $\int_0^2 x|x-1|dx$;   (6) $\int_0^{2\pi} |\sin x|dx$.

5. 计算下列定积分:

(1) $\int_0^1 \sqrt{1+x}dx$;   (2) $\int_0^{\frac{\pi}{2}} \sin x\cos^2 x dx$;   (3) $\int_0^{\frac{\pi}{4}} \frac{\sin x}{\sqrt{\cos x}}dx$;

(4) $\displaystyle\int_1^{e^3} \frac{1}{x\sqrt{1+\ln x}}\,\mathrm{d}x$;　　　(5) $\displaystyle\int_0^2 \frac{e^x}{e^{2x}+1}\,\mathrm{d}x$;　　　(6) $\displaystyle\int_{\frac{1}{2}}^1 \frac{1}{x^2}\,e^{-\frac{1}{x}}\,\mathrm{d}x$.

6. 计算下列定积分：

(1) $\displaystyle\int_0^1 \frac{\sqrt{x}}{1+x}\,\mathrm{d}x$;　　　(2) $\displaystyle\int_0^4 \frac{x+2}{\sqrt{2x+1}}\,\mathrm{d}x$;　　　(3) $\displaystyle\int_1^2 \frac{1}{x\sqrt{x^2+1}}\,\mathrm{d}x$;

(4) $\displaystyle\int_1^2 \frac{\sqrt{x^2-1}}{x}\,\mathrm{d}x$;　　　(5) $\displaystyle\int_{\frac{\sqrt{2}}{2}}^1 \frac{\sqrt{1-x^2}}{x^2}\,\mathrm{d}x$;　　　(6) $\displaystyle\int_{-1}^1 (x^2-x)\sqrt{1-x^2}\,\mathrm{d}x$.

7. 设 $f(x)$ 是连续函数，$F(x)=\displaystyle\int_0^x f(t)\mathrm{d}t$. 证明：

(1) 若 $f(x)$ 是奇函数，则 $F(x)$ 是偶函数；　　　(2) 若 $f(x)$ 是偶函数，则 $F(x)$ 是奇函数.

8. 计算下列定积分：

(1) $\displaystyle\int_0^1 x e^{-x}\,\mathrm{d}x$;　　　(2) $\displaystyle\int_0^{\frac{\pi}{2}} x\sin x\,\mathrm{d}x$;　　　(3) $\displaystyle\int_0^{\frac{\pi}{4}} x\sec^2 x\,\mathrm{d}x$;

(4) $\displaystyle\int_0^{e-1} \ln(x+1)\,\mathrm{d}x$;　　　(5) $\displaystyle\int_0^{\frac{\pi}{2}} e^x \sin x\,\mathrm{d}x$;　　　(6) $\displaystyle\int_{\frac{1}{e}}^e |\ln x|\,\mathrm{d}x$.

9. 单项选择题：

(1) 设 $\displaystyle\int_0^2 x f(x)\mathrm{d}x = k\int_0^1 x f(2x)\mathrm{d}x$，则 $k=(\quad)$.

(A) 1;　　　(B) 2;　　　(C) 3;　　　(D) 4.

(2) $\dfrac{\mathrm{d}}{\mathrm{d}x}\displaystyle\int_a^b \arctan x\,\mathrm{d}x=(\quad)$.

(A) $\arctan x$;　　　(B) $\arctan b-\arctan a$;　　　(C) 0;　　　(D) $\dfrac{1}{1+x^2}$.

(3) 设 $f(x)$ 在 $[a,b]$ 上连续，则 $\displaystyle\int_a^b f(x)\mathrm{d}x=(\quad)$.

(A) $\dfrac{1}{k}\displaystyle\int_a^b f\left(\dfrac{x}{k}\right)\mathrm{d}x$;　　(B) $k\displaystyle\int_{ka}^{kb} f\left(\dfrac{x}{k}\right)\mathrm{d}x$;　　(C) $\dfrac{1}{k}\displaystyle\int_{ka}^{kb} f\left(\dfrac{x}{k}\right)\mathrm{d}x$;　　(D) $k\displaystyle\int_{\frac{a}{k}}^{\frac{b}{k}} f\left(\dfrac{x}{k}\right)\mathrm{d}x$.

(4) 设 $N=\displaystyle\int_{-a}^a x^2\sin^3 x\,\mathrm{d}x$，$P=\displaystyle\int_{-a}^a (x^3 e^{x^2}-1)\mathrm{d}x$，$Q=\displaystyle\int_{-a}^a \cos^2 x^3\,\mathrm{d}x\ (a>0)$，则($\quad$).

(A) $P\leqslant N\leqslant Q$;　　　(B) $N\leqslant P\leqslant Q$;　　　(C) $N\leqslant Q\leqslant P$;　　　(D) $Q\leqslant P\leqslant N$.

§5.3　广 义 积 分

在讲定积分时，我们假设函数 $f(x)$ 在闭区间 $[a,b]$ 上有界，即积分区间是有限的，被积函数是有界的. 现从两方面推广定积分概念.

(1) 有界函数在无限区间上的积分.

被积函数 $f(x)$ 有界，特别 $f(x)$ 为连续函数；而积分区间为 $[a,+\infty)$，$(-\infty,b]$，$(-\infty,+\infty)$.

(2) 无界函数在有限区间上的积分.

被积函数 $f(x)$ 在积分区间 $[a,b]$ 上无界.

以上这两种积分就是所谓的**广义积分**.

一、无限区间上的积分

先看例题.

例 1 计算由曲线 $y = \dfrac{1}{x^2}$,直线 $x=1$,$y=0$ 所围成的图形的面积.

图 5-15

解 由图 5-15 看出,该图形有一边是开口的. 由于直线 $y=0$ 是曲线 $y = \dfrac{1}{x^2}$ 的水平渐近线,图形向右无限延伸,且愈向右开口愈小,可以认为曲线 $y = \dfrac{1}{x^2}$ 在无穷远点与 x 轴相交.

为了求得该图形的面积,取 $b>1$,先作直线 $x=b$. 由定积分的几何意义,图中有阴影部分(曲边梯形)的面积是

$$\int_1^b \frac{1}{x^2}\, \mathrm{d}x = -\left. \frac{1}{x} \right|_1^b = 1 - \frac{1}{b}.$$

显然,当直线 $x=b$ 愈向右移动,有阴影部分的图形愈向右延伸,从而愈接近我们所求的面积. 按我们对极限概念的理解,自然应认为所求的面积是:

$$\lim_{b \to +\infty} \int_1^b \frac{1}{x^2}\, \mathrm{d}x = \lim_{b \to +\infty} \left(1 - \frac{1}{b} \right) = 1.$$

这里,先求定积分,再求极限得到了结果. 仿照定积分的记法,所求面积可形式地记作 $\int_1^{+\infty} \dfrac{1}{x^2}\, \mathrm{d}x$. 这就是无限区间上的广义积分.

定义 5.2 设函数 $f(x)$ 在无限区间 $[a, +\infty)$ 上连续,则称记号

$$\int_a^{+\infty} f(x)\mathrm{d}x \tag{5.11}$$

为函数 $f(x)$ 在无限区间 $[a, +\infty)$ 上的广义积分. 取 $b>a$,若极限

$$\lim_{b \to +\infty} \int_a^b f(x)\mathrm{d}x$$

存在,则称广义积分(5.11)式**收敛**,并以这一极限值为(5.11)式的**值**,即

$$\int_a^{+\infty} f(x)\mathrm{d}x = \lim_{b \to +\infty} \int_a^b f(x)\mathrm{d}x.$$

若上述极限不存在,则称广义积分(5.11)式**发散**.

类似地,函数 $f(x)$ 在无限区间 $(-\infty, b]$ 上的广义积分 $\int_{-\infty}^b f(x)\mathrm{d}x$,用极限

$$\lim_{a \to -\infty} \int_a^b f(x)\mathrm{d}x \quad (a < b)$$

存在与否来定义它的敛散性.

函数 $f(x)$ 在无限区间 $(-\infty,+\infty)$ 的广义积分 $\int_{-\infty}^{+\infty} f(x)\mathrm{d}x$，则定义为

$$\int_{-\infty}^{+\infty} f(x)\mathrm{d}x = \int_{-\infty}^{c} f(x)\mathrm{d}x + \int_{c}^{+\infty} f(x)\mathrm{d}x,$$

其中 c 是任一常数，仅当等式右端的两个广义积分都收敛时，左端的广义积分才收敛；否则，左端的广义积分是发散的.

例 2　计算广义积分 $\int_{0}^{+\infty} \dfrac{\arctan x}{1+x^2}\,\mathrm{d}x$.

解　按广义积分敛散性定义，取 $b>0$，则

$$I = \lim_{b\to +\infty} \int_{0}^{b} \frac{\arctan x}{1+x^2}\,\mathrm{d}x = \lim_{b\to +\infty} \frac{1}{2}(\arctan x)^2 \Big|_{0}^{b}$$

$$= \lim_{b\to +\infty} \frac{1}{2}(\arctan b)^2 = \frac{1}{2}\cdot\left(\frac{\pi}{2}\right)^2 = \frac{\pi^2}{8}.$$

该广义积分收敛，其值为 $\dfrac{\pi^2}{8}$.

例 3　计算广义积分 $\int_{-\infty}^{0} \cos x\,\mathrm{d}x$.

解　取 $a<0$，则

$$I = \lim_{a\to -\infty} \int_{a}^{0} \cos x\,\mathrm{d}x = \lim_{a\to -\infty} \sin x \Big|_{a}^{0} = \lim_{a\to -\infty} (-\sin a).$$

显然，上述极限不存在，所以 $\int_{-\infty}^{0} \cos x\,\mathrm{d}x$ 发散.

为了书写方便，计算广义积分时，也采取牛顿-莱布尼茨的记法. 即，若 $F(x)$ 是函数 $f(x)$ 的一个原函数，则

$$\int_{a}^{+\infty} f(x)\mathrm{d}x = F(x)\Big|_{a}^{+\infty} = F(+\infty) - F(a).$$

这里，$F(+\infty)$ 要理解为极限记号，即

$$F(+\infty) = \lim_{x\to +\infty} F(x).$$

例 4　计算广义积分 $\int_{-\infty}^{+\infty} \dfrac{1}{1+x^2}\,\mathrm{d}x$.

解　按无限区间 $(-\infty,+\infty)$ 上广义积分敛散性的定义，取 $c=0$，则

$$I = \int_{-\infty}^{0} \frac{1}{1+x^2}\,\mathrm{d}x + \int_{0}^{+\infty} \frac{1}{1+x^2}\,\mathrm{d}x = \arctan x \Big|_{-\infty}^{0} + \arctan x \Big|_{0}^{+\infty}$$

$$= -\left(-\frac{\pi}{2}\right) + \frac{\pi}{2} = \pi.$$

例 5　讨论广义积分 $\int_{1}^{+\infty} \dfrac{1}{x^\alpha}\,\mathrm{d}x$，$\alpha$ 取何值时收敛，取何值时发散？

解　当 $\alpha=1$ 时，

$$\int_{1}^{+\infty} \frac{1}{x}\,\mathrm{d}x = \ln x \Big|_{1}^{+\infty} = +\infty;$$

当 $\alpha \neq 1$ 时,取 $b>1$,因

$$\int_1^b \frac{1}{x^\alpha}\,\mathrm{d}x = \frac{1}{1-\alpha}\,x^{1-\alpha}\Big|_1^b = \frac{1}{1-\alpha}(b^{1-\alpha}-1),$$

故

$$\int_1^{+\infty}\frac{1}{x^\alpha}\,\mathrm{d}x = \lim_{b\to+\infty}\frac{1}{1-\alpha}(b^{1-\alpha}-1) = \begin{cases} +\infty, & \text{若 } \alpha<1, \\ \dfrac{1}{\alpha-1}, & \text{若 } \alpha>1. \end{cases}$$

综上,所给广义积分,当 $\alpha>1$ 时收敛,且其值为 $\dfrac{1}{\alpha-1}$;当 $\alpha\leqslant 1$ 时发散.

*二、无界函数的积分

图　5-16

例 6　试确定由曲线 $y=\dfrac{1}{\sqrt{1-x}}$,直线 $x=0$,$x=1$ 和 $y=0$ 所围成的图形的面积.

由图 5-16 看到,该图形有一边开口,这是由于当 $x\to 1^-$ 时,函数 $\dfrac{1}{\sqrt{1-x}}\to+\infty$,即 $f(x)=\dfrac{1}{\sqrt{1-x}}$ 在区间 $[0,1)$ 上无界.

注意到曲线 $y=\dfrac{1}{\sqrt{1-x}}$ 以直线 $x=1$ 为铅垂渐近线. 我们可以按下述方法求面积.

任取 $\varepsilon>0$,则 $\dfrac{1}{\sqrt{1-x}}$ 在区间 $[0,1-\varepsilon]$ 上连续,按定积分的几何意义,图形中有阴影部分的面积是

$$\int_0^{1-\varepsilon}\frac{1}{\sqrt{1-x}}\,\mathrm{d}x = -\int_0^{1-\varepsilon}\frac{1}{\sqrt{1-x}}\,\mathrm{d}(1-x) = -2\sqrt{1-x}\,\Big|_0^{1-\varepsilon} = 2-2\sqrt{\varepsilon}.$$

当 $\varepsilon\to 0$ 时,直线 $x=1-\varepsilon$ 趋向直线 $x=1$,自然可以认为我们所求的面积是下述极限

$$\lim_{\varepsilon\to 0}\int_0^{1-\varepsilon}\frac{1}{\sqrt{1-x}}\,\mathrm{d}x = \lim_{\varepsilon\to 0}(2-2\sqrt{\varepsilon}) = 2.$$

如果把上述先求定积分,再取极限的写法,记作

$$\int_0^1 \frac{1}{\sqrt{1-x}}\mathrm{d}x.$$

这在形式上与定积分并无区别,但这不是定积分,因为被积函数在 $x=1$ 处无界,这是无界函数的广义积分,有时也称 $x=1$ 是函数 $\dfrac{1}{\sqrt{1-x}}$ 的**瑕点**,因而这种广义积分也称为**瑕积分**.

定义 5.3　设函数 $f(x)$ 在区间 $[a,b)$ 上连续,当 $x\to b^-$ 时,$f(x)\to\infty$,则称记号

$$\int_a^b f(x)\mathrm{d}x \tag{5.12}$$

为**无界函数** $f(x)$ **在** $[a,b]$ **上的广义积分**. 取 $\varepsilon>0$,若极限

$$\lim_{\varepsilon\to 0}\int_a^{b-\varepsilon} f(x)\mathrm{d}x$$

存在,则称广义积分(5.12)式**收敛**,并以这极限值为(5.12)式的**值**,即

$$\int_a^b f(x)\mathrm{d}x = \lim_{\varepsilon \to 0}\int_a^{b-\varepsilon} f(x)\mathrm{d}x.$$

若上述极限不存在,则称广义积分(5.12)式**发散**.

类似地,有下述定义:

若函数在区间$(a,b]$上连续,当 $x \to a^+$ 时,$f(x) \to \infty$,则对广义积分 $\int_a^b f(x)\mathrm{d}x$,取 $\varepsilon > 0$,用极限

$$\lim_{\varepsilon \to 0}\int_{a+\varepsilon}^b f(x)\mathrm{d}x$$

存在与否来定义它的敛散性.

若函数 $f(x)$ 在区间 $[a,b]$ 上除 $x=c$ $(a<c<b)$ 外连续,当 $x \to c$ 时,$f(x) \to \infty$. 对广义积分 $\int_a^b f(x)\mathrm{d}x$,定义为

$$\int_a^b f(x)\mathrm{d}x = \int_a^c f(x)\mathrm{d}x + \int_c^b f(x)\mathrm{d}x,$$

仅当等式右端的两个广义积分都收敛时,左端的广义积分才收敛;否则,左端的广义积分发散.

例 7 计算广义积分 $\int_1^2 \frac{1}{x\ln x}\,\mathrm{d}x$.

解 被积函数 $\frac{1}{x\ln x}$ 在区间 $(1,2]$ 上连续,当 $x \to 1^+$ 时,$\frac{1}{x\ln x} \to \infty$,这是无界函数的广义积分.

取 $\varepsilon > 0$,则

$$\int_{1+\varepsilon}^2 \frac{1}{x\ln x}\mathrm{d}x = \int_{1+\varepsilon}^2 \frac{1}{\ln x}\,\mathrm{d}\ln x = \ln\ln x \Big|_{1+\varepsilon}^2 = \ln\ln 2 - \ln\ln(1+\varepsilon).$$

由于

$$\lim_{\varepsilon \to 0}[\ln\ln 2 - \ln\ln(1+\varepsilon)] = +\infty,$$

所以,广义积分 $\int_1^2 \frac{1}{x\ln x}\,\mathrm{d}x$ 发散.

例 8 证明广义积分 $\int_0^1 \frac{1}{x^p}\,\mathrm{d}x$ $(p>0)$,当 $p<1$ 时收敛;当 $p \geqslant 1$ 时发散.

证 $x=0$ 是被积函数的瑕点.

当 $p=1$ 时,取 $\varepsilon > 0$,则

$$\int_0^1 \frac{1}{x}\,\mathrm{d}x = \lim_{\varepsilon \to 0}\int_{0+\varepsilon}^1 \frac{1}{x}\,\mathrm{d}x = \lim_{\varepsilon \to 0}\ln x \Big|_\varepsilon^1 = -\lim_{\varepsilon \to 0}\ln\varepsilon = +\infty.$$

当 $p \neq 1$ 时,取 $\varepsilon > 0$,则

$$\int_0^1 \frac{1}{x^p}\,\mathrm{d}x = \lim_{\varepsilon \to 0}\int_{0+\varepsilon}^1 \frac{1}{x^p}\,\mathrm{d}x = \lim_{\varepsilon \to 0}\frac{1}{1-p}x^{1-p}\Big|_\varepsilon^1 = \lim_{\varepsilon \to 0}\frac{1}{1-p}(1-\varepsilon^{1-p})$$

$$
= \begin{cases} \dfrac{1}{1-p}, & \text{当 } p < 1, \\ +\infty, & \text{当 } p > 1. \end{cases}
$$

综上,该广义积分,当 $p < 1$ 时收敛,其值为 $\dfrac{1}{1-p}$;当 $p \geqslant 1$ 时发散.

习 题 5.3

1. 计算下列广义积分:

(1) $\displaystyle\int_{-\infty}^{0} e^{2x}\,dx$;

(2) $\displaystyle\int_{1}^{+\infty} \frac{1}{x(1+x^2)}\,dx$;

(3) $\displaystyle\int_{-\infty}^{+\infty} \frac{1}{x^2+2x+2}\,dx$;

(4) $\displaystyle\int_{0}^{+\infty} xe^{-x}\,dx$;

(5) $\displaystyle\int_{1}^{+\infty} \frac{1}{x\sqrt{2x^2-1}}\,dx$;

(6) $\displaystyle\int_{1}^{+\infty} xe^{-x^2}\,dx$.

2. 判断下列广义积分发散:

(1) $\displaystyle\int_{0}^{+\infty} \sin x\,dx$;

(2) $\displaystyle\int_{e}^{+\infty} \frac{\ln x}{x}\,dx$.

3. 讨论广义积分 $\displaystyle\int_{2}^{+\infty} \frac{1}{x(\ln x)^p}\,dx$,$p$ 取何值时收敛;p 取何值时发散.

*4. 计算下列广义积分:

(1) $\displaystyle\int_{1}^{2} \frac{x}{\sqrt{x-1}}\,dx$;

(2) $\displaystyle\int_{-1}^{1} \frac{1}{\sqrt{1-x^2}}\,dx$;

(3) $\displaystyle\int_{0}^{1} \frac{x}{\sqrt{1-x^2}}\,dx$;

(4) $\displaystyle\int_{0}^{1} \ln x\,dx$;

(5) $\displaystyle\int_{1}^{e} \frac{1}{x\sqrt{1-\ln^2 x}}\,dx$;

(6) $\displaystyle\int_{0}^{3} \frac{1}{(x-1)^{\frac{2}{3}}}\,dx$.

*5. 判定广义积分 $\displaystyle\int_{-1}^{1} \frac{1}{x^2}\,dx$ 发散.

§5.4 定积分的应用

定积分的应用很广泛,本节介绍定积分在几何、物理和经济各领域中的应用.

一、微元法

1. 定积分是无限积累

通常的加法是有限项相加,加法是一种积累.回忆引出定积分概念的两个问题——曲边梯形的面积和变速直线运动的路程,从解决这两个问题的基本思想和步骤来考察,我们会体会到,定积分也是一种积累,曲边梯形的面积是由"小窄条面积"积累而得:无限多个底边长趋于零的小矩形的面积相加而得;变速直线运动的路程是由"小段路程"积累而得:无限多个时间间隔趋于零的小段路程相加而成为全路程.由上述可知,用定积分所表示的积累与通常意义下的积累不同.这里要以无限细分区间 $[a,b]$ 而经历一个取极限的过程.也就是说,定积分是无限积累.

2. 能用定积分表示的量所具有的特点

(1) 设所求的量是 S,它是不均匀地分布在一个有限区间 $[a,b]$ 上,或者说,它与自变量

x 的一个区间有关,当区间 $[a,b]$ 给定后,S 就是一确定的量,而且量 S 对该区间具有可加性,即如果将 $[a,b]$ 分成 n 个部分区间 $[x_{i-1},x_i]$ $(i=1,2,\cdots,n)$,那么,量 S 就是对应于各个部分区间上的部分量 ΔS_i 的总和

$$S = \sum_{i=1}^{n} \Delta S_i.$$

(2) 由于量 S 在区间 $[a,b]$ 上的分布是不均匀的,一般说来,部分量 ΔS_i 在部分区间 $[x_{i-1},x_i]$ 上的分布也是不均匀的,但我们能用"以直代曲"或"以不变代变"的方法写出 ΔS_i 的近似表示式

$$\Delta S_i \approx f(\xi_i)\Delta x_i,$$

$i=1,2,\cdots,n,x_{i-1} \leqslant \xi_i \leqslant x_i$,这里 $f(x)(x \in [a,b])$ 是根据具体问题所得到的函数.

量 S 具有的第一个特点,是它能用定积分表示的前提;量 S 具有第二个特点,是它能用定积分表示的关键,这是因为有了部分量的近似表示式,只要通过求和取极限的手续就过渡为定积分的表示式

$$S = \lim_{\Delta x \to 0} \sum_{i=1}^{n} f(\xi_i)\Delta x_i = \int_a^b f(x)\mathrm{d}x.$$

3. 用定积分表示具体问题的简化程序

用定积分解决实际问题时,根据上述分析,可把"分割、近似代替、求和数、取极限"的程序简化为如下程序:

(1) 写出部分量的近似表示式

在区间 $[a,b]$ 上任取一个部分区间 $[x,x+\Delta x]$,或记作 $[x,x+\mathrm{d}x]$,设法写出所求量 S 在 $[x,x+\mathrm{d}x]$ 上的部分量 ΔS 的近似表示式

$$\Delta S \approx f(x)\mathrm{d}x,$$

它称为量 S 的**微分元素**(简称**微元**).

(2) 定限求积分

当 $\Delta x \to 0$ 时,所有的微元无限相加,就是在区间 $[a,b]$ 上的定积分:

$$S = \int_a^b f(x)\mathrm{d}x.$$

用定积分表示具体问题的简化程序通常称为**微元法**.

下面介绍积分学的应用.

二、定积分的几何应用

1. 平面图形的面积

(1) 直角坐标系中平面图形的面积

由定积分的几何意义,我们已经知道:由连续曲线 $y=f(x)$ $(\geqslant 0)$,直线 $x=a,x=b$ ($a<b$)和 x 轴所围成的曲边梯形的面积为

$$A = \int_a^b f(x)\mathrm{d}x = \int_a^b y\mathrm{d}x, \tag{5.13}$$

若 $y = f(x)$ 在区间 $[a,b]$ 上不具有非负的条件,则所围成的面积为

$$A = \int_a^b |f(x)|\mathrm{d}x = \int_a^b |y|\,\mathrm{d}x. \tag{5.14}$$

一般地,由两条连续曲线 $y = g(x)$,$y = f(x)$ 及两条直线 $x = a$,$x = b$ $(a < b)$ 所围成的平面图形的面积按如下方法求得:

在区间 $[a,b]$ 上,若有 $g(x) \leqslant f(x)$,则面积的计算公式是(图 5-17)

$$A = \int_a^b [f(x) - g(x)]\mathrm{d}x. \tag{5.15}$$

在区间 $[a,b]$ 上,若不具有条件 $g(x) \leqslant f(x)$,则面积的计算公式是

$$A = \int_a^b |f(x) - g(x)|\mathrm{d}x. \tag{5.16}$$

由两条连续曲线 $x = \varphi(y)$,$x = \psi(y)$ 及两条直线 $y = c$, $y = d$ $(c < d)$ 所围成的平面图形的面积为(参阅图 5-18)

$$A = \int_c^d |\varphi(y) - \psi(y)|\mathrm{d}y. \tag{5.17}$$

图 5-17　　　　　　　　　图 5-18

例 1　求由曲线 $xy = 1$,直线 $y = x$ 和 $x = 2$ 所围图形的面积.

解　首先,画草图(图 5-19).

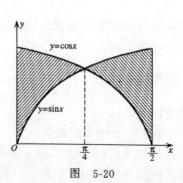

图 5-19　　　　　　　　　图 5-20

其次,由草图知,应选 x 作积分变量;为确定积分限,求曲线 $xy=1$ 和直线 $y=x$ 交点 P 的横坐标,可得 $x=1$. 于是积分限由 $x=1$ 到 $x=2$.

最后,用公式(5.15)求面积

$$A = \int_1^2 \left(x - \frac{1}{x} \right) \mathrm{d}x = \left(\frac{x^2}{2} - \ln x \right) \Big|_1^2 = \frac{3}{2} - \ln 2.$$

例 2　求由曲线 $y=\sin x, y=\cos x$ 及直线 $x=0, x=\dfrac{\pi}{2}$ 所围成图形的面积.

解　先画草图,如图 5-20.

其次,若选 x 为积分变量,积分下限为 $x=0$,上限为 $x=\dfrac{\pi}{2}$.

最后,由图形可知,应用公式(5.16)求面积,用直线 $x=\dfrac{\pi}{4}$ 把图形分成两块.

$$A = \int_0^{\frac{\pi}{2}} |\sin x - \cos x| \mathrm{d}x = \int_0^{\frac{\pi}{4}} (\cos x - \sin x) \mathrm{d}x + \int_{\frac{\pi}{4}}^{\frac{\pi}{2}} (\sin x - \cos x) \mathrm{d}x$$

$$= (\sin x + \cos x) \Big|_0^{\frac{\pi}{4}} + (-\cos x - \sin x) \Big|_{\frac{\pi}{4}}^{\frac{\pi}{2}} = 2(\sqrt{2} - 1).$$

例 3　求由抛物线 $y^2=x$ 及直线 $x+y-2=0$ 所围成图形的面积.

解　先画草图,如图 5-21. 抛物线开口向右且过坐标原点.

图　5-21

为了确定积分限,解方程组 $\begin{cases} y^2=x, \\ y=2-x, \end{cases}$ 得两组解 $x_1=1, y_1=1; x_2=4, y_2=-2$,即交点 $P(1,1), Q(4,-2)$.

若选取 x 为积分变量,显然,图形介于直线 $x=0$ 和 $x=4$ 之间;而在这两条直线之间不是有两条曲线,而是有三条曲线 $y=\sqrt{x}, y=-\sqrt{x}$ 和 $y=2-x$,因此,图形必须分块. 若以直线 $x=1$ 将图形分块,便可用面积公式(5.15)计算面积. 这时

$$A = A_1 + A_2$$

$$= \int_0^1 [\sqrt{x} - (-\sqrt{x})] \mathrm{d}x + \int_1^4 [(2-x) - (-\sqrt{x})] \mathrm{d}x$$

$$= 2 \cdot \frac{2}{3} x^{\frac{3}{2}} \Big|_0^1 + \left(2x - \frac{x^2}{2} + \frac{2}{3} x^{\frac{3}{2}} \right) \Big|_1^4$$

$$= \frac{4}{3} + \frac{19}{6} = \frac{9}{2}.$$

若选取 y 为积分变量,则图形介于直线 $y=-2$ 和 $y=1$ 之间,在这两条直线之间有两条曲线 $x=y^2$ 和 $x=2-y$. 由面积公式(5.17),有

$$A = \int_{-2}^{1} \left[(2 - y) - y^2 \right] \mathrm{d}y = \left(2y - \frac{y^2}{2} - \frac{y^3}{3} \right) \Big|_{-2}^{1} = \frac{9}{2}.$$

说明　用定积分求平面图形的面积,可选取 x 为积分变量,用公式 (5.16),也可选取 y 为积分变量,用公式(5.17).由例 3 看,选取 y 为积分变量较好.一般地,用定积分求面积时,应恰当地选取积分变量,尽量使图形不分块和少分块(必须分块时)为好.

*(2) 由参数方程所表示的曲线的面积

若平面曲线由参数方程表示:

$$\begin{cases} x = \varphi(t), \\ y = \psi(t), \end{cases} \quad \alpha \leqslant t \leqslant \beta,$$

其中 $\varphi(t), \psi(t)$ 在 $[\alpha, \beta]$ 上连续,$\varphi'(t) > 0$,且 $\varphi(\alpha) = a, \varphi(\beta) = b$.则由上述曲线及直线 $x = a$,$x = b$ $(a < b)$ 和 x 轴所围图形的面积 A,只要把 $x = \varphi(t), y = \psi(t)$ 代入面积公式 (5.14) 式,并相应地变换积分限,可得其计算公式

$$A = \int_{a}^{b} |y| \mathrm{d}x = \int_{\alpha}^{\beta} |\psi(t)| \varphi'(t) \mathrm{d}t. \tag{5.18}$$

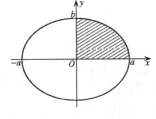

图　5-22

例 4　设椭圆的参数方程为

$$\begin{cases} x = a\cos t, \\ y = b\sin t, \end{cases}$$

求椭圆的面积.

解　所给椭圆如图 5-22 所示.由于椭圆关于 x 轴,y 轴的对称性,只要计算第一象限部分的面积,便可得到所求面积.由公式 (5.18),椭圆面积

$$A = 4 \int_{\frac{\pi}{2}}^{0} b\sin t (-a\sin t) \mathrm{d}t = 4ab \int_{0}^{\frac{\pi}{2}} \sin^2 t \mathrm{d}t = 4ab \left(\frac{t}{2} - \frac{\sin 2t}{4} \right) \Big|_{0}^{\frac{\pi}{2}} = \pi ab.$$

*(3) 极坐标系中平面图形的面积

若围成平面图形的曲线由极坐标方程给出:

$$r = r(\theta), \quad \alpha \leqslant \theta \leqslant \beta,$$

其中 $r = r(\theta)$ 在区间 $[\alpha, \beta]$ 上连续,$\beta - \alpha \leqslant 2\pi$.这实际上是由曲线 $r = r(\theta)$ 和两条射线 $\theta = \alpha, \theta = \beta$ 所围成的平面图形,通常称为扇形.试求扇形的面积 A(图 5-23).

用微元法.先确定面积 A 的微元 $\mathrm{d}A$.取 θ 为积分变量,在区间 $[\alpha, \beta]$ 上任取一个小区间 $[\theta, \theta + \mathrm{d}\theta]$,用 θ 处的极径 $r(\theta)$ 为半径,以 $\mathrm{d}\theta$ 为圆心角的圆扇形的面积,即图 5-23 中有阴影部分的面积作为面积微元,则

图　5-23

$$\mathrm{d}A = \frac{1}{2} \left[r(\theta) \right]^2 \mathrm{d}\theta,$$

于是,可得计算面积的公式为

$$A = \frac{1}{2}\int_\alpha^\beta [r(\theta)]^2 \, \mathrm{d}\theta. \tag{5.19}$$

例 5 求由心形线 $r=a(1+\cos\theta)\ (a>0)$ 所围图形的面积.

解 心形线如图 5-24 所示. 由于曲线关于极轴 x 对称. 位于极轴上方的图形, θ 由 0 变到 π. 于是,由公式(5.19),所求面积

$$A = 2 \cdot \frac{1}{2}\int_0^\pi [a(1+\cos\theta)]^2 \, \mathrm{d}\theta = a^2 \int_0^\pi (1 + 2\cos\theta + \cos^2\theta)\mathrm{d}\theta$$

$$= a^2 \left[\theta + 2\sin\theta + \frac{1}{2}\left(\theta + \frac{1}{2}\sin2\theta\right) \right]\Big|_0^\pi = \frac{3}{2}\pi a^2.$$

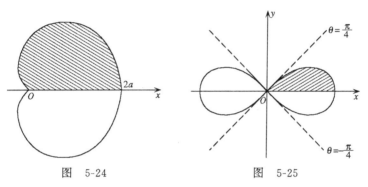

图 5-24   图 5-25

例 6 求由双纽线 $r^2 = a^2 \cos2\theta\ (a>0)$ 所围图形的面积.

解 双纽线如图 5-25 所示. 由双纽线方程及 $r^2 \geqslant 0$ 可知 θ 的取值范围是 $\left[-\dfrac{\pi}{4}, \dfrac{\pi}{4}\right]$ 和 $\left[\dfrac{3}{4}\pi, \dfrac{5}{4}\pi\right]$. 于是,由图形的对称性,用公式(5.19)可得所求面积

$$A = 4 \cdot \frac{1}{2}\int_0^{\frac{\pi}{4}} a^2 \cos2\theta\,\mathrm{d}\theta = 2a^2 \cdot \frac{1}{2}\sin2\theta \Big|_0^{\frac{\pi}{4}} = a^2.$$

2. 旋转体的体积

一个平面图形绕这平面上的一条直线旋转一周而生成的空间立体称为**旋转体**;这条直线称为**旋转轴**.

我们现在来求由曲线 $y=f(x)\ (f(x)\geqslant 0)$,直线 $x=a,x=b\ (a<b)$ 和 x 轴所围的曲边梯形 $aABb$(图 5-26)绕 x 轴旋转一周而生成的旋转体的体积(图 5-27).

用微元法. 先确定旋转体的体积 V 的微元 $\mathrm{d}V$.

取横坐标 x 作积分变量,在它的变化区间 $[a,b]$ 上任取一个小区间 $[x,x+\mathrm{d}x]$,以区间 $[x,x+\mathrm{d}x]$ 为底的小曲边梯形绕 x 轴旋转一周可生成一个薄片形的旋转体. 它的体积可以用一个与它同底的小矩形(图 5-26 中有阴影的部分)绕 x 轴旋转一周而生成的薄片形的圆柱体的体积近似代替. 这个圆柱体以 $f(x)$ 为底半径,$\mathrm{d}x$ 为高(图 5-27). 由此,得体积 V 的微元

$$\mathrm{d}V = \pi[f(x)]^2 \, \mathrm{d}x,$$

图 5-26   图 5-27

于是,所求旋转体的体积

$$V_x = \pi \int_a^b [f(x)]^2 \, \mathrm{d}x = \pi \int_a^b y^2 \mathrm{d}x. \tag{5.20}$$

用同样的方法可以推得,由曲线 $x=\varphi(y)(\varphi(y)\geqslant 0)$,直线 $y=c, y=d(c<d)$ 和 y 轴所围成的曲边梯形绕 y 轴旋转一周而生成的旋转体的体积(图 5-28).

$$V_y = \pi \int_c^d [\varphi(y)]^2 \, \mathrm{d}y = \pi \int_c^d x^2 \, \mathrm{d}y. \tag{5.21}$$

图 5-28   图 5-29

例7 求由直线 $x+y=4$ 与曲线 $xy=3$ 所围成的平面图形绕 x 轴旋转一周而生成的旋转体的体积.

解 平面图形是图 5-29 中有阴影的部分.该平面图形绕 x 轴旋转而成的旋转体,应该是两个旋转体的体积之差.由于直线 $y=4-x$ 与曲线 $y=\dfrac{3}{x}$ 的交点为 $A(1,3)$ 和 $B(3,1)$,所以,由公式 (5.20) 所求旋转体的体积

$$V_x = \pi \int_1^3 (4-x)^2 \, \mathrm{d}x - \pi \int_1^3 \left(\frac{3}{x}\right)^2 \, \mathrm{d}x = \pi \left[-\frac{(4-x)^3}{3}\right]\Big|_1^3 + \pi \frac{9}{x}\Big|_1^3 = \frac{8}{3}\pi.$$

例8 求由直线段 $y=\dfrac{R}{h}x, x\in[0,h]$ 和直线 $x=h, x$ 轴所围成平面图形绕 x 轴旋转一周所成旋转体的体积.

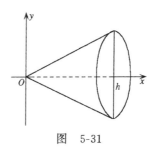

图 5-30   图 5-31

    解 平面图形如图 5-30 所示,所得旋转体是一个锥体 (图 5-31). 由公式(5.20),所求旋转体的体积

$$V_x = \pi \int_0^h \left(\frac{R}{h} x \right)^2 \mathrm{d}x = \frac{1}{3} \pi R^2 h.$$

这就是初等数学中,底半径为 R,高为 h 的圆锥体的体积公式.

*3. 平面曲线的弧长

所谓平面曲线的弧长,就是平面上一段曲线弧的长度.

设曲线弧 $\overset{\frown}{AB}$ 在直角坐标系下的方程为

$$y = f(x), \quad x \in [a, b].$$

若函数 $f(x)$ 的一阶导数 $f'(x)$ 连续,且点 A 的横坐标为 a,点 B 的横坐标为 b. 如图 5-32 所示,我们的问题是要计算曲线弧 $\overset{\frown}{AB}$ 的长度 l.

用微元法. 选 x 为积分变量,它的变化区间为 $[a, b]$. 在区间 $[a, b]$ 上任取一个小区间 $[x, x+\mathrm{d}x]$,在此小区间上对应的一段短弧 $\overset{\frown}{MN}$ 的长度为 Δl. 过曲线点 $M(x, f(x))$ 作曲线的切线,该切线在小区间 $[x, x+\mathrm{d}x]$ 上的一小段长度为 MT

(图 5-32). 根据微分的几何意义,PT 正是函数 $f(x)$ 在点 x 的微分 $\mathrm{d}y$. 于是,小切线段 MT 的长度为 $\sqrt{(\mathrm{d}x)^2 + (\mathrm{d}y)^2}$. 用切线段 MT 的长度近似曲线段 $\overset{\frown}{MN}$ 的长度,便得到弧长的微元

$$\mathrm{d}l = \sqrt{(\mathrm{d}x)^2 + (\mathrm{d}y)^2} = \sqrt{1 + y'^2} \mathrm{d}x.$$

从而,曲线弧 $\overset{\frown}{AB}$ 的长度为

$$l = \int_a^b \sqrt{1 + y'^2} \mathrm{d}x. \tag{5.22}$$

图 5-32

若曲线弧 $\overset{\frown}{AB}$ 由参数方程表示:

$$\begin{cases} x = \varphi(t), \\ y = \psi(t), \end{cases} \quad \alpha \leqslant t \leqslant \beta,$$

其中 $x = \varphi(t), y = \psi(t)$ 有一阶连续的导数,且 $\varphi'(t) \neq 0$. 注意到

$$y' = \frac{\mathrm{d}y}{\mathrm{d}x} = \frac{\psi'(t)}{\varphi'(t)},$$

则由(5.22)式便可得到由参数方程所表示的**平面曲线的弧长公式**

$$l = \int_\alpha^\beta \sqrt{1 + \left[\frac{\psi'(t)}{\varphi'(t)}\right]^2}\,\varphi'(t)\mathrm{d}t,$$

即

$$l = \int_\alpha^\beta \sqrt{[\varphi'(t)]^2 + [\psi'(t)]^2}\,\mathrm{d}t. \qquad (5.23)$$

若曲线弧$\overparen{AB}$由极坐标方程表示:

$$r = r(\theta), \quad \alpha \leqslant \theta \leqslant \beta,$$

其中$r(\theta)$在$[\alpha,\beta]$上有连续的导数.曲线的方程由极坐标系转换成直角坐标系时,以θ为参数的曲线方程是

$$\begin{cases} x = r(\theta)\cos\theta, \\ y = r(\theta)\sin\theta, \end{cases} \quad \alpha \leqslant \theta \leqslant \beta.$$

由于

$$\begin{cases} x' = r'(\theta)\cos\theta - r(\theta)\sin\theta, \\ y' = r'(\theta)\sin\theta + r(\theta)\cos\theta, \end{cases}$$

将它们代入(5.23)式,就有由极坐标方程表示的**平面曲线的弧长公式**

$$l = \int_\alpha^\beta \sqrt{[r(\theta)]^2 + [r'(\theta)]^2}\,\mathrm{d}\theta. \qquad (5.24)$$

例 9 两根电线杆之间的电线,由于其自身的重量下垂呈曲线,如图 5-33 所示,称为悬链线.在选取坐标系如图 5-33 时,其方程为

图 5-33

$$y = a\,\frac{\mathrm{e}^{\frac{x}{a}} + \mathrm{e}^{-\frac{x}{a}}}{2},$$

试计算从 $x = -b$ 到 $x = b$ 这段弧的长度.

解 因 $y' = \frac{1}{2}(\mathrm{e}^{\frac{x}{a}} - \mathrm{e}^{-\frac{x}{a}})$,由公式(5.22),所求弧长

$$l = \int_{-b}^b \sqrt{1 + \frac{1}{4}(\mathrm{e}^{\frac{x}{a}} - \mathrm{e}^{-\frac{x}{a}})^2}\,\mathrm{d}x = 2\int_0^b \sqrt{\frac{1}{4}(\mathrm{e}^{\frac{x}{a}} + \mathrm{e}^{-\frac{x}{a}})^2}\,\mathrm{d}x$$

$$= \int_0^b (\mathrm{e}^{\frac{x}{a}} + \mathrm{e}^{-\frac{x}{a}})\mathrm{d}x = a(\mathrm{e}^{\frac{x}{a}} - \mathrm{e}^{-\frac{x}{a}})\Big|_0^b = a(\mathrm{e}^{\frac{b}{a}} - \mathrm{e}^{-\frac{b}{a}}).$$

例 10 求曲线 $y = x^{\frac{3}{2}}$ 在区间$[0,4]$上一段的弧长.

解 因 $y' = \frac{3}{2}x^{\frac{1}{2}}$,由公式(5.22),所求弧长

$$l = \int_0^4 \sqrt{1 + \left(\frac{3}{2}x^{\frac{1}{2}}\right)^2}\,\mathrm{d}x = \int_0^4 \sqrt{1 + \frac{9}{4}x}\,\mathrm{d}x = \frac{1}{2}\int_0^4 \sqrt{4 + 9x}\,\mathrm{d}x$$

$$= \frac{1}{18} \cdot \frac{2}{3}(4 + 9x)^{\frac{3}{2}}\Big|_0^4 = \frac{8}{27}(10\sqrt{10} - 1).$$

例 11　求曲线 $x=\mathrm{e}^t\sin t, y=\mathrm{e}^t\cos t$ 相应于 $0\leqslant t\leqslant\dfrac{\pi}{2}$ 的一段的弧长.

解　用公式(5.23). 由于

$$\frac{\mathrm{d}x}{\mathrm{d}t}=\mathrm{e}^t\sin t+\mathrm{e}^t\cos t,\qquad \frac{\mathrm{d}y}{\mathrm{d}t}=\mathrm{e}^t\cos t-\mathrm{e}^t\sin t,$$

$$\left(\frac{\mathrm{d}x}{\mathrm{d}t}\right)^2+\left(\frac{\mathrm{d}y}{\mathrm{d}t}\right)^2=(\mathrm{e}^t\sin t+\mathrm{e}^t\cos t)^2+(\mathrm{e}^t\cos t-\mathrm{e}^t\sin t)^2=2\mathrm{e}^{2t}.$$

故所求弧长

$$l=\int_0^{\frac{\pi}{2}}\sqrt{2\mathrm{e}^{2t}}\,\mathrm{d}t=\sqrt{2}\int_0^{\frac{\pi}{2}}\mathrm{e}^t\,\mathrm{d}t=\sqrt{2}\,\mathrm{e}^t\Big|_0^{\frac{\pi}{2}}=\sqrt{2}\,(\mathrm{e}^{\frac{\pi}{2}}-1).$$

例 12　求心形线 $r=a(1+\cos\theta)(a>0)$ 的全长.

解　心形线见图 5-24. 由于 $r'(\theta)=-a\sin\theta$, 由公式(5.24)并根据对称性得

$$l=2\int_0^{\pi}\sqrt{a^2(1+\cos\theta)^2+a^2\sin^2\theta}\,\mathrm{d}\theta=2a\int_0^{\pi}\sqrt{2(1+\cos\theta)}\,\mathrm{d}\theta$$

$$=4a\int_0^{\pi}\cos\frac{\theta}{2}\,\mathrm{d}\theta=8a\sin\frac{\theta}{2}\Big|_0^{\pi}=8a.$$

*三、定积分的物理应用

1. 变力沿直线所作的功

一个物体作直线运动, 若在运动过程中受一与运动方向一致的常力 F 的作用, 当物体有位移 s 时, 则力 F 所作的功为

$$W=F\cdot s.$$

现设一物体沿 x 轴正向运动, 且在从点 a 移动到点 b 的过程中, 受与 x 轴正向一致的变力 F 的作用. 由于物体位于 x 轴上不同的位置时, 所受力的大小不同, 力 F 可看作是 x 的函数 $F=F(x)$. 试确定变力 F 在区间 $[a,b]$ 上所作的功(图 5-34).

图　5-34

在区间 $[a,b]$ 上任取一个小区间 $[x,x+\mathrm{d}x]$, 物体由点 x 移动到点 $x+\mathrm{d}x$ 时, 变力 F 所作功的近似值就是功的微元

$$\mathrm{d}W=F(x)\mathrm{d}x,$$

于是, 物体从点 a 移动到点 b 所作的功为

$$W=\int_a^b F(x)\mathrm{d}x. \tag{5.25}$$

例 13　设有一水平放置的弹簧, 已知它被拉长 0.01 m 时, 需 6 N 的力, 求出弹簧拉长 0.1 m 时, 克服弹性力所作的功.

解 由物理学知道,弹簧在弹性限度内,在外力作用下伸长时,力与伸长的量成正比.

现设弹簧的平衡位置为坐标原点(图 5-35),弹簧被拉长到点 x 时,外力为 $F(x) = kx$(其中 k 为比例系数,$k > 0$).

由已知条件,当 $x = 0.01\,\text{m}$ 时,$F_1 = 6\,\text{N}$,所以

$$6 = k \cdot 0.01 \quad 得 \quad k = 600,$$

于是 $F(x) = 600x$.

当弹簧被拉长 $0.1\,\text{m}$ 时,外力所作的功,由(5.25)式,

$$W = \int_0^{0.1} F(x)\mathrm{d}x = 600 \int_0^{0.1} x\mathrm{d}x = 3(\text{J}).$$

图 5-35

图 5-36

例 14 有一圆柱形蓄水池,高为 $40\,\text{m}$,底圆半径为 $10\,\text{m}$,池内盛满水,试求把水池内的水全部抽出所作的功.

解 建立坐标系如图 5-36 所示,在小区间 $[x, x + \Delta x]$ 上的薄水层,到水池顶部 O 的距离可视为 x,由于水的密度 ρ 为 $1\,\text{t/m}^3$,水的重力为 $\rho g = 9.8 \times 10^3\,\text{kg/m}^3$,抽出这薄水层所作的功为功的微元

$$\mathrm{d}W = \pi r^2 \rho g x \mathrm{d}x = \pi \cdot 10^2 \cdot 9.8 \cdot 10^3\, x \mathrm{d}x,$$

于是,抽出全部水所作的功

$$W = \int_0^{40} 9.8 \cdot 10^5 \, \pi x \mathrm{d}x = 9.8 \cdot 10^5 \, \pi \, \frac{x^2}{2} \Big|_0^{40}$$

$$= 246.2 \times 10^7 (\text{kJ}).$$

2. 液体的压力

由物理学可知,在稳定状态的液体中的任一点,在任何方向所受的压强均相同:在液体深为 h 处的压强为

$$p = \gamma h,$$

其中 $\gamma = \rho \cdot g$,ρ 为液体密度,$g = 9.8\,\text{m/s}^2$.

若一面积为 A 的平板,水平地放置在液体深度为 h 处(板面与液面平行),则平板一侧

所受的压力为 $F = pA = \gamma hA$.

现将一平板垂直地置放在液体中(板面垂直于液面),由于深度不同处,其压强不同,试问应如何计算平板一侧所受的压力.

选取坐标系如图 5-37,沿液面取 y 轴,且形状为曲边梯形的平板位于液体中的位置为 $aABb$(图 5-37),其曲边 $y = f(x) \geqslant 0$. 取平板的一个与 y 轴平行的窄条(图 5-37 中有阴影的部分),该窄条在液体中的深度为 x,其面积可视为是 $y\mathrm{d}x$. 于是这一窄条平板所受的压力,就是平板在液体中所受压力的微元,即 $\mathrm{d}F = \gamma xy\mathrm{d}x = \gamma xf(x)\mathrm{d}x$,从而,位于液体中,深为 $x = a$ 到 $x = b$ 这一平板所受的压力就是

$$F = \gamma \int_a^b xf(x)\mathrm{d}x. \tag{5.26}$$

图 5-37

图 5-38

例 15 有一梯形水闸如图 5-38 所示. 它的顶宽为 20 m,底宽为 8 m,高为 12 m. 当水面与闸门顶齐平时,试求闸门所受的压力.

解 选取坐标系如图 5-38 所示. 由题设知:点 $A(0,10)$,$B(12,4)$;过点 A 与 B 的直线方程为 $y = -\dfrac{x}{2} + 10$,这是闸门右侧一边的方程.

注意到闸门关于 x 轴对称,由公式(5.26),闸门所受的压力

$$F = 2\gamma \int_0^{12} x\left(-\frac{x}{2} + 10\right)\mathrm{d}x = 2\gamma\left(-\frac{x^3}{6} + 5x^2\right)\Big|_0^{12} = 864\gamma,$$

其中水的重力 $\gamma = \rho \cdot g = 10^3 \text{ kg/m}^3 \cdot 9.8 \text{ m/s}^2 = 9.8 \times 10^3 \text{ N/m}^3$. 于是

$$F = 864 \cdot 9.8 \cdot 10^3 = 8.467 \times 10^6(\text{N}).$$

四、积分学在经济中的应用

1. 已知边际函数求总函数

已知总成本函数 $C = C(Q)$,总收益函数 $R = R(Q)$(统称总函数),由微分法可得到边际成本函数、边际收益函数(统称边际函数)

$$MC = \frac{\mathrm{d}C}{\mathrm{d}Q}, \quad MR = \frac{\mathrm{d}R}{\mathrm{d}Q}.$$

由于积分法是微分法的逆运算,因此,积分法能使我们由边际函数推得总函数,即已知边际成本函数 MC、边际收益函数 MR,可得总成本函数、总收益函数.即总成本函数为

$$C(Q) = \int (MC)\mathrm{d}Q. \tag{5.27}$$

总收益函数为

$$R(Q) = \int (MR)\mathrm{d}Q. \tag{5.28}$$

因不定积分中含有一个任意常数,为了得到所要求的总函数,用公式(5.27)或公式(5.28)时,尚需知道一个确定积分常数的条件:一般情况求总成本函数时,题设中给出固定成本 C_0,即 $C(0)=C_0$;求总收益函数时,确定任意常数的条件是 $R(0)=0$,即尚没销售产品时,总收益为零.不过这个条件往往题设中不给出.

我们知道,变上限的定积分是被积函数的一个原函数,因此,已知边际成本函数 MC、边际收益函数 MR,也可用变上限的定积分来表示总成本函数、总收益函数:

$$C(Q) = \int_0^Q (MC)\mathrm{d}Q + C_0, \tag{5.29}$$

$$R(Q) = \int_0^Q (MR)\mathrm{d}Q, \tag{5.30}$$

其中,公式(5.29)中的 $C_0=C(0)$ 是固定成本.由(5.29)式和(5.30)式可得到总利润函数

$$\pi(Q) = \int_0^Q (MR - MC)\mathrm{d}Q - C_0. \tag{5.31}$$

容易理解,产量由 a 个单位改变到 b 个单位时,总成本的改变量,总收益的改变量分别用下式计算:

$$\int_a^b (MC)\mathrm{d}Q, \tag{5.32}$$

$$\int_a^b (MR)\mathrm{d}Q. \tag{5.33}$$

例 16 设生产某产品的固定成本为 1 万元,边际收益和边际成本分别为(单位:万元/百台)

$$R'(Q) = 8 - Q, \quad C'(Q) = 4 + \frac{Q}{4}.$$

(1) 求产量由 1 百台增加到 5 百台时,总成本和总收益各增加多少?

(2) 求产量为多少时,总利润最大;

(3) 求利润最大时的总利润、总成本和总收益.

解 (1) 由公式(5.32)可得总成本的增加量为

$$\int_1^5 C'(Q)\mathrm{d}Q = \int_1^5 \left(4 + \frac{Q}{4}\right)\mathrm{d}Q = \left(4Q + \frac{Q^2}{8}\right)\Big|_1^5 = 19(万元).$$

由公式(5.33)可得总收益的增加量为

$$\int_1^5 R'(Q)\mathrm{d}Q = \int_1^5 (8-Q)\mathrm{d}Q = \left(8Q - \frac{Q^2}{2}\right)\Big|_1^5 = 20(万元).$$

（2）由公式（5.31）可得总利润函数

$$\pi(Q) = \int_0^Q \left[(8-x) - \left(4+\frac{x}{4}\right)\right]\mathrm{d}x - 1 = \left(4x - \frac{5}{8}x^2\right)\Big|_0^Q - 1 = 4Q - \frac{5}{8}Q^2 - 1.$$

由 $\pi'(Q) = 4 - \frac{5}{4}Q = 0$ 得 $Q = 3.2$（百台）. 又 $\pi''(Q) = -\frac{5}{4} < 0$（对任何 Q 都成立），故产量 $Q = 3.2$ 百台时，利润最大.

（3）将 $Q = 3.2$ 代入利润函数中，可得最大利润为

$$\pi(3.2) = 4 \cdot 3.2 - \frac{5}{8} \cdot (3.2)^2 - 1 = 5.4(万元).$$

由公式（5.29），可得利润最大时总成本为

$$C = \int_0^{3.2}\left(4 + \frac{Q}{4}\right)\mathrm{d}Q + 1 = \left(4Q + \frac{Q^2}{8}\right)\Big|_0^{3.2} + 1 = 15.08(万元).$$

由公式（5.30），可得利润最大时的总收益为

$$R = \int_0^{3.2}(8-Q)\mathrm{d}Q = \left(8Q - \frac{Q^2}{2}\right)\Big|_0^{3.2} = 20.48(万元).$$

例 17　一煤矿投资 2000 万元建成，开工采煤后，在时刻 t 的追加成本和追加收益分别为（单位：百万元/年）

$$G(t) = 5 + 2t^{\frac{2}{3}}, \quad \Phi(t) = 17 - t^{\frac{2}{3}},$$

试确定该矿在何时停止生产可获最大利润？最大利润是多少？

分析　这里，追加成本就是总成本对时间 t 的变化率，追加收益就是总收益对时间 t 的变化率. 而 $\Phi(t) - G(t)$ 应该是追加利润，或者说是利润对时间 t 的变化率. 投资 2000 万元建煤矿，这是固定成本.

显然，$G(t)$ 是增函数，$\Phi(t)$ 是减函数，这意味着生产费用逐年增加，而所得收益逐年减少. 从图 5-39 看，煤矿所获利润应是曲边三角形 ABC 面积的数值.

图　5-39

解　由极值存在的必要条件：$G(t) = \Phi(t)$，即

$$5 + 2t^{\frac{2}{3}} = 17 - t^{\frac{2}{3}},$$

可解得 $t = 8$. 又因

$$G'(t) = \frac{4}{3}t^{-\frac{1}{3}}, \quad \Phi'(t) = -\frac{2}{3}t^{-\frac{1}{3}},$$

显然　$\Phi'(8) < G'(8)$，即 $t = 8$ 时，满足极值存在的充分条件. 所以，煤矿生产 8 年可获最大利润，其值是

$$\pi = \int_0^8 [\Phi(t) - G(t)] dt - 20 = \int_0^8 \left[(17 - t^{\frac{2}{3}}) - (5 + 2t^{\frac{2}{3}}) \right] dt - 20$$

$$= \left. \left(12t - \frac{9}{5} t^{\frac{5}{3}} \right) \right|_0^8 - 20 = 38.4 - 20 = 18.4 (\text{百万元}).$$

2. 现金流量的现在值

如果收益(或支出)不是单一数额,而是在每单位时间内;比如说在每一年末都有收益(或支出),这称为现金流量. 现设第 1 年末,第 2 年末,⋯,第 n 年末的未来收益流量是

$$R_1, R_2, \cdots, R_n,$$

若贴现率为 r,则 $R_i (i = 1, 2, \cdots, n)$ 的现在值分别是

$$R_1(1+r)^{-1}, R_2(1+r)^{-2}, \cdots, R_n(1+r)^{-n},$$

这全部收益流量的现在值是和

$$R = \sum_{i=1}^n \frac{R_i}{(1+r)^i}.$$

上面所述,现金流量是离散的情况. 若它是连续的,则现金流量将是时间 t 的函数 $R(t)$:若 t 以年为单位,在时间点 t 每年的流量是 $R(t)$. 这样,在一个很短的时间间隔 $[t, t+dt]$ 内,现金流量的总量的近似值是

$$R(t) dt,$$

当贴现率为 r,按连续复利计算,其现在值应是

$$R(t) e^{-rt} dt,$$

那么,到 n 年末收益流量的总量的现在值就是如下的定积分

$$R = \int_0^n R(t) e^{-rt} dt.$$

特别地,当 $R(t)$ 是常量 A(每年的收益不变,都是 A,这称为均匀流),则

$$R = A \int_0^n e^{-rt} dt = \frac{A}{r} (1 - e^{-rn}).$$

例如,连续收益流量每年按 6000 元的不变比率持续两年,且贴现率为 6%,其现在值

$$R = 6000 \int_0^2 e^{-0.06t} dt = \frac{6000}{0.06} (1 - e^{-0.06 \times 2}) = 100000(1 - 0.8869) = 11310 (\text{元}).$$

例 18 若某物品现售价 5000 万元,分期付款购买,10 年付清,每年付款数相同. 若贴现率为 4%,按连续复利计算,每年应付款多少万元?

解 每年付款数相同,共付 10 年,这是均匀现金流量,设每年付款 A 万元.

全部付款的总现在值是已知的,即现售价 5000 万元. 于是根据均匀流量的贴现公式,有

$$5000 = A \int_0^{10} e^{-0.04t} dt = \frac{A}{0.04} (1 - e^{-0.04 \times 10}),$$

即

$$200 = A(1 - 0.6703), \quad A = 606.6121 (\text{万元}).$$

每年应付款 606.6121 万元.

例 19 某一机器使用寿命为 10 年. 如购进此机器需 35000 元, 如租用此机器每月租金为 600 元. 设资金的年利率为 14%, 按连续复利计算, 问购进机器与租用机器哪一种方式合算.

解 计算租金流量总值的现在值, 然后与购价相比较.

每月租金 600 元, 每年租金为 7200 元. 租金流量总值的现在值

$$P = 7200 \int_0^{10} e^{-0.14t} dt = \frac{7200}{0.14}(1 - e^{-0.14 \times 10})$$

$$= 51428.5 \times (1 - 0.2466) = 38746(元).$$

因购进机器只需 35000 元, 显然, 购进机器合算.

本题也可将购进机器的费用折算成按租用付款, 然后与实际租用费比较.

假若收益流量 $R(t)$ 长久持续下去, 则这种流量的总现在值是广义积分

$$R = \int_0^{+\infty} R(t)e^{-rt} dt,$$

其中 r 是贴现率. 特别地, 当 $R(t) = A$(常量)时, 则

$$R = \int_0^{+\infty} Ae^{-rt} dt = A \lim_{n \to +\infty} \int_0^n e^{-rt} dt = \frac{A}{r}.$$

例如, 设持久现金流量每年 240 元, 按年利率 6% 贴现, 其总现在值是

$$R = \frac{A}{r} = \frac{240}{0.06} = 4000(元).$$

习 题 5.4

1. 求由下列曲线所围成图形的面积:

(1) $y = e^x, y = 0, x = 0, x = 1$;

(2) $y = \ln x, y = 0, x = e$;

(3) $y = x^2, y = 3x + 4$;

(4) $y = 1 - x^2, y = \frac{3}{2}x$;

(5) $y = x^2, y = x, y = 2x$;

(6) $y = \ln x, y = 0, y = 1, x = 0$;

(7) $y^2 = x, x - y - 2 = 0$;

(8) $y^2 = 2x + 1, x - y - 1 = 0$;

(9) $xy = 1, y = 4x, x = 2, y = 0$;

(10) $y = x^3 - 6x, y = x^2$.

2. 求由抛物线 $y^2 = 4x$ 及其在点 $M(1,2)$ 处的法线所围图形的面积.

3. 求曲线 $y = \frac{1}{2}x^3 + \frac{3}{4}x^2 - 3x$ 与 x 轴及该曲线两个极值点纵线间所围成图形的面积.

*4. 求摆线的一拱

$$\begin{cases} x = a(t - \sin t), \\ y = a(1 - \cos t) \end{cases} \quad (0 \leqslant t < 2\pi)$$

与 x 轴所围图形的面积.

*5. 求星形线与圆, 即由曲线

$$\begin{cases} x = a\cos^3 t, \\ y = a\sin^3 t, \end{cases} \quad \text{与} \quad \begin{cases} x = a\cos t, \\ y = a\sin t \end{cases} \quad (0 \leqslant t \leqslant 2\pi, a > 0)$$

所围图形的面积(图 5-40).

*6. 求由下列极坐标方程所表示的曲线围成图形的面积:

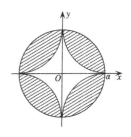

图 5-40

(1) $r=4\sin3\theta$（三叶玫瑰线，见附录三）；

(2) $r=4\cos2\theta$（四叶玫瑰线，见附录三）；

(3) $r=a(1-\cos\theta)$（心形线，见附录三）；

(4) $r=a\theta,0\leqslant\theta\leqslant2\pi$（阿基米德螺线，见附录三）；

7. 求由下列曲线所围成的图形绕 x 轴旋转所成旋转体的体积：

(1) $y=x^2,y=0,x=1,x=2$；　　　　(2) $xy=a^2,y=0,x=a,x=2a$；

(3) $y=x^2,x=y^2$；　　　　　　　(4) $y=x^2,y=x$；

(5) $y=\dfrac{1}{x},y=4x,y=0,x=2$；　　(6) $y=\sin x\ (0\leqslant x\leqslant\pi),y=0$.

8. 求下列曲线所围成的图形绕 x 轴，绕 y 轴旋转所成旋转体的体积：

(1) 椭圆 $\dfrac{x^2}{a^2}+\dfrac{y^2}{b^2}=1$；　　　　(2) $y=e^{-x}(0\leqslant x<+\infty),y=0$.

*9. 求下列平面曲线的弧长：

(1) $y=\ln x\ (1\leqslant x\leqslant3)$；　　(2) $y^2=4(x-1)\ (1\leqslant x\leqslant2)$.

*10. 求星形线 $x=a\cos^3t,y=a\sin^3t$ 的全长（见附录三）.

*11. 求摆线第一拱的全长：$x=a(t-\sin t),y=a(1-\cos t)$，$0\leqslant t\leqslant2\pi$（见附录三）.

*12. 求圆的渐伸线（见附录三）

$$\begin{cases} x = a\cos t + at\sin t, \\ y = a\sin t - at\cos t \end{cases} \quad (a>0,0\leqslant t\leqslant2\pi)$$

的全长.

*13. 一弹簧原长为 1 m，一端固定压缩另一端把它压缩 1 cm 所用的力为 0.05 N. 求把它从 80 cm 压缩到 60 cm 所作的功.

*14. 求曲线 $r=a\sin^3\dfrac{\theta}{3}(a>0)$ 的全长（$0\leqslant\theta\leqslant3\pi$）.

*15. 有一圆锥形蓄水池，内贮满水，池口直径为 $2R$，高为 H，欲将池内的水全部抽到池外，需作多少功（图 5-41）.

*16. 一物体按规律 $x=ct^3$ 作直线运动，媒体的阻力与速度的平方成正比，计算物体由 $x=0$ 移到 $x=a$ 时，克服阻力所作的功.

*17. 有一垂直于水平的半圆形闸门，半径为 a 且其直径位于水的表面上（图 5-42），求水对闸门的压力（设水的密度 $\rho=1\,\text{t/m}^3,g=10\,\text{m/s}^2$）.

图　5-41　　　　　　　图　5-42　　　　　　　图　5-43

*18. 设有一薄板，其边缘为一抛物线，如图 5-43 所示，铅直沉入水中. 若抛物线的顶点恰在水平面上.

试求薄板所受的压力(设水的密度 $\rho = 1\,\text{t}/\text{m}^3, g = 10\,\text{m}/\text{s}^2$).

　*19. 某可控硅控制线路中,流过负载 R 的电流

$$i(t) = \begin{cases} 0, & 0 \leqslant t \leqslant t_0, \\ 5\sin\omega t, & t_0 < t \leqslant T/2, \end{cases}$$

其中 t_0 称为触发时间. 若 $T = 0.02$ 秒,$\omega = \dfrac{2\pi}{T} = 100\pi$,求 $\left[0, \dfrac{T}{2}\right]$ 内电流的平均值.

　20. 生产某产品,其边际收益函数 $MR = 200 - \dfrac{Q}{50}$,

　(1) 求总收益函数;　　　(2) 求生产 200 个单位时的总收益;

　(3) 若已经生产了 200 个单位,求再生产 200 个单位时的总收益.

　21. 每天生产某产品的固定成本为 20 万元,边际成本函数 $MC = 0.4Q + 2$(万元/吨),商品的销售价格 $P = 18$(万元/吨).

　(1) 求总成本函数;　　　(2) 求总利润函数;

　(3) 每天生产多少吨产品可获最大利润?最大利润是多少?

　22. 生产某产品的固定成本为 6,而边际成本函数和边际收益函数分别是

$$MC = 3Q^2 - 18Q + 36, \quad MR = 33 - 8Q,$$

试求获最大利润的产量和最大利润.

　23. 设某产品的总产量 Q 对时间的变化率为

$$f(t) = 100 + 10t - 0.45t^2(\text{吨} / \text{小时}),$$

　(1) 将总产量 Q 表示为时间 t 的函数;

　(2) 求从时刻 $t=4$ 到 $t=8$ 小时这段时间内总产量的增量.

　24. 连续收益流量每年 500 元,设年利率为 8%,按连续复利计算为期 10 年,求总值为多少?现值为多少?

　25. 年利率 9%,抵押借债 35000 元,为期 25 年,按连续复利计算,每月应还债多少才能付清.

　26. 某一机器使用寿命为 10 年,如购进机器需要 40000 元,如租用此机器每月租金 500 元,设投资年利率为 14%,按连续复利计算,问购进与租用哪一种方式合算?

第六章 微分方程

为了深入研究几何、物理、经济等许多实际问题,常常需要寻求问题中有关变量之间的函数关系.而这种函数关系往往不能直接得到,却只能根据这些学科中的某些基本原理,得到所求函数及其变化率之间的关系式,然后,再从这种关系式中解出所求函数.这种关系式就是微分方程.微分方程在自然科学、工程技术和经济学等领域中有着广泛的应用.

本章介绍微分方程的一些基本概念;讲述下列微分方程的解法:一阶微分方程中的常见类型、可降阶的二阶微分方程和二阶常系数线性微分方程.最后讲述微分方程应用例题.

§6.1 微分方程的基本概念

我们通过例题来说明微分方程的一些基本概念.

例1 一条曲线通过点 $(1,2)$,且在该曲线上任意一点 $P(x,y)$ 处的切线斜率都为 $3x^2$,求这条曲线的方程.

依题意,根据导数的几何意义,该问题是要求一个函数 $y=f(x)$,即曲线方程,使它满足关系式

$$\frac{\mathrm{d}y}{\mathrm{d}x} = 3x^2 \tag{6.1}$$

和已知条件:当 $x=1$ 时,$y=2$.

本例中,需要寻求的曲线方程,即函数 $y=f(x)$ 是未知的,称为**未知函数**.关系式(6.1)是一个含有未知函数导数的方程,称为**微分方程**.未知函数是一元函数的微分方程称为**常微分方程**.我们只讨论常微分方程,以下简称为**微分方程**,也简称为**方程**.由于微分方程(6.1)式中只含有未知函数的一阶导数,所以称为**一阶微分方程**.

未知函数的导数与自变量之间的关系式,即微分方程(6.1)式已列出.下面就要设法从微分方程中求出未知函数 $y=f(x)$,这就是"**解微分方程**"的问题.

将已得到的微分方程(6.1)式两端积分,得

$$y = x^3 + C, \tag{6.2}$$

其中 C 是任意常数.(6.2)式是一族函数.

在我们的问题中,还有一个已知条件:当 $x=1$ 时,$y=2$.为了求得满足这个条件的函数,将 $x=1$,$y=2$ 代入(6.2)式中,有

$$2 = 1^3 + C, \quad \text{即} \quad C = 1.$$

由此,得到了我们要求的未知函数,即曲线方程为

$$y = x^3 + 1.$$

若将函数 $y = x^3 + C$ 代入微分方程(6.1)式,即对 $y = x^3 + C$ 求导数,得 $\dfrac{\mathrm{d}y}{\mathrm{d}x} = 3x^2$,代入 (6.1)式的左端,显然微分方程(6.1)式就成为恒等式:

$$3x^2 = 3x^2.$$

这种能使微分方程成为恒等式的函数,称为微分方程(6.1)式的**解**.函数 $y = x^3 + C$ 中含有一个任意常数 C,当 C 取不同的值时,将得到不同的函数,而这些函数都满足微分方程(6.1)式.

对于**一阶微分方程**(6.1)式,若其解中含有**一个任意常数**,则这个解称为微分方程的**通解**.函数 $y = x^3 + 1$ 是当 C 取 1 的解,这个解称为微分方程(6.1)式的特解,即当通解中的任意常数 C 取某一特定值时的解,称为微分方程的**特解**.用来确定通解中的任意常数 C 取某一定值的条件,一般称为**初始条件**.容易想到,初始条件不同时,所确定的特解将不同.本例中的初始条件是:当 $x = 1$ 时, $y = 2$,或记作 $y|_{x=1} = 2$.

例 2　一质量为 m 的物体受重力作用而下落,假设初始位置和初始速度都为 0,试确定该物体下落的距离 s 与时间 t 的函数关系.

该物体只受重力作用而下落,重力加速度是 g m/s². 按二阶导数的物理意义,若设下落距离 s 与时间 t 的函数关系为 $s = s(t)$,则有

$$\frac{\mathrm{d}^2 s}{\mathrm{d}t^2} = g, \tag{6.3}$$

对上式两边积分,得

$$\frac{\mathrm{d}s}{\mathrm{d}t} = gt + C_1. \tag{6.4}$$

按一阶导数的物理意义: $\dfrac{\mathrm{d}s}{\mathrm{d}t} = v(t)$,其中 $v(t) = gt + C_1$ 应是物体运动的速度,其中 C_1 是任意常数.

对(6.4)式两边再积分,得

$$s = \frac{1}{2}gt^2 + C_1 t + C_2, \tag{6.5}$$

其中 C_2 也是任意常数.显然(6.5)式给出了下落距离 s 与所经历的时间 t 的函数关系.

依题意,初始位置和初始速度都为 0,即

$$s(0) = s|_{t=0} = 0, \tag{6.6}$$

$$v(0) = \frac{\mathrm{d}s}{\mathrm{d}t}\bigg|_{t=0} = 0. \tag{6.7}$$

将(6.7)式代入(6.4)式,可得 $C_1 = 0$;再将(6.6)式和 $C_1 = 0$ 代入(6.5)式,可得 $C_2 = 0$. 于是,所求的 s 与 t 的函数关系,即物体下落的运动方程为

$$s = \frac{1}{2}gt^2.$$

在本例中,需要求出的下落距离 s 与所经历的时间 t 的函数关系 $s=s(t)$ 是未知函数;(6.3)式中含有未知函数的**二阶导数**,称为**二阶微分方程**;函数(6.5)式,即函数

$$s = s(t) = \frac{1}{2}gt^2 + C_1 t + C_2$$

满足微分方程(6.3)式,它是该微分方程的解;对于(6.3)式这样的二阶微分方程,满足它的函数(6.5)式中含有**两个任意常数**,这是**通解**;而函数 $s=\frac{1}{2}gt^2$,是当 C_1 和 C_2 都取 0 时的解,这是**特解**;而(6.6)式和(6.7)式是确定通解(6.5)中任意常数 C_1 和 C_2 的条件,这是**初始条件**.

分析了以上两个例题,一般有如下定义.

定义 6.1 联系自变量、未知函数及未知函数的导数或微分的方程,称为**微分方程**.

这里须指出,微分方程中可以不显含自变量和未知函数,但必须显含未知函数的导数或微分.正因为如此,简言之,含有未知函数的导数或微分的方程称为**微分方程**.

定义 6.2 微分方程中出现的未知函数导数的最高阶阶数,称为**微分方程的阶**.

例如

$\dfrac{\mathrm{d}y}{\mathrm{d}x} + \dfrac{1}{x}y = \dfrac{1}{x}\cos x$ 是一阶微分方程;

$y'' + 8y' = 8x$ 是二阶微分方程;

$y''' = \dfrac{\ln x}{x^2}$ 是三阶微分方程.

n 阶微分方程的一般形式是

$$F(x, y, y', y'', \cdots, y^{(n)}) = 0,$$

其中 x 是自变量,y 是未知函数,最高阶导数是 n 阶 $y^{(n)}$.

二阶和二阶以上的微分方程称为**高阶微分方程**.

定义 6.3 若将一个函数及其导数代入微分方程中,使方程成为恒等式,则此函数称为**微分方程的解**.

含有任意常数的个数等于微分方程的阶数的解,称为微分方程的**通解**;给通解中的任意常数以特定值的解,称为微分方程的**特解**.

微分方程的初始条件 用以确定通解中任意常数的条件称为**初始条件**.

一阶微分方程的初始条件是,当自变量取某个特定值时,给出未知函数的值:

当 $x=x_0$ 时,$y=y_0$ 或 $y|_{x=x_0}=y_0$;

二阶微分方程的初始条件是,当自变量取某个特定值时,给出未知函数及一阶导数的值:

当 $x=x_0$ 时,$y=y_0$,$y'=y_1$ 或 $y|_{x=x_0}=y_0$,$y'|_{x=x_0}=y_1$.

例如,容易验证:

函数 $y=Ce^x$,$y=e^x$ 都是一阶微分方程 $y'-y=0$ 的解.显然,前者是通解,而后者是满

足初始条件 $y|_{x=0}=1$ 的特解.

例 3 验证函数 $y=C_1\cos x+C_2\sin x-\dfrac{1}{2}x\cos x(C_1,C_2$ 是任意常数)是二阶微分方程

$$y'' + y = \sin x$$

的通解;并求满足初始条件

$$y|_{x=0} = 1, \quad y'|_{x=0} = \frac{5}{2}$$

的特解.

解
$$y = C_1\cos x + C_2\sin x - \frac{1}{2}x\cos x,$$

$$y' = -C_1\sin x + C_2\cos x - \frac{1}{2}\cos x + \frac{1}{2}x\sin x,$$

$$y'' = -C_1\cos x - C_2\sin x + \frac{1}{2}\sin x + \frac{1}{2}\sin x + \frac{1}{2}x\cos x,$$

将 y,y'' 代入原方程,有

$$y''+y = -C_1\cos x - C_2\sin x + \sin x + \frac{1}{2}x\cos x$$

$$+ C_1\cos x + C_2\sin x - \frac{1}{2}x\cos x = \sin x,$$

即函数 $y=C_1\cos x+C_2\sin x-\dfrac{1}{2}x\cos x$ 是微分方程 $y''+y=\sin x$ 的解;由于该函数中含有任意常数的个数是 2,恰等于微分方程的阶数,所以所给函数是通解.

按题设,将 $x=0$ 时,$y=1,y'=\dfrac{5}{2}$ 的条件代入 y 和 y' 的表达式中,得

$$\begin{cases} C_1\cos 0 + C_2\sin 0 - \frac{1}{2}0\cdot\cos 0 = 1, \\ -C_1\sin 0 + C_2\cos 0 - \frac{1}{2}\cos 0 + \frac{1}{2}0\cdot\sin 0 = \frac{5}{2}, \end{cases}$$

或
$$\begin{cases} C_1 = 1, \\ C_2 - \frac{1}{2} = \frac{5}{2}, \end{cases}$$

即 $C_1=1,C_2=3$. 于是所求特解为

$$y = \cos x + 3\sin x - \frac{1}{2}x\cos x.$$

求微分方程满足某初始条件的解的问题,称为微分方程的**初值问题**. 例如,函数 $y=\mathrm{e}^x$ 就是满足初值问题

$$\begin{cases} \dfrac{\mathrm{d}y}{\mathrm{d}x} = y, \\ y|_{x=0} = 1 \end{cases}$$

的解.

习 题 6.1

1. 下列方程中,**不是**微分方程的是(   ).

(A) $\left(\dfrac{dy}{dx}\right)^2 - 3y = 0$;   (B) $dy + \dfrac{1}{x}dx = 0$;   (C) $y' = e^{x-y}$;   (D) $x^2 + y^2 = k$.

2. 指出下列各微分方程的阶数:

(1) $x^3(y'')^3 - 2y' + y = 0$;   (2) $y'' - 2yy' + y = x$;

(3) $(2x - y)dx + (x + y)dy = 0$;   (4) $\dfrac{d^2r}{d\theta^2} + \omega r = \sin^2\theta$ (ω 为常数).

3. 验证所给函数是已知微分方程的解,并说明是通解还是特解:

(1) $x^2 + y^2 = C$ $(C>0)$,$y' = -\dfrac{x}{y}$;   (2) $y = \dfrac{\sin x}{x}$,$xy' + y = \cos x$.

4. **试验证**:函数 $y = C_1 e^x + C_2 e^{-2x}$ 是微分方程

$$\frac{d^2y}{dx^2} + \frac{dy}{dx} - 2y = 0$$

的通解,并求满足初始条件 $y|_{x=0} = 1$,$y'|_{x=0} = 1$ 的特解.

5. 试写出由下列条件确定的曲线所满足的微分方程及初始条件:

(1) 曲线过点 $(0, -2)$,且曲线上每一点 (x, y) 处切线的斜率都比这点的纵坐标大 3;

(2) 曲线过点 $(0, 2)$,且曲线上任一点 (x, y) 处切线的斜率是这点纵坐标的 3 倍.

§6.2 一阶微分方程

这里我们讲授几种常见类型的一阶微分方程 $y' = f(x, y)$ 的解法.

一、可分离变量的微分方程

形如

$$\frac{dy}{dx} = \varphi(x) \cdot g(y) \tag{6.8}$$

的微分方程称为**可分离变量**的微分方程. 这种方程用**分离变量法**求解.

例如,下列微分方程都是可分离变量的微分方程:

$$\frac{dy}{dx} = -xy, \quad y' = \frac{y\ln y}{x}.$$

若 $g(y) \neq 0$,则可将(6.8)式写成如下形式:

$$\frac{1}{g(y)}dy = \varphi(x)dx, \tag{6.9}$$

这时,称(6.9)式为**变量已分离的微分方程**. 如果 $\varphi(x)$,$g(y)$ 为连续函数,将(6.9)式两端分别积分,它们的原函数只相差一个常数,便有

$$\int \frac{1}{g(y)}dy = \int \varphi(x)dx + C, \tag{6.10}$$

或记作

$$G(y) = F(x) + C, \tag{6.11}$$

其中 $G(y), F(x)$ 分别是 $\dfrac{1}{g(y)}$ 和 $\varphi(x)$ 的一个原函数. 这就得到了 x 与 y 之间的函数关系. (6.10)式或(6.11)式是微分方程(6.8)的通解.

可分离变量的微分方程也可写成如下形式

$$M_1(x)M_2(y)\mathrm{d}x + N_1(x)N_2(y)\mathrm{d}y = 0,$$

分离变量,得

$$\frac{N_2(y)}{M_2(y)}\mathrm{d}y = -\frac{M_1(x)}{N_1(x)}\mathrm{d}x.$$

这就是(6.9)式的形式.

例 1 求微分方程 $xy' = y\ln y$ 的通解;并求满足初始条件 $y|_{x=1} = \mathrm{e}$ 的特解.

解 这是可分离变量的微分方程,分离变量得

$$\frac{1}{y\ln y}\mathrm{d}y = \frac{1}{x}\mathrm{d}x.$$

对上面等式两端分别积分

$$\int \frac{1}{\ln y}\mathrm{d}(\ln y) = \int \frac{1}{x}\mathrm{d}x + C_1$$

得

$$\ln\ln y = \ln x + C_1,$$

其中 C_1 是任意常数. 若记 $C_1 = \ln C$(C 为大于零的任意常数),即有

$$\ln\ln y = \ln x + \ln C.$$

去掉对数符号,通解可记作

$$y = \mathrm{e}^{Cx}.$$

将 $x=1, y=\mathrm{e}$ 代入通解中,得 $\mathrm{e} = \mathrm{e}^C$, $C=1$. 所求特解为 $y = \mathrm{e}^x$.

例 2 求解微分方程 $(1+x^2)\mathrm{d}y + xy\mathrm{d}x = 0$.

解 这是可分离变量的微分方程. 分离变量得

$$\frac{1}{y}\mathrm{d}y = -\frac{x}{1+x^2}\mathrm{d}x.$$

积分

$$\int \frac{1}{y}\mathrm{d}y = -\int \frac{x}{1+x^2}\mathrm{d}x + \ln C,$$

$$\ln y = -\frac{1}{2}\ln(1+x^2) + \ln C.$$

于是微分方程的通解是 $y = \dfrac{C}{\sqrt{1+x^2}}$.

二、齐次微分方程

先看一例. 微分方程

$$\frac{\mathrm{d}y}{\mathrm{d}x} = \frac{y^2}{xy - x^2}$$

将右端分子、分母同除以 x^2，得

$$\frac{y^2}{xy - x^2} = \frac{\left(\dfrac{y}{x}\right)^2}{\dfrac{y}{x} - 1}.$$

若以 $\dfrac{y}{x}$ 为变量，上式右端可看做是 $\dfrac{y}{x}$ 的函数 $\varphi\left(\dfrac{y}{x}\right)$. 于是，原方程可写成如下形式

$$\frac{\mathrm{d}y}{\mathrm{d}x} = \varphi\left(\frac{y}{x}\right).$$

一般，形如

$$\frac{\mathrm{d}y}{\mathrm{d}x} = \varphi\left(\frac{y}{x}\right) \tag{6.12}$$

的一阶微分方程，称为**齐次微分方程**.

这种方程可通过变量替换化为可分离变量的微分方程，即由 $\dfrac{y}{x} = v$ 得 $y = vx$，然后转化为可分离变量的微分方程.

设 $y = vx$，两端对 x 求导，得

$$\frac{\mathrm{d}y}{\mathrm{d}x} = v + x\frac{\mathrm{d}v}{\mathrm{d}x}.$$

将 $\dfrac{y}{x} = v$ 及上式代入 (6.12)，得

$$v + x\frac{\mathrm{d}v}{\mathrm{d}x} = \varphi(v).$$

这是以 x 为自变量，$v(x)$ 为未知函数的可分离变量的微分方程.

例 3　求微分方程 $y^2 + x^2\dfrac{\mathrm{d}y}{\mathrm{d}x} = xy\dfrac{\mathrm{d}y}{\mathrm{d}x}$ 的通解.

解　这是齐次微分方程，可化为如下形式

$$\frac{\mathrm{d}y}{\mathrm{d}x} = \frac{y^2}{xy - x^2}, \quad \text{即} \quad \frac{\mathrm{d}y}{\mathrm{d}x} = \frac{\left(\dfrac{y}{x}\right)^2}{\dfrac{y}{x} - 1}.$$

设 $y = vx$，则

$$\frac{\mathrm{d}y}{\mathrm{d}x} = v + x\frac{\mathrm{d}v}{\mathrm{d}x}.$$

将其代入上述方程，得

$$v + x\frac{\mathrm{d}v}{\mathrm{d}x} = \frac{v^2}{v - 1}.$$

这就化为了可分离变量的微分方程.

分离变量,两端积分,得

$$\frac{v-1}{v}\mathrm{d}v = \frac{\mathrm{d}x}{x}, \quad \int\left(1-\frac{1}{v}\right)\mathrm{d}v = \int\frac{1}{x}\mathrm{d}x + \ln C_1,$$

即
$$v - \ln v = \ln x + \ln C_1, \quad \text{或} \quad C_1 xv = \mathrm{e}^v.$$

以 $v=\frac{y}{x}$ 代入上式,还原变量 y,得原微分方程的通解

$$y = C\mathrm{e}^{\frac{y}{x}} \quad \left(C = \frac{1}{C_1}\right).$$

例 4 求微分方程

$$x\mathrm{d}y = \left(2x\tan\frac{y}{x}+y\right)\mathrm{d}x$$

满足初始条件 $y|_{x=2}=\frac{\pi}{2}$ 的特解.

解 原方程可改写为

$$\frac{\mathrm{d}y}{\mathrm{d}x} = 2\tan\frac{y}{x}+\frac{y}{x}.$$

这是齐次微分方程.

先求所给方程的通解. 设 $y=vx$,则

$$\frac{\mathrm{d}y}{\mathrm{d}x} = v + x\frac{\mathrm{d}v}{\mathrm{d}x}.$$

将其代入上述微分方程,得

$$v + x\frac{\mathrm{d}v}{\mathrm{d}x} = 2\tan v + v \quad \text{或} \quad x\frac{\mathrm{d}v}{\mathrm{d}x} = 2\tan v.$$

这是可分离变量的方程. 分离变量,两端积分得

$$\cot v\,\mathrm{d}v = \frac{2}{x}\mathrm{d}x.$$

$$\ln\sin v = 2\ln x + \ln C, \quad \text{即} \quad \sin v = Cx^2.$$

将 $v=\frac{y}{x}$ 代入上式,得所给方程的通解

$$\sin\frac{y}{x} = Cx^2.$$

再求满足条件 $y|_{x=2}=\frac{\pi}{2}$ 的特解. 将 $x=2,y=\frac{\pi}{2}$ 代入通解中得 $\sin\frac{\pi}{4}=4C$, $C=\frac{\sqrt{2}}{8}$,
于是,所求的特解为

$$\sin\frac{y}{x} = \frac{\sqrt{2}}{8}x^2, \quad \text{或} \quad y = x\arcsin\left(\frac{\sqrt{2}}{8}x^2\right).$$

三、一阶线性微分方程

下面两个一阶微分方程

$$\frac{\mathrm{d}y}{\mathrm{d}x} - \frac{1}{x}y = x^2, \quad y' - y\cos x = 2x\sin x$$

中,关于未知函数 y 及其导数 y' 都是线性的(即 y 和 y' 都是一次的且不含 y 和 y' 的乘积),这样的微分方程称为一阶线性微分方程.

一般,形如

$$\frac{\mathrm{d}y}{\mathrm{d}x} + P(x)y = Q(x) \tag{6.13}$$

的微分方程,称为**一阶线性微分方程**,其中 $P(x),Q(x)$ 都是已知的连续函数;$Q(x)$ 称为**自由项**. 微分方程中所含的 y 和 y' 都是一次的.

当 $Q(x)\not\equiv 0$ 时,(6.13)式称为**一阶线性非齐次微分方程**;当 $Q(x)\equiv 0$ 时,即

$$\frac{\mathrm{d}y}{\mathrm{d}x} + P(x)y = 0 \tag{6.14}$$

称为与一阶线性非齐次微分方程(6.13)相对应的**一阶线性齐次微分方程**.

形如(6.13)的线性微分方程用如下的**常数变易法**求解.

首先,求线性齐次微分方程(6.14)的通解.

方程(6.14)是可分离变量的微分方程.分离变量,两端积分得通解

$$\frac{\mathrm{d}y}{y} = -P(x)\mathrm{d}x, \quad \ln y = -\int P(x)\mathrm{d}x + \ln C,$$

$$y = Ce^{-\int P(x)\mathrm{d}x}, \tag{6.15}$$

其中 C 是任意常数.

其次,求线性非齐次微分方程(6.13)的通解.

在线性齐次微分方程的通解(6.15)式中,将任意常数 C 换成 x 的函数 $u(x)$,这里 $u(x)$ 是一个待定的函数,即设微分方程(6.13)有如下形式的解:

$$y = u(x)e^{-\int P(x)\mathrm{d}x}. \tag{6.16}$$

将其代入微分方程(6.13),它应满足该微分方程,并由此来确定 $u(x)$,这样就得到了微分方程(6.13)的解.

为此,将(6.16)式对 x 求导,得

$$\frac{\mathrm{d}y}{\mathrm{d}x} = e^{-\int P(x)\mathrm{d}x} \cdot \frac{\mathrm{d}}{\mathrm{d}x}u(x) - u(x)P(x)e^{-\int P(x)\mathrm{d}x}.$$

把上式和(6.16)式均代入微分方程(6.13)中,有

$$e^{-\int P(x)\mathrm{d}x} \cdot \frac{\mathrm{d}}{\mathrm{d}x}u(x) - u(x)P(x)e^{-\int P(x)\mathrm{d}x} + P(x)u(x)e^{-\int P(x)\mathrm{d}x} = Q(x),$$

即 $$\mathrm{d}u(x) = Q(x)e^{\int P(x)\mathrm{d}x}\mathrm{d}x.$$

两端积分,便得到待定的函数 $u(x)$:

$$u(x) = \int Q(x)e^{\int P(x)\mathrm{d}x}\mathrm{d}x + C.$$

于是,一阶线性非齐次微分方程(6.13)的通解是

$$y = e^{-\int P(x)dx}\left(\int Q(x)e^{\int P(x)dx}dx + C\right),\qquad(6.17)$$

或
$$y = e^{-\int P(x)dx}\int Q(x)e^{\int P(x)dx}dx + Ce^{-\int P(x)dx}.\qquad(6.18)$$

观察(6.18)式可知,线性非齐次微分方程(6.13)的通解是由其一个特解与其相应的齐次微分方程 (6.14) 的通解组成.

在(6.18)式中,第二项是齐次微分方程(6.14)的通解;而第一项则是当 $C=0$ 时的非齐次微分方程(6.13)的特解.若将 (6.18) 的第一项记作 y^*,第二项记作 y_C,则非齐次微分方程 (6.13) 的通解是

$$y = y_C + y^*.$$

例 5　求微分方程 $\dfrac{dy}{dx}+2xy=2xe^{-x^2}$ 的通解.

解　这是一阶线性非齐次微分方程,其中

$$P(x) = 2x,\quad Q(x) = 2xe^{-x^2}.$$

先求与所给方程相对应的线性齐次微分方程 $\dfrac{dy}{dx}+2xy=0$ 的通解.分离变量,并积分,可得通解.由齐次方程得

$$\frac{dy}{y} = -2xdx,\quad \ln y = -x^2 + \ln C,$$

即
$$y = Ce^{-x^2}.$$

其次,求所给微分方程的通解.设其有如下形式的解:

$$y = u(x)e^{-x^2},$$

则
$$\frac{dy}{dx} = -2xe^{-x^2}u(x)+e^{-x^2}\frac{d}{dx}u(x).$$

将 y 和 y' 的表示式代入原方程中,有

$$e^{-x^2}\frac{d}{dx}u(x) = 2xe^{-x^2}.$$

消去 e^{-x^2},分离变量,积分可得

$$u(x) = x^2 + C.$$

于是,原微分方程的通解是

$$y = (x^2 + C)e^{-x^2}\quad 或\quad y = Ce^{-x^2} + x^2e^{-x^2},$$

后一式中的第一项是齐次微分方程的通解,第二项是当取 $C=0$ 时的非齐次微分方程一个特解.

例 6　求微分方程

$$x^2 dy + (y - 2xy - 2x^2)dx = 0$$

满足初始条件 $y|_{x=1}=2+e$ 的特解.

解 将方程两端被 $x^2\mathrm{d}x$ 除,得

$$\frac{\mathrm{d}y}{\mathrm{d}x} + \frac{1-2x}{x^2}y - 2 = 0, \quad \text{或} \quad \frac{\mathrm{d}y}{\mathrm{d}x} + \frac{1-2x}{x^2}y = 2.$$

这是一阶线性非齐次微分方程,其中 $P(x) = \dfrac{1-2x}{x^2}$, $Q(x) = 2$.

用通解公式(6.17)式求解. 由于

$$\int P(x)\mathrm{d}x = \int \frac{1-2x}{x^2}\mathrm{d}x = -\frac{1}{x} - \ln x^2 \text{①},$$

所以

$$\mathrm{e}^{\int P(x)\mathrm{d}x} = \mathrm{e}^{-\frac{1}{x}-\ln x^2} = \frac{1}{x^2}\mathrm{e}^{-\frac{1}{x}}, \quad \mathrm{e}^{-\int P(x)\mathrm{d}x} = \mathrm{e}^{\frac{1}{x}+\ln x^2} = x^2\mathrm{e}^{\frac{1}{x}}.$$

又

$$\int Q(x)\mathrm{e}^{\int P(x)\mathrm{d}x}\mathrm{d}x = \int 2\frac{1}{x^2}\mathrm{e}^{-\frac{1}{x}}\mathrm{d}x = 2\mathrm{e}^{-\frac{1}{x}},$$

于是,原微分方程的通解

$$y = x^2\mathrm{e}^{\frac{1}{x}}(2\mathrm{e}^{-\frac{1}{x}} + C) = x^2(2 + C\mathrm{e}^{\frac{1}{x}}).$$

由 $x=1$ 时,$y=2+\mathrm{e}$ 确定任意常数 C.把初始条件代入上式得 $2+\mathrm{e}=2+C\mathrm{e}$, $C=1$. 所求的特解是

$$y = x^2(2 + \mathrm{e}^{\frac{1}{x}}).$$

习 题 6.2

1. 微分方程 $y' - \dfrac{1}{x} = 0($ $)$.

(A) 不是可分离变量的微分方程;   (B) 是一阶齐次微分方程;

(C) 是一阶线性非齐次微分方程;   (D) 是一阶线性齐次微分方程.

2. 求下列微分方程的通解或给定初始条件下的特解:

(1) $x^2\mathrm{d}x + (x^3+5)\mathrm{d}y = 0$;   (2) $\mathrm{e}^{x+y}\mathrm{d}x + \mathrm{d}y = 0$;

(3) $2\ln x\,\mathrm{d}x + x\mathrm{d}y = 0$;   (4) $(1+\mathrm{e}^x)yy' = \mathrm{e}^x$;

(5) $\dfrac{\mathrm{d}y}{\mathrm{d}x} + yx^2 = 0$, $y|_{x=0} = 1$;   (6) $y' = (1-y)\cos x$, $y|_{x=\frac{\pi}{6}} = 0$.

3. 求下列微分方程的通解或在给定条件下的特解:

(1) $y' = \mathrm{e}^{-\frac{y}{x}} + \dfrac{y}{x}$;   (2) $xy' = y + \sqrt{x^2-y^2}$;

(3) $y' = \dfrac{y}{x}(1+\ln y - \ln x)$;   (4) $y^2 + x^2y' = xyy'$;

(5) $y' = \dfrac{x}{y} + \dfrac{y}{x}$, $y|_{x=-1} = 2$;   (6) $(x^3+y^3)\mathrm{d}x - xy^2\mathrm{d}y = 0$, $y|_{x=1} = 0$.

4. 求下列微分方程的通解或给定条件下的特解:

(1) $y' + 2y = \mathrm{e}^{-x}$;   (2) $y' + 2xy = \mathrm{e}^{-x^2}$;

(3) $y' - 2xy = 2x\mathrm{e}^{x^2}$;   (4) $xy' - 2y = x^3\cos x$;

(5) $x^2 + xy' = y$, $y|_{x=1} = 0$;   (6) $(2x-y^2)y' = 2y$.

---

① 这里不写积分常数,下同.

5. 设 y_1 是一阶线性齐次方程 $y' + P(x)y = 0$ 的解；y_2 是对应的一阶线性非齐次方程 $y' + P(x)y = Q(x)$ 的解. 证明：$y = Cy_1 + y_2$（C 是任意常数）也是 $y' + P(x)y = Q(x)$ 的解.

6. 设 y_1 是微分方程 $y' + P(x)y = Q_1(x)$ 的一个解，y_2 是微分方程 $y' + P(x)y = Q_2(x)$ 的一个解. 试证：$y = y_1 + y_2$ 是微分方程 $y' + P(x)y = Q_1(x) + Q_2(x)$ 的解.

§6.3 二阶常系数线性微分方程

二阶常系数线性微分方程的一般形式是

$$y'' + py' + qy = f(x), \tag{6.19}$$

其中 y''，y' 和 y 都是一次的；p,q 为实常数；$f(x)$ 是 x 的已知连续函数，称为微分方程的**自由项**.

当 $f(x) \equiv 0$ 时，与微分方程(6.19)相对应的微分方程是

$$y'' + py' + qy = 0. \tag{6.20}$$

通常称(6.19)式为**二阶常系数线性非齐次微分方程**；称(6.20)式为与(6.19)相对应的**二阶常系数线性齐次微分方程**.

一、二阶常系数线性齐次微分方程的解法

定理 6.1(线性齐次微分方程解的定理)

(1) 若函数 $y_1(x)$ 和 $y_2(x)$ 都是二阶线性齐次微分方程 (6.20) 的解，则

$$y = C_1 y_1(x) + C_2 y_2(x)$$

也是该方程的解，其中 C_1, C_2 是任意常数.

(2) 若函数 $y_1(x)$ 和 $y_2(x)$ 都是二阶线性齐次微分方程 (6.20) 的解，且 $\dfrac{y_1(x)}{y_2(x)}$ 不等于常数，则

$$y_C = C_1 y_1(x) + C_2 y_2(x)$$

是该方程的通解，其中 C_1, C_2 是任意常数.

证 (1) 因为 y_1 和 y_2 都是微分方程(6.20)的解，所以有

$$y_1'' + py_1' + qy_1 = 0, \quad y_2'' + py_2' + qy_2 = 0.$$

由 $y = C_1 y_1 + C_2 y_2$，得

$$y' = C_1 y_1' + C_2 y_2', \quad y'' = C_1 y_1'' + C_2 y_2''.$$

将 y, y' 和 y'' 的表达式代入(6.20)式中，得

$$C_1 y_1'' + C_2 y_2'' + p(C_1 y_1' + C_2 y_2') + q(C_1 y_1 + C_2 y_2)$$
$$= C_1(y_1'' + py_1' + qy_1) + C_2(y_2'' + py_2' + qy_2) = 0,$$

即 $y = C_1 y_1 + C_2 y_2$ 是微分方程(6.20)的解.

(2) 由(1)，已知 $y_C = C_1 y_1 + C_2 y_2$ 一定是微分方程(6.20)的解.

假若 $\dfrac{y_1}{y_2}=k$，k 是常数，即 $y_1=ky_2$，则

$$C_1y_1 + C_2y_2 = (C_1k + C_2)y_2 = Cy_2,$$

其中 $C=C_1k+C_2$；于是 $C_1y_1+C_2y_2$ 中，实际上仅含一个任意常数，因而它不是微分方程 (6.20) 的通解.

而当 $\dfrac{y_1}{y_2}$ 不等于常数时，微分方程 (6.20) 的解

$$y_C = C_1y_1 + C_2y_2$$

中含两个任意常数，故 y_C 是二阶线性齐次微分方程 (6.20) 的通解. $\quad\square$

若函数 $y_1(x)$ 和 $y_2(x)$ 是微分方程 (6.20) 的两个特解，且满足 $\dfrac{y_1(x)}{y_2(x)}\not\equiv k$（$k$ 是常数），则这两个解称为**线性无关**的. 由定理 6.1 可知，求二阶线性齐次微分方程 (6.20) 的通解，就归结为求它的两个线性无关的特解.

例如，容易验证函数 $y_1=\cos x$ 和 $y_2=\sin x$ 是二阶线性齐次微分方程

$$y'' + y = 0$$

的两个线性无关的特解，则函数

$$y_C = C_1\cos x + C_2\sin x \quad (C_1,C_2 \text{ 是任意常数})$$

就是该方程的通解.

在微分方程

$$y'' + py' + qy = 0$$

中，由于 p 和 q 都是常数，通过观察可以看出：若某一函数 $y=y(x)$，它与其一阶导数 y'、二阶导数 y'' 之间仅相差一个常数因子时，则可能是该方程的解.

我们已经知道，函数 $y=\mathrm{e}^{rx}$（r 是常数）具有这一特性. 由此，设函数 $y=\mathrm{e}^{rx}$ 是方程 (6.20) 的解，其中 r 是待定的常数. 这时将

$$y = \mathrm{e}^{rx}, \quad y' = r\mathrm{e}^{rx}, \quad y'' = r^2\mathrm{e}^{rx}$$

代入方程 (6.20)，有

$$\mathrm{e}^{rx}(r^2 + pr + q) = 0.$$

因 $\mathrm{e}^{rx}\neq 0$，若上式成立，必有

$$r^2 + pr + q = 0, \tag{6.21}$$

这是关于 r 的二次代数方程. 显然，若常数 r 满足 (6.21) 式时，则 $y=\mathrm{e}^{rx}$ 一定是二阶线性齐次方程 (6.20) 的解.

代数方程 (6.21) 完全由微分方程 (6.20) 所确定，称代数方程 (6.21) 为微分方程 (6.20) 或微分方程 (6.19) 的**特征方程**；特征方程的根称为**特征根**.

由上述分析，求二阶常系数线性齐次微分方程 (6.20) 的解的问题就**转化为求它的特征方程的根的问题**.

特征方程 (6.21) 有两个根 r_1 和 r_2. 按二次方程 (6.21) 的判别式 $\Delta=p^2-4q$ 的三种情

况,其特征根有三种情况,从而微分方程(6.20)的通解有如下三种情况.

1. 当 $\Delta>0$ 时,特征根为相异实根:$r_1\neq r_2$

因 $y_1=\mathrm{e}^{r_1 x}$, $y_2=\mathrm{e}^{r_2 x}$ 是微分方程(6.20)的两个特解,且它们线性无关:

$$\frac{y_1}{y_2}=\mathrm{e}^{(r_1-r_2)x}\ \text{不是常数},$$

所以,微分方程(6.20)的通解是

$$y_C=C_1\mathrm{e}^{r_1 x}+C_2\mathrm{e}^{r_2 x}\quad (C_1,C_2\text{ 是任意常数}).$$

2. 当 $\Delta=0$ 时,特征根为二重根:$r=r_1=r_2$

因 $r=r_1=r_2=-\dfrac{p}{2}$,$y_1=\mathrm{e}^{rx}$ 是微分方程(6.20)的一个特解.这时,我们来验证 $y_2=x\mathrm{e}^{rx}$ 也是微分方程(6.20)的一个特解.事实上,将

$$y_2=x\mathrm{e}^{rx},\quad y_2'=\mathrm{e}^{rx}+rx\mathrm{e}^{rx},$$
$$y_2''=r\mathrm{e}^{rx}+r\mathrm{e}^{rx}+r^2 x\mathrm{e}^{rx}=2r\mathrm{e}^{rx}+r^2 x\mathrm{e}^{rx}$$

代入方程(6.20),并注意到 $r=-\dfrac{p}{2}$,有

$$2r\mathrm{e}^{rx}+r^2 x\mathrm{e}^{rx}+p(\mathrm{e}^{rx}+rx\mathrm{e}^{rx})+qx\mathrm{e}^{rx}=\mathrm{e}^{rx}[(r^2+pr+q)x+2r+p]=0.$$

又 $y_1=\mathrm{e}^{rx}$ 与 $y_2=x\mathrm{e}^{rx}$ 显然线性无关,所以,微分方程(6.20)的通解是

$$y_C=(C_1+C_2 x)\mathrm{e}^{rx}\quad (C_1,C_2\text{ 是任意常数}).$$

3. 当 $\Delta<0$ 时,特征根为共轭复数:$r_1=\alpha+\mathrm{i}\beta$, $r_2=\alpha-\mathrm{i}\beta$

$y_1=\mathrm{e}^{(\alpha+\mathrm{i}\beta)x}$ 和 $y_2=\mathrm{e}^{(\alpha-\mathrm{i}\beta)x}$ 是微分方程(6.20)的两个特解,但它们是复数形式.这时,可以验证

$$y_1=\mathrm{e}^{\alpha x}\cos\beta x,\quad y_2=\mathrm{e}^{\alpha x}\sin\beta x$$

是微分方程(6.20)的两个实数形式的特解,且它们线性无关,从而微分方程(6.20)的通解是

$$y_C=\mathrm{e}^{\alpha x}(C_1\cos\beta x+C_2\sin\beta x)\quad (C_1,C_2\text{ 是任意常数}).$$

例1 求微分方程 $y''+y'-2y=0$ 的通解.

解 这是二阶常系数线性齐次微分方程.特征方程是

$$r^2+r-2=0,\quad \text{即}\quad (r-1)(r+2)=0.$$

特征根是 $r_1=1$, $r_2=-2$,所以微分方程的通解是

$$y_C=C_1\mathrm{e}^x+C_2\mathrm{e}^{-2x}\quad (C_1,C_2\text{ 是任意常数}).$$

例2 求微分方程 $y''-2y'+y=0$ 的通解.

解 特征方程是

$$r^2-2r+1=0,\quad \text{即}\quad (r-1)^2=0.$$

特征根是相同实根 $r=1$,所以微分方程的通解是

$$y_C=(C_1+C_2 x)\mathrm{e}^x\quad (C_1,C_2\text{ 是任意常数}).$$

例 3　求微分方程 $y''-4y'+5y=0$ 的通解.

解　特征方程是

$$r^2 - 4r + 5 = 0.$$

它有一对共轭复根，$r_1=2+\mathrm{i},r_2=2-\mathrm{i}$，故微分方程的通解是

$$y_C = \mathrm{e}^{2x}(C_1\cos x + C_2\sin x)\ (C_1,C_2\ 是任意常数).$$

例 4　求微分方程 $y''-12y'+36y=0$ 满足初始条件 $y|_{x=0}=1,y'|_{x=0}=0$ 的特解.

解　先求微分方程的通解. 特征方程是

$$r^2 - 12r + 36 = 0.$$

特征根 $r_1=r_2=6$ 是重根，方程的通解

$$y_C = (C_1 + C_2x)\mathrm{e}^{6x}.$$

为求特解，对通解求导，得

$$y_C' = (6C_1 + C_2 + 6C_2x)\mathrm{e}^{6x}.$$

将初始条件 $y|_{x=0}=1$ 代入通解的表示式中，将 $y'|_{x=0}=0$ 代入 y_C' 的表示式中，有

$$\begin{cases} 1 = (C_1 + C_2 \cdot 0)\mathrm{e}^{6\cdot 0}, \\ 0 = (6C_1 + C_2 + 6C_2 \cdot 0)\mathrm{e}^{6\cdot 0}, \end{cases}$$

可解得 $C_1=1$，$C_2=-6$. 于是，所求特解为

$$y = (1 - 6x)\mathrm{e}^{6x}.$$

二、二阶常系数线性非齐次微分方程的解法

下面讲授二阶常系数线性非齐次微分方程

$$y'' + py' + qy = f(x)$$

的求解方法.

定理 6.2（线性非齐次微分方程解的结构定理）

若 $y^*(x)$ 是二阶非齐次微分方程(6.19)的一个特解，$y_C(x)$ 是与该微分方程相对应的齐次微分方程(6.20)的通解，则微分方程(6.19)的通解是

$$y = y_C(x) + y^*(x).$$

由定理 6.2 可知，求二阶常系数线性非齐次微分方程(6.19)的通解，只要求出该方程的一个特解 y^* 和与该方程相对应的齐次微分方程(6.20)的通解 y_C 即可.

由于我们已经会求齐次微分方程(6.20)的通解 y_C；现在的问题就是如何求出非齐次微分方程(6.19)的一个特解 y^*.

下面将直接给出方程(6.19)的右端 $f(x)$ 取常见形式时求特解 y^* 的方法. 这种方法是根据自由项 $f(x)$ 的形式，断定方程(6.19)应该具有某种特定形式的特解. 特解的形式确定了，将其代入所给方程，使方程成为恒等式；然后再根据恒等关系定出这个具体函数. 这就是通常称之为的**待定系数法**. 这种方法不用求积分就可求出特解 y^* 来.

1. $f(x)$**为** $P_m(x)$**型**

$P_m(x)$为 x 的 m 次多项式,即

$$P_m(x) = a_0 x^m + a_1 x^{m-1} + \cdots + a_{m-1} x + a_m.$$

对于二阶常系数线性非齐次方程

$$y'' + py' + qy = P_m(x),$$

由于 p,q 为常数,且多项式的一阶导数、二阶导数 y',y'' 仍为多项式,可以验证,该方程有如下形式的特解

$$y^* = x^k Q_m(x),$$

其中 $Q_m(x)$ 与 $P_m(x)$ 是同次多项式,其系数是待定的;k 的取值为:

(1) 当 $q \neq 0$ 时,这时,数 0 不是特征方程(6.21)的根,取 $k=0$,即

$$y^* = Q_m(x) = b_0 x^m + b_1 x^{m-1} + \cdots + b_{m-1} x + b_m.$$

(2) 当 $q=0,p \neq 0$ 时,这时,数 0 是特征方程(6.21)的一重根,取 $k=1$,即

$$y^* = x Q_m(x).$$

(3) 当 $q=0,p=0$ 时,这时,数 0 是特征方程(6.21)的二重根,取 $k=2$,即

$$y^* = x^2 Q_m(x).$$

实际上,这时,微分方程形如

$$y'' = f(x),$$

只要积分两次,便可得到方程的通解.

例 5 求微分方程 $y''+y'-2y=x^2$ 的一个特解.

解 这是二阶常系数线性非齐次微分方程,其自由项

$$f(x) = P_2(x) = x^2$$

是二次多项式,且 $q \neq 0$.

设特解

$$y^* = Q_2(x) = ax^2 + bx + c,$$

则

$$y^{*\prime} = 2ax + b, \quad y^{*\prime\prime} = 2a.$$

把 $y^*,y^{*\prime},y^{*\prime\prime}$ 的表示式代入原微分方程,有

$$2a + 2ax + b - 2(ax^2 + bx + c) = x^2,$$

即

$$-2ax^2 + (2a - 2b)x + (2a + b - 2c) = x^2.$$

比较等式两端 x 同次幂的系数,得

$$\begin{cases} -2a = 1, \\ 2a - 2b = 0, \\ 2a + b - 2c = 0. \end{cases}$$

可解得 $a = -\dfrac{1}{2}, b = -\dfrac{1}{2}, c = -\dfrac{3}{4}$. 于是,所求的特解为

$$y^* = -\frac{1}{2}x^2 - \frac{1}{2}x - \frac{3}{4}.$$

例 6 求微分方程 $y''+9y'=x-4$ 的通解.

解 这是二阶常系数线性非齐次微分方程,其自由项 $f(x)=P_1(x)=x-4$ 是一次多项式,且 $q=0$.

先求已知微分方程对应的齐次微分方程的通解.

特征方程是

$$r^2 + 9r = 0.$$

特征根是 $r_1=0$, $r_2=-9$. 于是,齐次微分方程的通解为

$$y_C = C_1 + C_2 e^{-9x} \quad (C_1, C_2 是任意常数).$$

再求非齐次微分方程的特解.

因 $f(x)=x-4=P_1(x)$ 是一次多项式,且 $q=0$. 设特解

$$y^* = x(ax + b),$$

则
$$y^{*\prime} = 2ax + b, \quad y^{*\prime\prime} = 2a.$$

将其代入原微分方程,得

$$2a + 9(2ax + b) = x - 4, \quad 即 \quad 18ax + 2a + 9b = x - 4.$$

比较等式两端 x 同次幂的系数,可得 $a=\dfrac{1}{18}$, $b=-\dfrac{37}{81}$,故所求的一个特解为

$$y^* = x\left(\frac{1}{18}x - \frac{37}{81}\right).$$

综上所述,所给微分方程的通解是

$$y = y_C + y^* = C_1 + C_2 e^{-9x} + x\left(\frac{1}{18}x - \frac{37}{81}\right).$$

2. $f(x)$ 为 $Ae^{\alpha x}$ 型

这里 A, α 均为常数. 对二阶常系数线性非齐次方程

$$y'' + py' + qy = Ae^{\alpha x},$$

由于 p, q 为常数,且指数函数的导数仍为指数函数,可以验证,该方程有如下形式的特解

$$y^* = ax^k e^{\alpha x},$$

其中 a 是待定常数,k 的取值为:

(1) 当 α 不是特征方程(6.21)的根时,取 $k=0$,待定特解 $y^* = ae^{\alpha x}$.

(2) 当 α 是特征方程(6.21)的一重根时,取 $k=1$,待定特解 $y^* = axe^{\alpha x}$.

(3) 当 α 是特征方程(6.21)的二重根时,取 $k=2$,待定特解 $y^* = ax^2 e^{\alpha x}$.

例 7 求微分方程 $y''+2y'=4e^{3x}$ 的特解.

解 自由项 $f(x)=4e^{3x}$ 为 $Ae^{\alpha x}$ 型,其中 $A=4$,$\alpha=3$. 因 $\alpha=3$ 不是特征方程 $r^2+2r=0$ 的特征根. 设特解 $y^*=ae^{3x}$,则

$$y^{*\prime} = 3ae^{3x}, \quad y^{*\prime\prime} = 9ae^{3x}.$$

将 $y^{*\prime}, y^{*\prime\prime}$ 的表示式代入原微分方程,有

$$9ae^{3x} + 6ae^{3x} = 4e^{3x}, \quad 即 \quad 15a = 4, \quad a = \frac{4}{15}.$$

故微分方程的特解 $y^* = \dfrac{4}{15}\mathrm{e}^{3x}$.

例 8 已知微分方程 $y'' - 2y' + y = \mathrm{e}^x$, 求

(1) 该方程的特解; （2) 该方程的通解;

(3) 该方程满足初始条件 $y|_{x=0} = 1$, $y'|_{x=0} = 2$ 的特解.

解 (1) 自由项 $f(x) = \mathrm{e}^x$ 为 $A\mathrm{e}^{\alpha x}$ 型, 其中 $A = 1$, $\alpha = 1$, 且 $\alpha = 1$ 是特征方程 $r^2 - 2r + 1 = 0$ 的二重根, 故设特解

$$y^* = ax^2\mathrm{e}^x.$$

求出 $y^{*\prime}$, $y^{*\prime\prime}$ 代入原微分方程, 有

$$
\begin{array}{r|l}
1 & y^* = ax^2\mathrm{e}^x \\
-2 & y^{*\prime} = ax^2\mathrm{e}^x + 2ax\mathrm{e}^x \\
+)\quad 1 & y^{*\prime\prime} = ax^2\mathrm{e}^x + 2ax\mathrm{e}^x + 2ax\mathrm{e}^x + 2a\mathrm{e}^x \\
\hline
\mathrm{e}^x = & \qquad\qquad\qquad 2a\mathrm{e}^x
\end{array}
$$

比较上面等式两边 e^x 的系数, 得 $a = \dfrac{1}{2}$, 即特解是

$$y^* = \frac{1}{2}x^2\mathrm{e}^x.$$

(2) 与已给方程相对应的齐次方程的通解已由例 2 求出

$$y_C = (C_1 + C_2 x)\mathrm{e}^x,$$

于是, 所求微分方程的通解是

$$y = y_C + y^* = (C_1 + C_2 x)\mathrm{e}^x + \frac{1}{2}x^2\mathrm{e}^x.$$

(3) 为求满足初始条件的特解, 上述通解先对 x 求导

$$y' = (C_1 + C_2 x)\mathrm{e}^x + C_2\mathrm{e}^x + \frac{1}{2}x^2\mathrm{e}^x + x\mathrm{e}^x.$$

将初始条件 $y|_{x=0} = 1$, $y'|_{x=0} = 2$ 分别代入通解及 y' 的表示式中, 得

$$
\begin{cases} C_1 = 1, \\ C_1 + C_2 = 2, \end{cases} \quad\text{即}\quad \begin{cases} C_1 = 1, \\ C_2 = 1. \end{cases}
$$

从而, 所求满足初始条件的特解

$$y = (1 + x)\mathrm{e}^x + \frac{1}{2}x^2\mathrm{e}^x.$$

3. $f(x)$ 为 $A\cos\beta x + B\sin\beta x$ 型

这里 A, B, β 均为常数, 且 $\beta > 0$, A 与 B 不同时为零. 对于二阶常系数线性非齐次方程

$$y'' + py' + qy = A\cos\beta x + B\sin\beta x,$$

由于 p, q 为常数, 且正弦函数的导数是余弦函数、余弦函数的导数是正弦函数, 可以推得该

方程有如下形式的特解:

$$y^* = x^k(a\cos\beta x + b\sin\beta x),$$

其中 a,b 是待定常数. k 的取值为:

(1) 当 $\pm i\beta$ 不是特征方程(6.21)的根时,取 $k=0$,待定特解

$$y^* = a\cos\beta x + b\sin\beta x.$$

(2) 当 $\pm i\beta$ 是特征方程(6.21)的根时,取 $k=1$,待定特解

$$y^* = x(a\cos\beta x + b\sin\beta x).$$

例 9 求微分方程 $y''-2y'+y=\cos x$ 的特解.

解 这是二阶常系数线性非齐次微分方程,其自由项

$$f(x)=\cos x=A\cos\beta x+B\sin\beta x,$$

其中 $A=1,B=0,\beta=1$.

由于 $\pm i\beta=\pm i$ 不是特征方程 $r^2-2r+1=0$ 的根,设特解

$$y^* = a\cos x + b\sin x.$$

求出 $y^{*\prime},y^{*\prime\prime}$ 并代入原微分方程,有

$$
\begin{array}{r|l}
1 & y^* = \quad a\cos x +b\sin x \\
-2 & y^{*\prime}= \quad b\cos x -a\sin x \\
+)\quad 1 & y^{*\prime\prime}=-a\cos x -b\sin x \\
\hline
& \cos x=-2b\cos x+2a\sin x
\end{array}
$$

因为上面的等式是恒等式,分别比较等式两端 $\cos x,\sin x$ 的系数,可得 $a=0$, $b=-1/2$. 故所求特解 $y^*=-\dfrac{1}{2}\sin x$.

例 10 求微分方程 $y''+9y=\sin 3x$ 的特解.

解 这是二阶常系数线性非齐次微分方程,其自由项

$$f(x)=\sin 3x=A\cos\beta x+B\sin\beta x,$$

其中 $A=0,B=1,\beta=3$.

由于 $\pm i\beta=\pm 3i$ 是特征方程 $r^2+9=0$ 的根,设特解

$$y^* = x(a\cos 3x + b\sin 3x).$$

求出 $y^{*\prime}$ 和 $y^{*\prime\prime}$ 并代入原微分方程,有

$$
\begin{array}{r|l}
9 & y^* = \quad ax\cos 3x+bx\sin 3x \\
0 & y^{*\prime}= \quad 3bx\cos 3x-3ax\sin 3x+ a\cos 3x+b\sin 3x \\
+)\quad 1 & y^{*\prime\prime}=-9ax\cos 3x-9bx\sin 3x+6b\cos 3x-6a\sin 3x \\
\hline
& \sin 3x= \qquad\qquad\qquad\qquad\quad 6b\cos 3x-6a\sin 3x
\end{array}
$$

因为这是恒等式,分别比较等式两端 $\cos 3x, \sin 3x$ 的系数,可得

$$\begin{cases} -6a = 1, \\ 6b = 0, \end{cases} \quad 即 \quad \begin{cases} a = -1/6, \\ b = 0. \end{cases}$$

于是,所求特解

$$y^* = -\frac{1}{6}x\cos 3x.$$

4. $f(x)$ **为** $e^{\alpha x}(A\cos\beta x + B\sin\beta x)$ **型**

这里 A, B, α, β 均为常数,且 $\beta > 0$,A 与 B 不同时为零. 对于二阶常系数线性非齐次方程

$$y'' + py' + qy = e^{\alpha x}(A\cos\beta x + B\sin\beta x),$$

由于 p, q 为常数,可以推得,该方程有如下形式的特解:

$$y^* = x^k e^{\alpha x}(a\cos\beta x + b\sin\beta x),$$

其中 a, b 是待定常数. k 的取值为:

(1) 当 $\alpha \pm i\beta$ 不是特征方程(6.21)的根时,取 $k=0$,待定特解

$$y^* = e^{\alpha x}(a\cos\beta x + b\sin\beta x).$$

(2) 当 $\alpha \pm i\beta$ 是特征方程(6.21)的根时,取 $k=1$,待定特解

$$y^* = x e^{\alpha x}(a\cos\beta x + b\sin\beta x).$$

例 11 求微分方程 $y'' - y' = e^x\sin x$ 的特解.

解 这是二阶常系数线性非齐次微分方程,其自由项

$$f(x) = e^x\sin x = e^{\alpha x}(A\cos\beta x + B\sin\beta x),$$

其中 $A=0, B=1, \alpha=1, \beta=1$.

由于 $\alpha \pm i\beta = 1 \pm i$ 不是特征方程 $r^2 - r = 0$ 的根,设特解

$$y^* = e^x(a\cos x + b\sin x).$$

求出 $y^{*\prime}, y^{*\prime\prime}$ 并代入原微分方程,有

$$\begin{array}{r|l} -1 & y^{*\prime} = e^x(a\cos x + b\sin x) - e^x(a\sin x - b\cos x) \\ 1 & y^{*\prime\prime} = e^x(a\cos x + b\sin x) - 2e^x(a\sin x - b\cos x) \\ +) & \qquad\qquad\qquad - e^x(a\cos x + b\sin x) \\ \hline \end{array}$$

$$e^x\sin x = e^x[(b-a)\cos x - (a+b)\sin x]$$

比较上面恒等式两端的 $e^x\cos x, e^x\sin x$ 的系数,得

$$\begin{cases} a + b = -1, \\ b - a = 0, \end{cases} \quad 即 \quad a = -\frac{1}{2}, \; b = -\frac{1}{2}.$$

从而,所求特解

$$y^* = e^x\left(-\frac{1}{2}\cos x - \frac{1}{2}\sin x\right).$$

例 12 求微分方程 $y'' - 4y' + 5y = e^{2x}(\sin x + 2\cos x)$ 的通解.

解 二阶齐次微分方程的通解已由例3求得

$$y_C = e^{2x}(C_1\cos x + C_2\sin x).$$

方程的自由项 $f(x) = e^{2x}(\sin x + 2\cos x)$，这是 $f(x)$ 为 $e^{ax}(A\cos\beta x + B\sin\beta x)$ 型，其中 $A = 2, B = 1, \alpha = 2, \beta = 1$.

由于 $\alpha \pm i\beta = 2 \pm i$ 是特征方程的根，设特解

$$y^* = xe^{2x}(a\cos x + b\sin x).$$

求出 $y^{*\prime}, y^{*\prime\prime}$ 并代入原微分方程，通过比较系数，可得 $a = -1/2, b = 1$. 于是特解

$$y^* = xe^{2x}\left(-\frac{1}{2}\cos x + \sin x\right).$$

从而，原微分方程的通解

$$y = y_C + y^* = e^{2x}\left(C_1\cos x + C_2\sin x - \frac{1}{2}x\cos x + x\sin x\right).$$

习 题 6.3

1. 已知二阶常系数线性齐次微分方程的特征方程，试写出对应的线性齐次微分方程：

(1) $9r^2 - 6r + 1 = 0$;   (2) $r^2 + 3r + 2 = 0$;   (3) $2r^2 - 3r - 5 = 0$;   (4) $r^2 + \sqrt{3}\,r = 0$.

2. 已知二阶常系数线性齐次微分方程的特征根，试写出对应的微分方程及其通解：

(1) $r_1 = 1, r_2 = 2$;   (2) $r_1 = 1, r_2 = 1$;   (3) $r_1 = 3 - 2i, r_2 = 3 + 2i$.

3. 已知二阶常系数线性齐次微分方程两个线性无关的特解，试写出原微分方程：

(1) $1, e^x$;   (2) e^{-x}, e^x;   (3) e^{2x}, xe^{2x};   (4) $\cos 3x, \sin 3x$.

4. 单项选择题：

(1) 具有形如 $y = C_1 e^{\gamma_1 x} + C_2 e^{\gamma_2 x}$ 的通解的微分方程是( ).

(A) $y'' - 4y' = 0$;   (B) $y'' + 4y' = 0$;   (C) $y'' - 4y = 0$;   (D) $y'' + 4y = 0$.

(2) 具有形如 $y = (C_1 + C_2 x)e^{\gamma x}$ 的通解的微分方程是( ).

(A) $y'' + 8y' + 16y = 0$;   (B) $y'' - 4y' - 4y = 0$;   (C) $y'' - 6y' + 8y = 0$;   (D) $y'' - 3y' + 2y = 0$.

(3) 具有形如 $y = e^{ax}(C_1\cos\beta x + C_2\sin\beta x)$ 的通解的微分方程是( ).

(A) $y'' - 6y' + 9y = 0$;   (B) $y'' - 6y' + 13y = 0$;   (C) $y'' + 9y' = 0$;   (D) $y'' - 9y' = 0$.

5. 求下列微分方程的通解或在给定条件下的特解：

(1) $3y'' - 2y' - 8y = 0$;   (2) $y'' + 2y' + y = 0$;   (3) $4y'' - 8y' + 5y = 0$;   (4) $y'' + 2y' + 5y = 0$;

(5) $y'' - 4y' + 3y = 0, y|_{x=0} = 6, y'|_{x=0} = 10$;   (6) $y'' - 2y' + 2y = 0, y|_{x=0} = 0, y'|_{x=0} = 1$.

6. 求下列线性非齐次微分方程的特解：

(1) $y'' - 4y = e^{2x}$;   (2) $2y'' + 5y' = 5x^2 - 2x - 1$;

(3) $y'' + y = 4\sin 2x$;   (4) $y'' + 3y' + 2y = e^{-x}\cos x$.

7. 解下列微分方程：

(1) $y'' + 2y' + y = -2$;   (2) $y'' - 4y' + 4y = x^2$;

(3) $y'' + 8y' = 8x$;   (4) $y'' + 2y' + 2y = 1 + x$;

(5) $2y'' + y' - y = 2e^x$;   (6) $y'' + 2y' = 4e^x(\sin x + \cos x)$.

8. 设 y_1 是微分方程 $y''+py'+qy=f_1(x)$ 的一个特解，y_2 是方程 $y''+py'+qy=f_2(x)$ 的一个特解，其中 p,q 是常数.试证：$y=y_1+y_2$ 是微分方程 $y''+py'+qy=f_1(x)+f_2(x)$ 的一个特解.

9. 利用第 8 题的结论解下列微分方程：

(1) $y''-y'-2y=4x-2e^x$；　　　　　　(2) $y''-3y'=18x-10\cos x$.

§6.4　微分方程应用举例

微分方程在各个领域中有着广泛的应用.用微分方程解决应用问题的程序是：

(1) 分析题意,建立表达题意的微分方程及相应的初始条件,这是最关键的一步；

(2) 求解微分方程,依问题要求,求出通解或满足初始条件的特解；

(3) 依据问题的需要,用所求得的解对实际问题做出解释.

一、几何应用问题

例 1　一曲线通过点 $(2,3)$,且在两坐标轴间的任意切线段被切点所平分,求此曲线方程.

解　(1) 建立微分方程并确定初始条件.

设所求曲线方程为 $y=f(x)$,点 $P(x,y)$ 为曲线上任一点,按导数的几何意义,过点 $P(x,y)$ 处作曲线的切线,则切线斜率为 $y'=f'(x)$. 于是过点 $P(x,y)$ 处的切线方程为

$$Y-y=y'(X-x),$$

其中 X,Y 为切线上动点的坐标.

在切线方程中,令 $Y=0$,得 $X=x-\dfrac{y}{y'}$；即切线与 x 轴的交点为 $A\left(x-\dfrac{y}{y'},0\right)$ (图 6-1).

由于点 P 平分线段 AB,所以点 P 的横坐标等于点 A 的横坐标之半,即有

$$x=\frac{1}{2}\left(x-\frac{y}{y'}\right),$$

由此,得到曲线 $y=f(x)$ 满足的微分方程

$$xy'+y=0. \qquad (6.22)$$

依题设,初始条件为 $y|_{x=2}=3$.

(2) 解微分方程.

(6.22)式是可分离变量的微分方程.分离变量、积分,得

$$\ln y=-\ln x+\ln C \quad \text{或} \quad xy=C.$$

将 $y|_{x=2}=3$ 代入上述通解中,有 $2\cdot 3=C$,即 $C=6$,于是,所求曲线方程为

$$y=\frac{6}{x}.$$

由所得曲线方程知,这是等轴双曲线在第一象限内的分支.

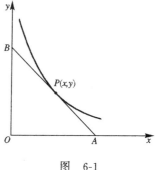

图　6-1

例 2 一曲线过点 $A(0,1)$,该曲线在任意点上的切线、切点和原点的连线及 y 轴围成一等腰三角形,该三角形的底边是切线上从切点到 y 轴的线段,求此曲线.

解 求此曲线,就是求此曲线方程.

(1) 建立微分方程并确定初始条件.

设所求曲线方程为 $y=f(x)$,过曲线上任意一点 $P(x,y)$ 作曲线的切线,则切线方程为

$$Y - y = y'(X - x),$$

其中 X,Y 为切线上动点的坐标.

在切线方程中,令 $X=0$,得切线在 y 轴上的截距

$$Y = y - xy'.$$

若切线与 y 轴的交点为 N,则依题意,有(图 6-2)

$$|\overline{ON}| = |\overline{OP}|,$$

即

$$y - xy' = \sqrt{x^2 + y^2}$$

图 6-2 　或

$$\frac{\mathrm{d}y}{\mathrm{d}x} = \frac{y}{x} - \sqrt{1 + \left(\frac{y}{x}\right)^2}. \tag{6.23}$$

这就是未知函数 $y=f(x)$(即曲线方程)满足的微分方程.

由于曲线过点 $A(0,1)$,可知,初始条件为 $y|_{x=0}=1$.

(2) 解微分方程.

所得到的微分方程(6.23)式是一阶齐次微分方程.令 $y=vx$,则上述齐次微分方程化为

$$v + x\frac{\mathrm{d}v}{\mathrm{d}x} = v - \sqrt{1 + v^2}.$$

分离变量,并积分,有

$$\frac{1}{\sqrt{1+v^2}}\mathrm{d}v = -\frac{\mathrm{d}x}{x}, \quad \ln(v + \sqrt{1+v^2}) = -\ln x + \ln C,$$

$$v + \sqrt{1 + v^2} = \frac{C}{x}.$$

将 $v=\frac{y}{x}$ 代入上式,得原微分方程的通解

$$x^2 = C(C - 2y).$$

将初始条件 $x=0$ 时,$y=1$ 代入通解中,有 $0=C(C-2)$,即 $C=0$,$C=2$.显然,仅当 $C=2$ 时,所求的解有意义,这时的曲线方程为

$$x^2 = 2(2 - 2y), \quad 即 \quad y = 1 - \frac{x^2}{4}.$$

由所得到的曲线方程知,这是以 $A(0,1)$ 为顶点,开口向下的抛物线.

例 3 连接两点 $A(0,1)$ 和 $B(1,0)$ 的一条曲线,它位于弦 AB 的上方.$P(x,y)$ 为曲线上任意一点,已知曲线与弦 AP 之间的面积为 x^3,求曲线方程.

解 (1) 建立微分方程并确定初始条件.

设所求曲线 APB 的方程为 $y=f(x)$(图 6-3). 为求得曲线 $\overset{\frown}{AP}$ 与弦 AP 之间的面积,过点 P 作 $PC \perp x$ 轴,则

$$\text{梯形 } OCPA \text{ 的面积} = \frac{1}{2}x(1+y).$$

图 6-3

由定积分的几何意义

$$\text{曲边梯形 } OCPA \text{ 的面积} = \int_0^x y\,\mathrm{d}x.$$

依题设,有

$$\int_0^x y\,\mathrm{d}x - \frac{1}{2}x(1+y) = x^3.$$

上式两边对 x 求导,并整理得一阶线性微分方程

$$y' - \frac{1}{x}y = -6x - \frac{1}{x}.$$

由题设知,初始条件是 $y|_{x=0}=1$,$y|_{x=1}=0$[①].

(2)解微分方程.

在上述一阶线性微分方程中,

$$P(x) = -\frac{1}{x}, \quad Q(x) = -6x - \frac{1}{x}.$$

由一阶线性微分方程的通解公式,得

$$y = \mathrm{e}^{\int \frac{1}{x}\mathrm{d}x}\left[C - \int\left(6x+\frac{1}{x}\right)\mathrm{e}^{-\int \frac{1}{x}\mathrm{d}x}\mathrm{d}x\right] = Cx - 6x^2 + 1.$$

由初始条件 $y|_{x=1}=0$ 可确定出 $C=5$. 故所求曲线方程为

$$y = -6x^2 + 5x + 1.$$

*二、物理应用问题

例 4 已知物体冷却的速度正比于物体的温度与周围环境温度之差.

(1)求温度为 θ_0 的物体放到保持 θ_a 度的环境中($\theta_0 > \theta_a$),物体的温度 θ 与时间 t 的函数关系;

(2)室温为 20℃ 时,一物体由 100℃ 冷却到 60℃ 需经过 20 分钟,问从 100℃ 冷却到 30℃ 需经过多少分钟?

解 (1)首先,建立微分方程并确定初始条件.

在物体冷却过程中,设物体的温度 θ 与时间 t 的函数关系为 $\theta=\theta(t)$,则物体冷却的速度就是其温度 θ 对时间 t 的变化率,即 $\dfrac{\mathrm{d}\theta}{\mathrm{d}t}$. 于是,由题设(冷却定律),有

---

① 一阶微分方程的初始条件是一个,而这里按题设可得出两个. 本例,最后确定任意常数 C 的条件是 $y|_{x=1}=0$,而由条件 $y|_{x=0}=1$ 不能确定任意常数的取值. 实际上,还是一个条件.

$$\frac{\mathrm{d}\theta}{\mathrm{d}t} = -k(\theta - \theta_a), \tag{6.24}$$

其中常数 $k > 0$ 为比例系数. 由于物体的温度 θ 是时间 t 的减函数, 即 $\frac{\mathrm{d}\theta}{\mathrm{d}t} < 0$, 所以在上式的右端加一个负号.

(6.24)式就是物体冷却过程中, 温度 $\theta(t)$ 所满足的微分方程. 依题设, $\theta(t)$ 应满足的初始条件是 $\theta|_{t=0} = \theta_0$.

其次, 解微分方程.

(6.24)式是可分离变量的微分方程. 分离变量、积分, 得

$$\frac{\mathrm{d}\theta}{\theta - \theta_a} = -k\mathrm{d}t, \quad \ln(\theta - \theta_a) = -kt + \ln C,$$

$$\theta = Ce^{-kt} + \theta_a.$$

将初始条件 $\theta|_{t=0} = \theta_0$ 代入上式, 得 $C = \theta_0 - \theta_a$. 所以, 物体温度与时间的函数关系为

$$\theta = \theta(t) = (\theta_0 - \theta_a)e^{-kt} + \theta_a.$$

(2) 由上述结果和题设知, θ 随 t 的变化规律为

$$\theta(t) = (100 - 20)e^{-kt} + 20 = 80e^{-kt} + 20,$$

其中 k 为未知常数.

由题设 $\theta|_{t=20} = 60$, 将其代入上式, 得

$$60 = 80e^{-k \cdot 20} + 20.$$

由此解出 $k = \frac{1}{20}\ln 2$. 于是

$$\theta(t) = 80e^{-\frac{\ln 2}{20}t} + 20.$$

再按题目要求, 将 $\theta(t) = 30$ 代入上式左端

$$30 = 80e^{-\frac{\ln 2}{20}t} + 20, \quad 即 \quad \frac{1}{8} = e^{-\frac{\ln 2}{20}t},$$

图 6-4

可解得 $t = 60$. 故物体由 $100℃$ 冷却到 $30℃$ 需经过 60 分钟.

最后, 对所得到的解作出解释.

由物体温度 θ 与时间 t 的函数关系式

$$\theta = (\theta_0 - \theta_a)e^{-kt} + \theta_a$$

可知, 物体的冷却是按指数规律变化的(图 6-4). 由于当 $t \to +\infty$ 时, $e^{-kt} \to 0$, 所以, 随着时间 t 的延续, 物体的温度最初下降较快, 而后逐渐变慢, 最终要趋于环境温度 θ_a.

例 5 设跳伞员从跳伞塔起跳开始下落, 在离开跳伞塔时, 跳伞员的速度为零; 在下落过程中所受空气的阻力与速度成正比. 求跳伞员在下落过程中速度和时间的函数关系.

解 (1) 建立微分方程并确定初始条件.

设下落过程中, 速度 v 与时间 t 的函数关系为 $v = v(t)$.

跳伞员在离开跳伞塔时,下落速度为零,他之所以能够下落是受重力的作用,重力的大小为 mg,方向与速度 v 的方向一致,其中 m 是跳伞员的质量,g 是重力加速度.他在下落过程中,又受到空气的阻力,按题设,阻力的大小为 kv(k 为比例系数),方向与 v 的方向相反.从而跳伞员在下落过程中所受的外力为

$$F = mg - kv.$$

根据牛顿第二定律

$$F = ma,$$

其中 a 为加速度,即 $a = \dfrac{\mathrm{d}v}{\mathrm{d}t}$.于是,跳伞员在下落过程中,速度 $v(t)$ 所满足的微分方程是

$$m\frac{\mathrm{d}v}{\mathrm{d}t} = mg - kv. \tag{6.25}$$

依题设,初始条件是 $v|_{t=0} = 0$.

(2) 解微分方程.

(6.25)式所表示的方程是一阶线性微分方程,但由于未知函数 v 及其导数 $\dfrac{\mathrm{d}v}{\mathrm{d}t}$ 的系数都为常数且自由项也为常数,这又是一个可分离变量的微分方程.分离变量、积分,得

$$\frac{\mathrm{d}v}{mg - kv} = \frac{1}{m}\mathrm{d}t, \quad -\frac{1}{k}\ln(mg - kv) = \frac{t}{m} + \ln C_1,$$

$$v = \frac{mg}{k} + Ce^{-\frac{k}{m}t}.$$

将初始条件 $v|_{t=0} = 0$ 代入上式,得 $C = -\dfrac{mg}{k}$.于是,所求的速度 v 与时间 t 的函数关系为

$$v = \frac{mg}{k}\left(1 - e^{-\frac{k}{m}t}\right).$$

(3) 对所得到的解作出解释.

由于 $k > 0, m > 0$,所以 $e^{-\frac{k}{m}t}$ 是 t 的减函数,且当 $t \to +\infty$ 时,$e^{-\frac{k}{m}t} \to 0$.由关系式

$$v = \frac{mg}{k}\left(1 - e^{-\frac{k}{m}t}\right)$$

可知,跳伞员离开跳伞塔下落后,是加速运动,但随着时间 t 的延续,他所受的阻力越来越大,故在下落过程中,速度 v 逐渐接近于等速 $\left(v = \dfrac{mg}{k}\right)$ 运动.

例 6 有一个 $30 \times 30 \times 12 \ \mathrm{m}^3$ 的车间,空气中含有 1.12% 的 CO_2.现用一台通风能力为每分钟 $1500 \ \mathrm{m}^3$ 的鼓风机通入只含 0.04% 的 CO_2 的新鲜空气;同时把混合后的空气排出,排出去的速度也是每分钟 $1500 \ \mathrm{m}^3$.问鼓风机开动 10 分钟后,车间中 CO_2 的百分比降到多少?

解 (1) 建立微分方程并确定初始条件.
用微元法建立微分方程.

车间中 CO_2 的百分比 x 是时间 t 的函数,设时刻 t 时 CO_2 的百分比为 $x(t)$. 考虑任一时刻 t,任取小区间 $[t, t+dt]$,在 dt 时间内,CO_2 的改变量有关系式:

$$车间中减少的量 = 通入车间中的量 - 车间中排出的量.$$

由于在 t 到 $t+dt$ 这一段时间内,车间中 CO_2 百分比的改变量为 dx,所以上述等式的数量表示为

$$30 \times 30 \times 12 \cdot dx = (1500 \cdot 0.04\% - 1500 \cdot x)dt.$$

经整理,得 $x(t)$ 所满足的微分方程

$$\frac{dx}{dt} = \frac{5}{36} \cdot 0.04\% - \frac{5}{36}x. \tag{6.26}$$

依题设,初始条件是 $t=0$ 时,$x=1.12\%$.

(2) 解微分方程.

(6.26)式所表示的方程是一阶线性微分方程,可用分离变量法求解. 分离变量、两端积分,得

$$\frac{dx}{0.04\% - x} = \frac{5}{36}dt, \quad x(t) = Ce^{-\frac{5}{36}t} + 0.04\%.$$

由条件 $t=0$ 时,$x=1.12\%$,可得 $C=1.08\%$. 于是,得到车间中 CO_2 的百分比 x 与时间 t 的函数关系为

$$x(t) = 1.08\% \cdot e^{-\frac{5}{36}t} + 0.04\%.$$

当 $t=10$ 时,

$$x(10) = 1.08\%e^{-\frac{25}{18}} + 0.04\% = 0.3093\%,$$

即鼓风机开动 10 分钟后,车间中 CO_2 的百分比降到 0.3093%.

三、经济应用问题

例 7 设一机械设备在任意时刻 t 以常数比率贬值. 若设备全新时价值 10000 元,5 年末价值 6000 元,求该设备在出厂 20 年末的价值.

解 (1) 建立微分方程并确定初始条件.

设机械设备在任意时刻 t(单位:年)的价值为 P,则 $P = P(t)$. 按函数增长率的意义,贬值率为负增长率. 若记常数 $k > 0$,$-k$ 为常数贬值率,则依题意,有

$$\frac{1}{P}\frac{dP}{dt} = -k \quad 或 \quad \frac{dP}{dt} = -kP. \tag{6.27}$$

题设初始条件是 $P|_{t=0} = 10000$.

(2) 解微分方程.

(6.27)式是可分离变量的微分方程,易解得

$$P = Ce^{-kt} \quad (C \text{ 是任意常数}).$$

由 $P|_{t=0} = 10000$ 可得 $C = 10000$. 于是,设备的价值 P 与时间 t 的函数关系为

$$P = 10000\mathrm{e}^{-kt},$$

其中,贬值率$-k$尚是未知的.

为确定贬值率$-k$,由$t=5$时,$P=6000$得

$$6000 = 10000\mathrm{e}^{-5k}, \quad 即 \quad \mathrm{e}^{-5k} = \frac{3}{5}.$$

而 20 年末机械设备的价值是$t=20$时,P的值,即

$$P = 10000\mathrm{e}^{-20k} = 10000(\mathrm{e}^{-5k})^4 = 10000\left(\frac{3}{5}\right)^4 = 1296(元).$$

例 8　设商品的需求函数与供给函数分别为

$$Q_\mathrm{d} = a - bP \quad (a, b > 0),$$
$$Q_\mathrm{s} = -c + dP \quad (c, d > 0).$$

又价格P由市场调节:视价格P随时间t变化,且在任意时刻价格的变化率与当时的过剩需求成正比.若商品的初始价格为P_0,试确定价格P与时间t的函数关系.

　　分析　该问题要求的是一个函数$P=P(t)$在假设价格P由市场调节,把P看做是时间t的函数的情况下,确定P与t的函数关系.

已知条件是

(i) 已知需求函数与供给函数分别是

$$Q_\mathrm{d} = a - bP, \quad Q_\mathrm{s} = -c + dP.$$

(ii) 价格的变化率与当时的过剩需求成正比.

$Q_\mathrm{d}-Q_\mathrm{s}$(需求量与供给量之差)称为**过剩需求**或**超额需求**;若以$\alpha>0$作比例系数,则有

$$\frac{\mathrm{d}P}{\mathrm{d}t} = \alpha(Q_\mathrm{d} - Q_\mathrm{s}).$$

(iii) 初始价格,即$t=0$时的价格$P|_{t=0}=P_0$.

解释

(i) 需求函数$Q_\mathrm{d}=a-bP$是单调减函数;供给函数$Q_\mathrm{s}=-c+dP$是单调增函数.

(ii) 价格由市场调节.

　　市场均衡:供给量与需求量相等时,市场处于均衡状态,即

$$Q_\mathrm{d}=Q_\mathrm{s}.$$

　　均衡价格:$Q_\mathrm{d}=Q_\mathrm{s}$时的价格为均衡价格.由

$$a - bP = -c + dP$$

得均衡价格(图 6-5)

$$\overline{P}=\frac{a+c}{b+d}.$$

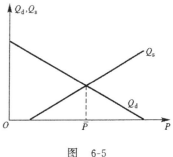

图　6-5

市场不均衡时,$Q_\mathrm{d}\neq Q_\mathrm{s}$.商品价格$P$由需求供给的相对力量来支配:

当 $Q_d > Q_s$ 时,供不应求,价格上涨;当 $Q_d < Q_s$ 时,供过于求,价格下降.

这样,市场由不均衡欲达到均衡,必须经过适当的调整.在这个调整过程中,价格 P 可看做是时间 t 的函数.并假设在任意时刻 t,价格 P 的变化率与当时的过剩需求成正比.

解 (1) 建立微分方程并确定初始条件.

设所求函数为 $P = P(t)$.由已知条件,有

$$\frac{\mathrm{d}P}{\mathrm{d}t} = \alpha(Q_d - Q_s), \tag{6.28}$$

其中 $\alpha > 0$ 是比例系数,$Q_d - Q_s$ 是过剩需求.

又 $Q_d = a - bP$,$Q_s = -c + dP$,将其代入方程(6.28)中,得

$$\frac{\mathrm{d}P}{\mathrm{d}t} = \alpha(a - bP + c - dP),$$

整理得
$$\frac{\mathrm{d}P}{\mathrm{d}t} + \alpha(b + d)P = \alpha(a + c). \tag{6.29}$$

这是一阶线性微分方程.该问题的初始条件是 $P(0) = P_0$.

(2) 解微分方程.

容易求得微分方程(6.29)式的通解为

$$P(t) = Ce^{-\alpha(b+d)t} + \frac{a + c}{b + d} \ (C \text{ 为任意常数}).$$

由初始条件确定任意常数 C:

$$P_0 = C + \frac{a + c}{b + d}, \quad \text{即} \quad C = P_0 - \overline{P}.$$

若记 $k = \alpha(b+d)$,微分方程的特解为

$$P(t) = (P_0 - \overline{P})e^{-kt} + \overline{P}. \tag{6.30}$$

这就是所求的函数,其中 $\overline{P}$ 是常数,为均衡价格;$(P_0 - \overline{P})e^{-kt}$ 为 t 的函数.

(3) 对所得的解作出解释.

由于 P_0,$\overline{P}$,k 都是正常数,当 $t \to +\infty$ 时,$(P_0 - \overline{P})e^{-kt} \to 0$.

(i) 若 $P_0 = \overline{P}$,由微分方程的特解(6.30)式看出:

显然有 $P(t) = \overline{P}$.即初始价格恰好是均衡价格时,市场立即处于均衡,商品以常数价格销售.

(ii) 若 $P_0 > \overline{P}$,由微分方程的特解(6.30)式看出:

因 $(P_0 - \overline{P})e^{-kt} > 0 (e^{-kt} > 0)$,当 $t \to +\infty$ 时,$P(t) \to \overline{P}_+$.即初始价格大于均衡价格时,价格 P 随时间变化,$P(t)$ 从大于均衡价格趋于均衡价格(图 6-6).

(iii) 若 $P_0 < \overline{P}$,由微分方程的特解(6.30)式看出:

图 6-6

因 $(P_0 - \overline{P})e^{-kt} < 0$,当 $t \to +\infty$ 时,$P(t) \to \overline{P}_-$.即初始价格小于均衡价格时,$P(t)$ 从小于均衡价格趋于均衡价格(图 6-6).

在 $P(t)$ 的表达式中有两项

$$P(t) = (P_0 - \overline{P}) e^{-kt} + \overline{P},$$

其中 $\overline{P}$ 是均衡价格,是常数;$(P_0 - \overline{P}) e^{-kt}$ 随时间 t 变化,可理解为均衡偏差.

习 题 6.4

1. 设曲线上任一点切线的斜率,都是这点与坐标原点间所连直线斜率的 n 倍,求此曲线方程.

2. 一曲线过点 $(1, 2)$,且在曲线上任意点处的法线在坐标轴之间的线段被该点所平分,求曲线方程.

3. 证明:任一点的法线都通过同一点的曲线是圆.

4. 若曲线上任意一点 $P(x, y)$ $(x > 0)$ 到原点的距离,恒等于该点处的切线在 y 轴上的截距,且曲线过点 $M\left(\dfrac{1}{2}, 0\right)$,求此曲线方程.

5. 设由坐标原点向曲线的切线所作垂线的长,等于该切线切点的横坐标,求此曲线方程.

6. 曲线上任一点的横坐标与过这点的法线在横轴上截距的乘积,等于该点到坐标原点距离平方的二倍,求此曲线方程.

*7. 某种液体的总量为 A,起化学反应的速度与该液体尚未起化学反应的存留量成正比,试求这物质起化学反应的量 x 与时间 t 的关系.

*8. 行船在水的阻力作用下将不断变慢,其变慢的速度与船行的速度成正比,设开始时行船的速度为 $10\,\mathrm{m/s}$,过了 $5\,\mathrm{s}$,它的速度减为 $8\,\mathrm{m/s}$,问何时它的速度减少到 $1\,\mathrm{m/s}$?

*9. 镭的衰变有如下的规律:镭的衰变速度与它的现存量 R 成正比,由经验资料得知,镭经过 1600 年后,只剩下原始量 R_0 的一半,试求镭的剩余量 R 与时间 t 的函数关系.

*10. 质量为 $1\,\mathrm{kg}$ 的质点受外力作用作直线运动.已知力和时间成正比,与质点运动的速度成反比.在 $t = 10\,\mathrm{s}$ 时,速度等于 $50\,\mathrm{m/s}$,外力为 $4\,\mathrm{N}$.问从运动开始经过了 $1\,\mathrm{min}$ 后,质点的速度是多少?

11. 设某物品的需求价格弹性 $E = -\dfrac{5}{\sqrt{Q}}$,且当 $Q = 100$ 时,$P = 1$,试求价格函数:将价格 P 表示为需求 Q 的函数.

12. 设边际成本与产出单位数 Q 加一常数 a 成正比,与总成本 C 成反比,且固定成本为 C_0,求总成本函数 $C = C(Q)$.

13. 某制造公司根据经验发现,其设备的运行和维修成本 C 与大修间隔时间 t 的关系如下:

$$\frac{\mathrm{d}C}{\mathrm{d}t} - \frac{b-1}{t} C = -\frac{ab}{t^2},$$

其中 a, b 是常数,$a > 0, b > 1$. 又当 $t = t_0$ 时,$C = C_0$,求函数 $C = C(t)$.

14. 制造和销售成本 C 与件数 Q 之间的关系用如下方程表示

$$\frac{\mathrm{d}C}{\mathrm{d}Q} + aC = b + kQ,$$

其中 a, b, k 都是常数. 又当 $Q = 0$ 时,$C = 0$,求函数 $C = C(Q)$.

第七章 向量代数与空间解析几何

正像平面解析几何对于学习一元函数微积分是必不可少的工具一样,为了学习多元函数微积分,空间解析几何也是必不可少的知识.

本章先建立空间直角坐标系,并简要介绍向量代数知识;然后以向量为工具讨论空间曲面和曲线.

§7.1 空间直角坐标系

在平面上建立了直角坐标系后,平面上的点与二元有序数组一一对应.同样,为了把空间的点与三元有序数组对应,我们把平面直角坐标系推广为空间直角坐标系.

一、空间直角坐标系

以空间一定点 O 为共同原点,作三条互相垂直的数轴 Ox,Oy,Oz,按右手规则确定它们的正方向:右手的拇指、食指、中指伸开,使其互相垂直,则拇指、食指、中指分别指向 Ox 轴、Oy 轴、Oz 轴的正方向.这就**建立了空间直角坐标系** $Oxyz$(图 7-1).

(a)   (b)

图 7-1

点 O 称为**坐标原点**,Ox,Oy,Oz 轴简称为 x 轴、y 轴、z 轴,又分别称为**横轴**、**纵轴**、**竖轴**,统称为**坐标轴**.每两个坐标轴确定一个平面,称为**坐标平面**:由 x 轴与 y 轴确定的平面称为 xy 平面,由 y 轴与 z 轴确定的平面称为 yz 平面,由 z 轴与 x 轴确定的平面称为 zx 平面.三个坐标平面将空间分成八个部分,每一部分称为一个**卦限**,各卦限的位置如图 7-2 所示.

建立了空间直角坐标系 $Oxyz$ 后,空间中的任意一点 M 与有序数组 (x,y,z) 就有一一

图　7-2　　　　　　　　　　　图　7-3

对应关系. 事实上, 过点 M 作三个平面分别垂直于 x 轴、y 轴、z 轴, 它们与各轴的交点依次为 P,Q,R, 这三个点在 x 轴、y 轴、z 轴上的坐标依次为 x,y,z, 于是, 空间一点 M 就唯一地确定了三元有序数组 (x,y,z). 反之, 任给一个三元有序数组 (x,y,z), 可在 x 轴上取坐标为 x 的点 P, 在 y 轴上取坐标为 y 的点 Q, 在 z 轴上取坐标为 z 的点 R, 然后过点 P,Q,R 分别作 x 轴、y 轴、z 轴的垂直平面, 这三个平面唯一的交点 M 便是三元有序数组 (x,y,z) 所确定的空间的一点 (图 7-3).

这个三元有序数组 (x,y,z) 称为点 M 的**坐标**, 记作 $M(x,y,z)$; x,y,z 分别称为点 M 的**横坐标**、**纵坐标**和**竖坐标**. 坐标原点、坐标轴和坐标平面上这些特殊点的坐标见表 1.

表　1

特殊点	原点	x 轴上的点	y 轴上的点	z 轴上的点	xy 平面上的点	yz 平面上的点	zx 平面上的点
坐标	$(0,0,0)$ 或 $x=y=z=0$	$(x,0,0)$ 或 $y=z=0$	$(0,y,0)$ 或 $x=z=0$	$(0,0,z)$ 或 $x=y=0$	$(x,y,0)$ 或 $z=0$	$(0,y,z)$ 或 $x=0$	$(x,0,z)$ 或 $y=0$

另外, 八个卦限里点的坐标的符号见表 2.

表　2

卦限	第一卦限	第二卦限	第三卦限	第四卦限	第五卦限	第六卦限	第七卦限	第八卦限
坐标符号	$(+,+,+)$	$(-,+,+)$	$(-,-,+)$	$(+,-,+)$	$(+,+,-)$	$(-,+,-)$	$(-,-,-)$	$(+,-,-)$

例 1　设有空间的点 $M(a,b,c)$, 写出点 M 分别关于 xy 平面、x 轴和原点对称点的坐标.

解　设自点 M 向 xy 平面作垂线的垂足为 L (参见图 7-3), 则点 M 关于 xy 平面对称的点 M_1 是在 ML 的延长线上, 且与 ML 等距离的点, 故 M_1 的坐标为 $M_1(a,b,-c)$.

设点 M 关于 x 轴对称的点为 M_2, 由于 M 和 M_2 都在垂直于 x 轴的平面上, 该平面上点的横坐标都相等, 故 M 和 M_2 的横坐标相等, 连接 M 和 M_2 的线段与 x 轴垂直且被交点平分,故 M_2 的坐标为 $M_2(a,-b,-c)$.

设点 M 关于原点 O 对称的点为 M_3,则线段 MM_3 被点 O 所平分,故 M_3 的坐标为 M_3 $(-a,-b,-c)$.

二、两点间的距离

设 $M_1(x_1,y_1,z_1)$ 和 $M_2(x_2,y_2,z_2)$ 为空间任意两点,在图 7-4 中看,因 $\triangle M_1M_2N$ 为直角三角形,又

$$|M_1N| = |M_1'M_2'| = \sqrt{(x_2-x_1)^2+(y_2-y_1)^2}, \quad |NM_2| = |z_2-z_1|,$$

图 7-4

故可推得点 M_1 和 M_2 之间的距离

$$|M_1M_2| = \sqrt{(x_2-x_1)^2+(y_2-y_1)^2+(z_2-z_1)^2}. \tag{7.1}$$

特别地,点 $M(x,y,z)$ 到原点的距离

$$|OM| = \sqrt{x^2+y^2+z^2}.$$

例 2 已知空间中三个点的坐标:$A(1,2,3)$, $B(-3,0,1)$, $C(-1,-1,-2)$,求 $\triangle ABC$ 的各边边长.

解 由(7.1)式,三角形各边边长分别为

$$|AB| = \sqrt{(-3-1)^2+(0-2)^2+(1-3)^2} = \sqrt{24},$$

$$|BC| = \sqrt{(-1+3)^2+(-1-0)^2+(-2-1)^2} = \sqrt{14},$$

$$|AC| = \sqrt{(-1-1)^2+(-1-2)^2+(-2-3)^2} = \sqrt{38}.$$

习 题 7.1

1. 写出点 $M(3,-1,4)$ 关于各坐标面、坐标轴对称点的坐标.

2. 分别求点 $M(1,-3,4)$ 到原点、y 轴和 xy 平面的距离.

3. 过点 $M(2,1,3)$ 作三个平行于坐标面的平面,它们与坐标面围成一个长方体;

(1) 写出长方体各顶点的坐标；(2) 求长方体的对角线长(参见图 7-3).

4. 证明：以 $A(4,1,9)$，$B(10,-1,16)$，$C(2,4,3)$ 为顶点的三角形是等腰直角三角形.

5. 已知点 $A(3,a,7)$，$B(2,-1,5)$，且 $|AB|=3$，求 a 的值.

6. 在 yz 平面上求一点，使它到 $A(3,1,2)$，$B(4,-2,-2)$，$C(0,5,1)$ 三点的距离相等.

*§7.2　向　量　代　数

一、向量及其表示

我们常遇到的量有两类，一类是只有大小没有方向的量，如长度、面积、体积、温度等，这类量称为**数量**. 另一类是不但有大小而且有方向的量，如力、速度、位移等，这类量称为**向量**（或**矢量**）.

我们用有方向的线段（称为**有向线段**）来表示向量. 有向线段的长度表示向量的大小，有向线段的方向表示向量的方向. 如以 A 为起点、B 为终点的向量，记作 $\overrightarrow{AB}$（图 7-5）. 为方便，也常用黑体字体 $a,b,c,\cdots$ 表示向量. 向量的大小称为向量的**模**或**长度**，向量 $\overrightarrow{AB}$ 的模记作 $|\overrightarrow{AB}|$，向量 a 的模记作 $|a|$. 模等于 1 的向量称为**单位向量**. 与向量 a 同方向的单位向量记作 a^0. 模等于 0 的向量称为**零向量**，记作 **0**，零向量没有确定的方向，即它的方向可看作是任意的.

图　7-5

若向量 a 与 b 模相等，方向相同，就称 a 与 b **相等**，记作 $a=b$. 这里我们不管这两个向量的起点是否相同. 这就是说，一个向量在保持模和方向不变的情况下可以在空间自由移动，故称之为**自由向量**. 为保持方向不变，向量在空间只能作平行移动（称为**平移**）. 本书所讨论的向量均为自由向量.

二、向量的线性运算

1. 向量的加、减法

在物理学中，作用在同一质点上两个力的合力可由平行四边形法则或三角形法则求得，据此，我们规定两个向量 a 与 b 的**加法**如下：

以两个向量 a,b 为邻边所作的平行四边形的对角线 c 所表示的向量称为向量 a 与 b 之和（图 7-6），记作

$$c=a+b.$$

确定两向量之和的这个法则称为**平行四边形法则**.

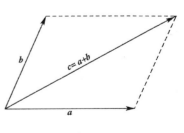

图　7-6

由于平行四边形的对边平行且相等，所以若以向量 a 的终点作为向量 b 的起点，则由 a 的起点到 b 的终点的向量就是向量 c（图 7-7）. 这样就得到向量加法的**三角形法则**. 这个法则还可以推广到有限个向量之和，只要将前一个向量的终点作为后一个向量的起点，一直进

行到最后一个向量. 从第一个向量的起点到最后一个向量的终点所联结的向量即为这多个向量之和, 如图 7-8.

图   7-7   图   7-8

由图 7-7 和图 7-9 可分别看出, 向量的加法满足交换律和结合律:

交换律 $a+b=b+a$;

结合律 $(a+b)+c=a+(b+c)$.

图   7-9   图   7-10

与 a 的模相等而方向相反的向量称为 a 的**负向量**, 记作 $-a$(图 7-10). 由此规定两个向量 a 与 b 的减法, 即 a 与 b 的差为

$$a-b=a+(-b).$$

由三角形法则不难得到, 若将 a, b 的起点放到一起, 则自 b 的终点到 a 的终点所作的向量就是 $a-b$(见图 7-11).

由两个向量的差, 显然有

$$a-a=a+(-a)=0.$$

2. 数与向量的乘积

实数 λ 与向量 a 的乘积记作 λa, 规定为这样一个向量: 它的模 $|\lambda a|=|\lambda||a|$, 它的方向, 当 $\lambda > 0$ 时, λa 与 a

图   7-11

方向一致;当 $\lambda < 0$ 时,λa 与 a 方向相反;当 $\lambda = 0$ 时,λa 是零向量.

数乘向量满足结合律与分配律,即

$$\mu(\lambda a) = \lambda(\mu a) = (\lambda\mu)a,$$
$$(\lambda + \mu)a = \lambda a + \mu a,$$
$$\lambda(a + b) = \lambda a + \lambda b,$$

其中 λ, μ 都是实数.

图 7-12

前两条运算律可由定义直接得出,第三条运算律可由三角形的相似比得出(图 7-12 是 $\lambda > 0$ 的情况).

根据数乘向量的定义,a 的负向量是 -1 与 a 的乘积,$-a = -1 \cdot a$. 对任意向量 a,有

$$a = |a|a^0,$$

从而

$$a^0 = \frac{a}{|a|},$$

其中 a^0 是 a 的单位向量. 这说明,任一非零向量除以它的模,就是 a 的单位向量.

两个非零向量,若它们的方向相同或相反,则称这两个向量**平行**. 向量 a 与 b 平行,记作 $a /\!/ b$. 由数与向量的乘积,还可得到两个非零向量 a 与 b 平行(也称共线)的**充要条件**是 $a = \lambda b$,其中 λ 是非零常数.

三、向量的坐标表示法

1. 向量的坐标表示

在空间直角坐标系中,与 x, y, z 轴正向同方向的单位向量分别记作 i, j, k,并称它们为这一坐标系的**基本单位向量**. 设向量 a 的起点是坐标原点 O,终点为 $M(x, y, z)$,点 M 在 xy 平面上的投影为 M',点 M 在 x, y, z 轴上的投影分别为 P, Q, R(图 7-13),则点 P 的坐标为 $(x, 0, 0)$,故知 $\overrightarrow{OP} = xi$;同理 $\overrightarrow{OQ} = yj$;$\overrightarrow{OR} = zk$. 由向量加法的三角形法则有

$$\overrightarrow{OM} = \overrightarrow{OP} + \overrightarrow{PM'} + \overrightarrow{M'M}.$$

而 $\overrightarrow{PM'} = \overrightarrow{OQ}$,$\overrightarrow{M'M} = \overrightarrow{OR}$,所以

$$a = \overrightarrow{OM} = \overrightarrow{OP} + \overrightarrow{OQ} + \overrightarrow{OR} = xi + yj + zk. \qquad (7.2)$$

我们称(7.2)式为向量 a 的**坐标表示式**,x, y, z 称为向量 a 的**坐标**,记作 $\{x, y, z\}$,即

$$a = \{x, y, z\},$$

其中 x, y, z 正是向量 $\overrightarrow{OM}$ 终点 M 的坐标.

当向量的起点不是坐标原点时,向量仍可以用坐标表示. 设 a 的起点是 $M_1(x_1, y_1, z_1)$,终点是 $M_2(x_2, y_2, z_2)$,下面推导向量 $a = \overrightarrow{M_1 M_2}$ 的坐标表示式. 由图 7-14,根据向量的减法,有

$$a = \overrightarrow{M_1 M_2} = \overrightarrow{OM_2} - \overrightarrow{OM_1} = (x_2 i + y_2 j + z_2 k) - (x_1 i + y_1 j + z_1 k)$$
$$= (x_2 - x_1)i + (y_2 - y_1)j + (z_2 - z_1)k,$$

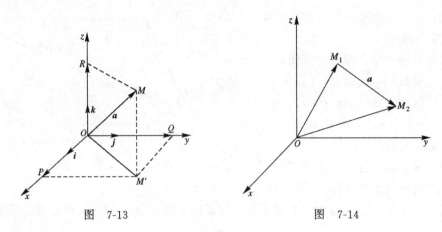

图 7-13　　　　　　　　　图 7-14

这就是 a 的坐标表示式. 由此知 a 的坐标依次为

$$a_x = x_2 - x_1, \quad a_y = y_2 - y_1, \quad a_z = z_2 - z_1,$$

故
$$a = \{a_x, a_y, a_z\} = \{x_2 - x_1, y_2 - y_1, z_2 - z_1\}.$$

这里, $a_x i, a_y j, a_z k$ 分别称为向量 a 在 x, y, z 轴上的**分向量**.

2. 向量的线性运算的坐标表示

利用向量的坐标可把向量的加法、减法以及数乘向量的运算表示如下：

设 $a = \{a_x, a_y, a_z\}, b = \{b_x, b_y, b_z\}$, 即

$$a = a_x i + a_y j + a_z k, \quad b = b_x i + b_y j + b_z k,$$

则
$$a \pm b = (a_x i + a_y j + a_z k) \pm (b_x i + b_y j + b_z k)$$
$$= (a_x \pm b_x) i + (a_y \pm b_y) j + (a_z \pm b_z) k,$$
$$\lambda a = \lambda(a_x i + a_y j + a_z k) = (\lambda a_x) i + (\lambda a_y) j + (\lambda a_z) k,$$

其中 λ 为实数. 上述两式也可表示为

$$a \pm b = \{a_x \pm b_x, a_y \pm b_y, a_z \pm b_z\}, \tag{7.3}$$

$$\lambda a = \{\lambda a_x, \lambda a_y, \lambda a_z\}. \tag{7.4}$$

由此可见, 对向量进行加减法及与数量相乘运算, 只需对向量的坐标进行相应的代数运算.

例1　设 $a = \{3, 5, -2\}, b = \{-1, -4, 1\}$, 求 $a + b, a - b, 2a - 5b$.

解　由公式(7.3)和(7.4), 有

$$a + b = \{3 + (-1), 5 + (-4), -2 + 1\} = \{2, 1, -1\},$$
$$a - b = \{3 - (-1), 5 - (-4), -2 - 1\} = \{4, 9, -3\},$$
$$2a - 5b = \{6, 10, -4\} - \{-5, -20, 5\} = \{11, 30, -9\}.$$

3. 向量的模与方向余弦的坐标表示式

设向量 $a = \{a_x, a_y, a_z\}$, 将它的起点移到坐标原点 O, 则它的终点坐标为 (a_x, a_y, a_z), 由两点间的距离公式知

$$|a| = \sqrt{a_x^2 + a_y^2 + a_z^2}. \tag{7.5}$$

这就是说,向量的**模**等于向量坐标平方和之算术根.

向量 $\boldsymbol{a}$ 的方向可以用 $\boldsymbol{a}$ 与坐标轴正向的夹角 α,β,γ 来确定(图 7-15). α,β,γ 称为向量 $\boldsymbol{a}$ 的**方向角**,它们满足:

$$0\leqslant\alpha\leqslant\pi,\quad 0\leqslant\beta\leqslant\pi,\quad 0\leqslant\gamma\leqslant\pi.$$

方向角的余弦 $\cos\alpha,\cos\beta,\cos\gamma$ 称为向量 $\boldsymbol{a}$ 的**方向余弦**.

如图 7-15,$\triangle OPM$ 是直角三角形,所以

$$\cos\alpha = \frac{|\overrightarrow{OP}|}{|\overrightarrow{OM}|} = \frac{a_x}{|\boldsymbol{a}|} = \frac{a_x}{\sqrt{a_x^2 + a_y^2 + a_z^2}}. \quad (7.6)$$

类似地,有

$$\cos\beta = \frac{a_y}{|\boldsymbol{a}|} = \frac{a_y}{\sqrt{a_x^2 + a_y^2 + a_z^2}}, \quad (7.7)$$

图　7-15

$$\cos\gamma = \frac{a_z}{|\boldsymbol{a}|} = \frac{a_z}{\sqrt{a_x^2 + a_y^2 + a_z^2}}. \quad (7.8)$$

上述三式,是方向余弦的坐标表示式.由此可知,方向余弦所满足的关系式是

$$\cos^2\alpha + \cos^2\beta + \cos^2\gamma = 1.$$

这表明,任意向量的三个方向角 α,β,γ 不是独立的.

由向量 $\boldsymbol{a}$ 的方向余弦组成的向量

$$\{\cos\alpha,\cos\beta,\cos\gamma\} = \left\{\frac{a_x}{|\boldsymbol{a}|}, \frac{a_y}{|\boldsymbol{a}|}, \frac{a_z}{|\boldsymbol{a}|}\right\} = \frac{1}{|\boldsymbol{a}|}\{a_x,a_y,a_z\} = \frac{\boldsymbol{a}}{|\boldsymbol{a}|} = \boldsymbol{a}^0.$$

这说明向量 $\boldsymbol{a}$ 的单位向量 $\boldsymbol{a}^0$ 的坐标就是 $\boldsymbol{a}$ 的方向余弦.因此求向量 $\boldsymbol{a}$ 的方向余弦,只需将 $\boldsymbol{a}$ 单位化,其单位向量的坐标就是 $\boldsymbol{a}$ 的方向余弦.

例 2　已知空间两点 $M_1(2,-1,4)$ 和 $M_2(-3,4,0)$,求向量 $\overrightarrow{M_1M_2}$ 的模、方向余弦以及和向量 $\overrightarrow{M_1M_2}$ 方向一致的单位向量.

解　因

$$\overrightarrow{M_1M_2} = \{-3-2,4-(-1),0-4\} = \{-5,5,-4\},$$

故向量 $\overrightarrow{M_1M_2}$ 的模、方向余弦分别为

$$|\overrightarrow{M_1M_2}| = \sqrt{(-5)^2 + 5^2 + (-4)^2} = \sqrt{66},$$

$$\cos\alpha = \frac{-5}{\sqrt{66}}, \quad \cos\beta = \frac{5}{\sqrt{66}}, \quad \cos\gamma = \frac{-4}{\sqrt{66}}.$$

它的单位向量是 $\left\{\dfrac{-5}{\sqrt{66}}, \dfrac{5}{\sqrt{66}}, \dfrac{-4}{\sqrt{66}}\right\}$.

例 3　设点 M 的竖坐标 z 大于 0,$|\overrightarrow{OM}|=6$,向量 $\overrightarrow{OM}$ 与 x 轴的夹角 $\alpha=120°$,与 y 轴的夹角 $\beta=60°$,求向量 $\overrightarrow{OM}$ 与 z 轴的夹角 γ 及 $\overrightarrow{OM}$ 的坐标.

解　由 $\cos^2\alpha + \cos^2\beta + \cos^2\gamma = 1$ 得

$$\cos^2\gamma = 1 - \cos^2\alpha - \cos^2\beta = 1 - \cos^2 120° - \cos^2 60° = 1 - \frac{1}{4} - \frac{1}{4} = \frac{1}{2},$$

所以 $\cos\gamma = \pm\dfrac{\sqrt{2}}{2}$，即 $\gamma = 45°$ 或 $135°$.

由于 $z > 0$，$\overrightarrow{OM}$ 与 z 轴的夹角为锐角，故所求的夹角 $\gamma = 45°$.

由方向余弦的坐标表示式，得向量 $\overrightarrow{OM}$ 的坐标

$$a_x = |\overrightarrow{OM}|\cos\alpha = 6\cos 120° = -3,$$
$$a_y = |\overrightarrow{OM}|\cos\beta = 6\cos 60° = 3,$$
$$a_z = |\overrightarrow{OM}|\cos\gamma = 6\cos 45° = 3\sqrt{2},$$

于是
$$\overrightarrow{OM} = \{-3, 3, 3\sqrt{2}\}.$$

四、向量的数量积和向量积

1. 两向量的数量积

由物理学知道，物体在常力 $\boldsymbol{F}$ 的作用下，得到位移 $\boldsymbol{s}$，则这个力 $\boldsymbol{F}$ 所作的功为

$$W = |\boldsymbol{F}| \cdot |\boldsymbol{s}|\cos(\widehat{\boldsymbol{F},\boldsymbol{s}}),$$

其中 $(\widehat{\boldsymbol{F},\boldsymbol{s}})$ 表示向量 $\boldsymbol{F}$ 与 $\boldsymbol{s}$ 间的夹角. 向量之间的这种运算关系在其他实际问题中也会遇到，于是将其抽象为向量间的数量积，其定义为：

定义 7.1 向量 $\boldsymbol{a}$ 和 $\boldsymbol{b}$ 的模与它们之间夹角余弦的乘积称为向量 $\boldsymbol{a}$ 与 $\boldsymbol{b}$ 的**数量积**（也称**点积**或**内积**），记作 $\boldsymbol{a} \cdot \boldsymbol{b}$，即

$$\boldsymbol{a} \cdot \boldsymbol{b} = |\boldsymbol{a}| \cdot |\boldsymbol{b}|\cos(\widehat{\boldsymbol{a},\boldsymbol{b}}), \tag{7.9}$$

其中 $(\widehat{\boldsymbol{a},\boldsymbol{b}})$ 表示向量 $\boldsymbol{a}$ 与 $\boldsymbol{b}$ 间的夹角.

按这个定义，上面所讲的功 W 是力 $\boldsymbol{F}$ 与位移 $\boldsymbol{s}$ 的数量积，即

$$W = \boldsymbol{F} \cdot \boldsymbol{s}.$$

定义 7.2 $|\boldsymbol{a}|\cos(\widehat{\boldsymbol{a},\boldsymbol{b}})$ 称为向量 $\boldsymbol{a}$ 在向量 $\boldsymbol{b}$ 上的**投影**，记作 $\mathrm{Prj}_b\,\boldsymbol{a}$，即

$$\mathrm{Prj}_b\,\boldsymbol{a} = |\boldsymbol{a}|\cos(\widehat{\boldsymbol{a},\boldsymbol{b}}).$$

$|\boldsymbol{b}|\cos(\widehat{\boldsymbol{a},\boldsymbol{b}})$ 称为向量 $\boldsymbol{b}$ 在向量 $\boldsymbol{a}$ 上的投影，记作 $\mathrm{Prj}_a\,\boldsymbol{b}$，即

$$\mathrm{Prj}_a\,\boldsymbol{b} = |\boldsymbol{b}|\cos(\widehat{\boldsymbol{a},\boldsymbol{b}}).$$

这样，两向量的数量积也可表示为

$$\boldsymbol{a} \cdot \boldsymbol{b} = |\boldsymbol{b}|\mathrm{Prj}_b\,\boldsymbol{a} = |\boldsymbol{a}|\mathrm{Prj}_a\,\boldsymbol{b},$$

即两向量的数量积等于其中一个向量的模与另一个向量在此向量上的投影的乘积.

由数量积的定义可以推得：

(1) $\boldsymbol{a} \cdot \boldsymbol{a} = |\boldsymbol{a}|^2$，所以

$$\boldsymbol{i} \cdot \boldsymbol{i} = \boldsymbol{j} \cdot \boldsymbol{j} = \boldsymbol{k} \cdot \boldsymbol{k} = 1.$$

（2）若向量 a 与 b 的夹角为 $\frac{\pi}{2}$ 时,即 $(\widehat{a,b})=\frac{\pi}{2}$ 时,则称向量 a 与 b 垂直,记作 $a\perp b$. 显然,两个非零向量 a,b 互相垂直的**充要条件**是 $a\cdot b=0$.

这是因为,若 $a\perp b$,则 $(\widehat{a,b})=\frac{\pi}{2}$,$\cos(\widehat{a,b})=0$,故 $a\cdot b=0$. 反之,若 $a\cdot b=0$,因 $|a|\neq 0$,$|b|\neq 0$,则 $\cos(\widehat{a,b})=0$,从而 $a\perp b$.

由此可知

$$i\cdot j=j\cdot k=k\cdot i=0.$$

规定零向量与任意向量都垂直,这样,结论（2）中非零向量的条件可以去掉.

此外,从定义 7.1 不难推出,向量的数量积满足以下运算规律:

（1）交换律　$a\cdot b=b\cdot a$;

（2）分配律　$a\cdot(b+c)=a\cdot b+a\cdot c$;

（3）与数 λ 相乘的结合律　$\lambda(a\cdot b)=(\lambda a)\cdot b=a\cdot(\lambda b)$.

根据这些运算规律可以推出数量积的坐标表示式:设

$$a=a_x i+a_y j+a_z k,\quad b=b_x i+b_y j+b_z k,$$

则
$$\begin{aligned}
a\cdot b&=(a_x i+a_y j+a_z k)\cdot(b_x i+b_y j+b_z k)\\
&=a_x i\cdot(b_x i+b_y j+b_z k)+a_y j\cdot(b_x i+b_y j+b_z k)\\
&\quad+a_z k\cdot(b_x i+b_y j+b_z k)\\
&=a_x b_x i\cdot i+a_x b_y i\cdot j+a_x b_z i\cdot k+a_y b_x j\cdot i+a_y b_y j\cdot j+a_y b_z j\cdot k\\
&\quad+a_z b_x k\cdot i+a_z b_y k\cdot j+a_z b_z k\cdot k\\
&=a_x b_x+a_y b_y+a_z b_z,
\end{aligned}$$

于是,数量积的坐标表示式为

$$a\cdot b=a_x b_x+a_y b_y+a_z b_z. \tag{7.10}$$

当 a 和 b 为非零向量时,由（7.9）得到两向量间夹角余弦

$$\cos(\widehat{a,b})=\frac{a\cdot b}{|a|\cdot|b|}.$$

由（7.5）和（7.10）式有

$$\cos(\widehat{a,b})=\frac{a_x b_x+a_y b_y+a_z b_z}{\sqrt{a_x^2+a_y^2+a_z^2}\sqrt{b_x^2+b_y^2+b_z^2}}. \tag{7.11}$$

从这个公式可以得到,两个向量 a 和 b 垂直的**充要条件**是

$$a_x b_x+a_y b_y+a_z b_z=0.$$

例 4　设 $a=\{1,2,-2\}$,$b=\{-4,1,1\}$,求:

（1）$a\cdot b$;　（2）$|a|$,$|b|$,$(\widehat{a,b})$;　（3）$\mathrm{Prj}_b\,a$.

解　（1）由数量积的坐标表示式,有

$$a\cdot b=1\cdot(-4)+2\cdot 1+(-2)\cdot 1=-4.$$

(2) $|\boldsymbol{a}|=\sqrt{1^2+2^2+(-2)^2}=3$, $|\boldsymbol{b}|=\sqrt{(-4)^2+1^2+1^2}=3\sqrt{2}$. 由

$$\cos(\widehat{\boldsymbol{a},\boldsymbol{b}})=\frac{\boldsymbol{a}\cdot\boldsymbol{b}}{|\boldsymbol{a}|\cdot|\boldsymbol{b}|}=\frac{-4}{3\cdot3\sqrt{2}}=\frac{-2\sqrt{2}}{9}$$

得

$$(\widehat{\boldsymbol{a},\boldsymbol{b}})=\arccos\frac{-2\sqrt{2}}{9}\approx108.32°.$$

(3) $\mathrm{Prj}_b\,\boldsymbol{a}=|\boldsymbol{a}|\cos(\widehat{\boldsymbol{a},\boldsymbol{b}})=-\frac{2\sqrt{2}}{3}$.

例 5 已知点 $M_1(1,-1,2)$, $M_2(3,3,1)$, $M_3(3,1,3)$, 求与向量 $\overrightarrow{M_1M_2}$, $\overrightarrow{M_2M_3}$ 都垂直的单位向量.

解 由已知条件, 得 $\overrightarrow{M_1M_2}=\{2,4,-1\}$, $\overrightarrow{M_2M_3}=\{0,-2,2\}$. 设与 $\overrightarrow{M_1M_2},\overrightarrow{M_2M_3}$ 都垂直的单位向量为 $\boldsymbol{a}=\{x,y,z\}$, 则有

$$\begin{cases} x^2+y^2+z^2=1, & (7.12)\\ 2x+4y-z=0, & (7.13)\\ \qquad -2y+2z=0. & (7.14) \end{cases}$$

由(7.14)式得 $y=z$, 代入(7.13)式有 $2x+3y=0$, 故 $x=-\dfrac{3}{2}y$. 将其代入(7.12)式有

$$x^2+y^2+z^2=\frac{9}{4}y^2+y^2+y^2=\frac{17}{4}y^2=1,$$

所以 $y=\pm\dfrac{2}{\sqrt{17}}$, 从而

$$x=\mp\frac{3}{\sqrt{17}},\quad z=\pm\frac{2}{\sqrt{17}},$$

于是所求单位向量 $\boldsymbol{a}=\pm\dfrac{1}{\sqrt{17}}\{-3,2,2\}$.

2. 两向量的向量积

(1) 向量积的概念

在很多实际问题中还要用到两个向量的另一种乘法运算, 如物体受力作用而产生的力矩, 磁场中通电导线受到的力等. 在这些问题中, 两个向量运算的结果是一个向量, 其方向垂直于这两个向量所在的平面并由右手法则确定, 它们的模等于这两个向量的模与向量间夹角的正弦之乘积.

下面给出两个向量的向量积的定义.

定义 7.3 设有向量 $\boldsymbol{a},\boldsymbol{b}$, 若向量 $\boldsymbol{c}$ 满足:

(i) $|\boldsymbol{c}|=|\boldsymbol{a}|\cdot|\boldsymbol{b}|\sin(\widehat{\boldsymbol{a},\boldsymbol{b}})$;

(ii) $\boldsymbol{c}$ 垂直于 $\boldsymbol{a},\boldsymbol{b}$ 所决定的平面, 它的正方向由右手法则确定, 如图 7-16 所示. 即当右手的食指、中指分别指向 $\boldsymbol{a},\boldsymbol{b}$ 的正向时, 拇指所指的方向即为 $\boldsymbol{c}$ 的正方向, 则称向量 $\boldsymbol{c}$ 是 $\boldsymbol{a}$ 与 $\boldsymbol{b}$ 的**向量积**(也称**叉积或外积**), 记作

$$\boldsymbol{c}=\boldsymbol{a}\times\boldsymbol{b}.$$

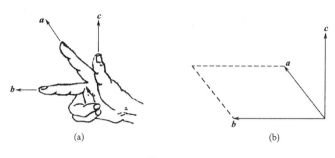

图 7-16

由定义 7.3 知：

① 因为 $|\boldsymbol{a}| \cdot |\boldsymbol{b}| \sin(\widehat{\boldsymbol{a},\boldsymbol{b}})$ 是以 $\boldsymbol{a},\boldsymbol{b}$ 为邻边的平行四边形的面积(图 7-16(b)). 所以向量 $\boldsymbol{a}$ 与向量 $\boldsymbol{b}$ 的向量积 $\boldsymbol{a}\times\boldsymbol{b}$ 的**几何意义**是：$\boldsymbol{a}\times\boldsymbol{b}$ 是一个向量，它的模等于以 $\boldsymbol{a}$ 和 $\boldsymbol{b}$ 为边的平行四边形面积，它垂直于该平行四边形所在的平面，并按右手法则决定 $\boldsymbol{c}$ 的正向.

② 两个非零向量 $\boldsymbol{a}$ 与 $\boldsymbol{b}$ 平行的**充要条件**是 $\boldsymbol{a}\times\boldsymbol{b}=\boldsymbol{0}$.

事实上，若 $\boldsymbol{a}//\boldsymbol{b}$，则 $(\widehat{\boldsymbol{a},\boldsymbol{b}})=0$ 或 π，由此有 $\sin(\widehat{\boldsymbol{a},\boldsymbol{b}})=0$，故 $|\boldsymbol{a}\times\boldsymbol{b}|=|\boldsymbol{a}| \cdot |\boldsymbol{b}|\sin(\widehat{\boldsymbol{a},\boldsymbol{b}})=0$；从而 $\boldsymbol{a}\times\boldsymbol{b}=\boldsymbol{0}$. 反之，若 $\boldsymbol{a}\times\boldsymbol{b}=\boldsymbol{0}$，又 $\boldsymbol{a},\boldsymbol{b}$ 均为非零向量，于是 $|\boldsymbol{a}\times\boldsymbol{b}|=|\boldsymbol{a}| \cdot |\boldsymbol{b}|\sin(\widehat{\boldsymbol{a},\boldsymbol{b}})=0$，必有 $\sin(\widehat{\boldsymbol{a},\boldsymbol{b}})=0$，故 $\boldsymbol{a}//\boldsymbol{b}$.

规定，零向量与任意向量平行，它们的向量积为零向量.

③ $\boldsymbol{i}\times\boldsymbol{i}=\boldsymbol{j}\times\boldsymbol{j}=\boldsymbol{k}\times\boldsymbol{k}=\boldsymbol{0}, \boldsymbol{i}\times\boldsymbol{j}=\boldsymbol{k}, \boldsymbol{j}\times\boldsymbol{k}=\boldsymbol{i}, \boldsymbol{k}\times\boldsymbol{i}=\boldsymbol{j}.$ (7.15)

由定义 7.3 还可推出，向量积满足以下**运算规律**：

④ $\boldsymbol{a}\times\boldsymbol{b}=-(\boldsymbol{b}\times\boldsymbol{a})$；

⑤ $(\lambda\boldsymbol{a})\times\boldsymbol{b}=\boldsymbol{a}\times(\lambda\boldsymbol{b})=\lambda(\boldsymbol{a}\times\boldsymbol{b})$，$\lambda$ 为数量；

⑥ $\boldsymbol{a}\times(\boldsymbol{b}+\boldsymbol{c})=\boldsymbol{a}\times\boldsymbol{b}+\boldsymbol{a}\times\boldsymbol{c}$.

这里，需注意，由上述④式知，向量积不服从交换律，即 $\boldsymbol{a}\times\boldsymbol{b}$ 与 $\boldsymbol{b}\times\boldsymbol{a}$ 不相等，它们是模相等而方向相反的向量.

(2) 向量积的坐标表示

设向量 $\qquad \boldsymbol{a}=a_x\boldsymbol{i}+a_y\boldsymbol{j}+a_z\boldsymbol{k}, \quad \boldsymbol{b}=b_x\boldsymbol{i}+b_y\boldsymbol{j}+b_z\boldsymbol{k},$

则由向量积的运算规律得

$$\begin{aligned}
\boldsymbol{a}\times\boldsymbol{b}=&(a_x\boldsymbol{i}+a_y\boldsymbol{j}+a_z\boldsymbol{k})\times(b_x\boldsymbol{i}+b_y\boldsymbol{j}+b_z\boldsymbol{k})\\
=&a_xb_x\boldsymbol{i}\times\boldsymbol{i}+a_xb_y\boldsymbol{i}\times\boldsymbol{j}+a_xb_z\boldsymbol{i}\times\boldsymbol{k}\\
&+a_yb_x\boldsymbol{j}\times\boldsymbol{i}+a_yb_y\boldsymbol{j}\times\boldsymbol{j}+a_yb_z\boldsymbol{j}\times\boldsymbol{k}\\
&+a_zb_x\boldsymbol{k}\times\boldsymbol{i}+a_zb_y\boldsymbol{k}\times\boldsymbol{j}+a_zb_z\boldsymbol{k}\times\boldsymbol{k}.
\end{aligned}$$

利用等式(7.15)便有

$$\boldsymbol{a}\times\boldsymbol{b}=(a_yb_z-a_zb_y)\boldsymbol{i}+(a_zb_x-a_xb_z)\boldsymbol{j}+(a_xb_y-a_yb_x)\boldsymbol{k}. \qquad (7.16)$$

这就是向量积的坐标表示式. 为便于记忆，把(7.16)式用三阶行列式来表示：

$$a \times b = \begin{vmatrix} i & j & k \\ a_x & a_y & a_z \\ b_x & b_y & b_z \end{vmatrix} = \begin{vmatrix} a_y & a_z \\ b_y & b_z \end{vmatrix} i - \begin{vmatrix} a_x & a_z \\ b_x & b_z \end{vmatrix} j + \begin{vmatrix} a_x & a_y \\ b_x & b_y \end{vmatrix} k. \tag{7.17}$$

从(7.16)式可得到下面的**结论**：

两个非零向量 a 与 b 平行的充要条件是 $a \times b = 0$，或用坐标表示为

$$a_y b_z - a_z b_y = 0, \quad a_z b_x - a_x b_z = 0, \quad a_x b_y - a_y b_x = 0. \tag{7.18}$$

当 b_x, b_y, b_z 都不等于 0 时，有

$$\frac{a_x}{b_x} = \frac{a_y}{b_y} = \frac{a_z}{b_z}. \tag{7.19}$$

如果 b_x, b_y, b_z 中有的为 0 时，我们仍用(7.19)作为(7.18)式的简便写法. 但约定，相应的分子为 0. 例如，$\dfrac{a_x}{2} = \dfrac{a_y}{-3} = \dfrac{a_z}{0}$ 应理解为

$$3a_x + 2a_y = 0, \quad a_z = 0.$$

例 6　已知 $a = \{3, 2, -5\}$，$b = \{-2, -1, 4\}$，求 $a \times b$.

解　由(7.17)式

$$a \times b = \begin{vmatrix} i & j & k \\ 3 & 2 & -5 \\ -2 & -1 & 4 \end{vmatrix} = \begin{vmatrix} 2 & -5 \\ -1 & 4 \end{vmatrix} i - \begin{vmatrix} 3 & -5 \\ -2 & 4 \end{vmatrix} j + \begin{vmatrix} 3 & 2 \\ -2 & -1 \end{vmatrix} k$$

$$= (8 - 5)i - (12 - 10)j + (-3 + 4)k$$

$$= 3i - 2j + k.$$

例 7　已知向量 $a = xi + 3j - 2k$ 与 $b = -j + yk$ 平行，求 x, y 的值.

解　由条件(7.19)有

$$\frac{x}{0} = \frac{3}{-1} = \frac{-2}{y},$$

故 $x = 0$，$y = \dfrac{2}{3}$.

例 8　已知 $a = \{3, -2, 1\}$，$b = \{3, 4, -5\}$，求与 a, b 都垂直的单位向量.

解　由向量积定义知，$a \times b$ 是与向量 a, b 都垂直的向量，由 $a \times b$ 再乘以它的模的倒数，即得所求的单位向量.

$$c = a \times b = \begin{vmatrix} i & j & k \\ 3 & -2 & 1 \\ 3 & 4 & -5 \end{vmatrix} = 6i + 18j + 18k,$$

$$|c| = \sqrt{36 + 324 + 324} = \sqrt{684} = 6\sqrt{19},$$

故与 a, b 都垂直的单位向量是

$$c^0 = \pm \frac{1}{6\sqrt{19}} (6i + 18j + 18k) = \frac{\pm 1}{\sqrt{19}} (i + 3j + 3k).$$

例 9 已知向量 a,b,c 满足 $a+b+c=0$,证明 $a\times b=b\times c=c\times a$,并说明其几何意义.

证 分别取 a,b 与 $a+b+c$ 的向量积,有

$$a\times(a+b+c)=a\times b+a\times c=a\times 0=0,$$
$$b\times(a+b+c)=b\times a+b\times c=b\times 0=0,$$

所以
$$a\times b=-(a\times c)=c\times a,$$
$$b\times c=-(b\times a)=a\times b.$$

这就证明了

$$a\times b=b\times c=c\times a.$$

条件 $a+b+c=0$ 说明向量 a,b,c 组成一个三角形 ABC(如图 7-17). 不难看出,$a\times b,b\times c,c\times a$ 的模都等于 $\triangle ABC$ 面积的两倍,它们的方向都垂直于 $\triangle ABC$ 的平面,且有相同的指向,故

$$a\times b=b\times c=c\times a.$$

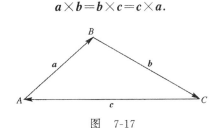

图 7-17

习 题 7.2

1. 已知平行四边形 $ABCD$ 的对角线向量 $\overrightarrow{AC}=a,\overrightarrow{BD}=b$,试用 a,b 表示向量 $\overrightarrow{AB},\overrightarrow{BC},\overrightarrow{CD},\overrightarrow{DA}$.

2. 设 $\alpha=3i-4j+k$,$\beta=i+2j-5k$,求 $\alpha+\beta$,$\alpha-\beta$,$3\alpha-\beta$ 的坐标表示式.

3. 已知点 $M_1(5,-2,-1)$ 和点 $M_2(-1,0,2)$,求向量 $\overrightarrow{M_1M_2}$ 的模及方向余弦.

4. 设向量 a 与 x 轴及 y 轴的夹角相等,与 z 轴的夹角是前者的两倍,求 a 的方向余弦.

5. 设一个向量的终点是 $B(2,-1,7)$,此向量在 x 轴、y 轴和 z 轴上的投影依次为 4,-4 和 7,求这个向量的始点 A.

6. 已知 $M_1(0,-2,5)$ 和 $M_2(2,2,0)$,求向量 $\overrightarrow{M_1M_2}$ 的模、方向余弦和它的单位向量.

7. 已知 $A(2,3,4),B(x,-2,4)$,$|\overrightarrow{AB}|=5$,求 x 的值.

8. 设向量 $\overrightarrow{OP}$ 与 z 轴的夹角为 $30°$,$\overrightarrow{OP}$ 与 x 轴及与 y 轴的夹角相等,且 $|\overrightarrow{OP}|=4$,求 P 点的坐标.

9. 设 $a=\{2,-\sqrt{5},3\},b=\{3,2,-1\}$,求 $a\cdot b,|a|,|b|,\mathrm{Prj}_a b,\mathrm{Prj}_b a$.

10. 求向量 $a=i+j-4k$,$b=i-2j+2k$ 之间的夹角.

11. 设动点 M 与点 $M_0(1,2,3)$ 所成的向量与向量 $n=\{-2,5,1\}$ 垂直,求此动点的轨迹.

12. 非零向量 a,b,c 满足什么条件时能使等式 $(a\cdot b)c=a(b\cdot c)$ 成立?

13. 已知向量 $a=\{3,2,-4\},b=\{2,-1,3\},c=\{1,-3,2\}$,试求满足条件 $\alpha\cdot a=20$,$\alpha\cdot b=-5$,$\alpha\cdot c=-11$ 的向量 α.

14. 在 xy 平面上求一向量 b,使其模等于 5,且与已知向量 $a=\{-4,3,7\}$ 垂直.

15. 求与向量 $a=2i-j+2k$ 共线,且 $a\cdot b=-9$ 的向量 b.

16. 求垂直于向量 $a=\{2,2,1\}$ 和 $b=\{4,5,3\}$ 的单位向量.

17. 已知三点 $P_1(1,-1,3)$, $P_2(-2,0,-5)$, $P_3(4,-2,1)$, 问这三点是否在一条直线上?

18. 已知 $a=\{2,-3,1\}$, $b=\{1,-1,3\}$, $c=\{1,-2,0\}$, 求:

(1) $(a \cdot b)c$;　　　(2) $(a+b)\times(b+c)$;　　　(3) $(a\times b)\times c$.

19. 设一平面平行于向量 $3i+j$ 和 $i+j-4k$ 所在的平面, 证明向量 $2i-6j-k$ 垂直于这平面.

20. 设 $a\times b=c\times d$, $a\times c=b\times d$, 证明 $a-d$ 与 $b-c$ 平行, 其中 a,b,c,d 均为向量.

21. 单项选择题:

(1) 设 a,b 都是非零向量, 已知 $a\perp b$, 则必有 (　　).

(A) $|a+b|=|a|+|b|$;　　(B) $|a+b|\leqslant|a-b|$;　　(C) $|a+b|=|a-b|$;　　(D) $|a+b|\geqslant|a-b|$.

(2) 以下说法中, 正确的是(　　).

(A) $i+j+k$ 是单位向量;　　　　(B) $-i$ 不是单位向量;

(C) 两个互相垂直的单位向量的数量积是单位向量;

(D) 两个互相垂直的单位向量的向量积是单位向量.

§7.3　空间曲面及其方程

一、曲面与方程

在空间解析几何中,把曲面 S 看做是空间点的几何轨迹,即曲面是具有某种性质的点的集合. 在这曲面上的点就具有这种性质,不在这曲面上的点就不具有这种性质. 若以 x,y,z 表示该曲面上任意一点的坐标,则 x,y,z 之间必然满足一种确定的关系,这种关系一般由含有三个变量的方程

$$F(x,y,z) = 0$$

来刻画,这样上述方程就与空间曲面 S 建立了对应关系.

例如,球面上任一点到球心的距离相等, 由此,球面可以看成是空间到一定点 $M_0(x_0,y_0,z_0)$ 的距离等于 R 的点的几何轨迹. 设点 $M(x,y,z)$ 为此轨迹上的任意一点,则因 $|MM_0|=R$,故

$$\sqrt{(x-x_0)^2+(y-y_0)^2+(z-z_0)^2}=R,$$

两边平方得

$$(x-x_0)^2+(y-y_0)^2+(z-z_0)^2=R^2. \tag{7.20}$$

这个含有三个变量 x,y,z 的方程就是以点 $M_0(x_0,y_0,z_0)$ 为球心,R 为半径的球面方程.

特别地,球心在原点 $O(0,0,0)$,半径为 R 的球面方程为(图 7-18)

$$x^2+y^2+z^2=R^2.$$

若将球面方程(7.20)式展开,可得

$$x^2+y^2+z^2-2x_0x-2y_0y-2z_0z+x_0^2+y_0^2+z_0^2-R^2=0.$$

由此,球面方程可表示为下述三元二次方程

$$x^2 + y^2 + z^2 + Dx + Ey + Fz + G = 0.$$

例1 求球面 $x^2+y^2+z^2-4x+2y=0$ 的球心和半径.

解 用配方法将原方程写为

$$(x^2 - 4x + 4) + (y^2 + 2y + 1) + z^2 - 5 = 0,$$

即
$$(x - 2)^2 + (y + 1)^2 + z^2 = 5,$$

所以,球心的坐标为 $(2,-1,0)$,半径 $R=\sqrt{5}$.

显然,在以点 $M_0(x_0,y_0,z_0)$ 为球心,R 为半径的球面上的点 $M(x,y,z)$ 的坐标都满足方程(7.20);而不在该球面上的点 $M(x,y,z)$,到点 M_0 的距离不等于 R,故它的坐标不满足方程(7.20). 我们称方程(7.20)为上述球面的方程;而该球面就是方程(7.20)的图形.

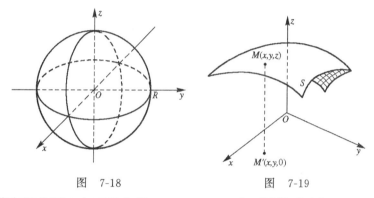

图 7-18 图 7-19

一般地,若空间曲面 S 与三元方程 $F(x,y,z)=0$ 有下述关系(图7-19):

(1) 曲面 S 上任一点的坐标 (x,y,z) 都满足方程

$$F(x,y,z) = 0;$$

(2) 不在曲面 S 上的点的坐标 (x,y,z) 都不满足方程

$$F(x,y,z) = 0,$$

则称方程 $F(x,y,z)=0$ 为曲面 S 的**方程**,而曲面 S 称为方程 $F(x,y,z)=0$ 的**图形**.

二、几种常见的曲面

1. 二次曲面

在空间解析几何中把三元二次方程表示的曲面称为**二次曲面**. 这里介绍几种常见的二次曲面.

(1) 椭球面

中心在原点关于坐标轴对称的**椭球面**,其方程为

$$\frac{x^2}{a^2} + \frac{y^2}{b^2} + \frac{z^2}{c^2} = 1,$$

其中,a,b,c 为椭球面的半轴(图7-20). 当 $a=b=c$ 时,上述方程为 $x^2+y^2+z^2=a^2$,椭球面就成为球面.

图   7-20   图   7-21

（2）椭圆抛物面

顶点在原点开口向上的**椭圆抛物面**，其方程为（图 7-21）

$$z = \frac{x^2}{a^2} + \frac{y^2}{b^2}.$$

（3）双曲抛物面

形状如图 7-22 所示的曲面称为**双曲抛物面**，也称**马鞍面**，其方程为

$$z = -\frac{x^2}{a^2} + \frac{y^2}{b^2},$$

方程 $z = \frac{x^2}{a^2} - \frac{y^2}{b^2}$ 所表示的曲面也是**双曲抛物面**.

（4）单叶双曲面

形状如图 7-23 所示的曲面称为**单叶双曲面**，其方程为

$$\frac{x^2}{a^2} + \frac{y^2}{b^2} - \frac{z^2}{c^2} = 1,$$

方程 $\frac{x^2}{a^2} - \frac{y^2}{b^2} + \frac{z^2}{c^2} = 1$ 和 $-\frac{x^2}{a^2} + \frac{y^2}{b^2} + \frac{z^2}{c^2} = 1$ 所表示的曲面都是**单叶双曲面**.

图   7-22   图   7-23

（5）双叶双曲面

形状如图 7-24 所示的曲面称为**双叶双曲面**，其方程为

$$\frac{x^2}{a^2} + \frac{y^2}{b^2} - \frac{z^2}{c^2} = -1.$$

图　7-24　　　　　　　　　图　7-25

2. 旋转曲面

一条平面曲线 C 绕其平面上一条定直线 L 旋转一周所生成的曲面称为**旋转曲面**. 平面曲线 C 和定直线 L 分别称为旋转曲面的**母线**和**旋转轴**.

设母线 C 是 yz 平面上的一条曲线，其方程是 $f(y,z)=0$. 将曲线 C 绕 z 轴旋转一周，便得到一个以 z 轴为旋转轴的曲面（图 7-25），其方程为

$$f(\pm\sqrt{x^2+y^2},z)=0.$$

上述曲面方程是以曲线 C 的方程 $f(y,z)=0$ 得到的：方程 $f(y,z)=0$ 中的 z 不变，而将 y 换成 $\pm\sqrt{x^2+y^2}$. 同样，yz 平面上的曲线 C：$f(y,z)=0$，绕 y 轴旋转一周所得到的旋转曲面方程为 $f(y,\pm\sqrt{x^2+z^2})$.

一般，以某坐标面上的曲线 C 为母线，以某坐标轴为旋转轴的旋转曲面的求法是：将曲线 C 的方程中，与坐标轴同名的坐标变量保持不变，而以其他两个坐标变量平方和的平方根代替方程中的另一变量即可.

例 2　求 yz 平面上的抛物线 $z=ay^2$ 绕 z 轴旋转所得的旋转曲面方程.

解　在方程 $z=ay^2$ 中，使 z 保持不变，将 y 换成 $\pm\sqrt{x^2+y^2}$ 即得旋转曲面方程

$$z=a(x^2+y^2).$$

该旋转曲面称为**旋转抛物面**. 旋转曲线 C 与 z 轴的交点称为旋转抛物面的**顶点**，这里，顶点就是原点. 显然，当 $a>0$ 时，旋转抛物面是椭圆抛物面的特例，其图形可参阅图 7-21；当 $a<0$ 时，旋转抛物面的开口向下.

图　7-26

例 3　求 yz 平面上的直线 $z=ky(k>0)$ 绕 z 轴旋转所得的曲面方程.

解　在方程 $z=ky$ 中,使 z 保持不变,将 y 换成 $\pm\sqrt{x^2+y^2}$ 即得旋转曲面方程

$$z=\pm k\sqrt{x^2+y^2},\quad 或\quad z^2=k^2(x^2+y^2).$$

该曲面称为**圆锥面**,圆锥面的顶点是原点(图 7-26).其中,方程 $z=k\sqrt{x^2+y^2}$ 表示**上半圆锥面**,方程

$$z=-k\sqrt{x^2+y^2}$$

表示**下半圆锥面**.

设直线 $z=ky$ 与 z 轴的夹角为 $\alpha\left(0<\alpha<\dfrac{\pi}{2}\right)$,则 $k=\dfrac{z}{y}$ $=\cot\alpha$,角 α 称为圆锥面的半顶角.特别地,当 $k=1$ 时,半顶角 $\alpha=\dfrac{\pi}{4}$.

例 4　求 xy 平面上的椭圆 $\dfrac{x^2}{a^2}+\dfrac{y^2}{b^2}=1$ 绕 y 轴旋转所得旋转曲面的方程.

解　将椭圆方程中的 x 换成 $\pm\sqrt{x^2+y^2}$ 得所求的旋转曲面方程

$$\frac{x^2+z^2}{a^2}+\frac{y^2}{b^2}=1.$$

这种曲面称为**旋转椭球面**.显然,旋转椭球面是椭球面的特例.

3. 柱面

直线 L 与定直线平行,并沿定曲线 C 移动,所形成的曲面称为**柱面**.动直线 L 称为**柱面的母线**,曲线 C 称为**柱面的准线**.

设准线 C 是 xy 平面上的一条曲线,其方程是 $F(x,y)=0$,则动直线 L 平行于 z 轴,并沿准线 C 移动,所生成的是母线平行 z 轴的柱面(图 7-27),其方程也是

$$F(x,y)=0.$$

上式不含 z,这表明,空间一点 $M(x,y,z)$,只要它的横坐标 x,纵坐标 y 满足该方程,则点 M 就在这柱面上.例如,方程

$$\frac{x^2}{a^2}+\frac{y^2}{b^2}=1,\quad x^2+y^2=R^2,$$

$$\frac{x^2}{a^2}-\frac{y^2}{b^2}=1,\quad y^2=2px\ (p>0)$$

分别表示母线平行于 z 轴的椭圆柱面、圆柱面(图 7-28)、抛物柱面(图 7-29)、双曲柱面(图 7-30).

类似地,方程 $F(y,z)=0$ 表示母线平行于 x 轴的柱面;方程 $F(x,z)=0$ 表示母线平行于 y 轴的柱面.这就是说,柱面的母线平行于某个坐标轴时,柱面方程中不含该坐标.

图　7-27　　　　　　　　　图　7-28

图　7-29　　　　　　　　　图　7-30

习　题　7.3

1. 求球面 $x^2+y^2+z^2-2x+4y-4z-7=0$ 的球心和半径.

2. 将 xy 平面上的双曲线 $4x^2-9y^2=36$ 分别绕 x 轴、y 轴旋转一周,求所生成的旋转曲面的方程.

3. 指出下列方程所表示的曲面的名称:

(1) $x^2+z^2=R^2$；　(2) $y^2=2z$；　(3) $-\dfrac{x^2}{4}+\dfrac{y^2}{9}=1$；　(4) $x^2+\dfrac{y^2}{9}+\dfrac{z^2}{9}=1$；

(5) $x^2-\dfrac{y^2}{4}+z^2=1$；　(6) $x^2=y^2+z^2$.

4. 单项选择题:

(1) 方程 $x^2=0$ 的图形是(　　).

(A) yOz 平面；　　(B) 一条直线；　　(C) 原点；　　(D) 三个坐标平面.

(2) 设球面 $x^2+y^2+z^2+Dx+Ey+Fz+G=0$ 与三个坐标平面都相切,则方程中的系数应满足条件

(　　).

(A) $D=E=F=0$；　　　　(B) $D^2+E^2+F^2+6G=0$；

(C) $D^2+E^2+F^2=6G$；　　(D) $G=0$.

*§7.4   平面及其方程

本节将以向量为工具建立空间平面方程,并讨论与平面有关的一些问题.

一、平面及其方程

1. 平面的点法式方程

我们已经知道,过空间一点可惟一地作一平面与已知直线垂直,由此,若已知平面上一个点及垂直于该平面的一个非零向量,则这个平面在空间的位置就由该已知点和这个非零向量所完全确定.

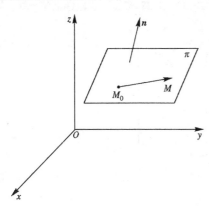

图   7-31

垂直于平面的非零向量称为该**平面的法向量**.

设 $M_0(x_0, y_0, z_0)$ 是平面 π 上的一个定点,向量 $n = \{A, B, C\}(A, B, C$ 不全为零) 是平面 π 的一个法向量,$M(x, y, z)$ 是平面 π 上的任一点(图 7-31). 我们来建立平面 π 的方程.

由于 $n \perp \overrightarrow{M_0M}$,所以 $n \cdot \overrightarrow{M_0M} = 0$;而法向量 $n = \{A, B, C\}$,$\overrightarrow{M_0M} = \{x-x_0, y-y_0, z-z_0\}$,故

$$A(x - x_0) + B(y - y_0) + C(z - z_0) = 0,$$
(7.21)

这就是过点 $M_0(x_0, y_0, z_0)$ 且以 $n = \{A, B, C\}$ 为法向量的**平面方程**. 这个方程称为平面的**点法式方程**.

例 1   设平面 π 的法向量 $n = \{2, -1, 3\}$,且过已知点 $M_0(3, 1, -2)$,求平面 π 的方程.

解   根据(7.21)式,所求平面方程为

$$2(x - 3) - (y - 1) + 3(z + 2) = 0,$$

即
$$2x - y + 3z + 1 = 0.$$

2. 平面的一般式方程

平面的点法式方程(7.21)可以写作

$$Ax + By + Cz - (Ax_0 + By_0 + Cz_0) = 0,$$

记 $D = -(Ax_0 + By_0 + Cz_0)$,则上式为

$$Ax + By + Cz + D = 0.$$
(7.22)

平面方程的这种形式称为平面的**一般式方程**. 其中 x, y, z 的系数 A, B, C 是该平面的一个法向量 n 的坐标,即 $n = \{A, B, C\}$.

方程(7.22)是 x, y, z 的三元一次方程. 由此知,**平面方程是三元一次方程**. 即任何一个平面都可用三元一次方程表示;反之,任何一个三元一次方程都表示一个平面. 平面称为一次曲面.

例如,三元一次方程

$$3x - y + z - 1 = 0$$

表示一个平面,该平面的一个法向量 $\boldsymbol{n}=\{3,-1,1\}$.

当平面的一般式方程(7.22)中的某些系数(即 A,B,C)或常数项 D 为零时,平面对于坐标系具有特殊的位置关系.

通过原点的平面方程　过原点的平面方程为 $Ax+By+Cz=0$. 显然,原点 $(0,0,0)$ 满足该方程.

平行于坐标轴的平面方程　平行于 x 轴、y 轴和 z 轴的平面方程分别为

$$By + Cz + D = 0 \ (A = 0), \quad Ax + Cz + D = 0 \ (B = 0),$$
$$Ax + By + D = 0 \ (C = 0).$$

我们来看平面 $Ax+By+D=0$:因其法向量 $\boldsymbol{n}=\{A,B,0\}$ 垂直于 z 轴,故它平行于 z 轴. 其余类推.

通过坐标轴的平面方程　通过 x 轴、y 轴和 z 轴的平面方程分别为

$$By + Cz = 0 \ (A = 0,D = 0), \quad Ax + Cz = 0 \ (B = 0,D = 0),$$
$$Ax + By = 0 \ (C = 0,D = 0).$$

因这些平面既过原点,又平行于坐标轴,故必通过坐标轴.

平行于坐标平面的方程　平行于 xy 平面、yz 平面和 zx 平面的平面方程分别为

$$Cz + D = 0 \quad \text{或} \quad z = c \left(A = B = 0, c = -\frac{D}{C} \right),$$
$$Ax + D = 0 \quad \text{或} \quad x = a \left(B = C = 0, a = -\frac{D}{A} \right),$$
$$By + D = 0 \quad \text{或} \quad y = b \left(A = C = 0, b = -\frac{D}{B} \right).$$

我们来看平面 $Cz+D=0$;因其法向量 $\boldsymbol{n}=\{0,0,C\}$ 同时垂直于 x 轴和 y 轴,故它平行于 xy 平面. 其余类推.

坐标平面的方程　xy 平面、yz 平面和 zx 平面的方程分别为

$$Cz = 0, \ \text{即} \ z = 0 \ (A = B = D = 0),$$
$$x = 0 \ (B = C = D = 0),$$
$$y = 0 \ (A = C = D = 0).$$

例 2　求过点 $(1,1,-1)$ 且平行于平面 $3x-y+z+5=0$ 的平面方程.

解　因为所求平面与平面 $3x-y+z+5=0$ 平行,则后者的法向量 $\boldsymbol{n}=\{3,-1,1\}$ 也是所求平面的法向量,于是

$$3(x - 1) - (y - 1) + (z + 1) = 0,$$

即 $3x-y+z-1=0$ 为所求平面方程.

例 3　求过 y 轴且通过点 $(1,-3,-2)$ 的平面方程.

解　平面过 y 轴,则它的方程可设为 $Ax+Cz=0$,所给的点 $(1,-3,-2)$ 应满足此方

程.故有 $A-2C=0$,即 $A=2C$.将其代入所设方程得

$$2Cx + Cz = 0, \quad C \neq 0,$$

所以,所求平面方程为 $2x+z=0$.

例 4 求过点 $M(3,-2,4)$ 且与 xy 坐标面平行的平面方程.

解 由于所求平面平行于 xy 坐标平面,且过点 $M(3,-2,4)$,所以,其方程为

$$z = 4.$$

3. 平面的截距式方程

通过三点 $P(a,0,0)$, $Q(0,b,0)$ 和 $R(0,0,c)$ 的平面方程为

$$\frac{x}{a} + \frac{y}{b} + \frac{z}{c} = 1 \ (a,b,c \text{ 都不为 } 0).$$

该方程称为平面的**截距式方程**.其中 a,b 和 c 分别称为平面在 x 轴、y 轴和 z 轴上的截距(图 7-32).

图 7-32   图 7-33

二、平面外一点到平面的距离

已知平面 π:$Ax+By+Cz+D=0$ 及平面外一点 $M_0(x_0,y_0,z_0)$(图 7-33).设 d 为点 M_0 到平面 π 的距离,可以证明有下述**点到平面的距离公式**

$$d = \frac{|Ax_0 + By_0 + Cz_0 + D|}{\sqrt{A^2 + B^2 + C^2}}. \tag{7.23}$$

例如,点 $M_0(3,4,5)$ 到平面 $2x-5y+6z-1=0$ 的距离为

$$d = \frac{|2 \cdot 3 - 5 \cdot 4 + 6 \cdot 5 - 1|}{\sqrt{2^2 + (-5)^2 + 6^2}} = \frac{15}{\sqrt{65}}.$$

三、两平面间的夹角

两平面的**法向量之间的夹角**称为这**两个平面间的夹角**.已知两个平面

$$\pi_1: A_1x + B_1y + C_1z + D_1 = 0, \quad \pi_2: A_2x + B_2y + C_2z + D_2 = 0.$$

它们的法向量分别为 $\boldsymbol{n}_1 = \{A_1, B_1, C_1\}, \boldsymbol{n}_2 = \{A_2, B_2, C_2\}$. 设 $\boldsymbol{n}_1$ 与 $\boldsymbol{n}_2$ 的夹角为 θ,则由公式
(7.11)有

$$\cos\theta = \frac{A_1A_2 + B_1B_2 + C_1C_2}{\sqrt{A_1^2 + B_1^2 + C_1^2}\sqrt{A_2^2 + B_2^2 + C_2^2}}. \tag{7.24}$$

这就是两平面夹角的**余弦公式**.

从公式(7.24)可得出两平面相互垂直或平行的**充要条件**:

两平面**互相垂直**的**充要条件**是

$$A_1A_2 + B_1B_2 + C_1C_2 = 0. \tag{7.25}$$

两平面**互相平行**的**充要条件**是

$$\frac{A_1}{A_2} = \frac{B_1}{B_2} = \frac{C_1}{C_2}. \tag{7.26}$$

例 5 求平面 $\pi_1: 2x - y + z - 7 = 0$ 和 $\pi_2: x + y + 2z - 11 = 0$ 间的夹角 θ.

解 由公式(7.24),有

$$\cos\theta = \frac{2 \cdot 1 + (-1) \cdot 1 + 1 \cdot 2}{\sqrt{4 + 1 + 1}\sqrt{1 + 1 + 4}} = \frac{1}{2},$$

故 $\theta = \dfrac{\pi}{3}$.

习 题 7.4

1. 已知点 $A(3, -2, 2), B(6, -1, 0)$,求通过点 A 且与 $\overrightarrow{AB}$ 相垂直的平面.

2. 设平面 π 通过点 $(5, -7, 4)$,且在 x, y, z 轴上的截距相等,求平面 π 的方程.

3. 求过点 $A(3, 1, 2), B(2, -1, 3)$ 且与向量 $\boldsymbol{a} = \{3, -1, -4\}$ 平行的平面方程.

4. 求通过三点 $M_1(4, 2, 1), M_2(-1, -2, 2)$ 和 $M_3(0, 4, -5)$ 的平面方程.

5. 指出下列方程表示的平面的位置特点:

(1) $x + y - 10 = 0$;　　(2) $y - 3z = 0$;　　(3) $y - z = 1$;

(4) $z = 2x + 3$;　　(5) $z = x$;　　(6) $x + y + z = 0$.

6. 求点 $(1, -3, 2)$ 到平面 $x - 3y + 6z - 10 = 0$ 的距离.

7. 在 z 轴上求一点,使它与两平面 $12x + 9y + 20z - 19 = 0$ 和 $16x - 12y + 15z - 9 = 0$ 等距离.

8. 求两平行平面间的距离:

(1) $3x + 6y - 2z + 7 = 0$, $3x + 6y - 2z + 14 = 0$;

(2) $3x + 6y - 2z - 7 = 0$, $3x + 6y - 2z + 14 = 0$.

9. 求下列各对平面间的夹角:

(1) $2x - y + z - 7 = 0$, $x + y + 2z - 11 = 0$;　　(2) $6x + 3y - 2z = 0$, $x + 2y + 6z - 12 = 0$.

10. 决定参数 k 的值,使平面 $x + ky - 2z = 9$ 满足下列条件之一:

(1) 经过点 $(5, -4, -6)$;　　(2) 与平面 $2x + 4y + 3z = 3$ 垂直;

(3) 与平面 $2x - 3y + z = 0$ 成 $\dfrac{\pi}{4}$ 的角;　　(4) 与原点相距 3 个单位.

11. 单项选择题:

(1) 在下面的条件中,**不能惟一地确定一个平面的条件是(   ).**

(A) 过已知三点;　　　　　　　(B) 过一已知点且垂直于已知直线;

(C) 过一已知点且平行于已知平面;　(D) 过一已知点且与两个已知的相交平面垂直.

(2) 设有三个平面,$\pi_1: x-2y+3z-7=0, \pi_2: -2x+4y+z+7=0, \pi_3: 5x+3y-2z-5=0$,则这三个平面间关系(   )成立.

(A) π_1 与 π_2 平行;　　　　　(B) π_2 与 π_3 平行;

(C) π_2 与 π_3 不垂直;　　　　(D) 这三个平面只有一个交点.

*§7.5　空间曲线及其方程

一、空间曲线的方程

空间曲线可以看成是两个曲面的交线. 设两个曲面 S_1 和 S_2 的方程分别为 $F(x,y,z)=0$ 和 $G(x,y,z)=0$, 则 S_1 与 S_2 的交线 C 的方程是方程组

$$\begin{cases} F(x,y,z)=0, \\ G(x,y,z)=0. \end{cases}$$

这个方程组称为空间曲线的一般方程.

例 1　方程组 $\begin{cases} x^2+y^2+z^2=36, \\ z=4 \end{cases}$ 表示怎样的曲线?

解　方程组中第一个方程表示以原点为球心,以 6 为半径的球面;方程组中第二个方程表示平行于 xy 平面的平面. 方程组就表示球面与平面的交线,这是平面 $z=4$ 上的一个圆. 若将所给方程组等价变形得

$$\begin{cases} x^2+y^2=20, \\ z=4, \end{cases}$$

可知,这是平面 $z=4$ 上,圆心为 $(0,0,4)$,半径为 $\sqrt{20}$ 的一个圆.

将曲线 C 上动点的坐标 x,y,z 都表示成另一个变量 t 的函数:

$$\begin{cases} x=x(t), \\ y=y(t), \\ z=z(t). \end{cases} \tag{7.27}$$

对于给定的 t 值,就得到相应的一组 x,y,z 值,即对应于曲线 C 上的一个点. 当 t 在某个范围内变化时,就得到曲线 C 上的全部点. 方程组(7.27)称为空间曲线 C 的**参数方程**,变量 t 称为**参数**.

例 2　点 M 在半径为 r 的圆柱面 $x^2+y^2=r^2$ 上以匀角速度 ω 绕 z 轴旋转,同时又以匀速度 v 沿平行于 z 轴的母线向上移动,求 M 点的运动轨迹方程.

解　取坐标系如图 7-34 所示. 设动点由 $A(r,0,0)$ 出发,经过时间 t 运动到点 $M(x,y,z)$. 点 M 在 xy 平面上的投影为 P,点 P 一定在圆柱面的准线上,故 P 点的坐标为 $P(x,y,0)$,由于

动点 M 以角速度 ω 绕 z 轴旋转,所以 $\angle AOP = \omega t$,从而
$$x = r\cos\omega t, \quad y = r\sin\omega t.$$

当动点由 A 运动到 M 时,它沿 z 轴方向从 P 上升到 M,故 $PM = vt$,即
$$z = vt.$$

于是得到曲线的参数方程为
$$\begin{cases} x = r\cos\omega t, \\ y = r\sin\omega t, \\ z = vt. \end{cases}$$

这曲线称为**螺旋线**.

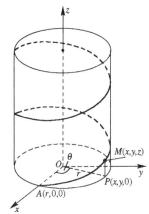

图　7-34

二、空间曲线在坐标面上的投影

设有空间曲线 C 和平面 π,以 C 上各点向平面 π 作垂线,垂足所构成的曲线 C_1 称为曲线 C 在平面 π 上的**投影曲线**.以 C_1 为准线,母线垂直于平面 π 的柱面称为曲线 C 关于平面 π 的**投影柱面**.曲线 C_1 实际上就是投影柱面与平面 π 的交线(图 7-35).

设曲线 C 的方程为
$$\begin{cases} F(x,y,z) = 0, \\ G(x,y,z) = 0. \end{cases}$$

图　7-35

在这个方程组中消去 z,得到一个不含 z 的方程 $H(x,y) = 0$,它表示母线平行于 z 轴的柱面.由于 $H(x,y) = 0$ 是从曲线 C 的方程组中消去 z 得到的,所以 C 上点的坐标一定满足这个方程,这说明,此柱面必包含曲线 C,所以它是曲线 C 关于 xy 坐标面的投影柱面.这样,曲线 C 在 xy 平面上的投影曲线的方程为
$$\begin{cases} H(x,y) = 0, \\ z = 0. \end{cases}$$

同理,从曲线 C 的方程组中消去 x 或 y,可分别得到曲线 C 在 yz 平面或 zx 平面上的投影曲线方程
$$\begin{cases} R(y,z) = 0, \\ x = 0, \end{cases} \quad \text{或} \quad \begin{cases} T(z,x) = 0, \\ y = 0. \end{cases}$$

例 3 求曲线 C:
$$\begin{cases} 2x^2 + y^2 + z^2 = 16, \\ x^2 + z^2 - y^2 = 0 \end{cases}$$

在 xy 平面上的投影曲线方程.

解 由所给方程组消去 z,得到投影柱面方程:$x^2 + 2y^2 = 16$,此柱面与 xy 平面的交线

方程为

$$\begin{cases} x^2 + 2y^2 = 16, \\ z = 0, \end{cases}$$

这就是曲线 C 在 xy 平面上的投影曲线方程,它是 xy 平面上的椭圆.

三、空间直线的方程

空间直线是空间曲线的特殊情况.空间直线可以看成两个不平行平面的交线.两个系数不成比例的三元一次方程组

$$\begin{cases} A_1x + B_1y + C_1z + D_1 = 0, \\ A_2x + B_2y + C_2z + D_2 = 0 \end{cases}$$

表示一条空间直线.这个方程组称为直线的**一般方程**.

例如平面 $3x+2y+5z-6=0$ 和平面 $z=0$ 的交线就是 xy 平面上的直线 $3x+2y-6=0$.可以用两个平面方程的方程组来表示这条直线,即

$$\begin{cases} 3x + 2y + 5z - 6 = 0, \\ z = 0. \end{cases}$$

若一个向量 $s=\{m,n,p\}$ 平行于一条已知直线 L,则称 s 为直线 L 的**方向向量**.

设直线 L 过点 $M_0(x_0,y_0,z_0)$,且平行于向量 $s=\{m,n,p\}$;又点 $M(x,y,z)$ 是 L 上的任一点,显然向量 $\overrightarrow{M_0M}\,/\!/\,s$(图 7-36),由向量平行的充要条件,得直线 L 的方程

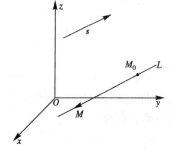

$$\frac{x - x_0}{m} = \frac{y - y_0}{n} = \frac{z - z_0}{p}.$$

上式称为直线的**对称式方程**或**点向式方程**.

在直线的点向式方程中,令比值为 t,即

$$\frac{x - x_0}{m} = \frac{y - y_0}{n} = \frac{z - z_0}{p} = t,$$

则有

$$\begin{cases} x = x_0 + mt, \\ y = y_0 + nt, \\ z = z_0 + pt. \end{cases}$$

图 7-36

通常称上式为直线的**参数方程**,t 为**参数**.

例 4 已知直线 L 的一般式方程

$$\begin{cases} x + 2y + z = 0, \\ 3x - 2y + 5z - 14 = 0. \end{cases}$$

求 L 的点向式方程.

解 先在 L 上任意取定一点 $M_0(x_0,y_0,z_0)$,为简单起见可令 $y_0=0$,则

$$\begin{cases} x_0 + z_0 = 0, \\ 3x_0 + 5z_0 = 14. \end{cases}$$

解得 $x_0 = -7$，$z_0 = 7$，即 $M_0(-7, 0, 7)$ 在 L 上.

由于 L 是平面 π_1：$x + 2y + z = 0$ 与 π_2：$3x - 2y + 5z - 14 = 0$ 的交线，故 L 的方向向量 $\boldsymbol{s}$ 与 π_1, π_2 的法向量 $\boldsymbol{n}_1 = \{1, 2, 1\}$，$\boldsymbol{n}_2 = \{3, -2, 5\}$ 都垂直，即有

$$\boldsymbol{s} = \boldsymbol{n}_1 \times \boldsymbol{n}_2 = \begin{vmatrix} \boldsymbol{i} & \boldsymbol{j} & \boldsymbol{k} \\ 1 & 2 & 1 \\ 3 & -2 & 5 \end{vmatrix} = \{12, -2, -8\} = 2\{6, -1, -4\}.$$

从而 L 的点向式方程为

$$\frac{x+7}{6} = \frac{y}{-1} = \frac{z-7}{-4}.$$

例 5　求直线 $\dfrac{x-1}{3} = \dfrac{y-3}{-2} = \dfrac{z+2}{1}$ 与平面 $5x - 3y + z - 16 = 0$ 的交点.

解　将直线方程改写成参数方程的形式：$x = 1 + 3t$，$y = 3 - 2t$，$z = -2 + t$，代入平面方程中：

$$5(1 + 3t) - 3(3 - 2t) + (-2 + t) - 16 = 0,$$

解得 $t = 1$，把 $t = 1$ 代入直线的参数方程中，即得到所求的交点坐标：$x = 4$，$y = 1$，$z = -1$.

习　题　7.5

1. 下列方程组表示什么样的空间曲线：

(1) $\begin{cases} x^2 + y^2 = R^2, \\ z = 0; \end{cases}$　　(2) $\begin{cases} z = x^2 + y^2, \\ z = 9; \end{cases}$　　(3) $\begin{cases} x^2 + y^2 + z^2 = R^2, \\ z = \sqrt{x^2 + y^2}. \end{cases}$

2. 求曲线 $\begin{cases} z = x^2 + y^2, \\ z = 2 - (x^2 + y^2) \end{cases}$ 在 xy 平面上的投影曲线方程.

3. 求球面 $x^2 + y^2 + z^2 = 9$ 与平面 $x + z = 1$ 的交线在 xy 平面上的投影曲线方程.

4. 下列方程组表示什么样的空间曲线：

(1) $\begin{cases} 3x + y - z = 2, \\ 2x - z = 2; \end{cases}$　　(2) $\begin{cases} x + y = 0, \\ x - y = 0. \end{cases}$

5. 求下列各直线的方程：

(1) 过点 $(5, 2, -4)$ 且平行于向量 $\{3, -\sqrt{2}, 1\}$；　　(2) 过两点 $(3, -5, 4)$，$(2, 0, -2)$；

(3) 过点 $(1, 0, -2)$，且与 $(1, -1, 2)$，$(2, 1, 0)$ 两点的连线平行.

6. 将直线的一般式方程 $\begin{cases} x - y + z + 2 = 0, \\ 2x - 3y + 6z + 7 = 0 \end{cases}$ 化为点向式方程.

7. 求直线 $\dfrac{x-3}{3} = \dfrac{y+2}{2} = \dfrac{z}{1}$ 与平面 $x - 3y + 2z = 6$ 的交点.

8. 求直线 $\begin{cases} y = -2x + 3, \\ z = 3x - 5 \end{cases}$ 与平面 $3x - 2y - 4z + 6 = 0$ 的交点.

9. 求过点 $(-1, 2, 1)$ 且平行于直线 $\begin{cases} x + y - 2z - 1 = 0, \\ x + 2y - z + 1 = 0 \end{cases}$ 的直线方程.

第八章　多元函数微积分

前面各章我们讨论的函数只限于一个自变量的函数,称为一元函数.但在许多实际问题中所遇到的往往是两个和多于两个自变量的函数,即多元函数.

多元函数微积分是一元函数微积分的推广,因此,它具有一元函数中的许多性质,但也有些本质上的差别.对于多元函数,我们将着重讨论二元函数,从二元函数向 $n(n>2)$ 元函数推广就再无本质差别.

§8.1　多元函数的基本概念

为讨论多元函数的微分学和积分学,须先介绍多元函数、极限和连续这些基本概念.

在一元函数的定义中,自变量的取值范围即定义域,一般是数轴上的一个区间.对于二元函数,自变量的取值范围要由数轴扩充到 xy 平面上.本节从平面区域讲起.

一、平面区域

1. 平面区域

一般来说,由 xy 平面上的一条或几条曲线所围成的一部分平面或整个平面,称为 xy 平面的**平面区域**.平面区域简称为**区域**.围成区域的曲线称为**区域的边界**,边界上的点称为**边界点**.平面区域一般分类如下:

无界区域:若区域可以延伸到平面的无限远处.

有界区域:若区域可以包围在一个以原点 $(0,0)$ 为中心,以适当大的长为半径的圆内.

闭区域:包括边界在内的区域.

开区域:不包括边界在内的区域.

平面区域用 D 表示.例如

$D=\{(x,y)|-\infty<x<+\infty,-\infty<y<+\infty\}$ 是无界区域,它表示整个 xy 坐标平面;

$D=\{(x,y)|1<x^2+y^2<4\}$ 是有界开区域(图 8-1,不包括边界);

$D=\{(x,y)|1\leqslant x^2+y^2\leqslant 4\}$ 是有界闭区域(图 8-1,包括边界);

$D=\{(x,y)|x+y>0\}$ 是无界开区域(图 8-2),它是以直线 $x+y=0$ 为界的上半平面,不包括直线 $x+y=0$.

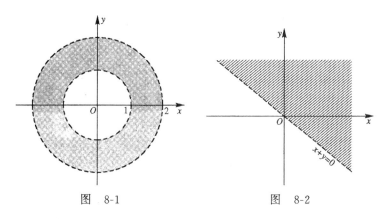

图 8-1　　　　　　　　图 8-2

2. 点 P_0 的 δ 邻域

在 xy 平面上,以点 $P_0(x_0, y_0)$ 为中心,$\delta(\delta > 0)$ 为半径的开区域,称为**点 $P_0(x_0, y_0)$ 的 δ 邻域**. 它可以表示为

$$\left\{ (x, y) \;\middle|\; \sqrt{(x - x_0)^2 + (y - y_0)^2} < \delta \right\},$$

或简记作

$$\sqrt{(x - x_0)^2 + (y - y_0)^2} < \delta.$$

二、多元函数概念

1. 二元函数定义

例 1　矩形的面积公式

$$A = xy$$

描述了面积 A 与其长 x 和宽 y 这两个变量之间确定的关系. 当长 x、宽 $y(x > 0, y > 0)$ 取定一对值时,面积 A 的值就随之确定.

例 2　一定质量的理想气体的压强 p、体积 V 和绝对温度 T 之间有关系式

$$p = R\frac{T}{V},$$

其中 R 为常数. 由该关系式,每当体积 V、绝对温度 $T(V > 0, T > 0)$ 取定一对值时,压强 p 就有一个确定的值与之对应.

例 3　假设生产某种产品需要两种生产要素投入,产量 Q 与要素的投入量 K 和 L 之间有关系式

$$Q = 8K^{\frac{1}{4}}L^{\frac{1}{2}},$$

这里,两种要素的投入量 $K, L(K > 0, L > 0)$ 每给定一对值,产量 Q 就有一个确定的值与之对应.

以上各例的共同点是:两个变量每取定一组值时,按照确定的对应关系可以决定另外

一个变量的取值. 对照一元函数概念, 这就是二元函数.

定义 8.1 设 x, y 和 z 是三个变量, D 是一个给定的**非空二元有序数组集**. 若对于每一二元有序数组 $(x, y) \in D$, 按照某一确定的**对应法则** f, 变量 z 总有惟一确定的数值与之对应, 则称 z **是** x, y **的函数**, 记作

$$z = f(x, y), \quad (x, y) \in D,$$

其中 x, y 称为**自变量**, z 称为**因变量**; 二元有序数组集 D 称为该函数的**定义域**.

定义域 D 是自变量 x, y 的取值范围, 也就是使函数 $z = f(x, y)$ 有意义的二元有序数组集. 由此, 若 x, y 取二元有序数组 $(x_0, y_0) \in D$ 时, 则称该函数在点 (x_0, y_0) **有定义**; 与点 (x_0, y_0) 对应的 z 的数值称为函数在点 (x_0, y_0) 的**函数值**, 记作 $f(x_0, y_0)$ 或 $z|_{(x_0, y_0)}$. 当 (x, y) 取遍二元有序数组集 D 中的所有数组时, 对应的函数值全体构成的数集

$$Z = \{z \mid z = f(x, y), (x, y) \in D\}$$

称为函数的**值域**.

若 $(x_0, y_0) \bar{\in} D$, 则称该函数在点 (x_0, y_0) **没有定义**.

与一元函数一样, 定义域 D、对应法则 f、值域 Z 是确定二元函数的三个因素, 而前二者是两个要素. 若函数 f 的对应法则用解析式 $f(x, y)$ 表示, f 的定义域 D 又是使该解析式有意义的点 (x, y) 的集合, 二元函数可简记作

$$z = f(x, y),$$

定义域 D 将省略不写.

一元函数的定义域是数轴上点的集合, 一般情况是数轴上的区间. 二元函数的定义域 D 则是 xy 坐标平面上点的集合, 一般情况, 这种点的集合是 xy 平面上的平面区域.

例如, 二元函数

$$z = \ln(4 - x^2 - y^2) + \sqrt{x^2 - 1}$$

的定义域

$$D = \{(x, y) \mid x^2 + y^2 < 4, |x| \geqslant 1\}$$

就是 xy 平面上的一个有界区域, 在图 8-3 中用有阴影的区域表示.

而函数

$$z = 2x + 5y$$

图 8-3

的定义域 D 应是整个 xy 平面 (图 8-4), 即

$$D = \{(x, y) \mid -\infty < x < +\infty, -\infty < y < +\infty\}.$$

类似地, 可以定义三元函数

$$u = f(x, y, z),$$

即三个自变量 x, y, z 按照对应法则 f 对应因变量 u.

例如, 长方体的体积 V 就是其长 x、宽 y 和高 h 三个变量的函数, 即有

图 8-4

$$V = xyh.$$

二元以及二元以上的函数统称为**多元函数**.

2. 二元函数的几何表示

对函数 $z = f(x,y)$, $(x,y) \in D$, D 是 xy 平面上的区域,给定 D 中一点 $P(x,y)$,就有一个实数 z 与之对应,从而就可确定空间一点 $M(x,y,z)$. 当 P 在区域 D 中移动,并经过 D 中所有点时,与之对应的动点 M 就在空间形成一张曲面(图 8-5). 由此可知:

二元函数 $z = f(x,y)$, $(x,y) \in D$, 其图形是空间直角坐标系下一张空间曲面;该曲面在 xy 平面上的投影区域就是该函数的定义域 D (图 8-6).

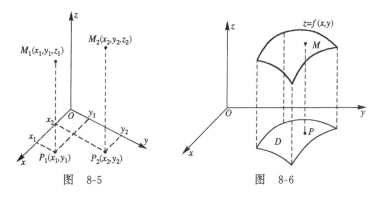

图 8-5　　　　　　　图 8-6

例 4 函数 $z = \sqrt{1-x^2-y^2}$ 的图形是以原点 $(0,0,0)$ 为球心半径为 1 的球面的上半球面;该曲面在 xy 平面上的投影是圆形闭区域(图 8-7)

$$D = \{(x,y) \mid x^2 + y^2 \leqslant 1\},$$

这正是函数的定义域.

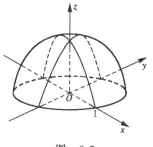

三、二元函数的极限与连续性

1. 二元函数的极限

图 8-7

对一元函数,"$x \rightarrow x_0$ 时函数 $f(x)$ 的极限",就是讨论当自变量 x 无限接近 x_0 时,函数 $f(x)$ 的变化趋势. 同样,二元函数 $z = f(x,y)$ 的极限问题,是讨论当自变量 x,y 无限接近 x_0, y_0 时,即 $x \rightarrow x_0$, $y \rightarrow y_0$ 时,该函数的变化趋势.

设点 $P_0(x_0, y_0)$ 与点 $P(x,y)$ 是坐标平面上的相异二点,点 P 趋于点 P_0,可记作 $(x,y) \rightarrow (x_0, y_0)$,也可记作

$$\rho = |PP_0| = \sqrt{(x - x_0)^2 + (y - y_0)^2} \rightarrow 0,$$

即点 P 与点 P_0 之间的距离趋于 0.

定义 8.2 设函数 $z = f(x,y)$ 在点 $P_0(x_0, y_0)$ 的某邻域内有定义(在点 P_0 可以没有定义),若点 $P(x,y)$ 以**任意方式**趋于点 $P_0(x_0, y_0)$ 时,函数 $f(x,y)$ 总趋于定数 A,则称**函数**

$f(x,y)$**当** (x,y) **趋于** (x_0,y_0) **时以** A **为极限**，记作

$$\lim_{\substack{x \to x_0 \\ y \to y_0}} f(x,y) = A \quad \text{或} \quad \lim_{\rho \to 0} f(x,y) = A. \tag{8.1}$$

说明 （1）由该定义知，函数 $z=f(x,y)$ 在点 $P_0(x_0,y_0)$ 是否存在极限与函数在点 P_0 (x_0,y_0) 是否有定义无关.

（2）成立"$\lim\limits_{\substack{x \to x_0 \\ y \to y_0}} f(x,y) = A$"是要求"点 $P(x,y)$ 以任意方式趋于点 $P_0(x_0,y_0)$ 时，函数 $f(x,y)$ 总趋于定数 A". 若当点 $P(x,y)$ 以某种特定的方式，例如，沿着某条特定的曲线趋于点 $P_0(x_0,y_0)$ 时，函数 $f(x,y)$ 趋于定数 A，不能断定(8.1)式成立. 当点 $P(x,y)$ 沿着不同的路径趋于点 $P_0(x_0,y_0)$ 时，若极限都存在，但却不是同一个数值，则可断定函数的极限一定不存在.

例 5 函数 $f(x,y)=(x^2+y^2)\sin\dfrac{1}{x^2+y^2}$ 在点 $(0,0)$ 虽然没有定义，但当 $(x,y) \to (0,0)$ 时，由于 $(x^2+y^2) \to 0$ 且 $\left| \sin\dfrac{1}{x^2+y^2} \right| \leqslant 1$，所以 $f(x,y)$ 的极限存在，且

$$\lim_{\substack{x \to 0 \\ y \to 0}} (x^2 + y^2)\sin\frac{1}{x^2 + y^2} = 0.$$

2. 二元函数的连续性

有了二元函数极限的概念，就可以定义二元函数在一点的连续性.

定义 8.3 设函数 $z=f(x,y)$ 在点 $P_0(x_0,y_0)$ 的某邻域内有定义，若

$$\lim_{\substack{x \to x_0 \\ y \to y_0}} f(x,y) = f(x_0,y_0),$$

则称**函数** $f(x,y)$ **在点** (x_0,y_0) **连续**，称 (x_0,y_0) 为函数的**连续点**.

按该定义，函数 $f(x,y)$ 在点 (x_0,y_0) **连续**，就是在该点处，**极限值恰等于函数值**.

若函数 $f(x,y)$ 在区域 D 内的**每一点都连续**，则称函数**在区域** D **内连续**，或称 $f(x,y)$ 为 D 上的**连续函数**.

例 6 函数 $f(x,y)=x^2+xy+y^2$ 在点 $(2,3)$ 是连续的，这是因为 $f(x,y)$ 在点 $(2,3)$ 有定义：$f(2,3)=19$，且

$$\lim_{\substack{x \to 2 \\ y \to 3}} (x^2 + xy + y^2) = 19 = f(2,3).$$

若函数 $f(x,y)$ 在点 (x_0,y_0) 不满足连续的定义，则称这一点是函数的**不连续点**或**间断点**.

例 7 确定函数 $f(x,y)=\sin\dfrac{1}{x^2+y^2-1}$ 的间断点.

解 函数在 $x^2+y^2-1=0$ 时没有定义，所以圆周 $x^2+y^2=1$ 上的所有点都是该函数的间断点，即函数的间断点是一条曲线.

一元初等函数的连续性和闭区间上连续的性质可以完全平行地推广到二元连续函数. 不过，这里的二元连续函数是指二元初等函数，其定义域是指有界闭区域.

习 题 8.1

1. 画出下列区域 D 的图形:

(1) $D=\{(x,y)\,|\,1\leqslant x\leqslant 2, 2\leqslant y\leqslant 4\}$;   (2) $D=\{(x,y)\,|\,x>0, y>0, x+y<1\}$;

(3) 由直线 $y=x, x=1$ 和 x 轴围成的闭区域; (4) 由直线 $y=x, x=2$ 和曲线 $xy=1$ 围成的闭区域.

2. 求下列各函数的函数值:

(1) $f(x,y)=\dfrac{2xy}{x^2+y^2}$,求 $f(0,1), f(-2,3), f\left(a,\dfrac{1}{a}\right), f\left(1,\dfrac{y}{x}\right)$;

(2) $f(x,y)=\dfrac{x+y}{xy}$,求 $f(x+y, x-y)$.

3. 设 $f\left(x+y, \dfrac{y}{x}\right)=x^2-y^2$,求 $f(x,y)$.

4. 证明下列各题:

(1) 设 $f(x,y)=x^2+y^2-xy\tan\dfrac{y}{x}$,则 $f(\lambda x, \lambda y)=\lambda^2 f(x,y)$;

(2) 设 $f(K,L)=AK^\alpha L^{1-\alpha}(0<\alpha<1)$,则 $f(\lambda K, \lambda L)=\lambda f(K,L)$.

5. 求下列函数的定义域,并画出定义域的图形:

(1) $f(x,y)=\dfrac{x^2+y^2}{x^2-y^2}$;   (2) $f(x,y)=\dfrac{a^2}{x^2+y^2}$;

(3) $f(x,y)=\sqrt{x^2+y^2-1}+\sqrt{4-x^2-y^2}$;   (4) $f(x,y)=\sqrt{x-\sqrt{y}}$.

6. 求下列函数连续的区域 D:

(1) $f(x,y)=\dfrac{1}{x-y}$;   (2) $f(x,y)=\ln[(16-x^2-y^2)(x^2+y^2-4)]$.

§ 8.2 偏 导 数

在一元函数中,我们由函数的变化率问题引入了一元函数的导数概念.对于二元函数,虽然也有类似的问题,但由于自变量多了一个,问题将变得复杂得多.这是因为,在 xy 平面上,点 $P_0(x_0,y_0)$ 可以沿着不同方向变动,因而函数 $f(x,y)$ 就有沿着各个方向的变化率.在这里,我们仅限于讨论,当点 $P_0(x_0,y_0)$ 沿着平行 x 轴和平行 y 轴这两个特殊方向变动时,函数 $f(x,y)$ 的变化率问题.即固定 y 仅 x 变化时和固定 x 仅 y 变化时,函数 $f(x,y)$ 的变化率问题.这实际上是把二元函数作为一元函数来对待讨论变化率问题.这就是下面要讨论的偏导数问题.

一、偏导数

1. 偏导数定义

设函数 $z=f(x,y)$ 在 $P_0(x_0,y_0)$ 的某邻域内有定义,当点 P_0 沿着平行于 x 轴的方向移动到点 $P_1(x_0+\Delta x, y_0)$ 时(图 8-8),函数相应的改变量记作 $\Delta_x z$,

$$\Delta_x z = f(x_0+\Delta x, y_0) - f(x_0, y_0)$$

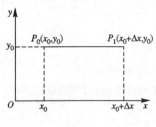

图　8-8

称为函数 $f(x,y)$ 在点 $P_0(x_0,y_0)$ 关于 x 的**偏改变量**. 由一元函数导数概念,可以理解：如果极限

$$\lim_{\Delta x \to 0} \frac{\Delta_x z}{\Delta x}$$

存在,那么这一极限就是函数 $f(x,y)$ 在 P_0 沿着平行于 x 轴方向的变化率. 称这一极限值为 $f(x,y)$ 对 x 的偏导数.

定义 8.4 设函数 $z=f(x,y)$ 在点 (x_0,y_0) 的某邻域内有定义,若极限

$$\lim_{\Delta x \to 0} \frac{\Delta_x z}{\Delta x} = \lim_{\Delta x \to 0} \frac{f(x_0+\Delta x, y_0) - f(x_0,y_0)}{\Delta x}$$

存在,则称这极限值为函数 $f(x,y)$ 在**点 (x_0,y_0) 关于 x 的偏导数**,记作

$$f_x(x_0,y_0), \quad z_x\big|_{(x_0,y_0)}, \quad \frac{\partial f}{\partial x}\bigg|_{(x_0,y_0)}, \quad \frac{\partial z}{\partial x}\bigg|_{(x_0,y_0)}.$$

同样,函数 $z=f(x,y)$ 在点 (x_0,y_0) 关于 y 的偏改变量记作 $\Delta_y z$,在**点 (x_0,y_0) 关于 y 的偏导数**定义为极限

$$\lim_{\Delta y \to 0} \frac{\Delta_y z}{\Delta y} = \lim_{\Delta y \to 0} \frac{f(x_0, y_0+\Delta y) - f(x_0,y_0)}{\Delta y},$$

记作

$$f_y(x_0,y_0), \quad z_y\big|_{(x_0,y_0)}, \quad \frac{\partial f}{\partial y}\bigg|_{(x_0,y_0)}, \quad \frac{\partial z}{\partial y}\bigg|_{(x_0,y_0)}.$$

若函数 $z=f(x,y)$ 在区域 D 内每一点 (x,y) 都有对 x、对 y 的偏导数,这就得到了函数 $f(x,y)$ 在 D 内对 x、对 y 的**偏导函数**,分别记作

$$f_x(x,y), z_x, \frac{\partial f}{\partial x}, \frac{\partial z}{\partial x}; \quad f_y(x,y), z_y, \frac{\partial f}{\partial y}, \frac{\partial z}{\partial y}.$$

偏导函数是 x,y 的函数,简称**偏导数**.

由函数 $f(x,y)$ 的偏导数定义知,求 $f_x(x,y)$ 时,是将 y 视为常量,只对 x 求导数；求 $f_y(x,y)$ 时,是将 x 视为常量,只对 y 求导数. 即

$$f_x(x,y) = \frac{\mathrm{d}}{\mathrm{d}x} f(x,y)\bigg|_{y\text{不变}}, \quad f_y(x,y) = \frac{\mathrm{d}}{\mathrm{d}y} f(x,y)\bigg|_{x\text{不变}}.$$

这样,求偏导数仍是一元函数的求导数问题.

例 1 求函数 $f(x,y)=x^3+2x^2y-y^3$ 在点 $(1,3)$ 的偏导数.

解 先求偏导函数. 视 y 为常量,对 x 求导

$$f_x(x,y) = 3x^2 + 4xy.$$

视 x 为常量,对 y 求导

$$f_y(x,y) = 2x^2 - 3y^2.$$

将 $x=1,y=3$ 代入上两式,得在点 $(1,3)$ 的偏导数

$$f_x(1,3) = (3x^2 + 4xy)\big|_{(1,3)} = 15, \quad f_y(1,3) = (2x^2 - 3y^2)\big|_{(1,3)} = -25.$$

本例也可采取下述方法.

令函数 $f(x,y)$ 中的 $y=3$,得到以 x 为自变量的函数

$$f(x,3) = x^3 + 6x^2 - 27.$$

求它在 $x=1$ 时的导数

$$f_x(1,3) = (3x^2 + 12x)\big|_{x=1} = 15.$$

令函数 $f(x,y)$ 中的 $x=1$,得到以 y 为自变量的函数

$$f(1,y) = 1 + 2y - y^3.$$

求它在 $y=3$ 时的导数

$$f_y(1,3) = (2 - 3y^2)\big|_{y=3} = -25.$$

例2 求函数 $z = x^y (x>0)$ 的偏导数.

解 对 x 求偏导数时,视 y 为常量,这时 x^y 是幂函数,有

$$\frac{\partial z}{\partial x} = yx^{y-1}.$$

对 y 求偏导数时,视 x 为常量,这时 x^y 是指数函数,有

$$\frac{\partial z}{\partial y} = x^y \ln x.$$

例3 设 $z = x\ln(x^2+y^2)$,求 $\dfrac{\partial z}{\partial x}$, $\dfrac{\partial z}{\partial y}$.

解 视 y 为常量,对 x 求偏导数.

$$\frac{\partial z}{\partial x} = (x)'_x \ln(x^2+y^2) + x[\ln(x^2+y^2)]'_x = 1\cdot\ln(x^2+y^2) + x\cdot\frac{2x}{x^2+y^2}$$

$$= \ln(x^2+y^2) + \frac{2x^2}{x^2+y^2}.$$

视 x 为常量,对 y 求偏导数

$$\frac{\partial z}{\partial y} = x\cdot\frac{2y}{x^2+y^2} = \frac{2xy}{x^2+y^2}.$$

在这里,我们还须指出,对一元函数 $y=f(x)$, $\dfrac{\mathrm{d}y}{\mathrm{d}x}$ 即表示 y 对 x 导数,又可看成是一个分式:y 的微分 $\mathrm{d}y$ 与 x 的微分 $\mathrm{d}x$ 之商. 但对二元函数 $z=f(x,y)$, $\dfrac{\partial z}{\partial x}$, $\dfrac{\partial z}{\partial y}$ 只是一个偏导数的整体记号. 比如,$\dfrac{\partial z}{\partial x}$ 不能再看成 ∂z 与 ∂x 之商.

二元函数偏导数概念很容易推广到三元函数. 一个三元函数 $u=f(x,y,z)$ 对 x 的偏导数,就是固定自变量 y 与 z 后,u 作为 x 的函数的导数;其他两个偏导数类推.

例4 求三元函数 $u=\dfrac{z^3}{x^2+y^2}$ 的偏导数 $\dfrac{\partial u}{\partial x}$, $\dfrac{\partial u}{\partial y}$, $\dfrac{\partial u}{\partial z}$.

解 求 $\dfrac{\partial u}{\partial x}$ 时,要视函数表达式中的 y,z 为常数,对 x 求导数,即

$$\frac{\partial u}{\partial x} = \left(\frac{z^3}{x^2+y^2}\right)'_x = -\frac{z^3}{(x^2+y^2)^2}(x^2+y^2)'_x = -\frac{2xz^3}{(x^2+y^2)^2}.$$

同理可得

$$\frac{\partial u}{\partial y} = -\frac{2yz^3}{(x^2+y^2)^2}, \quad \frac{\partial u}{\partial z} = \frac{3z^2}{x^2+y^2}.$$

2. 偏导数的几何意义

一元函数 $y=f(x)$ 在点 x_0 的导数 $f'(x_0)$ 的几何意义是,曲线 $y=f(x)$ 在点 (x_0, y_0) 处切线的斜率. 由于二元函数 $z=f(x,y)$ 在点 (x_0, y_0) 的偏导数

$$f_x(x_0, y_0) = \frac{\mathrm{d}f(x, y_0)}{\mathrm{d}x}\bigg|_{x=x_0}, \quad f_y(x_0, y_0) = \frac{\mathrm{d}f(x_0, y)}{\mathrm{d}y}\bigg|_{y=y_0}.$$

如图 8-9 所示,$f_x(x_0, y_0)$ 表示空间曲面 $z=f(x,y)$ 与平面 $y=y_0$ 的交线,即曲线 $\begin{cases} z=f(x,y), \\ y=y_0 \end{cases}$ 在点 $M_0(x_0, y_0, f(x_0, y_0))$ 处切线 M_0T_x 的斜率;$f_y(x_0, y_0)$ 表示空间曲面 $z=f(x,y)$ 与平面 $x=x_0$ 的交线,即曲线 $\begin{cases} z=f(x,y), \\ x=x_0 \end{cases}$ 在点 $M_0(x_0, y_0, f(x_0, y_0))$ 处切线 M_0T_y 的斜率.

图　8-9

二、高阶偏导数

函数 $z=f(x,y)$ 的偏导数 $\dfrac{\partial z}{\partial x}, \dfrac{\partial z}{\partial y}$ 一般仍是 x, y 的函数,若它们关于 x 和 y 的偏导数存在,则 $\dfrac{\partial z}{\partial x}, \dfrac{\partial z}{\partial y}$ 对 x 和对 y 的偏导数,称为函数 $z=f(x,y)$ 的二阶偏导数. 函数 $z=f(x,y)$ 二阶偏导数,依对变量求导次序不同,共有以下 4 个:

$$\frac{\partial}{\partial x}\left(\frac{\partial z}{\partial x}\right) = \frac{\partial^2 z}{\partial x^2} = z_{xx} = f_{xx}(x,y),$$

$$\frac{\partial}{\partial y}\left(\frac{\partial z}{\partial x}\right) = \frac{\partial^2 z}{\partial x \partial y} = z_{xy} = f_{xy}(x,y),$$

$$\frac{\partial}{\partial x}\left(\frac{\partial z}{\partial y}\right) = \frac{\partial^2 z}{\partial y \partial x} = z_{yx} = f_{yx}(x,y),$$

$$\frac{\partial}{\partial y}\left(\frac{\partial z}{\partial y}\right) = \frac{\partial^2 z}{\partial y^2} = z_{yy} = f_{yy}(x,y),$$

其中 $f_{xx}(x,y)$ 是对 x 求二阶偏导数;$f_{yy}(x,y)$ 是对 y 求二阶偏导数;$f_{xy}(x,y)$ 是先对 x 求偏导数,所得结果再对 y 求偏导数;$f_{yx}(x,y)$ 是先对 y 求偏导数,然后再对 x 求偏导数. $f_{xy}(x,y)$ 和 $f_{yx}(x,y)$ 通常称为**混合偏导数**.

类似地,可以定义更高阶的偏导数,例如,对 x 的三阶偏导数是

$$\frac{\partial}{\partial x}\left(\frac{\partial^2 z}{\partial x^2}\right)=\frac{\partial^3 z}{\partial x^3};$$

对 x 的二阶偏导数,再对 y 求一阶偏导数是

$$\frac{\partial}{\partial y}\left(\frac{\partial^2 z}{\partial x^2}\right)=\frac{\partial^3 z}{\partial x^2\partial y}.$$

二阶和二阶以上的偏导数统称为**高阶偏导数**.

例 5　求函数 $z=\mathrm{e}^{xy^2}+3xy$ 的二阶偏导数.

解　先求一阶偏导数

$$\frac{\partial z}{\partial x}=y^2\mathrm{e}^{xy^2}+3y,\qquad \frac{\partial z}{\partial y}=2xy\mathrm{e}^{xy^2}+3x.$$

再求二阶偏导数:

$$\frac{\partial^2 z}{\partial x^2}=\frac{\partial}{\partial x}\left(\frac{\partial z}{\partial x}\right)=y^4\mathrm{e}^{xy^2},\qquad \frac{\partial^2 z}{\partial y^2}=\frac{\partial}{\partial y}\left(\frac{\partial z}{\partial y}\right)=2x\mathrm{e}^{xy^2}+4x^2y^2\mathrm{e}^{xy^2},$$

$$\frac{\partial^2 z}{\partial x\partial y}=\frac{\partial}{\partial y}\left(\frac{\partial z}{\partial x}\right)=2y\mathrm{e}^{xy^2}+2xy^3\mathrm{e}^{xy^2}+3,$$

$$\frac{\partial^2 z}{\partial y\partial x}=\frac{\partial}{\partial x}\left(\frac{\partial z}{\partial y}\right)=2y\mathrm{e}^{xy^2}+2xy^3\mathrm{e}^{xy^2}+3.$$

由以上计算结果看到,两个二阶混合偏导数相等.这并非偶然,关于这一点,有**结论**:

若函数 $z=f(x,y)$ 的二阶混合偏导数 $f_{xy}(x,y)$ 和 $f_{yx}(x,y)$ **在区域 D 内连续**,则在 D 内,**必有**

$$f_{xy}(x,y)=f_{yx}(x,y).$$

例 6　求函数 $z=\arctan\dfrac{x+y}{1-xy}$ 的二阶偏导数.

解　由函数 z 的表示式有

$$\frac{\partial z}{\partial x}=\frac{1}{1+\left(\dfrac{x+y}{1-xy}\right)^2}\cdot\frac{(1-xy)-(-y)(x+y)}{(1-xy)^2}=\frac{1}{1+x^2}.$$

由变量 x 与 y 的对称性,可知

$$\frac{\partial z}{\partial y}=\frac{1}{1+y^2}.$$

由一阶偏导数,可得

$$\frac{\partial^2 z}{\partial x^2}=-\frac{2x}{(1+x^2)^2},\qquad \frac{\partial^2 z}{\partial y^2}=-\frac{2y}{(1+y^2)^2},\qquad \frac{\partial^2 z}{\partial x\partial y}=\frac{\partial^2 z}{\partial y\partial x}=0.$$

三、全微分

对一元函数 $y=f(x)$,为近似计算函数的改变量

$$\Delta y=f(x+\Delta x)-f(x),$$

我们引入了微分 $\mathrm{d}y=f'(x)\mathrm{d}x$.在 $|\Delta x|$ 较小时,用 $\mathrm{d}y$ 近似代替 Δy,计算简单且近似程度较

好.

对二元函数也有类似的问题.

若函数 $z=f(x,y)$ 在点 (x,y) 关于 x,y 分别有改变量 $\Delta x,\Delta y$,函数的改变量是

$$\Delta z = f(x+\Delta x,y+\Delta y)-f(x,y),$$

称为**全改变量**. 为近似计算 Δz,引入下述定义.

定义 8.5 设函数 $z=f(x,y)$ 在点 (x,y) 的某邻域内有定义,若函数 $f(x,y)$ 在点 (x,y) 的全改变量 Δz 可表示为

$$\Delta z = A\Delta x + B\Delta y + o(\rho), \tag{8.2}$$

其中 A,B 仅与点 (x,y) 有关,而与改变量 $\Delta x,\Delta y$ 无关,$\rho=\sqrt{(\Delta x)^2+(\Delta y)^2}$,则称函数 $f(x,y)$ 在点 (x,y) **可微**;并称 $A\Delta x+B\Delta y$ 为函数 $f(x,y)$ 在点 (x,y) 的**全微分**,记作 $\mathrm{d}z$,即

$$\mathrm{d}z = A\Delta x + B\Delta y.$$

与一元函数微分 $\mathrm{d}y$ 类似,全微分 $\mathrm{d}z$ 是 $\Delta x,\Delta y$ 的线性函数,差 $(\Delta z-\mathrm{d}z)$ 是关于 ρ 的**高阶无穷小**. 因此,全微分 $\mathrm{d}z$ 是全改变量 Δz 的**线性主部**.

正因为如此,在 $|\Delta x|,|\Delta y|$ 较小时,就可以用函数的全微分 $\mathrm{d}z$ 近似代替函数的全改变量 Δz.

下面定理给出 (8.2) 式中的 A,B 与函数 $f(x,y)$ 的偏导数之间的关系.

定理 8.1（可微的必要条件） 若函数 $z=f(x,y)$ 在点 (x,y) 可微分,则函数在该点的偏导数 $f_x(x,y),f_y(x,y)$ 存在,且

$$A = f_x(x,y), \quad B = f_y(x,y).$$

与一元函数一样,由于自变量的改变量等于自变量的微分: $\Delta x=\mathrm{d}x$, $\Delta y=\mathrm{d}y$. 所以全微分记作

$$\mathrm{d}z = f_x(x,y)\mathrm{d}x + f_y(x,y)\mathrm{d}y.$$

该定理说明,偏导数存在是全微分存在的必要条件,但这个条件不是充分条件.

我们可以证明下述全微分存在的充分条件:

定理 8.2（可微的充分条件） 若函数 $z=f(x,y)$ 在点 (x,y) 的某一邻域内偏导数存在且连续,则该函数在点 (x,y) 可微.

二元函数的全微分定义可以推广至三元函数. 对三元函数 $u=f(x,y,z)$,其全微分是

$$\mathrm{d}u = f_x(x,y,z)\mathrm{d}x + f_y(x,y,z)\mathrm{d}y + f_z(x,y,z)\mathrm{d}z.$$

例 7 求函数 $z=f(x,y)=\ln(x+y^2)$ 的全微分.

解 因 $f_x(x,y)=\dfrac{1}{x+y^2}$, $f_y(x,y)=\dfrac{2y}{x+y^2}$,所以

$$\mathrm{d}z = \frac{1}{x+y^2}\mathrm{d}x + \frac{2y}{x+y^2}\mathrm{d}y.$$

例 8 计算函数 $f(x,y)=2x^2+3y^2$,当 $x=10,y=8,\Delta x=0.2$, $\Delta y=0.3$ 时的全改变量 Δz 及全微分 $\mathrm{d}z$.

解 函数 $f(x,y)$ 的全改变量

$$\Delta z = f(x + \Delta x, y + \Delta y) - f(x, y).$$

由于 $\dfrac{\partial f}{\partial x} = 4x, \dfrac{\partial f}{\partial y} = 6y$，所以，函数 $f(x, y)$ 的全微分

$$dz = 4x \cdot \Delta x + 6y \cdot \Delta y.$$

当 $x = 10, y = 8, \Delta x = 0.2, \Delta y = 0.3$ 时，全改变量

$$\Delta z = [2(10 + 0.2)^2 + 3(8 + 0.3)^2] - (2 \cdot 10^2 + 3 \cdot 8^2)$$
$$= 414.75 - 392 = 22.75.$$

全微分

$$dz = 4 \times 10 \times 0.2 + 6 \times 8 \times 0.3 = 22.4.$$

习　题　8.2

1. 求下列函数的偏导数 z_x, z_y：

(1) $z = y\cos x$；　　　　　(2) $z = e^{xy}$；　　　　　(3) $z = \left(\dfrac{1}{3}\right)^{\frac{y}{x}}$；

(4) $z = \sin\dfrac{x}{y}\cos\dfrac{y}{x}$；　　(5) $z = \arctan\dfrac{y}{x}$；　　(6) $z = x\ln\dfrac{y}{x}$；

(7) $z = \ln(x + \sqrt{x^2 + y^2})$；　(8) $z = (2x + y)^{2x+y}$；　(9) $u = \dfrac{y}{x} + \dfrac{z}{y} - \dfrac{x}{z}$；

(10) $u = e^{x(x^2 + y^2 + z^2)}$.

2. 求下列函数在指定点的偏导数：

(1) $f(x, y) = e^{\sin x}\sin y$，求 $f_x(0, 0), f_y(0, 0)$；

(2) $f(x, y) = x + y + \sqrt{x^2 + y^2}$，求 $f_x(3, 4), f_y(3, 4)$；

(3) $f(x, y) = \dfrac{x}{\sqrt{x^2 + y^2}}$，求 $f_x(-1, 0), f_y(-1, 0)$；

(4) $f(x, y) = x + (y - 1)\arcsin\sqrt{\dfrac{x}{y}}$，求 $f_x(x, 1)$.

3. 求下列函数的所有二阶偏导数：

(1) $z = x^4 + y^4 - 4x^2y^2$；　　　　(2) $z = e^x(\cos y + x\sin y)$；

(3) $z = e^{xe^y}$；　　　　　　　　　(4) $z = \sin^2(ax + by)$.

4. 设 $f(x + y, x - y) = x^2 - y^2$，则 $\dfrac{\partial f}{\partial x} + \dfrac{\partial f}{\partial y} = ($　　$)$.

(A) $2x - 2y$；　　(B) $2x + 2y$；　　(C) $x + y$；　　(D) $-x - y$.

5. 求下列函数的全微分：

(1) $z = e^{x(x^2 + y^2)}$；　　　　　(2) $z = \arctan(xy)$；

(3) $z = \ln\sqrt{x^2 + y^2}$；　　　　(4) $u = xy + yz + zx$.

6. 求下列函数在指定点的全微分：

(1) $z = \ln(1 + x^2 + y^2)$ 在点 $(1, 2)$ 处；　(2) $z = \dfrac{x}{\sqrt{x^2 + y^2}}$ 在点 $(1, 0)$ 和 $(0, 1)$ 处.

7. 求函数 $z = \dfrac{y}{x}$ 在 $x=2, y=1, \Delta x=0.1, \Delta y=0.2$ 时的全改变量及全微分.

§8.3 复合函数与隐函数的微分法

在一元函数中,若由 $y=f(u), u=\varphi(x)$ 构成复合函数 $y=f(\varphi(x))$ 时,则 y 对 x 的导数公式是

$$\frac{\mathrm{d}y}{\mathrm{d}x} = \frac{\mathrm{d}y}{\mathrm{d}u} \frac{\mathrm{d}u}{\mathrm{d}x}.$$

在多元函数中也有类似的问题,而且还有与一元函数的复合函数微分法则极其类似的公式.

一、复合函数的微分法

1. 中间变量依赖于一个自变量的情形

以两个中间变量,一个自变量的情形来说明.

设函数 $z=f(u,v)$,而 $u=\varphi(x), v=\psi(x)$,则

$$z = f(\varphi(x), \psi(x))$$

是两个中间变量、一个自变量的复合函数. 当自变量 x 发生变化时,是通过两个中间变量 $\varphi(x)$ 和 $\psi(x)$ 而引起 z 的变化. 函数 z 对 x 的全部变化率,即 z 对 x 的导数称为**全导数**.

定理 8.3 设函数 $u=\varphi(x), v=\psi(x)$ 在点 x 可导,而函数 $f(u,v)$ 在相应的点 $(\varphi(x), \psi(x))$ 可微,则复合函数 $z=f(\varphi(x), \psi(x))$ 在点 x 可导,且

$$\frac{\mathrm{d}z}{\mathrm{d}x} = \frac{\partial z}{\partial u} \frac{\mathrm{d}u}{\mathrm{d}x} + \frac{\partial z}{\partial v} \frac{\mathrm{d}v}{\mathrm{d}x}. \tag{8.3}$$

证 由于函数 $z=f(u,v)$ 在点 (u,v) 可微,它的全微分是

$$\mathrm{d}z = \frac{\partial z}{\partial u}\mathrm{d}u + \frac{\partial z}{\partial v}\mathrm{d}v.$$

两端除以 $\mathrm{d}x$,得

$$\frac{\mathrm{d}z}{\mathrm{d}x} = \frac{\partial z}{\partial u} \frac{\mathrm{d}u}{\mathrm{d}x} + \frac{\partial z}{\partial v} \frac{\mathrm{d}v}{\mathrm{d}x}.$$

这就是函数 $z=f(\varphi(x), \psi(x))$ 对 x 的**全导数公式**. $\square$

特别地,若 $z=f(x,y)$,而 $y=\varphi(x)$ 时,这时,仍理解成是两个中间变量,一个自变量,即 $z=f(x,y)$. 而 $x=x, y=\varphi(x)$,对 $z=f(x,\varphi(x))$ 按公式 (8.3),并注意到 $\dfrac{\mathrm{d}x}{\mathrm{d}x}=1$,便有

$$\frac{\mathrm{d}z}{\mathrm{d}x} = \frac{\partial z}{\partial x} \frac{\mathrm{d}x}{\mathrm{d}x} + \frac{\partial z}{\partial y} \frac{\mathrm{d}y}{\mathrm{d}x},$$

即
$$\frac{\mathrm{d}z}{\mathrm{d}x} = \frac{\partial z}{\partial x} + \frac{\partial z}{\partial y} \frac{\mathrm{d}y}{\mathrm{d}x}. \tag{8.4}$$

注意 在公式(8.4)中,左端的 $\frac{\mathrm{d}z}{\mathrm{d}x}$ 是 z 关于 x 的**"全"导数**,它是在 y 以确定的方式 $y=\varphi(x)$ 随 x 变化的假设下计算出来的;而右端的 $\frac{\partial z}{\partial x}$ 是 z 关于 x 的**偏导数**,它是在 y 不变的假设下计算出来的.

例 1 设 $z=u^v$,而 $u=\sin x$,$v=\cos x$,求 $\frac{\mathrm{d}z}{\mathrm{d}x}$.

解 这是两个中间变量,一个自变量的情形,求全导数. 因
$$\frac{\partial z}{\partial u} = vu^{v-1}, \quad \frac{\partial z}{\partial v} = u^v \ln u, \quad \frac{\mathrm{d}u}{\mathrm{d}x} = \cos x, \quad \frac{\mathrm{d}v}{\mathrm{d}x} = -\sin x,$$
所以,由全导数公式(8.3)得
$$\frac{\mathrm{d}z}{\mathrm{d}x} = vu^{v-1}\cos x + u^v \ln u(-\sin x)$$
$$= (\sin x)^{\cos x-1}\cos^2 x - (\sin x)^{\cos x+1}\ln\sin x.$$

例 2 设 $z=\arctan(xy)$,而 $y=\mathrm{e}^x$,求 $\frac{\mathrm{d}z}{\mathrm{d}x}$.

解 这也是两个中间变量,一个自变量的情形. 因
$$\frac{\partial z}{\partial x} = \frac{y}{1+x^2y^2}, \quad \frac{\partial z}{\partial y} = \frac{x}{1+x^2y^2}, \quad \frac{\mathrm{d}y}{\mathrm{d}x} = \mathrm{e}^x,$$
于是,由公式(8.4),有
$$\frac{\mathrm{d}z}{\mathrm{d}x} = \frac{y}{1+x^2y^2} + \frac{x}{1+x^2y^2}\mathrm{e}^x = \frac{(1+x)\mathrm{e}^x}{1+x^2\mathrm{e}^{2x}}.$$

定理 8.3 可推广到复合函数的中间变量多于两个的情形. 例如,有
$$z = f(u,v,w), \ u = \varphi(x), \ v = \psi(x), \ w = h(x).$$
复合而成的复合函数
$$z = f(\varphi(x),\psi(x),h(x)),$$
则 z 对 x 的全导数公式是
$$\frac{\mathrm{d}z}{\mathrm{d}x} = \frac{\partial z}{\partial u}\frac{\mathrm{d}u}{\mathrm{d}x} + \frac{\partial z}{\partial v}\frac{\mathrm{d}v}{\mathrm{d}x} + \frac{\partial z}{\partial w}\frac{\mathrm{d}w}{\mathrm{d}x}. \tag{8.5}$$

例 3 设 $u=\mathrm{e}^{x^3+y^2+z}$,而 $x=t^2$,$y=t^3$,$z=t^6$,求 $\frac{\mathrm{d}u}{\mathrm{d}t}$.

解 这是三个中间变量,一个自变量的情形. 由于
$$\frac{\partial u}{\partial x} = 3x^2\mathrm{e}^{x^3+y^2+z}, \quad \frac{\partial u}{\partial y} = 2y\mathrm{e}^{x^3+y^2+z}, \quad \frac{\partial u}{\partial z} = \mathrm{e}^{x^3+y^2+z} \cdot 1,$$
$$\frac{\mathrm{d}x}{\mathrm{d}t} = 2t, \quad \frac{\mathrm{d}y}{\mathrm{d}t} = 3t^2, \quad \frac{\mathrm{d}z}{\mathrm{d}t} = 6t^5,$$

所以,由全导数公式(8.5)

$$\frac{\mathrm{d}u}{\mathrm{d}t} = 3x^2 \mathrm{e}^{x^3+y^2+z} \cdot 2t + 2y\mathrm{e}^{x^3+y^2+z} \cdot 3t^2 + \mathrm{e}^{x^3+y^2+z} \cdot 6t^5 = 18t^5 \mathrm{e}^{3t^6}.$$

2. 中间变量依赖于多个自变量的情形

以两个中间变量,两个自变量的情形来说明.

设 $z=f(u,v)$,而 $u=\varphi(x,y)$,$v=\psi(x,y)$,则函数

$$z = f(\varphi(x,y),\psi(x,y))$$

是两个中间变量 u,v,两个自变量 x,y 的复合函数. z 对 x,y 的导数应是偏导数.

求 z 对 x 的偏导数时,把变量 y 看做常量,实质上就化为前面已讨论过的情形.不过需将导数记号作相应的改变,在公式 (8.3) 中,$\frac{\mathrm{d}z}{\mathrm{d}x}$ 应改为 $\frac{\partial z}{\partial x}$,$\frac{\mathrm{d}u}{\mathrm{d}x}$,$\frac{\mathrm{d}v}{\mathrm{d}x}$ 分别改为 $\frac{\partial u}{\partial x}$,$\frac{\partial v}{\partial x}$.于是有公式

$$\frac{\partial z}{\partial x} = \frac{\partial z}{\partial u}\frac{\partial u}{\partial x} + \frac{\partial z}{\partial v}\frac{\partial v}{\partial x}. \tag{8.6}$$

同理

$$\frac{\partial z}{\partial y} = \frac{\partial z}{\partial u}\frac{\partial u}{\partial y} + \frac{\partial z}{\partial v}\frac{\partial v}{\partial y}. \tag{8.7}$$

例 4 设 $z=\mathrm{e}^u \sin v$,其中 $u=x+y$,$v=x-y$,求 $\frac{\partial z}{\partial x}$,$\frac{\partial z}{\partial y}$.

解 这是两个中间变量、两个自变量复合而成的复合函数.因

$$\frac{\partial z}{\partial u} = \mathrm{e}^u \sin v, \quad \frac{\partial z}{\partial v} = \mathrm{e}^u \cos v, \quad \frac{\partial u}{\partial x} = 1, \quad \frac{\partial u}{\partial y} = 1, \quad \frac{\partial v}{\partial x} = 1, \quad \frac{\partial v}{\partial y} = -1,$$

由公式(8.6)和(8.7),有

$$\frac{\partial z}{\partial x} = \mathrm{e}^u \sin v \cdot 1 + \mathrm{e}^u \cos v \cdot 1 = \mathrm{e}^{x+y}[\sin(x-y) + \cos(x-y)],$$

$$\frac{\partial z}{\partial y} = \mathrm{e}^u \sin v \cdot 1 + \mathrm{e}^u \cos v \cdot (-1) = \mathrm{e}^{x+y}[\sin(x-y) - \cos(x-y)].$$

例 5 设 $z=\arctan(x^2+xy+y^2)$,求 $\frac{\partial z}{\partial x}$,$\frac{\partial z}{\partial y}$.

解 若用复合函数的导数公式(8.6)和(8.7),可引入中间变量.令 $u=x^2+y^2$,$v=xy$,则 $z=\arctan(u+v)$.因

$$\frac{\partial u}{\partial x} = 2x, \quad \frac{\partial u}{\partial y} = 2y, \quad \frac{\partial v}{\partial x} = y, \quad \frac{\partial v}{\partial y} = x,$$

$$\frac{\partial z}{\partial u} = \frac{1}{1+(u+v)^2}, \quad \frac{\partial z}{\partial v} = \frac{1}{1+(u+v)^2},$$

于是

$$\frac{\partial z}{\partial x} = \frac{1}{1+(u+v)^2} \cdot 2x + \frac{1}{1+(u+v)^2} \cdot y$$

$$= \frac{2x+y}{1+(x^2+xy+y^2)^2},$$

$$\frac{\partial z}{\partial y} = \frac{1}{1+(u+v)^2} \cdot 2y + \frac{1}{1+(u+v)^2} \cdot x$$

$$= \frac{2y+x}{1+(x^2+xy+y^2)^2}.$$

公式(8.6)和(8.7)可以推广到任意有限个中间变量和自变量的情况. 例如,三个中间变量、两个自变量复合而成的复合函数,即

$$z = f(u,v,w).$$

而
$$u = \varphi(x,y), \quad v = \psi(x,y), \quad w = h(x,y),$$
则函数 $z = f(\varphi(x,y),\psi(x,y),h(x,y))$ 的偏导数公式是

$$\frac{\partial z}{\partial x} = \frac{\partial z}{\partial u}\frac{\partial u}{\partial x} + \frac{\partial z}{\partial v}\frac{\partial v}{\partial x} + \frac{\partial z}{\partial w}\frac{\partial w}{\partial x}, \tag{8.8}$$

$$\frac{\partial z}{\partial y} = \frac{\partial z}{\partial u}\frac{\partial u}{\partial y} + \frac{\partial z}{\partial v}\frac{\partial v}{\partial y} + \frac{\partial z}{\partial w}\frac{\partial w}{\partial y}. \tag{8.9}$$

例 6 设 $u = \mathrm{e}^{xyz}$,其中 $x = rs$, $y = \dfrac{r}{s}$, $z = r^s$,求 $\dfrac{\partial u}{\partial r}$, $\dfrac{\partial u}{\partial s}$.

解 这里, x,y,z 是三个中间变量, r,s 是两个自变量. 由于

$$\frac{\partial u}{\partial x} = \mathrm{e}^{xyz} \cdot yz, \quad \frac{\partial u}{\partial y} = \mathrm{e}^{xyz} \cdot xz, \quad \frac{\partial u}{\partial z} = \mathrm{e}^{xyz} \cdot xy,$$

$$\frac{\partial x}{\partial r} = s, \quad \frac{\partial y}{\partial r} = \frac{1}{s}, \quad \frac{\partial z}{\partial r} = sr^{s-1}, \quad \frac{\partial x}{\partial s} = r, \quad \frac{\partial y}{\partial s} = -\frac{r}{s^2}, \quad \frac{\partial z}{\partial s} = r^s\ln r,$$

所以,由偏导数公式(8.8),(8.9),

$$\frac{\partial u}{\partial r} = yz\mathrm{e}^{xyz} \cdot s + xz\mathrm{e}^{xyz} \cdot \frac{1}{s} + xy\mathrm{e}^{xyz} \cdot sr^{s-1} = \mathrm{e}^{r^{s+2}} \cdot r^{s+1}(2+s),$$

$$\frac{\partial u}{\partial s} = yz\mathrm{e}^{xyz} \cdot r + xz\mathrm{e}^{xyz} \cdot \left(-\frac{r}{s^2}\right) + xy\mathrm{e}^{xyz} \cdot r^s\ln r = \mathrm{e}^{r^{s+2}} \cdot r^{s+2}\ln r.$$

求复合函数的偏导数时,不能死套公式. 由于多元函数的复合关系可能出现各种情形,因此,分清复合函数的**构造层次**是求偏导数的关键. 一般说来,函数有几个自变量,就有几个偏导数公式;函数有几个中间变量,求导公式中就有几项;函数有几层复合,每项就有几个因子乘积.

二、隐函数的微分法

由方程 $F(x,y)=0$ 确定 y 是 x 的函数,这是隐函数. 用一元函数的微分法我们能够求出这样函数的导数 $\dfrac{\mathrm{d}y}{\mathrm{d}x}$. 现用多元复合函数的微分法导出这种隐函数导数的一般公式.

假设隐函数关系 $y=f(x)$ 由方程 $F(x,y)=0$ 所确定,那么,必然有恒等式

$$F(x,f(x)) \equiv 0,$$

其左端可看做是以 $x,f(x)$ 为中间变量,且以 x 为自变量的复合函数. 等式两端对 x 求全导数,有

$$\frac{\partial F}{\partial x} + \frac{\partial F}{\partial y} \frac{\mathrm{d}y}{\mathrm{d}x} = 0.$$

假若 $\frac{\partial F}{\partial y} \neq 0$,由上式可得

$$\frac{\mathrm{d}y}{\mathrm{d}x} = -\left(\frac{\partial F}{\partial x}\right) \Big/ \left(\frac{\partial F}{\partial y}\right) = -\frac{F_x(x,y)}{F_y(x,y)}. \tag{8.10}$$

这就是由隐函数 $F(x,y)=0$ 确定函数 $y=f(x)$ 的导数公式.

例7 由方程 $xy - \mathrm{e}^x + \mathrm{e}^y = 0$ 确定 y 是 x 的函数,求 $\frac{\mathrm{d}y}{\mathrm{d}x}$.

解 这是由方程确定的隐函数求导数问题.

设 $F(x,y) = xy - \mathrm{e}^x + \mathrm{e}^y$. 由于

$$F_x(x,y) = y - \mathrm{e}^x, \quad F_y(x,y) = x + \mathrm{e}^y,$$

由公式(8.10),得

$$\frac{\mathrm{d}y}{\mathrm{d}x} = -\frac{y - \mathrm{e}^x}{x + \mathrm{e}^y}.$$

上述隐函数求导公式可推广至多元隐函数的情形. 例如,设由含有三个变量 x,y 和 z 的方程

$$F(x,y,z) = 0$$

确定二元函数 $z=f(x,y)$. 这时应有恒等式

$$F(x,y,f(x,y)) \equiv 0.$$

上式两端分别对 x 和对 y 求偏导数,得

$$\frac{\partial F}{\partial x} + \frac{\partial F}{\partial z} \frac{\partial z}{\partial x} = 0, \quad \frac{\partial F}{\partial y} + \frac{\partial F}{\partial z} \frac{\partial z}{\partial y} = 0.$$

若 $\frac{\partial F}{\partial z} \neq 0$,便有偏导数公式

$$\frac{\partial z}{\partial x} = -\left(\frac{\partial F}{\partial x}\right) \Big/ \left(\frac{\partial F}{\partial z}\right) = -\frac{F_x(x,y,z)}{F_z(x,y,z)}, \tag{8.11}$$

$$\frac{\partial z}{\partial y} = -\left(\frac{\partial F}{\partial y}\right) \Big/ \left(\frac{\partial F}{\partial z}\right) = -\frac{F_y(x,y,z)}{F_z(x,y,z)}. \tag{8.12}$$

例8 设函数 $z=f(x,y)$ 由方程 $x^2 z^3 + y^3 + xyz - 10 = 0$ 所确定,求 $\frac{\partial z}{\partial x}, \frac{\partial z}{\partial y}$ 在点 $(1,1,1)$ 处的值.

解 设 $F(x,y,z) = x^2 z^3 + y^3 + xyz - 10$. 由于

$$F_x = 2xz^3 + yz, \quad F_y = 3y^2 + xz, \quad F_z = 3x^2 z^2 + xy,$$

又在点(1,1,1)处,

$$F_x = 3, \quad F_y = 4, \quad F_z = 4 \neq 0,$$

所以,由公式(8.11),(8.12)有

$$\frac{\partial z}{\partial x}\bigg|_{(1,1,1)} = -\frac{F_x}{F_z}\bigg|_{(1,1,1)} = -\frac{3}{4}, \quad \frac{\partial z}{\partial y}\bigg|_{(1,1,1)} = -\frac{F_y}{F_z}\bigg|_{(1,1,1)} = -1.$$

例9 设由方程 $xy+xz+yz=1$ 确定函数 $z=f(x,y)$,求 $\dfrac{\partial^2 z}{\partial x \partial y}$.

解 设 $F(x,y,z)=xy+xz+yz-1$. 因

$$F_x = y+z, \quad F_y = x+z, \quad F_z = x+y,$$

故

$$\frac{\partial z}{\partial x} = -\frac{y+z}{x+y}, \quad \frac{\partial z}{\partial y} = -\frac{x+z}{x+y}.$$

再求二阶偏导数

$$\frac{\partial^2 z}{\partial x \partial y} = \frac{\partial}{\partial y}\left(-\frac{y+z}{x+y}\right) = -\frac{\left(1+\dfrac{\partial z}{\partial y}\right)(x+y) - (y+z)\cdot 1}{(x+y)^2}$$

$$= -\frac{\left(1-\dfrac{x+z}{x+y}\right)(x+y) - (y+z)}{(x+y)^2} = \frac{2z}{(x+y)^2}.$$

习 题 8.3

1. 求下列函数的全导数:

(1) $z=\arcsin(x-y)$,其中 $x=3t$, $y=4t^3$;

(2) $z=u^2 v$,其中 $u=\cos x$, $v=\sin x$;

(3) $z=x^2+y^2+xy$,其中 $x=\sin t$, $y=e^t$;

(4) $z=\ln(e^x+e^y)$,其中 $y=e^x$;

(5) $z=\arcsin\dfrac{x}{y}$,其中 $y=\sqrt{x^2+1}$;

(6) $z=u^2+v^2+s^2$,其中 $u=3x$, $v=x^2$, $s=3x+5$.

2. 求下列函数的偏导数:

(1) $z=x^2 y-xy^2$,其中 $x=u\cos v$, $y=u\sin v$;

(2) $z=u^2\ln v$,其中 $u=\dfrac{y}{x}$, $v=x^2+y^2$;

(3) $z=(x^2+y^2)^{xy}$;

(4) $z=\dfrac{xy\arctan(x+y+xy)}{x+y}$; \qquad (5) $z=\dfrac{x^2+y^2}{xy}e^{\frac{x^2+y^2}{xy}}$;

(6) $u=z\sin\dfrac{y}{x}$,其中 $x=3r+2s$, $y=4r-2s^2$, $z=2r^2-3s^2$.

3. 设 $z=\arctan\dfrac{x}{y}$,其中 $x=u+v$, $y=u-v$,验证

$$\frac{\partial z}{\partial u} + \frac{\partial z}{\partial v} = \frac{u-v}{u^2+v^2}.$$

4. 函数 $y=y(x)$ 由下列方程所确定，求 $\dfrac{\mathrm{d}y}{\mathrm{d}x}$：

(1) $\sin(xy)-x^2y=0$；　　　(2) $xy-\ln y=a$.

5. 设函数 $y=y(x)$ 由 $x^2-xy+2y^2+x-y-1=0$ 所确定，求当 $x=0,y=1$ 时 y' 的值.

6. 函数 $y=y(x)$ 由方程 $\ln\sqrt{x^2+y^2}=\arctan\dfrac{y}{x}$ 所确定，求 y'，y''.

7. 函数 $z=f(x,y)$ 由下列方程确定，求 $\dfrac{\partial z}{\partial x}$，$\dfrac{\partial z}{\partial y}$：

(1) $z^3-3xyz=a^3$；　　　(2) $x+y+z=\sin(xyz)$；

(3) $x^2+y^2+z^2=1$；　　　(4) $\mathrm{e}^{-xy}-2z+\mathrm{e}^z=0$.

8. 设 $z=z(x,y)$ 由方程 $x+y+z=\mathrm{e}^z$ 所确定，求 $\dfrac{\partial z}{\partial x}$，$\dfrac{\partial^2 z}{\partial x^2}$.

§8.4　多元函数的极值

我们曾用导数解决了求一元函数的极值问题，从而可求得实际问题中的最大值和最小值. 仿照这种思路，我们来研究多元函数极值的求法，并进而解决实际问题中多元函数求最大值和最小值的问题.

一、多元函数的极值

我们以二元函数为例进行讨论.

1. 极值定义

定义 8.6　设函数 $z=f(x,y)$ 在点 $P_0(x_0,y_0)$ 的某邻域内有定义，若对该邻域内异于 P_0 的任一点 $P(x,y)$：

（1）若有 $f(x,y)<f(x_0,y_0)$，则称 $P_0(x_0,y_0)$ 是函数 $f(x,y)$ 的**极大值点**，称 $f(x_0,y_0)$ 是函数 $f(x,y)$ 的**极大值**；

（2）若有 $f(x,y)>f(x_0,y_0)$，则称 $P_0(x_0,y_0)$ 是函数 $f(x,y)$ 的**极小值点**，称 $f(x_0,y_0)$ 是函数 $f(x,y)$ 的**极小值**.

函数的极大值点与极小值点统称为**函数的极值点**；函数的极大值与极小值统称为**函数的极值**.

例如，函数 $f(x,y)=\sqrt{1-x^2-y^2}$（见图 8-7），点 $(0,0)$ 是其极大值点，$f(0,0)=1$ 是极大值. 这是因为在点 $(0,0)$ 的邻近，对任意一点 (x,y)，有

$$f(x,y)<1=f(0,0),\quad (x,y)\neq(0,0).$$

又如，函数 $f(x,y)=x^2+y^2$（参见图 7-21），点 $(0,0)$ 是其极小值点，$f(0,0)=0$ 是其极小值. 这是因为在点 $(0,0)$ 的邻近，除原点 $(0,0)$ 以外的函数值均为正：

$$f(x,y)>0=f(0,0),\quad (x,y)\neq(0,0).$$

2. 极值存在的条件

先考虑极值存在的必要条件. 为确定起见，我们不妨假定 $P_0(x_0,y_0)$ 是函数 $f(x,y)$ 的极

大值点,即在点 P_0 的某邻域内,有

$$f(x,y) < f(x_0,y_0), \quad (x,y) \neq (x_0,y_0).$$

过点 P_0 作平行于 x 轴的直线 $y=y_0$,这一直线在该邻域内的一段上的所有点,当然也满足不等式(图 8-10)

$$f(x,y_0) < f(x_0,y_0), \quad (x,y_0) \neq (x_0,y_0),$$

于是,函数 $f(x,y_0)$ 可看做是一元函数,它在 $x=x_0$ 处取极大值.若函数 $f(x,y_0)$ 在 $x=x_0$ 处可导,由一元函数极值存在的必要条件,应有

图 8-10

$$\left.\frac{\partial f(x,y_0)}{\partial x}\right|_{x=x_0} = 0.$$

同理,这时也应有

$$\left.\frac{\partial f(x_0,y)}{\partial y}\right|_{y=y_0} = 0.$$

因此,有下面**极值存在的必要条件**:

若函数 $f(x,y)$ 在点 $P_0(x_0,y_0)$ **偏导数**存在,且有**极值**,则

$$f_x(x_0,y_0) = 0, \quad f_y(x_0,y_0) = 0.$$

通常把满足上述条件:$f_x(x_0,y_0)=0$,$f_y(x_0,y_0)=0$ 的点 $P_0(x_0,y_0)$ 称为函数的**驻点**. 这里须指出:若函数 $f(x,y)$ 的偏导数存在,则函数的极值只能在驻点取得.但驻点并不都是极值点.例如,函数(参阅图 7-22)

$$z = f(x,y) = -x^2 + y^2,$$

点 $(0,0)$ 是其驻点,且 $f(0,0)=0$.但 $(0,0)$ 不是极值点.这是因为在点 $(0,0)$ 的邻近,当 $|x| < |y|$ 时,函数 $f(x,y)$ 取正值;而当 $|x| > |y|$ 时,$f(x,y)$ 则取负值.

由于驻点可能是极值点,也可能不是极值点.那么,如何由驻点中挑选出极值点呢?这样的问题有如下定理.

定理(极值存在的充分条件) 若函数 $f(x,y)$ 在点 $P_0(x_0,y_0)$ 某邻域内具有一阶和二阶的连续偏导数,且满足 $f_x(x_0,y_0)=0$,$f_y(x_0,y_0)=0$.记

$$A = f_{xx}(x_0,y_0), \quad B = f_{xy}(x_0,y_0), \quad C = f_{yy}(x_0,y_0).$$

(1) 当 $B^2 - AC < 0$ 时,

(i) 若 $A<0$(或 $C<0$),则 (x_0,y_0) 是函数 $f(x,y)$ 的**极大值点**;

(ii) 若 $A>0$(或 $C>0$),则 (x_0,y_0) 是函数 $f(x,y)$ 的**极小值点**.

(2) 当 $B^2 - AC > 0$ 时,则 (x_0,y_0) **不是**函数 $f(x,y)$ 的**极值点**.

(3) 当 $B^2 - AC = 0$ 时,**不能判定** (x_0,y_0) 是否为函数 $f(x,y)$ 的**极值点**.

例 1 求函数 $f(x,y) = x^3 + y^3 - 9xy + 27$ 的极值.

解 按下列程序:

(1) 求函数的偏导数,并解方程组确定驻点. 由

$$\begin{cases} f_x(x,y) = 3x^2 - 9y = 0, \\ f_y(x,y) = 3y^2 - 9x = 0 \end{cases}$$

得驻点$(0,0)$和$(3,3)$.

(2) 算出二阶偏导数在驻点的值. 因

$$f_{xx}(x,y) = 6x, \quad f_{xy}(x,y) = -9, \quad f_{yy}(x,y) = 6y,$$

对于点$(0,0)$：

$$A = f_{xx}(0,0) = 0, \quad B = f_{xy}(0,0) = -9, \quad C = f_{yy}(0,0) = 0.$$

对于点$(3,3)$：

$$A = f_{xx}(3,3) = 18, \quad B = f_{xy}(3,3) = -9, \quad C = f_{yy}(3,3) = 18.$$

(3) 判别驻点是否为极值点.

在点$(0,0)$处，由于$B^2 - AC = (-9)^2 - 0 > 0$，故$(0,0)$不是极值点.

在点$(3,3)$处，由于$B^2 - AC = (-9)^2 - 18 \cdot 18 < 0$ 且 $A > 0$，故$(3,3)$是极小值点.

函数的极小值

$$f(3,3) = 3^3 + 3^3 - 9 \cdot 3 \cdot 3 + 27 = 0.$$

我们已经知道，在有界闭区域D上连续的函数$f(x,y)$一定有最大值和最小值. 像一元函数一样，可以利用函数的极值来求函数的最大值和最小值.

对于实际应用问题，如果已经知道或能够判定函数在其定义域D的内部确实有最大（或最小）值；此时，如果在D内，函数只有一个驻点，就可以断定，该驻点的函数值就是函数在区域D上的最大（或最小）值.

例 2 要做一个容积为a的长方体箱子，问怎样选择尺寸，才能使所用材料最少？

解 箱子的容积一定，而使所用材料最少，这就是使箱子的表面积最小.

设箱子的长为x，宽为y，高为z. 依题设

$$a = xyz, \quad 则 \quad z = \frac{a}{xy},$$

于是，箱子的表面积

$$A = 2(xy + yz + zx) = 2\left(xy + \frac{a}{x} + \frac{a}{y}\right) \quad (x > 0, y > 0).$$

这是求二元函数的极值问题. 由

$$\begin{cases} \dfrac{\partial A}{\partial x} = 2\left(y - \dfrac{a}{x^2}\right) = 0, \\ \dfrac{\partial A}{\partial y} = 2\left(x - \dfrac{a}{y^2}\right) = 0 \end{cases}$$

可解得$x = \sqrt[3]{a}$，$y = \sqrt[3]{a}$.

依实际问题可知，箱子的表面积一定存在最小值. 而在函数的定义域$D = \{(x,y) \mid x > 0, y > 0\}$内有惟一的驻点$(\sqrt[3]{a}, \sqrt[3]{a})$，由此，当$x = \sqrt[3]{a}$，$y = \sqrt[3]{a}$时，$A$取最小值.

综上,当箱子的长为$\sqrt[3]{a}$,宽为$\sqrt[3]{a}$,高为$\dfrac{a}{\sqrt[3]{a}\sqrt[3]{a}}=\sqrt[3]{a}$时,做箱子所用的材料最少.

例3 工厂生产两种产品,产量分别为Q_1和Q_2时,总成本函数是

$$C = Q_1^2 + 2Q_1Q_2 + Q_2^2 + 5.$$

两种产品的需求函数分别是

$$Q_1 = 26 - P_1, \quad Q_2 = 10 - \frac{1}{4}P_2.$$

工厂为使利润最大,试确定两种产品的产量及最大利润.

解 为使利润最大,须先写出利润函数.

由需求函数得

$$P_1 = 26 - Q_1, \quad P_2 = 40 - 4Q_2.$$

由此得销售两种产品的收益函数

$$R = P_1Q_1 + P_2Q_2 = (26 - Q_1)Q_1 + (40 - 4Q_2)Q_2$$
$$= 26Q_1 + 40Q_2 - Q_1^2 - 4Q_2^2,$$

从而利润函数是

$$\pi = R - C = 26Q_1 + 40Q_2 - 2Q_1^2 - 2Q_1Q_2 - 5Q_2^2 - 5.$$

这里,由需求函数可确定:$0 \leqslant Q_1 \leqslant 26$, $0 \leqslant Q_2 \leqslant 10$.

其次,求利润函数的极值.解方程组

$$\begin{cases} \dfrac{\partial \pi}{\partial Q_1} = 26 - 4Q_1 - 2Q_2 = 0, \\ \dfrac{\partial \pi}{\partial Q_2} = 40 - 2Q_1 - 10Q_2 = 0 \end{cases}$$

得$Q_1 = 5$, $Q_2 = 3$.

依题意,该问题应该有最大利润;而函数有惟一驻点$(5,3)$.可知,当两种产品的产量分别为 5 和 3 时,可获最大利润,其值为

$$\pi = (26Q_1 + 40Q_2 - 2Q_1^2 - 2Q_1Q_2 - 5Q_2^2 - 5)\Big|_{\substack{Q_1=5 \\ Q_2=3}} = 120.$$

二、条件极值

1. 条件极值的意义

用例题来阐明条件极值与无条件极值的区别.

例4 求函数

$$z = f(x,y) = \sqrt{1 - x^2 - y^2}, \quad (x,y) \in D$$

的极大值,其中$D = \{(x,y) \mid x^2 + y^2 \leqslant 1\}$.这是前面已讲过的问题.它是在圆域$x^2 + y^2 \leqslant 1$内

求函数的极大值点. 我们已知道,$(0,0)$是极大值点,且极大值 $f(0,0)=1$. 从几何上看,该问题就是要求出上半球面的顶点$(0,0,1)$. 见图 8-7.

现在的问题是,在条件

$$g(x,y) = x + y - 1 = 0$$

下,求函数

$$z = f(x,y) = \sqrt{1 - x^2 - y^2}, \quad (x,y) \in D$$

的极大值. 这里,与前面的问题比较,多了一个附加条件 $x+y-1=0$,即 $g(x,y)=0$.

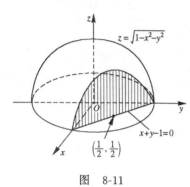

图 8-11

一般说来,$g(x,y)=0$ 在 xy 平面上表示一条曲线(这里,$x+y-1=0$ 是一条直线),这样,我们要求的极值点不仅在圆域 $x^2+y^2\leq 1$ 内,且应在直线 $x+y-1=0$ 上. 由于方程 $x+y-1=0$ 在空间直角坐标系下表示平行于 z 轴的平面. 从几何上看,现在的极值问题就是要确定上半球面 $z=\sqrt{1-x^2-y^2}$ 被平面 $x+y-1=0$ 所截得的圆弧的顶点(图 8-11). 不难由几何图形确定,其极值点是 $P_0\left(\dfrac{1}{2}, \dfrac{1}{2}\right)$,而相应的极大值是 $\dfrac{\sqrt{2}}{2}$.

后一个问题,因在求极值时,有附加条件 $x+y-1=0$,称为**条件极值问题**. 而前一个问题就相应地称为**无条件极值问题**.

2. 拉格朗日乘数法

在**约束条件** $g(x,y)=0$(也称**约束方程**)之下,求函数 $z=f(x,y)$ (通常称为**目标函数**)的极值问题,有两种方法:

其一,从约束方程 $g(x,y)=0$ 中解出 y:$y=\varphi(x)$,把它代入目标函数中得到 $z=f(x,\varphi(x))$. 这个一元函数 $z=f(x,\varphi(x))$ 的极值就是函数 $z=f(x,y)$ 在条件 $g(x,y)=0$ 之下的条件极值.

这种方法,当从方程 $g(x,y)=0$ 中解出 y 较困难时,就很不方便. 特别是对多于两个自变量的多元函数,很难行得通.

其二是**拉格朗日乘数法**.

欲求函数 $z=f(x,y)$ 在约束条件 $g(x,y)=0$ 之下的极值点,可按下列程序:

(1) 作辅助函数(称**拉格朗日函数**).

令

$$F(x,y) = f(x,y) + \lambda g(x,y),$$

其中 λ 是待定常数,称为**拉格朗日乘数**.

(2) 求可能取极值的点.

求函数 $F(x,y)$ 的偏导数,并解方程组

$$\begin{cases} F_x(x,y) = f_x(x,y) + \lambda g_x(x,y) = 0, \\ F_y(x,y) = f_y(x,y) + \lambda g_y(x,y) = 0, \\ g(x,y) = 0. \end{cases}$$

该方程组中有三个未知量：x, y 和 λ（待定常数），一般是设法消去 λ，解出 x_0 和 y_0，则 (x_0, y_0) 就是可能取条件极值的点.

（3）判别所求得的点 (x_0, y_0) 是否为极值点.

通常按实际问题的具体情况来判别. 即我们求得了可能取条件极值的点 (x_0, y_0)，而实际问题又确实存在这种极值点，那么，所求的点 (x_0, y_0) 就是条件极值点.

这种求条件极值问题的方法具有一般性，它可推广到 n 元函数的情形.

例 5　用拉格朗日乘数法求解本节中前述例 2.

解　设箱子的长、宽、高分别为 x, y, z，表面积为 A. 依题设，我们要解决的问题是求目标函数

$$A = 2(xy + yz + zx),$$

在约束条件 $xyz = a$ 之下的最小值.

作辅助函数

$$F(x,y,z) = 2(xy + yz + zx) + \lambda(xyz - a).$$

解方程组

$$\begin{cases} F_x(x,y,z) = 2(y+z) + \lambda yz = 0, \\ F_y(x,y,z) = 2(x+z) + \lambda xz = 0, \\ F_z(x,y,z) = 2(x+y) + \lambda xy = 0, \\ xyz = a \end{cases}$$

可得 $x = y = z = \sqrt[3]{a}$.

只有一个可能取极值的点，根据问题的实际意义，表面积 A 应有最小值，所以 $x = y = z = \sqrt[3]{a}$ 是最小值点. 即当箱子的长、宽、高相等时，所用材料最少.

例 6　设生产某产品的生产函数和成本函数分别为

$$Q = f(K, L) - 8K^{\frac{1}{4}}L^{\frac{1}{2}}, \quad C = P_K K + P_L L = 2K + 4L,$$

其中 Q 是产量，K 和 L 是两种生产要素的投入，P_K 和 P_L 分别是两种要素的价格，C 是成本. 若产量 Q_0 为 64，求成本最低的投入组合（使成本最低时，两种要素的投入量）及最低成本.

解　依题意，这是在给定产出水平的约束条件

$$64 = 8K^{\frac{1}{2}}L^{\frac{1}{2}}$$

之下，求成本函数（目标函数）

$$C = 2K + 4L$$

的最小值.

作辅助函数

$$F(K,L) = 2K + 4L + \lambda(8K^{\frac{1}{4}}L^{\frac{1}{2}} - 64).$$

解方程组

$$\begin{cases} F_K(K,L) = 2 + 2\lambda K^{-\frac{3}{4}}L^{\frac{1}{2}} = 0, \\ F_L(K,L) = 4 + 4\lambda K^{\frac{1}{4}}L^{-\frac{1}{2}} = 0, \\ K^{\frac{1}{4}}L^{\frac{1}{2}} = 8 \end{cases}$$

得 $K=16, L=16$.

只有惟一可能取极值的点,根据问题实际意义可断定,当两种生产要素的投入量都为 16 时,生产成本最低. 最低成本

$$C = (2K + 4L)\big|_{(16,16)} = 96.$$

三、最小二乘法

作为二元函数极值的应用,在此介绍用最小二乘法建立直线型经验公式的问题.

设在一实际问题中有两个相依的量 x 和 y,经测量得到 n 对数据

$$(x_1, y_1), (x_2, y_2), \cdots, (x_n, y_n).$$

将这 n 对数据看作是平面直角坐标中的 n 个点:

$$A_i(x_i, y_i), \quad i = 1, 2, \cdots, n,$$

并将其画在坐标平面上(图 8-12). 若这些点大致呈直线分布,就可用线性函数

$$y = ax + b$$

来近似地反映变量 x 与 y 之间的关系. 这样,就要提出如下问题:

如何选择线性函数的系数 a 和 b,使函数 $y=ax+b$ 能"最好"地表达变量 x 与 y 之间的关系.

若记

$$d_i = ax_i + b - y_i, \quad i = 1, 2, \cdots, n,$$

则 d_i 是用函数 $y=ax+b$ 表示 x_i 与 y_i 之间关系所产生的偏差(见图 8-12). 这些偏差的平方和称为总偏差,记作 S:

$$S = \sum_{i=1}^{n} d_i^2 = \sum_{i=1}^{n}(ax_i + b - y_i)^2. \tag{8.13}$$

使偏差的平方和 S(即总偏差)取得最小值来选择线性函数 $y=ax+b$ 的系数 a 和 b 的方法,称为用**最小二乘法**建立直线型经验公式,这种选择系数 a 和 b 的方法,就是使函数 $y=ax+b$ 能"最好"地表达 x 与 y 之间的关系.

由(8.13)式,总偏差 S 可看作是以 a 和 b 为自变量的二元函数.这是求 S 的最小值问题.

图 8-12

由极值存在的必要条件,有

$$
\begin{cases}
\dfrac{\partial S}{\partial a} = 2\sum_{i=1}^{n}(ax_i + b - y_i)x_i = 0, \\[2mm]
\dfrac{\partial S}{\partial b} = 2\sum_{i=1}^{n}(ax_i + b - y_i) = 0.
\end{cases}
$$

化简、整理得系数 a 和 b 所应满足的线性方程组

$$
\begin{cases}
a\sum_{i=1}^{n}x_i^2 + b\sum_{i=1}^{n}x_i = \sum_{i=1}^{n}x_i y_i, \\[2mm]
a\sum_{i=1}^{n}x_i + nb = \sum_{i=1}^{n}y_i.
\end{cases}
$$

若记此方程组的解为 $\hat{a}$ 和 $\hat{b}$,则

$$
\hat{a} = \frac{\sum\limits_{i=1}^{n}x_i y_i - n\overline{x}\,\overline{y}}{\sum\limits_{i=1}^{n}x_i^2 - n\overline{x}^2}, \quad \hat{b} = \overline{y} - a\overline{x},
$$

其中 $\overline{x} = \dfrac{1}{n}\sum\limits_{i=1}^{n}x_i$, $\overline{y} = \dfrac{1}{n}\sum\limits_{i=1}^{n}y_i$. 于是,变量 x 与 y 之间的直线型经验公式为

$$
y = \hat{a}x + \hat{b}.
$$

例 7 根据调查分析得知,汽车零件销售额与汽车拥有量之间存在着线性关系. 今调查 10 个地区汽车拥有量和汽车零件销售额资料见表 1. 试将汽车零件销售额 y 表为汽车拥有量 x 的线性函数,并预测当汽车拥有量为 20 万辆时,汽车零件的销售额.

表 1

拥有量 x(万辆)	13.4	15.0	17.9	10.5	18.8	16.4	20.1	12.1	15.4	17.7
销售额 y(万元)	1353	1697	1984	1016	2146	1754	2203	1247	1508	1842

解 设所求的线性函数为

$$y = ax + b.$$

为了用最小二乘法计算 a 和 b,由已知的 10 对数据得表 2.

表 2

序号	x_i	y_i	x_i^2	y_i^2	$x_i y_i$
1	13.4	1353	179.56	1830609	18130.2
2	15.0	1697	225.00	287809	2545.5
3	17.9	1984	320.41	3936256	35513.6
4	10.5	1016	110.25	1032256	10668.0
5	18.8	2146	353.44	4605316	40344.8
6	16.4	1754	268.96	3076516	28765.6
7	10.1	2203	404.01	4853209	44280.3
8	12.1	1247	146.41	1555009	15088.7
9	15.4	1508	237.16	2274064	23223.7
10	17.7	1842	313.29	3392964	32603.4
$\sum_{i=1}^{10}$	157.3	16750	2558.49	29436008	274072.8

由表 2 得

$$\overline{x} = \frac{157.3}{10} = 15.73, \quad \overline{y} = \frac{16750}{10} = 1675,$$

于是

$$\hat{a} = \frac{274072.8 - 10 \times 15.73 \times 1675}{2558.49 - 10 \times (15.73)^2} = 125.8932,$$

$$\hat{b} = 1675 - 125.8932 \times 15.73 = -305.3.$$

从而得到汽车拥有量与汽车零件销售额之间的线性关系为

$$y = -305.3 + 125.8932x.$$

$\hat{a} = 125.8932$ 的经济意义是汽车拥有量每增加一万辆时,汽车零件销售额平均增加 125.8932 万元.

为了预测汽车拥有量为 20 万辆时,汽车零件的销售额,令 $x = 20$,代入上式得

$$y = -305.3 + 125.8932 \times 20 = 2212.564(万元),$$

即汽车零件的销售额为 2212.564 万元.

习 题 8.4

1. 已知 $f(1,1) = -1$ 为函数 $f(x,y) = ax^3 + by^3 + cxy$ 的极小值,则 a,b,c 分别为(   ).

(A) 1,1,−1;   (B) −1,−1,3;   (C) −1,−1,−3;   (D) 1,1,−3.

2. 求下列函数的极值:

(1) $f(x,y)=x^2+5y^2-6x+10y+6$;

(2) $f(x,y)=4(x-y)-x^2-y^2$;

(3) $f(x,y)=x^3-y^3+3x^2+3y^2-9x$.

3. 将给定的正数表示为三个非负数之和,使它们的平方和为最小.

4. 欲造一长方体盒子,所用材料的价格其底为顶与侧面的两倍.若此盒容积为 $324 \mathrm{~cm}^3$,各边长为多少时,其造价最低?

5. 用 $108 \mathrm{~m}^2$ 的木板,做一敞口的长方形木箱,尺寸如何选择,其容积最大?

6. 用 a 元购料,建造一个宽与深(高)相同的长方体水池,已知四周的单位面积材料费为底面单位面积材料费的 1.2 倍,求水池长与宽、深各为多少时,才能使容积最大?

7. 求抛物线 $y^2=4x$ 上的点,使它与直线 $x-y+4=0$ 之间的距离最短.

8. 设工厂的总成本函数

$$C = C(Q_1,Q_2) = Q_1^2 + 2Q_1Q_2 + 3Q_2^2 + 2,$$

产品的价格分别为 $P_1=4, P_2=8$,求最大利润及此时的产出水平.

9. 设总成本函数为 $C=Q_1^2+Q_1Q_2+Q_2^2$,两种产品的需求函数分别为

$$Q_1 = 40 - 2P_1 + P_2, \quad Q_2 = 15 + P_1 - P_2.$$

两种产品的产量为多少时,利润最大?最大利润为多少?此时,产品的价格为多少?

10. 设产量 Q 是投入 K 和 L 的函数,$Q=6K^{\frac{1}{3}}L^{\frac{1}{2}}$,其投入价格 $P_K=4, P_L=3$,产品的价格 $P=2$. 为使利润最大,求两种要素的投入水平、产出水平和最大利润.

11. 生产两种机床,数量分别为 Q_1 和 Q_2,总成本函数为 $C=Q_1^2+2Q_2^2-Q_1Q_2$,若两种机床的总产量为 8 台,要使成本最低,两种机床各生产多少台?

12. 销售量 Q 与用在两种广告手段的费用 x 和 y 之间的函数关系为 $Q=\frac{200x}{5+x}+\frac{100y}{10+y}$,净利润是销售量的 $\frac{1}{5}$ 减去广告成本,而广告预算是 25.试确定如何分配两种手段的广告成本,以使利润最大?

13. 设生产函数和成本函数分别为

$$Q = 50K^{\frac{2}{3}}L^{\frac{1}{3}}, \quad C = 6K + 4L,$$

若成本约束为 72 时,试确定两种要素的投入量以使产量最高,并求最高产量.

14. 某企业经调查分析发现,产品的产量与其消耗的单位成本之间存在着线性关系.试根据下面的统计资料(见表),将单位成本 y 表为产量 x 的线性函数.

单位成本 y(元/件)	2	3	4	3	4	5
产量 x(千件)	73	72	71	73	69	68

§8.5 二重积分概念及其性质

二重积分是定积分的推广:被积函数由一元函数 $y=f(x)$ 推广到二元函数 $z=f(x,y)$;积分范围由 x 轴上的闭区间 $[a,b]$ 推广到 xy 平面上的有界闭区域 D. 二重积分的定义与定积分

定义类似,我们从几何上的曲顶柱体的体积问题和物理上的平面薄板的质量问题入手.

一、两个实例

1. 曲顶柱体的体积

设函数 $z=f(x,y)$ 在有界闭区域 D 上非负且连续. 以曲面 $z=f(x,y)$ 为顶, xy 平面上的区域 D 为底, D 的边界线为准线, 母线平行于 z 轴的柱面为侧面的立体称为**曲顶柱体**(图8-13).

图　8-13   图　8-14

我们采用求曲边梯形面积的方法计算曲顶柱体的体积 V.

(1) 分割: 分曲顶柱体为 n 个小曲顶柱体

将区域 D 任意分成 n 个小区域

$$\Delta\sigma_1, \ \Delta\sigma_2, \ \cdots, \ \Delta\sigma_n,$$

这里, $\Delta\sigma_i(i=1,2,\cdots,n)$ 既表示第 i 个小区域, 又表示第 i 个小区域的面积. 记

$$d = \max_{1\leqslant i\leqslant n}\{d_i|d_i \text{ 为 } \Delta\sigma_i \text{ 的直径}\},$$

区域 $\Delta\sigma_i$ 的直径是指有界闭区域 $\Delta\sigma_i$ 上任意两点间的距离最大者.

这时, 曲顶柱体也相应地被分成 n 个小曲顶柱体, 其体积分别记作

$$\Delta v_1, \ \Delta v_2, \ \cdots, \ \Delta v_n.$$

(2) 近似代替: 用平顶柱体代替曲顶柱体

在每个小区域 $\Delta\sigma_i$ 上任取一点 $P_i(\xi_i,\eta_i)$, 以 $f(\xi_i,\eta_i)$ 为高, 小区域 $\Delta\sigma_i$ 为底的平顶柱体的体积为 $f(\xi_i,\eta_i)\cdot\Delta\sigma_i$(底面积与高的乘积), 以此近似地表示与其同底的小曲顶柱体的体积 Δv_i(图 8-14),

$$\Delta v_i \approx f(\xi_i,\eta_i)\cdot\Delta\sigma_i \quad (i=1,2,\cdots,n).$$

(3) 求和: 求 n 个小平顶柱体体积之和

n 个小平顶柱体体积之和可作为曲顶柱体体积的近似值

$$V = \sum_{i=1}^{n}\Delta v_i \approx \sum_{i=1}^{n}f(\xi_i,\eta_i)\cdot\Delta\sigma_i.$$

(4) 取极限：由近似值过渡到精确值

当 $n \to \infty$ 且 $d \to 0$ 时，上述和式的极限就是曲顶柱体的体积

$$V = \lim_{\substack{d \to 0 \\ (n \to \infty)}} \sum_{i=1}^{n} f(\xi_i, \eta_i) \Delta \sigma_i.$$

由以上推算知，曲顶柱体的体积是用一个和式的极限 $\lim\limits_{\substack{d \to 0 \\ (n \to \infty)}} \sum\limits_{i=1}^{n} f(\xi_i, \eta_i) \Delta \sigma_i$ 来表达的.

2. 平面薄板的质量

设一平面薄板，在 xy 平面上占有区域 D；其质量分布的
面密度 $\mu = \mu(x, y)$ 为 D 上的连续函数，试计算薄板的质量 M
(图 8-15).

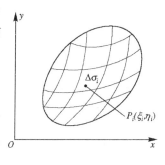

若薄板质量分布是均匀的，即当 $\mu(x, y) = \mu_0$ (常数)时，

薄板的质量 $M =$ 面密度 $\mu_0 \times$ 薄板面积 σ.

现薄板质量分布是不均匀的，用计算曲顶柱体的体积的方
法，即用分割、近似代替、求和、取极限的方法可以得到平面薄
板的质量

图 8-15

$$M = \lim_{\substack{d \to 0 \\ (n \to \infty)}} \sum_{i=1}^{n} \mu(\xi_i, \eta_i) \cdot \Delta \sigma_i.$$

由此知，平面薄板的质量也是用一个和式的极限 $\lim\limits_{\substack{d \to 0 \\ (n \to \infty)}} \sum\limits_{i=1}^{n} \mu(\xi_i, \eta_i) \Delta \sigma_i$ 来表达的.

以上两例，解决的具体问题虽然不同，但解决问题的方法却完全相同，且最后都归结为
同一种结构的和式的极限. 还有很多实际问题的解决也与此两例类似. 在这一类问题中，我
们只从数量关系上的共性加以概括和抽象，就得到了二重积分概念.

二、二重积分概念

1. 二重积分定义

定义 8.7 设函数 $f(x, y)$ 在有界闭区域 D 上有定义，将 D 任意分成 n 个小区域

$$\Delta \sigma_1, \ \Delta \sigma_2, \ \cdots, \ \Delta \sigma_n,$$

并以 $\Delta \sigma_i$ 和 $d_i (i = 1, 2, \cdots, n)$ 分别表示第 i 个小区域的面积和直径，记 $d = \max\{d_1, d_2, \cdots, d_n\}$.
在每个小区域 $\Delta \sigma_i$ 上任意取一点 $P_i(\xi_i, \eta_i)$. 当 n 无限增大，且 d 趋于零时，若极限

$$\lim_{\substack{d \to 0 \\ (n \to \infty)}} \sum_{i=1}^{n} f(\xi_i, \eta_i) \Delta \sigma_i$$

存在，且极限值与区域 D 的分法与点 P_i 的取法无关，则称此极限值为函数 $f(x, y)$ 在区域 D
上的**二重积分**，记作 $\iint\limits_{D} f(x, y) \mathrm{d}\sigma$，即

$$\iint\limits_{D} f(x,y)\mathrm{d}\sigma = \lim_{\substack{d\to 0 \\ (n\to\infty)}} \sum_{i=1}^{n} f(\xi_i,\eta_i)\Delta\sigma_i,$$

其中 D 称为**积分区域**，x,y 称为**积分变量**，$f(x,y)$ 称为**被积函数**，$\mathrm{d}\sigma$ 称为**面积元素**，$f(x,y)\mathrm{d}\sigma$ 称为**被积表达式**.

若函数 $f(x,y)$ 在有界闭区域 D 上的二重积分存在，则称 $f(x,y)$ 在 D 上**可积**.

可以证明：

(1) 若函数 $f(x,y)$ 在有界闭区域 D 上**可积**，则 $f(x,y)$ 在 D 上**有界**；

(2) 若函数 $f(x,y)$ 在有界闭区域 D 上**连续**，则 $f(x,y)$ 在 D 上**可积**.

在以下所讨论的二重积分中，我们总假设被积函数 $f(x,y)$ 在积分区域 D 上是连续的.

二重积分作为一个和式的极限，这一极限值只与被积函数和积分区域有关，而与分割区域 D 的方法无关. 这样，选用平行于坐标轴的两组直线来分割 D，这时，每个小区域的面积

$$\Delta\sigma = \Delta x \cdot \Delta y \quad \text{或} \quad \mathrm{d}\sigma = \mathrm{d}x\mathrm{d}y,$$

于是，二重积分可表示为

$$\iint\limits_{D} f(x,y)\mathrm{d}x\mathrm{d}y.$$

2. 二重积分的几何意义

有了二重积分的定义，我们可以认为，曲顶柱体的体积 V 正是作为曲顶的曲面方程 $z=f(x,y)\geqslant 0$，在其底 D 上的二重积分

$$V = \iint\limits_{D} f(x,y)\mathrm{d}\sigma,$$

这就是二重积分的**几何意义**. 特别地，若 $f(x,y)\equiv 1$，且 D 的面积为 σ，则

$$\iint\limits_{D} \mathrm{d}\sigma = \sigma.$$

这时，二重积分可理解为以平面 $z=1$ 为顶，D 为底的平顶柱体的体积，该体积在数值上与 D 的面积相等.

若作为曲顶的曲面方程 $z=f(x,y)\leqslant 0$ 时，以区域 D 为底的曲顶柱体是倒挂在 xy 平面的下方，这时，二重积分 $\iint\limits_{D} f(x,y)\mathrm{d}\sigma$ 的值是负的，它的绝对值表示该曲顶柱体的体积.

由二重积分的定义还知，质量分布不均匀的薄板 D 的质量 M，是其面密度 $\mu(x,y)$ 在区域 D 上的二重积分

$$M = \iint\limits_{D} \mu(x,y)\mathrm{d}\sigma.$$

三、二重积分的性质

二重积分具有与定积分完全类似的性质，现列举如下. 这里假设所讨论的二重积分都是存在的.

(1) $\iint\limits_{D} kf(x,y)\mathrm{d}\sigma = k\iint\limits_{D} f(x,y)\mathrm{d}\sigma$ （k 是常数）.

(2) $\iint\limits_{D} [f(x,y)\pm g(x,y)]\mathrm{d}\sigma = \iint\limits_{D} f(x,y)\mathrm{d}\sigma \pm \iint\limits_{D} g(x,y)\mathrm{d}\sigma$.

(3) 若积分区域 D 被一曲线分成两个部分区域 D_1 和 D_2，则

$$\iint\limits_{D} f(x,y)\mathrm{d}\sigma = \iint\limits_{D_1} f(x,y)\mathrm{d}\sigma + \iint\limits_{D_2} f(x,y)\mathrm{d}\sigma.$$

(4) 若在区域 D 上，恒有 $f(x,y)\leqslant g(x,y)$，则

$$\iint\limits_{D} f(x,y)\mathrm{d}\sigma \leqslant \iint\limits_{D} g(x,y)\mathrm{d}\sigma.$$

(5) 若 M 与 m 分别是函数 $f(x,y)$ 在区域 D 上的最大值与最小值，σ 是 D 的面积，则

$$m\sigma \leqslant \iint\limits_{D} f(x,y)\mathrm{d}\sigma \leqslant M\sigma.$$

(6) **二重积分中值定理** 设函数 $f(x,y)$ 在有界闭区域 D 上连续，σ 是 D 的面积，则在 D 上至少存在一点 (ξ,η)，使得

$$\iint\limits_{D} f(x,y)\mathrm{d}\sigma = f(\xi,\eta)\cdot\sigma.$$

上式右端是以 $f(\xi,\eta)$ 为高，D 为底的平顶柱体的体积.

<h2 style="text-align:center">习 题 8.5</h2>

1. 试用二重积分表示由下列曲面所围曲顶柱体的体积 V；并画出曲顶柱体在 xy 平面上的底 D 的图形：

(1) $az=y^2$，$x^2+y^2=R^2$，$z=0$ $(a>0,R>0)$；

(2) $z=1+x+y$，$x=0$，$y=0$，$x+y=1$，$z=0$；

(3) $z=x^2+y^2$，$y=x^2$，$y=1$，$z=0$；

(4) $z=x$，$y^2=2-x$，$z=0$.

2. 利用二重积分的几何意义填空：

(1) 设 D：$x\geqslant 0,y\geqslant 0,x^2+y^2\leqslant 4$，则 $\iint\limits_{D}\mathrm{d}\sigma=$ _____；

(2) 设 D 是以原点为中心，R 为半径的圆，则 $\iint\limits_{D}\sqrt{R^2-x^2-y^2}\mathrm{d}\sigma=$ _____.

*3. 一薄板位于 xy 平面上，占有的区域为 D. 设在板面上分布有表面电荷密度为 $\mu(x,y)$ 的电荷，且 $\mu(x,y)$ 在 D 上连续，试写出此板面上全部电荷数 Q 的二重积分表达式.

*4. 一薄板位于 xy 平面上，占有的区域为 D. 设在薄板上的压力分布为 $p(x,y)$，且 $p(x,y)$ 在 D 上连续，试写出此板上总压力 P 的二重积分的表达式.

<h1 style="text-align:center">§8.6 二重积分的计算与应用</h1>

二重积分的计算方法，是把二重积分化为**二次积分**（或**累次积分**），即计算二次定积分.

一、在直角坐标系下计算二重积分

设函数 $z = f(x, y) \geqslant 0$ 在有界闭区域 D 上连续；而积分区域 D 是由**两条平行直线** $x = a$, $x = b (a < b)$，**两条曲线** $y = \varphi_1(x)$, $y = \varphi_2(x) (\varphi_1(x) \leqslant \varphi_2(x))$ **所围成**. 区域 D 如图 8-16 所示，**可表示为**

$$D = \{(x, y) \mid \varphi_1(x) \leqslant y \leqslant \varphi_2(x), \ a \leqslant x \leqslant b\},$$

也可直接用不等式表示为

$$\varphi_1(x) \leqslant y \leqslant \varphi_2(x), \quad a \leqslant x \leqslant b.$$

图 8-16   图 8-17

根据二重积分的几何意义，通过计算以曲面 $z = f(x, y)$ 为顶，以 xy 平面上的区域 D 为底的曲顶柱体（图 8-17）的体积来说明二重积分的计算方法.

我们作平行于坐标平面 yz 的平面 $x = x_0$，它与曲顶柱体相交所得截面，是以区间 $[\varphi_1(x_0), \varphi_2(x_0)]$ 为底，$z = f(x_0, y)$ 为曲边的曲边梯形（图 8-17 中有阴影部分），显然，这一截面面积为

$$A(x_0) = \int_{\varphi_1(x_0)}^{\varphi_2(x_0)} f(x_0, y) \mathrm{d}y.$$

由 x_0 的任意性，过区间 $[a, b]$ 上任意一点 x，且平行于坐标面 yz 的平面，与曲顶柱体相交所得截面的面积为

$$A(x) = \int_{\varphi_1(x)}^{\varphi_2(x)} f(x, y) \mathrm{d}y,$$

上式中，y 是积分变量，x 在积分时保持不变. 所得截面的面积 $A(x)$，一般应是 x 的函数.

如图 8-18 所示，在区间 $[a, b]$ 上任取一个小区间 $[x, x + \mathrm{d}x]$，可得到一个小薄片立体，小薄片立体的体积可近似地看做是以 $A(x)$ 为底，$\mathrm{d}x$ 为高的小直柱体的体积，即曲顶柱体体积 V 的微元

$$\mathrm{d}V \approx A(x) \mathrm{d}x,$$

于是，所求曲顶柱体的体积

$$V = \int_a^b A(x)\mathrm{d}x = \int_a^b \left[\int_{\varphi_1(x)}^{\varphi_2(x)} f(x,y)\mathrm{d}y \right] \mathrm{d}x.$$

从而,得到二重积分的**计算公式**

$$\iint\limits_D f(x,y)\mathrm{d}\sigma = \int_a^b \left[\int_{\varphi_1(x)}^{\varphi_2(x)} f(x,y)\mathrm{d}y \right] \mathrm{d}x,$$

或写作

$$\iint\limits_D f(x,y)\mathrm{d}\sigma = \int_a^b \mathrm{d}x \int_{\varphi_1(x)}^{\varphi_2(x)} f(x,y)\mathrm{d}y. \quad (8.14)$$

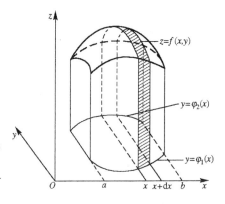

图 8-18

(8.14)式右端是二次积分:把 x 看做常量,先对 y 积分,积分结果是 x 的函数,再对 x 积分.

对于由不等式

$$\varphi_1(x) \leqslant y \leqslant \varphi_2(x), \quad a \leqslant x \leqslant b$$

所确定的积分区域 D,在把二重积分化为二次定积分时,要明确以下几点:

(1) 积分次序:在被积函数 $f(x,y)$ 中,视 x 为常量,视 y 为积分变量,先对 y 积分,积分结果是 x 的函数(有时是常数);然后,再对 x 积分,便得到二重积分所表示的一个数值.

(2) 积分上、下限:将二重积分化为二次积分,其关键是确定积分限.对 x 的积分限是:区域 D 的最左端端点的横坐标 a 为积分下限,最右端端点的横坐标 b 为积分上限.对 y 的积分限是:在区间 $[a,b]$ 范围内,由下向上作垂直于 x 轴的直线,先与曲线 $y = \varphi_1(x)$ 相交,则 $y = \varphi_1(x)$ 为积分下限,后与曲线 $y = \varphi_2(x)$ 相交,则 $y = \varphi_2(x)$ 为积分上限.

(3) 垂直于 x 轴的直线与 D 的边界至多交于两点,否则,需将 D 分成几个部分区域. 如图 8-19 那样,D 需分成三个部分区域,然后用二重积分的性质 3 计算二重积分.

类似地,若积分区域 D 是由**两条平行直线** $y = c, y = d \ (c < d)$,**两条连续曲线** $x = \psi_1(y)$,$x = \psi_2(y) \ (\psi_1(y) \leqslant \psi_2(y))$ **所围成**. 区域 D 如图 8-20 所示,用不等式表示为

$$\psi_1(y) \leqslant x \leqslant \psi_2(y), \quad c \leqslant y \leqslant d,$$

图 8-19

图 8-20

则二重积分化为二次积分的公式是

$$\iint\limits_D f(x,y)\mathrm{d}\sigma = \int_c^d \left[\int_{\psi_1(y)}^{\psi_2(y)} f(x,y)\mathrm{d}x \right] \mathrm{d}y = \int_c^d \mathrm{d}y \int_{\psi_1(y)}^{\psi_2(y)} f(x,y)\mathrm{d}x. \quad (8.15)$$

(8.15)式右端是先对 x,后对 y 的二次积分.

计算二重积分时,先画出区域 D 的图形,根据 D 的形状,决定采用公式(8.14)或公式(8.15).

以上把二重积分化为二次积分,是假设在 D 上,$f(x,y) \geqslant 0$ 的情况下推得的.实际上,在 D 上 $f(x,y)$ 非负的限制去掉后,公式(8.14)和(8.15)仍然成立.

若积分区域 D 为矩形(图 8-21)

图 8-21

$$D = \{(x,y) \mid a \leqslant x \leqslant b, \ c \leqslant y \leqslant d\},$$

则二重积分可化为先对 y、后对 x 的二次积分;也可化为先对 x,后对 y 的二次积分,即

$$\iint\limits_{D} f(x,y)\mathrm{d}\sigma = \int_a^b \mathrm{d}x \int_c^d f(x,y)\mathrm{d}y, \qquad (8.16)$$

$$\iint\limits_{D} f(x,y)\mathrm{d}\sigma = \int_c^d \mathrm{d}y \int_a^b f(x,y)\mathrm{d}x. \qquad (8.17)$$

特别地,对矩形积分区域 D(图 8-21),若被积函数 $f(x,y) = f_1(x) \cdot f_2(y)$,则有

$$\iint\limits_{D} f(x,y)\mathrm{d}x\mathrm{d}y = \int_a^b f_1(x)\mathrm{d}x \cdot \int_c^d f_2(y)\mathrm{d}y, \qquad (8.18)$$

即二重积分可化成一元函数两个定积分之乘积.

例 1 计算 $I = \iint\limits_{D} \dfrac{x^2}{1+y^2}\mathrm{d}x\mathrm{d}y$,其中 $D = \{(x,y) \mid 1 \leqslant x \leqslant 2, 0 \leqslant y \leqslant 1\}$.

解 积分区域 D 是矩形,且被积函数 $f(x,y) = x^2 \cdot \dfrac{1}{1+y^2}$,用公式(8.18),有

$$I = \int_1^2 x^2\mathrm{d}x \cdot \int_0^1 \frac{1}{1+y^2}\mathrm{d}y = \frac{x^3}{3}\bigg|_1^2 \cdot \arctan y \bigg|_0^1 = \frac{7}{3} \cdot \frac{\pi}{4} = \frac{7}{12}\pi.$$

例 2 计算 $I = \iint\limits_{D} xy\mathrm{d}x\mathrm{d}y$,其中 D 为曲线 $y = x^2$ 及 $y^2 = x$ 所围成的闭区域.

解 区域 D 的草图如图 8-22 所示.

若用公式(8.14)式,x 的最大变动范围是区间[0,1],或者说,围成区域 D 的两条直线可看作是 $x=0$,$x=1$. 这时围成区域 D 的两条曲线是 $y = x^2, y = \sqrt{x}$,即

$$D = \{(x,y) \mid x^2 \leqslant y \leqslant \sqrt{x}, \ 0 \leqslant x \leqslant 1\}.$$

于是

$$I = \int_0^1 \mathrm{d}x \int_{x^2}^{\sqrt{x}} xy\mathrm{d}y = \int_0^1 \left(x\frac{y^2}{2} \right)\bigg|_{x^2}^{\sqrt{x}} \mathrm{d}x$$

$$= \int_0^1 \frac{x}{2}(x - x^4)\mathrm{d}x = \left(\frac{x^3}{6} - \frac{x^6}{12} \right)\bigg|_0^1 = \frac{1}{12}.$$

图 8-22

若用公式(8.15),围成区域 D 的两条直线可看做是 $y = 0$, $y = 1$,而两条曲线应是 $x =$

$y^2, x = \sqrt{y}$,即

$$D = \{(x,y) \mid y^2 \leqslant x \leqslant \sqrt{y}, 0 \leqslant y \leqslant 1\}.$$

于是
$$I = \int_0^1 dy \int_{y^2}^{\sqrt{y}} xy dx = \frac{1}{12}.$$

例 3 计算 $I = \iint\limits_D \frac{x^2}{y^2} dx dy$,其中 D 是由直线 $y=x, y=\sqrt{3}$ 和曲线 $y^2=x$ 所围成的图形.

解 画出区域 D(图 8-23),若选用公式(8.15),则围成区域 D 的两条直线可看作是 $y=1$ 和 $y=\sqrt{3}$;两条曲线是 $x=y$ 和 $x=y^2$,即

$$D = \{(x,y) \mid y \leqslant x \leqslant y^2, 1 \leqslant y \leqslant \sqrt{3}\}.$$

图 8-23

于是
$$I = \int_1^{\sqrt{3}} dy \int_y^{y^2} \frac{x^2}{y^2} dx = \int_1^{\sqrt{3}} \frac{x^3}{3y^2} \Big|_y^{y^2} dy$$
$$= \frac{1}{3}\int_1^{\sqrt{3}} [y^4 - y] dy = \frac{1}{3}\left[\frac{y^5}{5} - \frac{y^2}{2}\right]_1^{\sqrt{3}}$$
$$= \frac{3\sqrt{3}}{5} - \frac{2}{5}.$$

该题,若选用公式(8.14),则围成区域 D 的两条直线可看做是 $x=1$ 和 $x=3$.注意到在这两条直线之间不是两条曲线,而是三条曲线: $y=x, y=\sqrt{3}$ 和 $y=\sqrt{x}$.这样区域 D 就必须分块.由于曲线 $y=x$ 和 $y=\sqrt{3}$ 交点的横坐标是 $x=\sqrt{3}$,需用直线 $x=\sqrt{3}$ 将其分成两部分: $D=D_1+D_2$,其中

$$D_1 = \{(x,y) \mid \sqrt{x} \leqslant y \leqslant x, 1 \leqslant x \leqslant \sqrt{3}\},$$
$$D_2 = \{(x,y) \mid \sqrt{x} \leqslant y \leqslant \sqrt{3}, \sqrt{3} \leqslant x \leqslant 3\},$$

于是

$$I = \int_1^{\sqrt{3}} dx \int_{\sqrt{x}}^x \frac{x^2}{y^2} dy + \int_{\sqrt{3}}^3 dx \int_{\sqrt{x}}^{\sqrt{3}} \frac{x^2}{y^2} dy$$
$$= \int_1^{\sqrt{3}} \left[-\frac{x^2}{y}\right]_{\sqrt{x}}^x dx + \int_{\sqrt{3}}^3 \left[-\frac{x^2}{y}\right]_{\sqrt{x}}^{\sqrt{3}} dx$$
$$= \int_1^{\sqrt{3}} [x^{\frac{3}{2}} - x] dx + \int_{\sqrt{3}}^3 \left[x^{\frac{3}{2}} - \frac{x^2}{\sqrt{3}}\right] dx$$
$$= \frac{3\sqrt{3}}{5} - \frac{2}{5}.$$

例 4 计算 $I = \iint\limits_D e^{-y^2} dx dy$,其中 D 是由直线 $x=0, y=1, y=x$ 围成的区域.

解 区域 D 形状如图 8-24,若用公式(8.14),则 $D=\{(x,y) \mid x \leqslant y \leqslant 1, 0 \leqslant x \leqslant 1\}$,于是

$$I = \int_0^1 \mathrm{d}x \int_x^1 \mathrm{e}^{-y^2} \mathrm{d}y.$$

e^{-y^2} 的原函数是存在的,但却无法用初等函数形式表示,因此,积分 $\int_x^1 \mathrm{e}^{-y^2} \mathrm{d}y$ 不能运算.

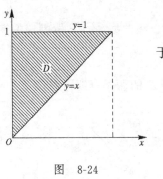

图 8-24

若用公式(8.15),则

$$D = \{(x,y) \,|\, 0 \leqslant x \leqslant y, 0 \leqslant y \leqslant 1\},$$

于是

$$I = \int_0^1 \mathrm{d}y \int_0^y \mathrm{e}^{-y^2} \mathrm{d}x = \int_0^1 \left[x\mathrm{e}^{-y^2} \right]_0^y \mathrm{d}y$$

$$= \int_0^1 y\mathrm{e}^{-y^2} \mathrm{d}y = -\frac{1}{2} \int_0^1 \mathrm{e}^{-y^2} \mathrm{d}(-y^2)$$

$$= -\frac{1}{2} \mathrm{e}^{-y^2} \Big|_0^1 = \frac{1}{2} \left(1 - \frac{1}{\mathrm{e}} \right).$$

说明 从例 3、例 4 的计算过程看.计算二重积分时,选择积分次序非常重要.

例 3,先对 y 积分,后对 x 积分,区域 D 须分成部分区域.与另一种计算次序比较,计算较繁.

例 4,先对 y 积分,后对 x 积分,根本不能运算;必须先对 x 积分,后对 y 积分.

由于二重积分取决于被积函数和积分区域.而平面上的区域有各种形状,它在很大程度上影响着二重积分的计算.将二重积分化为二次积分时,若根据区域 D 的形状选择积分次序,最好是能直接在 D 上计算.若必须将 D 分成部分区域时,应使 D 尽量少的分成部分区域.将 D 分成部分区域时,须用平行于 x 轴或平行于 y 轴的直线进行.

将二重积分化为二次积分时,有时也要从被积函数着眼.这样,可能使计算简便或者使积分能够进行运算.

二、在极坐标系下计算二重积分

当积分区域为圆域或圆的一部分,或被积函数为 $f(x^2+y^2)$ 形式时,采用极坐标计算二重积分往往较为简便.

在极坐标系下,我们用以极点 O 为中心的一族同心圆:$r=$ 常数,和自极点出发的一族射线:$\theta=$ 常数,把积分区域 D 分割成 n 个小区域 $\Delta\sigma_i(i=1,2,\cdots,n)$,见图 8-25.

在 D 中取出一个典型的小区域 $\Delta\sigma$,它是由半径为 r 和 $r+\mathrm{d}r$ 的圆弧段,与极角为 θ 和 $\theta+\mathrm{d}\theta$ 的射线组成(图 8-25).当 $\mathrm{d}r$ 和 $\mathrm{d}\theta(\mathrm{d}r=\Delta r, \mathrm{d}\theta=\Delta\theta)$ 充分小时,圆弧段可以看成直线段,相交的射线段看成平行的射线段,所以小区域 $\Delta\sigma$ 可以近似地看成以 $r\mathrm{d}\theta$ 为长、$\mathrm{d}r$ 为宽的小矩形.这时,面积元素

$$\mathrm{d}\sigma = r\mathrm{d}\theta\mathrm{d}r.$$

在选取极坐标系时,若以直角坐标系的原点为极点,以 x 轴为极轴,则直角坐标与极坐

标的关系为

$$\begin{cases} x = r\cos\theta, \\ y = r\sin\theta, \end{cases}$$

所以被积函数 $f(x,y)$ 可化为 r 和 θ 的函数

$$f(x,y) = f(r\cos\theta, r\sin\theta).$$

这样,由直角坐标系的二重积分变换为极坐标的二重积分,其变换公式是

$$\iint\limits_{D} f(x,y)\mathrm{d}\sigma = \iint\limits_{D} f(r\cos\theta, r\sin\theta)r\mathrm{d}r\mathrm{d}\theta. \tag{8.19}$$

将(8.19)式的右端化为二次积分,通常是选择先对 r 积分,后对 θ 积分的次序.一般有如下三种情形.

图　8-25　　　　　　　　　图　8-26

1. 极点在 D 的内部

积分区域 D 由连续曲线 $r=r(\theta)$ 围成(图 8-26):

$$D = \{(r,\theta)\,|\,0 \leqslant r \leqslant r(\theta),\ 0 \leqslant \theta \leqslant 2\pi\},$$

则

$$\iint\limits_{D} f(r\cos\theta, r\sin\theta)r\mathrm{d}r\mathrm{d}\theta = \int_0^{2\pi}\mathrm{d}\theta\int_0^{r(\theta)} f(r\cos\theta, r\sin\theta)r\mathrm{d}r. \tag{8.20}$$

2. 极点在 D 的外部

积分区域 D 是由极点出发的两条射线 $\theta=\alpha$, $\theta=\beta$ 和两条连续曲线 $r=r_1(\theta)$, $r=r_2(\theta)$ 围成(图 8-27):

$$D = \{(r,\theta)\,|\,r_1(\theta) \leqslant r \leqslant r_2(\theta),\ \alpha \leqslant \theta \leqslant \beta\},$$

则

$$\iint\limits_{D} f(r\cos\theta, r\sin\theta)r\mathrm{d}r\mathrm{d}\theta = \int_\alpha^\beta\mathrm{d}\theta\int_{r_1(\theta)}^{r_2(\theta)} f(r\cos\theta, r\sin\theta)r\mathrm{d}r. \tag{8.21}$$

3. 极点在 D 的边界上

积分区域 D 由极点出发的两条射线 $\theta=\alpha$, $\theta=\beta$ 和连续曲线 $r=r(\theta)$ 围成(图 8-28):

$$D = \{(r,\theta)\,|\,0 \leqslant r \leqslant r(\theta),\ \alpha \leqslant \theta \leqslant \beta\},$$

则

$$\iint\limits_{D} f(r\cos\theta,r\sin\theta)rdrd\theta = \int_{\alpha}^{\beta}d\theta\int_{0}^{r(\theta)} f(r\cos\theta,r\sin\theta)rdr. \qquad (8.22)$$

图 8-27   图 8-28   图 8-29

例 5 计算 $I=\iint\limits_{D}\dfrac{1}{\sqrt{1-x^2-y^2}}d\sigma$,其中积分区域 D 为圆域:$x^2+y^2\leqslant1$(图 8-29).

解 在极坐标系下,圆 $x^2+y^2=1$ 的方程为 $r=1$;区域 D 由曲线 $r=1$ 围成,可表示为
$$D = \{(r,\theta)\,|\,0\leqslant r\leqslant1,\ 0\leqslant\theta\leqslant2\pi\}.$$
因极点在区域 D 的内部,由公式(8.20)有
$$I=\int_{0}^{2\pi}d\theta\cdot\int_{0}^{1}\frac{r}{\sqrt{1-r^2}}dr = 2\pi\cdot\int_{0}^{1}\frac{-1}{2}\frac{1}{\sqrt{1-r^2}}d(1-r^2)$$
$$=2\pi\cdot\left[-\sqrt{1-r^2}\right]\Big|_{0}^{1}=2\pi.$$

例 6 计算 $I=\iint\limits_{D}\arctan\dfrac{y}{x}dxdy$,其中区域 D 为圆 $x^2+y^2=9$ 和 $x^2+y^2=1$ 与直线 $y=x,y=0$ 所围成的第一象限区域(图8-30).

解 在极坐标系下,圆 $x^2+y^2=9$ 和 $x^2+y^2=1$ 的方程分别为 $r=3$ 和 $r=1$. 区域 D 可看成是由两条射线:$\theta=0,\theta=\dfrac{\pi}{4}$ 和两条曲线 $r=1,r=3$ 围成,即
$$D = \left\{(r,\theta)\,|\,1\leqslant r\leqslant3,\ 0\leqslant\theta\leqslant\frac{\pi}{4}\right\}.$$

由直角坐标与极坐标的关系知,$\dfrac{y}{x}=\tan\theta$,所以,$\arctan\dfrac{y}{x}=\theta$. 因极点在区域 D 之外,由公式(8.21)
$$I=\int_{0}^{\frac{\pi}{4}}\theta d\theta\cdot\int_{1}^{3}rdr = \frac{1}{2}\theta^2\Big|_{0}^{\frac{\pi}{4}}\cdot\frac{1}{2}r^2\Big|_{1}^{3} = \frac{\pi^2}{32}\cdot\frac{8}{2}=\frac{\pi^2}{8}.$$

例 7 计算 $I=\iint\limits_{D}\sqrt{x^2+y^2}d\sigma$,其中 D 由圆 $(x-a)^2+y^2=a^2$ 和直线 $y=0$ 围成的第一象限的区域.

解 区域 D 如图 8-31,在极坐标系下,圆 $(x-a)^2+y^2=a^2$ 的方程为 $r=2a\cos\theta$. 区域 D 可看成是由两条射线:$\theta=0,\theta=\dfrac{\pi}{2}$ 和曲线 $r=2a\cos\theta$ 围成,可表示为

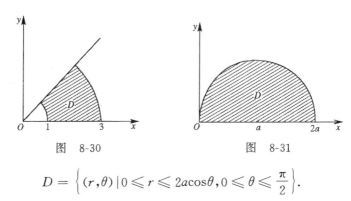

图 8-30   图 8-31

$$D = \left\{ (r,\theta) \mid 0 \leqslant r \leqslant 2a\cos\theta, 0 \leqslant \theta \leqslant \frac{\pi}{2} \right\}.$$

极点在区域 D 的边界上，由公式(8.22)

$$I = \int_0^{\frac{\pi}{2}} \mathrm{d}\theta \int_0^{2a\cos\theta} r \cdot r\mathrm{d}r = \frac{1}{3}\int_0^{\frac{\pi}{2}} r^3 \Big|_0^{2a\cos\theta} \mathrm{d}\theta = \frac{8}{3}\int_0^{\frac{\pi}{2}} a^3\cos^3\theta\mathrm{d}\theta$$

$$= \frac{8}{3}a^3\int_0^{\frac{\pi}{2}} (1 - \sin^2\theta)\mathrm{d}\sin\theta = \frac{8}{3}a^3\left(\sin\theta - \frac{1}{3}\sin^3\theta \right)\Big|_0^{\frac{\pi}{2}}$$

$$= \frac{8}{3}a^3 \cdot \frac{2}{3} = \frac{16}{9}a^3.$$

三、二重积分应用举例

1. 几何应用

在§8.5中已经说明，当 $f(x,y) \geqslant 0$ 时，二重积分

$$\iint\limits_D f(x,y)\mathrm{d}\sigma$$

在几何上就是表示以曲面 $z = f(x,y)$ 为曲顶，以区域 D 为底的曲顶柱体的体积. 由此，可用二重积分计算空间形体的体积.

例 8 求由平面 $z = 0, z = x$ 和柱面 $y^2 = 2 - x$ 所围成的立体的体积.

解 用二重积分计算立体的体积，要确定立体的曲顶方程——被积函数；还要确定立体的底(曲顶在 xy 平面上的投影区域)——积分区域.

由图 8-32 看出，立体的曲顶方程是 $z = x$；立体的侧面是柱面 $y^2 = 2 - x$. 由于平面(即曲顶) $z = x$ 通过 y 轴，故立体的底是由直线 $x = 0$ 和曲线 $y^2 = 2 - x$ 所围成. 为方便确定积分限，画出 D 的图形(图 8-33).

于是，所求立体的体积

$$V = \iint\limits_D x\mathrm{d}x\mathrm{d}y = \int_{-\sqrt{2}}^{\sqrt{2}} \mathrm{d}y \int_0^{2-y^2} x\mathrm{d}x = \int_{-\sqrt{2}}^{\sqrt{2}} \left[\frac{x^2}{2} \right]_0^{2-y^2} \mathrm{d}y$$

$$= \int_{-\sqrt{2}}^{\sqrt{2}} \frac{1}{2}(2 - y^2)^2\mathrm{d}y = \frac{32}{15}\sqrt{2}.$$

图 8-32

图 8-33

图 8-34

例 9 求由旋转抛物面 $z=x^2+y^2$ 与平面 $z=h$ 所围立体的体积.

解 所求立体如图 8-34 所示. 由于抛物面 $z=x^2+y^2$ 与平面 $z=h$ 相截所得交线是圆,圆心在 z 轴上,半径为 $\sqrt{h}$,所以所求立体在 xy 平面上的投影区域 D(积分区域) 是以原点为心,半径为 $\sqrt{h}$ 的圆. 可以看出,所求立体的体积是以 D 为底、h 为高的正圆柱体积,与以旋转抛物面 $z=x^2+y^2$ 为曲顶,以 D 为底的曲顶柱体体积之差.

正圆柱体体积 $V_1=\pi h \cdot h=\pi h^2$.

以 $z=x^2+y^2$ 为曲顶的曲顶柱体体积

$$V_2 = \iint\limits_{D} (x^2 + y^2)\mathrm{d}\sigma = \int_0^{2\pi}\mathrm{d}\theta\int_0^{\sqrt{h}} r^2 \cdot r\mathrm{d}r$$
$$= 2\pi \cdot \frac{h^2}{4} = \frac{\pi}{2}h^2,$$

于是,所求立体体积

$$V = V_1 - V_2 = \frac{\pi}{2}h^2.$$

由以上计算可知,旋转抛物面 $z=x^2+y^2$ 被任一垂直于 z 轴的平面 $z=h$ 所截出立体的体积,恰好等于以截面为底,高为 h 的正圆柱体体积的一半.

例 10 用二重积分计算由曲线 $y=x^2$ 与 $y=4x-x^2$ 所围成图形的面积.

分析 按二重积分的几何意义,当被积函数 $f(x,y)=1$ 时,

$$\iint\limits_{D}\mathrm{d}\sigma = 区域 D 的面积.$$

若把曲线 $y=x^2$ 与 $y=4x-x^2$ 所围成的图形(图 8-35)看做是二重积分的积分区域 D,便可用二重积分计算面积. 所求面积

$$A = \iint\limits_{D} \mathrm{d}x\mathrm{d}y = \int_0^2 \mathrm{d}x \int_{x^2}^{4x-x^2} \mathrm{d}y$$

$$= \int_0^2 (4x - x^2 - x^2)\mathrm{d}x$$

$$= \left(2x^2 - \frac{2}{3}x^3 \right) \Big|_0^2 = \frac{8}{3}.$$

图 8-35

*2. 物理应用

(1) 平面薄板的质心

设 xy 平面内有 n 个质点,其质量分别为 $m_1, m_2, \cdots, m_n$,它们的坐标分别为 $(x_1, y_1), (x_2, y_2), \cdots, (x_n, y_n)$,则

$$M_x = \sum_{k=1}^n m_k y_k, \quad M_y = \sum_{k=1}^n m_k x_k$$

分别称为质点组对 x 轴、y 轴的静矩.

若把质点组的质量集中在这样一点 $P(\xi, \eta)$,使得质点组对各坐标轴的静矩等于把质点组的质量集中在 P 点后对同一坐标轴的静矩,即

$$M_y = M \cdot \xi, \quad M_x = M \cdot \eta,$$

其中 $M = \sum_{k=1}^n m_k$ 为质点组的总质量,则点 P 称为该质点组的**质心**. 由此,质点组的质心坐标为

$$\xi = \frac{M_y}{M} = \frac{\sum\limits_{k=1}^n m_k x_k}{\sum\limits_{k=1}^n m_k}, \quad \eta = \frac{M_x}{M} = \frac{\sum\limits_{k=1}^n m_k y_k}{\sum\limits_{k=1}^n m_k}.$$

以上结果,由物理学我们已经知道. 现在,我们来考察质量连续分布在平面域上,即讨论所谓物质平面(不考虑其厚度)的质心问题.

设有一块平面薄板,它在 xy 平面上占有闭区域 D,其在点 (x, y) 处的面密度为 $\mu(x, y)$. 我们已经知道,区域 D 上的任一个小区域 $\mathrm{d}\sigma$ 质量的近似值为

$$\mu(x, y)\mathrm{d}\sigma.$$

由此,小区域 $\mathrm{d}\sigma$ 对 x 轴、对 y 轴的静矩的近似值则分别为

$$y \cdot \mu(x, y)\mathrm{d}\sigma, \quad x \cdot \mu(x, y)\mathrm{d}\sigma.$$

于是,整块薄板对 x 轴、对 y 轴的静矩则分别为

$$M_x = \iint\limits_{D} y \cdot \mu(x, y)\mathrm{d}\sigma, \quad M_y = \iint\limits_{D} x \cdot \mu(x, y)\mathrm{d}\sigma.$$

由于薄板的质量 $M = \iint\limits_{D} \mu(x, y)\mathrm{d}\sigma$,所以,薄板质心的横坐标和纵坐标分别为

$$\xi = \frac{M_y}{M} = \frac{\displaystyle\iint_D x\mu(x,y)\mathrm{d}\sigma}{\displaystyle\iint_D \mu(x,y)\mathrm{d}\sigma}, \tag{8.23}$$

$$\eta = \frac{M_x}{M} = \frac{\displaystyle\iint_D y\mu(x,y)\mathrm{d}\sigma}{\displaystyle\iint_D \mu(x,y)\mathrm{d}\sigma}. \tag{8.24}$$

特别地,当 $\mu(x,y)=$ 常数时(薄板质量分布是均匀的),区域 D 的面积为 σ,则上二式简化为

$$\xi = \frac{1}{\sigma}\iint_D x\mathrm{d}\sigma, \tag{8.25}$$

$$\eta = \frac{1}{\sigma}\iint_D y\mathrm{d}\sigma. \tag{8.26}$$

这时,由于 ξ,η 仅与区域 D 的几何形状有关,我们也称点 (ξ,η) 是平面图形 D 的**形心**.

例 11 求质量均匀分布的半圆形平板的形心.

解 设半圆的圆心在原点,半径为 R(图 8-36),则半圆形区域 D 为

$$0\leqslant y\leqslant\sqrt{R^2-x^2},\quad -R\leqslant x\leqslant R.$$

由于域 D 关于 y 轴对称,所以 $\xi=0$,只需计算 η. 因质量均匀分布,

图 8-36

$$\eta = \frac{1}{\sigma}\iint_D y\mathrm{d}\sigma = \frac{1}{\frac{1}{2}\pi R^2}\int_{-R}^{R}\mathrm{d}x\int_0^{\sqrt{R^2-x^2}} y\mathrm{d}y = \frac{1}{\frac{1}{2}\pi R^2}\cdot\frac{2}{3}R^3 = \frac{4R}{3\pi},$$

所以,此半圆的形心为 $\left(0,\dfrac{4R}{3\pi}\right)$.

(2) 平面薄板的转动惯量

质点 A 对于轴 L 的转动惯量 I_L 是质点 A 的质量 m 和 A 与转动轴 L 的距离 r 的平方的乘积,即

$$I_L = mr^2.$$

对于分别具有质量 $m_1,m_2,\cdots,m_n$ 的 n 个质点的质点组,若它们到已知轴 L 的垂直距离依次为 $r_1,r_2,\cdots,r_n$,则该质点组对轴 L 的转动惯量定义为各质点分别对轴 L 的转动惯量之和,即

$$I_L = \sum_{k=1}^{n} m_k r_k^2.$$

现在讨论物质连续分布在平面区域上,即讨论物质平面的转动惯量问题.

设有一块平面薄板,它在 xy 平面上占有闭区域 D,其在点 (x,y) 处的面密度为 $\mu(x,y)$.因为区域 D 上的任一个小区域 $d\sigma$ 质量的近似值为

$$\mu(x,y)d\sigma,$$

所以,小区域 $d\sigma$ 对 x 轴、对 y 轴和对原点 O 的转动惯量的近似值分别为

$$y^2 \cdot \mu(x,y)d\sigma, \quad x^2 \cdot \mu(x,y)d\sigma, \quad (x^2 + y^2)\mu(x,y)d\sigma,$$

于是薄板对 x 轴、y 轴和原点的转动惯量则分别为

$$I_x = \iint\limits_{D} y^2\mu(x,y)d\sigma, \tag{8.27}$$

$$I_y = \iint\limits_{D} x^2\mu(x,y)d\sigma, \tag{8.28}$$

$$I_O = \iint\limits_{D} (x^2 + y^2)\mu(x,y)d\sigma. \tag{8.29}$$

显然,有

$$I_O = I_x + I_y.$$

例 12 设半径为 R 的圆板,其面密度为常数 k,求圆板对其中心轴的转动惯量 I_O 和对其直径的转动惯量 I_D.

解 取圆板的中心为坐标原点,z 轴为中心轴(图 8-37),则圆板上各点到 z 轴的距离为 $r=\sqrt{x^2+y^2}$.于是,圆板对其中心轴的转动惯量

$$I_O = \iint\limits_{D} (x^2 + y^2)kd\sigma,$$

其中 D 是圆域:$x^2+y^2 \leqslant R^2$.

在极坐标下计算

$$I_O = k\int_0^{2\pi}d\theta\int_0^R r^2 \cdot rdr = k \cdot 2\pi \cdot \frac{R^4}{4} = \frac{k\pi R^4}{2}.$$

由于圆板的质量 $M=k\pi R^2$,所以

$$I_O = \frac{MR^2}{2}.$$

根据对称性,可知 $I_D=I_x=I_y$,而 $I_x+I_y=I_O$,所以,圆板对其直径的转动惯量

$$I_D = \frac{I_O}{2} = \frac{MR^2}{4}.$$

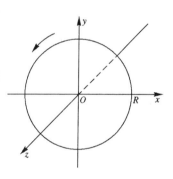

图 8-37

习 题 8.6

1. 将二重积分 $\iint\limits_{D} f(x,y)dxdy$ 按两种积分次序化为二次积分,积分区域 D 如下:

(1) $D=\{(x,y)|y\leqslant x,\ y\geqslant a,\ x\leqslant b,\ 0<a<b\}$;

(2) $D=\{(x,y)|x^2+y^2\leqslant 1,\ x+y\geqslant 1\}$;

(3) D 由直线 $y=x$ 及抛物线 $y^2=4x$ 围成;

(4) D 由直线 $y=x$, $x=2$ 及双曲线 $y=\dfrac{1}{x}\ (x>0)$ 所围成.

2. 交换二次积分的次序:

(1) $\displaystyle\int_0^2 dx\int_x^{2x} f(x,y)dy$; (2) $\displaystyle\int_{-1}^1 dx\int_{-\sqrt{1-x^2}}^{1-x^2} f(x,y)dy$;

(3) $\displaystyle\int_0^{2a} dx\int_{\sqrt{2ax-x^2}}^{\sqrt{2ax}} f(x,y)dy$; (4) $\displaystyle\int_0^1 dx\int_0^{x^2} f(x,y)dy+\int_1^3 dx\int_0^{\frac{1}{2}(3-x)} f(x,y)dy$.

3. 若积分区域 $D=\{(x,y)|a\leqslant x\leqslant b,c\leqslant y\leqslant d\}$,且 $f(x,y)=f_1(x)\cdot f_2(y)$,试证

$$\iint\limits_D f(x,y)dxdy=\int_a^b f_1(x)dx\cdot\int_c^d f_2(y)dy.$$

4. 计算下列二重积分:

(1) $\displaystyle\iint\limits_D (x^2+y^2)d\sigma$,其中 D 是矩形:$|x|\leqslant 1,|y|\leqslant 1$;

(2) $\displaystyle\iint\limits_D xe^{xy}d\sigma$,其中 D:$0\leqslant x\leqslant 1,-1\leqslant y\leqslant 0$;

(3) $\displaystyle\iint\limits_D e^{x+y}d\sigma$,其中 D:$0\leqslant x\leqslant 1,0\leqslant y\leqslant 1$;

(4) $\displaystyle\iint\limits_D (1+x)\sin y\,d\sigma$,其中 D 是顶点分别为 $(0,0),(1,0),(1,2)$ 和 $(0,1)$ 的梯形区域;

(5) $\displaystyle\iint\limits_D x\sqrt{y}\,d\sigma$,其中 D 是由抛物线 $y=\sqrt{x}$ 和 $y=x^2$ 所围成的区域;

(6) $\displaystyle\iint\limits_D xy\,d\sigma$,其中 D 由抛物线 $y^2=2x$ 和直线 $y=4-x$ 所围成;

(7) $\displaystyle\iint\limits_D x\sin\dfrac{y}{x}dxdy$,其中 D 由直线 $y=0,y=x$ 及 $x=1$ 所围成.

5. 把下列二次积分化为极坐标的二次积分:

(1) $\displaystyle\int_0^R dx\int_0^{\sqrt{R^2-x^2}} f(\sqrt{x^2+y^2})dy$; (2) $\displaystyle\int_0^{2R} dy\int_0^{\sqrt{2Ry-y^2}} f(x,y)dx$.

6. 用极坐标计算下列二重积分:

(1) $\displaystyle\iint\limits_D e^{x^2+y^2}d\sigma$,其中 D 由圆 $x^2+y^2=4$ 所围成;

(2) $\displaystyle\iint\limits_D x^2 d\sigma$,其中 D 由圆 $x^2+y^2=1,x^2+y^2=4$ 围成的环形区域;

(3) $\displaystyle\iint\limits_D (1-2x-3y)d\sigma$,其中 D 是圆域 $x^2+y^2\leqslant 25$;

(4) $\displaystyle\iint\limits_D \ln(1+x^2+y^2)d\sigma$,其中 D 是圆 $x^2+y^2=1$ 及坐标轴所围成的在第一象限的区域;

(5) $\displaystyle\iint\limits_D x\,d\sigma$,其中 D 是由直线 $y=x$ 和圆 $x^2+(y-1)^2=1$ 所围成且在直线 $y=x$ 下方的区域.

7. 计算由下列曲面所围成的立体的体积：

(1) $z=1-x^2-y^2$, $y=x$, $y=\sqrt{3}\,x$, $z=0$；

(2) $x^2+y^2=8$, $x=0$, $y=0$, $z=0$, $x+y+z=4$；

(3) $az=y^2$, $x^2+y^2=R^2$, $z=0$ $(a>0,R>0)$.

8. 求由下列曲线所围成的图形的面积：

(1) 由曲线 $x=4y-y^2$, $x+y=6$ 所围；　　(2) 由曲线 $y=2-x$, $y^2=4x+4$ 所围.

*9. 求均匀密度的半椭圆 $\dfrac{x^2}{a^2}+\dfrac{y^2}{b^2}\leqslant 1$, $y\geqslant 0$ 的平面薄板的质心坐标.

*10. 求由曲线 $\sqrt{x}+\sqrt{y}=\sqrt{a}$, $x=0$, $y=0$ 所围均匀薄板的质心坐标.

*11. 平面薄板由直线 $y=x$, $y=2-x$ 及 y 轴围成, 面密度为 $\mu(x,y)=3(2x+y+1)$, 求薄板的质心坐标.

*12. 设均匀薄板(设密度 $\mu=1$)所占区域 D 为
$$D: x^2+y^2\leqslant 1,$$
求薄板对 y 轴及对原点的转动惯量.

*13. 设均匀薄板(设密度 $\mu=1$)所占区域 D 为
$$0\leqslant x\leqslant a, \quad 0\leqslant y\leqslant b,$$
求薄板对 x 轴及对 y 轴的转动惯量.

*14. 求由直线 $\dfrac{x}{b_1}+\dfrac{y}{h}=1$, $\dfrac{x}{b_2}+\dfrac{y}{h}=1$, $y=0$ $(0<b_1<b_2,h>0)$ 所围区域 D(设密度 $\mu=1$)对 x 轴和对 y 轴的转动惯量.

第九章 无穷级数

无穷级数是研究函数的性质、表示函数以及进行数值计算的有力工具. 无穷级数的理论丰富, 应用也很广泛.

本章先讲述数项级数的一些基本概念、性质和判定其敛散性的方法. 然后讨论函数项级数中最重要的幂级数和傅里叶级数: 讲述幂级数的基本性质及将函数展开为幂级数; 介绍傅里叶级数的基本知识.

§9.1 无穷级数概念及其性质

一、无穷级数概念

1. 无穷级数的收敛与发散

先从数列谈起. 已知数列

$$\frac{1}{2}, \frac{1}{4}, \frac{1}{8}, \cdots, \frac{1}{2^n}, \cdots,$$

将其所有项相加

$$\frac{1}{2} + \frac{1}{4} + \frac{1}{8} + \cdots + \frac{1}{2^n} + \cdots. \tag{9.1}$$

这是无穷多个数相加, 称为**无穷级数**, 也称为**数项级数**.

现在的问题是这种加法是否有"和"呢? 这个"和"的确切含义是什么? 为回答这个问题, 我们假设以 $S_1, S_2, \cdots, S_n, \cdots$ 分别表示无穷级数 (9.1) 式的前 1 项和, 前 2 项和, $\cdots$, 前 n 项和, $\cdots$

$$S_1 = \frac{1}{2}, \ S_2 = \frac{1}{2} + \frac{1}{4}, \ \cdots, \ S_n = \frac{1}{2} + \frac{1}{4} + \cdots + \frac{1}{2^n}, \cdots,$$

这样, 就得到一个数列 $\{S_n\}$:

$$S_1, \ S_2, \ \cdots, \ S_n, \ \cdots.$$

按我们对极限概念的理解, 不难想到, 当 n 无限增大时, 若上述数列有极限, 自然, 这个极限值就可以充当无穷级数 (9.1) 式的和的角色.

对于 (9.1) 式, 由等比级数前 n 项和的公式, 有

$$S_n = \frac{\frac{1}{2}\left[1 - \left(\frac{1}{2}\right)^n\right]}{1 - \frac{1}{2}} = 1 - \frac{1}{2^n} \to 1 \quad (n \to \infty),$$

所以,该无穷级数有和,其和为 1,并可记作

$$\frac{1}{2} + \frac{1}{4} + \frac{1}{8} + \cdots + \frac{1}{2^n} + \cdots = 1.$$

一般地,已知数列

$$u_1, u_2, u_3, \cdots, u_n, \cdots,$$

把它的各项依次用加号连接的表示式

$$u_1 + u_2 + u_3 + \cdots + u_n + \cdots \quad \text{或} \quad \sum_{n=1}^{\infty} u_n \tag{9.2}$$

称为**无穷级数**,简称为**级数**. u_1 称为级数的第一项, u_2 称为级数的第二项, $\cdots$, u_n 称为级数的**一般项**.(9.2)式是无穷多个数相加,也称为**数项级数**.

级数(9.2)的前 n 项和

$$S_n = u_1 + u_2 + \cdots + u_n$$

称为级数的**第 n 个部分和**,简称为**部分和**.于是,级数(9.2)是否存在和就转化为由部分和组成的数列 $\{S_n\}$ 的收敛性问题.

定义 9.1 若级数 $\sum\limits_{n=1}^{\infty} u_n$ 的部分和数列 $\{S_n\}$,当 $n \to \infty$ 时有极限 S,即

$$\lim_{n \to \infty} S_n = S,$$

则称该级数**收敛**, S 称为级数的**和**,记作

$$S = \sum_{n=1}^{\infty} u_n = u_1 + u_2 + \cdots + u_n + \cdots.$$

此时,也称级数 $\sum\limits_{n=1}^{\infty} u_n$ **收敛于** S.若数列 $\{S_n\}$ 没有极限,则称该级数**发散**.

当级数(9.2)收敛时,其和 S 与部分和 S_n 的差

$$R_n = S - S_n = u_{n+1} + u_{n+2} + \cdots$$

称为级数的**余项**.显然, R_n 也是无穷级数.

例 1 讨论等比级数或几何级数 $\sum\limits_{n=1}^{\infty} aq^{n-1}$ 的敛散性,其中 $a \neq 0$, q 是级数的公比.

解 (1)当 $|q| \neq 1$ 时,部分和

$$S_n = a + aq + \cdots + aq^{n-1} = \frac{a - aq^n}{1 - q} = \frac{a}{1 - q} - \frac{aq^n}{1 - q}.$$

若 $|q| < 1$,则有 $\lim\limits_{n \to \infty} S_n = \dfrac{a}{1-q}$,故级数收敛,其和为 $\dfrac{a}{1-q}$,即

$$\sum_{n=1}^{\infty} aq^{n-1} = \frac{a}{1 - q}.$$

若 $|q| > 1$,则有 $\lim\limits_{n \to \infty} S_n = \infty$,所以级数发散.

(2)当 $q = 1$ 时,几何级数为

$$a + a + a + \cdots + a + \cdots.$$

由于 $S_n = na \to \infty \ (n \to \infty)$，所以它发散.

(3) 当 $q = -1$ 时，几何级数为

$$a - a + a - a + \cdots.$$

由于

$$S_n = \begin{cases} a, & n \text{ 为奇数}, \\ 0, & n \text{ 为偶数}, \end{cases}$$

显然，当 $n \to \infty$ 时，S_n 不存在极限，所以级数发散.

综上所述，几何级数 $\sum\limits_{n=1}^{\infty} aq^{n-1}$，当 $|q| < 1$ 时收敛，其和为 $\dfrac{a}{1-q}$；当 $|q| \geqslant 1$ 时发散.

例 2　讨论级数 $\sum\limits_{n=1}^{\infty} \dfrac{1}{n(n+1)}$ 的敛散性.

解　由于级数的一般项

$$\frac{1}{n(n+1)} = \frac{1}{n} - \frac{1}{n+1} \quad (n = 1, 2, \cdots),$$

所以级数的前 n 项部分和

$$\begin{aligned}
S_n &= \frac{1}{1 \cdot 2} + \frac{1}{2 \cdot 3} + \cdots + \frac{1}{n(n+1)} \\
&= \left(1 - \frac{1}{2}\right) + \left(\frac{1}{2} - \frac{1}{3}\right) + \cdots + \left(\frac{1}{n} - \frac{1}{n+1}\right) \\
&= 1 - \frac{1}{n+1}.
\end{aligned}$$

而

$$\lim_{n \to \infty} S_n = \lim_{n \to \infty}\left(1 - \frac{1}{n+1}\right) = 1,$$

故级数收敛，其和为 1，即

$$\sum_{n=1}^{\infty} \frac{1}{n(n+1)} = 1.$$

例 3　判定级数 $\sum\limits_{n=1}^{\infty} \ln \dfrac{n+1}{n}$ 的敛散性.

解　由对数性质，级数的一般项

$$\ln \frac{n+1}{n} = \ln(n+1) - \ln n \quad (n = 1, 2, \cdots).$$

又级数的前 n 项部分和

$$\begin{aligned}
S_n &= \ln \frac{2}{1} + \ln \frac{3}{2} + \cdots + \ln \frac{n+1}{n} \\
&= (\ln 2 - \ln 1) + (\ln 3 - \ln 2) + \cdots + [\ln(n+1) - \ln n] \\
&= \ln(n+1).
\end{aligned}$$

因 $S_n = \ln(n+1) \to +\infty \ (n \to \infty)$，所以级数发散.

2. 级数收敛的必要条件

定理 9.1 若级数 $\sum\limits_{n=1}^{\infty} u_n$ 收敛,则 $\lim\limits_{n\to\infty} u_n = 0$.

证 由于 $u_n = S_n - S_{n-1}$,又级数 $\sum\limits_{n=1}^{\infty} u_n$ 收敛,所以

$$\lim_{n\to\infty} u_n = \lim_{n\to\infty}(S_n - S_{n-1}) = \lim_{n\to\infty} S_n - \lim_{n\to\infty} S_{n-1} = S - S = 0. \quad \square$$

请注意,$\lim\limits_{n\to\infty} u_n = 0$ 仅是级数 $\sum\limits_{n=1}^{\infty} u_n$ 收敛的**必要条件**,由该条件不能判定级数收敛.如例 3,虽有 $\lim\limits_{n\to\infty} u_n = \lim\limits_{n\to\infty} \ln \dfrac{n+1}{n} = 0$,但级数却发散.

又如,对级数

$$\sum_{n=1}^{\infty} \frac{1}{n} = 1 + \frac{1}{2} + \frac{1}{3} + \cdots + \frac{1}{n} + \cdots,$$

有

$$\lim_{n\to\infty} u_n = \lim_{n\to\infty} \frac{1}{n} = 0,$$

但可以证明该级数发散.级数 $\sum\limits_{n=1}^{\infty} \dfrac{1}{n}$ 称为**调和级数**.

由定理 9.1 知,若 $\lim\limits_{n\to\infty} u_n \neq 0$,可判定级数 $\sum\limits_{n=1}^{\infty} u_n$ 一定发散.

例 4 判定级数 $\sum\limits_{n=1}^{\infty} \dfrac{2n}{3n-1}$ 发散.

解 级数的一般项 $u_n = \dfrac{2n}{3n-1}$,因

$$\lim_{n\to\infty} u_n = \lim_{n\to\infty} \frac{2n}{3n-1} = \frac{2}{3},$$

所以,由级数收敛的必要条件知,该级数发散.

二、无穷级数的基本性质

性质 1 若级数 $\sum\limits_{n=1}^{\infty} u_n$ 与 $\sum\limits_{n=1}^{\infty} v_n$ 分别**收敛于 S 与 σ**,则级数 $\sum\limits_{n=1}^{\infty}(u_n \pm v_n)$ **收敛**,且其和为 $S \pm \sigma$.

证 级数 $\sum\limits_{n=1}^{\infty}(u_n \pm v_n)$ 的前 n 项和

$$S_n = \sum_{k=1}^{n}(u_k \pm v_k) = \sum_{k=1}^{n} u_k \pm \sum_{k=1}^{n} v_k,$$

则

$$\lim_{n\to\infty} S_n = \lim_{n\to\infty} \sum_{k=1}^{n} u_k \pm \lim_{n\to\infty} \sum_{k=1}^{n} v_k = S \pm \sigma.$$

这就是我们要证明的结果.

性质 2 设 a 为非零常数, 则级数 $\sum\limits_{n=1}^{\infty} au_n$ 与 $\sum\limits_{n=1}^{\infty} u_n$ **同时收敛或同时发散**. 当同时收敛时,

若 $\sum\limits_{n=1}^{\infty} u_n = \sigma$, 则

$$\sum_{n=1}^{\infty} au_n = a \sum_{n=1}^{\infty} u_n = a\sigma.$$

性质 3 增加、去掉或改变级数的有限项**不改变**级数的敛散性.

性质 4 收敛级数任意加括号后所成级数仍然**收敛**, 且收敛于原级数的**和**.

由性质 4 推出, 若加括号后所成级数发散, 则原级数必发散.

需要注意的是, 若加括号后所成级数收敛, 则原级数可能收敛, 也可能发散. 例如, 对级数

$$1 - 1 + 1 - 1 + \cdots,$$

加括号得级数

$$(1 - 1) + (1 - 1) + \cdots + (1 - 1) + \cdots = 0 + 0 + \cdots + 0 + \cdots = 0$$

收敛, 但原级数

$$1 - 1 + 1 - 1 + \cdots$$

却是发散的.

例 5 判定级数 $\sum\limits_{n=1}^{\infty} \left(\dfrac{1}{2^n} + \dfrac{2}{3^n} \right)$ 的敛散性.

解 由例 1 知, 几何级数 $\sum\limits_{n=1}^{\infty} \dfrac{1}{2^n}$, $\sum\limits_{n=1}^{\infty} \dfrac{1}{3^n}$ 均收敛.

又由性质 2 知, 级数 $\sum\limits_{n=1}^{\infty} \dfrac{2}{3^n}$ 收敛. 再由性质 1 知, 级数 $\sum\limits_{n=1}^{\infty} \left(\dfrac{1}{2^n} + \dfrac{2}{3^n} \right)$ 收敛.

例 6 判定级数 $\dfrac{1}{10} + \dfrac{1}{20} + \dfrac{1}{30} + \cdots$ 的敛散性.

解 由调和级数 $\dfrac{1}{1} + \dfrac{1}{2} + \dfrac{1}{3} + \cdots$ 发散, 又取 $a = \dfrac{1}{10}$, 根据性质 2, 所给级数发散.

习 题 9.1

1. 写出下列级数的一般项 u_n:

(1) $1 + \dfrac{1}{2} + \dfrac{1}{4} + \dfrac{1}{8} + \cdots$;

(2) $\dfrac{\sin 1}{2} + \dfrac{\sin 2}{2^2} + \dfrac{\sin 3}{2^3} + \dfrac{\sin 4}{2^4} + \cdots$.

2. 写出级数的展开形式的前 4 项:

(1) $\sum\limits_{n=1}^{\infty} \dfrac{2^{n-1}}{2^n}$;

(2) $\sum\limits_{n=1}^{\infty} \dfrac{n!}{n^2}$.

3. 设级数 $\sum\limits_{n=1}^{\infty} u_n$ 和 $\sum\limits_{n=1}^{\infty} v_n$ 都收敛, 试说明下列级数是否收敛 (其中 k 是常数且 $k \neq 0$):

(1) $\sum\limits_{n=1}^{\infty} ku_n$;

(2) $\sum\limits_{n=2}^{\infty} (u_n - k)$;

(3) $\sum\limits_{n=2}^{\infty} (u_n + v_n)$;

(4) $k + \sum\limits_{n=1}^{\infty} u_n$.

4. 已知级数 $\sum\limits_{n=1}^{\infty}(-1)^{n-1}\left(\dfrac{4}{5}\right)^{n}$, 试写出 u_1, u_2, u_n; S_1, S_2, S_n.

5. 已知级数的部分和 $S_n=\dfrac{n+1}{n}$, 试写出这个级数.

6. 判定下列级数的敛散性, 若收敛, 求其和:

(1) $\dfrac{1}{1\cdot6}+\dfrac{1}{6\cdot11}+\dfrac{1}{11\cdot16}+\cdots+\dfrac{1}{(5n-4)(5n+1)}+\cdots$; 　　(2) $\sum\limits_{n=1}^{\infty}\dfrac{1}{\sqrt[n]{3}}$.

7. 判定下列级数的敛散性:

(1) $\left(\dfrac{1}{2}+\dfrac{8}{9}\right)+\left(\dfrac{1}{4}+\dfrac{8^{2}}{9^{2}}\right)+\left(\dfrac{1}{8}+\dfrac{8^{3}}{9^{3}}\right)+\cdots$; 　　(2) $3\ln\dfrac{2}{1}+3\ln\dfrac{3}{2}+3\ln\dfrac{4}{3}+\cdots$;

(3) $\dfrac{1}{2}-\dfrac{2}{3}+\dfrac{3}{4}-\dfrac{2^{2}}{3^{2}}+\dfrac{5}{6}-\dfrac{2^{3}}{3^{3}}+\cdots$; 　　(4) $\dfrac{1}{10}+\dfrac{1}{11}+\dfrac{1}{12}+\cdots$.

8. 单项选择题:

(1) 级数 $\sum\limits_{n=1}^{\infty}(\sqrt[2n+1]{a}-\sqrt[2n-1]{a})$(　　).

(A) 发散; 　　(B) 收敛且和为 0; 　　(C) 收敛且为 1; 　　(D) 收敛且和为 $1-a$.

(2) 级数 $\ln x+(\ln x)^{2}+\cdots+(\ln x)^{n}+\cdots$, 则(　　).

(A) x 取任何值时发散; 　　(B) x 取任何值时收敛; 　　(C) $x\in(e^{-1},e)$ 时收敛; 　　(D) $x\in(0,e)$ 时收敛.

(3) 设级数 $\sum\limits_{n=1}^{\infty}(u_{2n-1}+u_{2n})$ 收敛, 则级数 $\sum\limits_{n=1}^{\infty}u_{n}$(　　).

(A) 必收敛; 　　(B) 未必收敛; 　　(C) $u_n\rightarrow0\ (n\rightarrow\infty)$; 　　(D) 发散.

(4) $\lim\limits_{n\rightarrow\infty}u_{n}=0$ 是级数 $\sum\limits_{n=1}^{\infty}u_{n}$ 收敛的(　　).

(A) 充分条件, 但不是必要条件; 　　　　(B) 必要条件, 但不是充分条件;

(C) 充分必要条件; 　　　　(D) 既不是充分条件, 也不是必要条件.

§9.2　正 项 级 数

每一项都是**非负**的级数称为**正项级数**. 即级数
$$u_1+u_2+\cdots+u_n+\cdots$$
满足条件 $u_n\geqslant0\ (n=1,2,\cdots)$, 则称为正项级数.

这是一类重要的级数, 因为正项级数在实际应用中经常会遇到, 并且一般级数的敛散性判别问题, 往往可以归结为正项级数的敛散性判别问题.

一、收敛的基本定理

设正项级数 $\sum\limits_{n=1}^{\infty}u_{n}(u_n\geqslant0)$ 的部分和数列为 $\{S_n\}$, 显然它是单调增加的, 即
$$S_1\leqslant S_2\leqslant\cdots\leqslant S_n\leqslant\cdots.$$
由定理 1.1, 单调有界数列必有极限可知, 若 $\{S_n\}$ 有上界, 则它收敛; 若 $\{S_n\}$ 没有上界, 则它发散. 根据这一事实, 我们有正项级数收敛的基本定理.

定理 9.2(收敛的基本定理)   正项级数 $\sum\limits_{n=1}^{\infty} u_n (u_n \geqslant 0)$ 收敛的充分必要条件是其部分和数列 $\{S_n\}$ 有上界.

二、正项级数的收敛判别法

1. 比较判别法

由定理 9.2 立即可得到一个基本判别法.

定理 9.3(比较判别法)   设 $\sum\limits_{n=1}^{\infty} u_n$ 和 $\sum\limits_{n=1}^{\infty} v_n$ 都是正项级数,且

$$u_n \leqslant v_n \quad (n = 1, 2, 3, \cdots).$$

(1) 若级数 $\sum\limits_{n=1}^{\infty} v_n$ **收敛**,则级数 $\sum\limits_{n=1}^{\infty} u_n$ **收敛**;

(2) 若级数 $\sum\limits_{n=1}^{\infty} u_n$ **发散**,则级数 $\sum\limits_{n=1}^{\infty} v_n$ **发散**.

证   分别以 S_n 和 σ_n 记级数 $\sum\limits_{n=1}^{\infty} u_n$ 与 $\sum\limits_{n=1}^{\infty} v_n$ 的部分和,即

$$S_n = u_1 + u_2 + \cdots + u_n, \quad \sigma_n = v_1 + v_2 + \cdots + v_n.$$

因为 $u_n \leqslant v_n$,必有

$$S_n \leqslant \sigma_n \quad (n = 1, 2, 3, \cdots).$$

若 $\sum\limits_{n=1}^{\infty} v_n$ 收敛,数列 $\{\sigma_n\}$ 有上界,故数列 $\{S_n\}$ 也必有上界,从而级数 $\sum\limits_{n=1}^{\infty} u_n$ 收敛.

若 $\sum\limits_{n=1}^{\infty} u_n$ 发散,数列 $\{S_n\}$ 无上界,于是数列 $\{\sigma_n\}$ 也无上界,故级数 $\sum\limits_{n=1}^{\infty} v_n$ 发散.   □

应用比较判别法判别已给级数收敛时,需要找一个一般项不小于已给级数的收敛级数来进行比较;判别已给级数发散时,则需要找一个一般项不大于已给级数的发散级数进行比较.常用来进行比较的级数有几何级数、调和级数,还有下述的 p 级数:

$$\sum_{n=1}^{\infty} \frac{1}{n^p} = 1 + \frac{1}{2^p} + \frac{1}{3^p} + \cdots + \frac{1}{n^p} + \cdots \quad (p \text{ 为正常数}),$$

这个级数当 $p \leqslant 1$ 时发散($p = 1$ 时是调和级数),当 $p > 1$ 时收敛.

例 1   讨论级数 $\sum\limits_{n=1}^{\infty} \dfrac{1}{n\sqrt{n+1}}$ 的收敛性.

解   因为 p 级数 $\sum\limits_{n=1}^{\infty} \dfrac{1}{n^{\frac{3}{2}}}$ 收敛 $\left(p = \dfrac{3}{2} \right)$,而

$$\frac{1}{n\sqrt{n+1}} \leqslant \frac{1}{n^{\frac{3}{2}}} \quad (n = 1, 2, \cdots),$$

由比较判别法,级数 $\sum\limits_{n=1}^{\infty} \dfrac{1}{n\sqrt{n+1}}$ 收敛.

例2 判别级数 $\displaystyle\sum_{n=1}^{\infty}\frac{1}{n^n}$ 的敛散性.

解 由于公比为 $\frac{1}{2}$ 的几何级数 $\displaystyle\sum_{n=1}^{\infty}\frac{1}{2^{n-1}}$ 收敛,且

$$\frac{1}{n^n}\leqslant\frac{1}{2^{n-1}}\quad(n=1,2,\cdots).$$

由比较判别法,级数 $\displaystyle\sum_{n=1}^{\infty}\frac{1}{n^n}$ 收敛.

例3 判别级数 $\displaystyle\sum_{n=1}^{\infty}\frac{\ln n}{\sqrt{n}}$ 的敛散性.

解 注意到当 $n\geqslant3$ 时,$\ln n>1$,而

$$\frac{\ln n}{\sqrt{n}}\geqslant\frac{1}{\sqrt{n}},\quad n=3,4,5,\cdots.$$

又 $\displaystyle\sum_{n=1}^{\infty}\frac{1}{\sqrt{n}}$ 是发散的 $p\left(p=\frac{1}{2}\right)$ 级数. 由比较判别法,级数 $\displaystyle\sum_{n=1}^{\infty}\frac{\ln n}{\sqrt{n}}$ 也是发散的.

在实际使用上,比较判别法的下述极限形式往往更为方便.

推论 设 $\displaystyle\sum_{n=1}^{\infty}u_n$ 与 $\displaystyle\sum_{n=1}^{\infty}v_n$ 都是正项级数,且

$$\lim_{n\to\infty}\frac{u_n}{v_n}=l.$$

(1) 若 $0<l<+\infty$,则级数 $\displaystyle\sum_{n=1}^{\infty}u_n$ 与 $\displaystyle\sum_{n=1}^{\infty}v_n$ **同时收敛**或**同时发散**;

(2) 若 $l=0$ 且级数 $\displaystyle\sum_{n=1}^{\infty}v_n$ **收敛**,则级数 $\displaystyle\sum_{n=1}^{\infty}u_n$ **收敛**;

(3) 若 $l=+\infty$ 且级数 $\displaystyle\sum_{n=1}^{\infty}v_n$ **发散**,则级数 $\displaystyle\sum_{n=1}^{\infty}u_n$ **发散**.

例4 判别级数 $\displaystyle\sum_{n=1}^{\infty}\frac{1}{\sqrt{1+n^2}}$ 的敛散性.

解 因调和级数 $\displaystyle\sum_{n=1}^{\infty}\frac{1}{n}$ 发散,且

$$\lim_{n\to\infty}\frac{\dfrac{1}{\sqrt{1+n^2}}}{\dfrac{1}{n}}=1.$$

由极限形式的比较判别法知,所给级数发散.

例5 判别级数 $\displaystyle\sum_{n=1}^{\infty}\tan\frac{1}{n^2}$ 的敛散性.

解 级数的通项 $u_n=\tan\dfrac{1}{n^2}>0$,这是正项级数. 注意到,当 $n\to\infty$ 时,$\tan\dfrac{1}{n^2}$ 与 $\dfrac{1}{n^2}$ 是等

价无穷小,即

$$\lim_{n\to\infty} \frac{\tan\frac{1}{n^2}}{\frac{1}{n^2}} = 1.$$

而级数 $\sum\limits_{n=1}^{\infty} \frac{1}{n^2}$ 是收敛的 $p(p=2)$ 级数,由极限形式的比较判别法知,级数 $\sum\limits_{n=1}^{\infty} \tan\frac{1}{n^2}$ 收敛.

用比较判别法需要找出一个敛散性已知的级数和待判断的级数进行比较,这一点往往比较困难.下面介绍一个使用比较方便的判别法——比值判别法.

2. 比值判别法

定理 9.4(达朗贝尔比值判别法)   设 $\sum\limits_{n=1}^{\infty} u_n$ 为正项级数,且

$$\lim_{n\to\infty} \frac{u_{n+1}}{u_n} = \rho.$$

(1) 当 $\rho<1$ 时,级数收敛;

(2) 当 $\rho>1$ 时,级数发散;

(3) 当 $\rho=1$ 时,级数可能收敛也可能发散.

例 6   判别级数 $\sum\limits_{n=1}^{\infty} \frac{2n-1}{2^n}$ 的敛散性.

解   因级数的一般项 $u_n=\frac{2n-1}{2^n}$,且

$$\lim_{n\to\infty} \frac{u_{n+1}}{u_n} = \lim_{n\to\infty} \frac{2(n+1)-1}{2^{n+1}} \cdot \frac{2^n}{2n-1} = \frac{1}{2} < 1.$$

由比值判别法,级数收敛.

例 7   讨论级数 $\sum\limits_{n=1}^{\infty} nx^{n-1}(x>0)$ 的敛散性.

解   由 $x>0$ 知,这是正项级数.因

$$\lim_{n\to\infty} \frac{u_{n+1}}{u_n} = \lim_{n\to\infty} \frac{(n+1)x^n}{nx^{n-1}} = x,$$

由比值判别法,当 $0<x<1$ 时,级数收敛;当 $x>1$ 时,级数发散;当 $x=1$ 时,所讨论的级数是 $\sum\limits_{n=1}^{\infty} n$,它显然也是发散的.

例 8   判别级数 $\sum\limits_{n=1}^{\infty} 2^n \sin\frac{\pi}{3^n}$ 的敛散性.

解   因 $\sin\frac{\pi}{3^n}>0$ $(n=1,2,\cdots)$,这是正项级数.由于

$$\lim_{n\to\infty} \frac{u_{n+1}}{u_n} = \lim_{n\to\infty} \frac{2^{n+1}\sin\frac{\pi}{3^{n+1}}}{2^n\sin\frac{\pi}{3^n}} = \lim_{n\to\infty} \frac{2}{3} \cdot \frac{\sin\frac{\pi}{3^{n+1}}}{\frac{\pi}{3^{n+1}}} \cdot \frac{\frac{\pi}{3^n}}{\sin\frac{\pi}{3^n}} = \frac{2}{3} < 1.$$

由比值判别法知,所给级数收敛.

习　题　9.2

1. 正项级数 $\sum\limits_{n=1}^{\infty} u_n$ 收敛的充分必要条件是(　　).

(A) $\lim\limits_{n\to\infty} u_n = 0$;　　　　　　(B) 若 $\sum\limits_{n=1}^{\infty} v_n$ 是正项级数,且 $\lim\limits_{n\to\infty} \dfrac{u_n}{v_n} = l\,(0 < l < +\infty)$;

(C) $\lim\limits_{n\to\infty} \dfrac{u_{n+1}}{u_n} = \rho < 1$;　　　　(D) 级数的部分和数列 $\{S_n\}$ 有上界.

2. 用比较判别法判别下列级数的敛散性:

(1) $\sum\limits_{n=1}^{\infty} \dfrac{1}{2n-1}$;　　　　(2) $\sum\limits_{n=1}^{\infty} \dfrac{1}{n^2+1}$;　　　　(3) $\sum\limits_{n=1}^{\infty} \dfrac{1}{n\sqrt[n]{n}}$;

(4) $\sum\limits_{n=1}^{\infty} \dfrac{1}{\sqrt{1+n^3}}$;　　(5) $\sum\limits_{n=1}^{\infty} \left(1-\cos\dfrac{1}{n}\right)$;　　(6) $\sum\limits_{n=1}^{\infty} \dfrac{\pi}{n}\tan\dfrac{\pi}{n}$.

3. 用比值判别法判别下列级数的敛散性:

(1) $\sum\limits_{n=1}^{\infty} \dfrac{1}{n!}$;　　　　(2) $\sum\limits_{n=1}^{\infty} \dfrac{2^n}{n\cdot 1000}$;　　(3) $\sum\limits_{n=1}^{\infty} \dfrac{n^2}{3^n}$;

(4) $\sum\limits_{n=1}^{\infty} \dfrac{2^n n!}{n^n}$;　　(5) $\sum\limits_{n=1}^{\infty} \dfrac{2\cdot 5\cdot 8\cdots[2+3(n-1)]}{1\cdot 5\cdot 9\cdots[1+4(n-1)]}$;　　(6) $\sum\limits_{n=1}^{\infty} n^2\sin\dfrac{\pi}{2^n}$.

4. 判别下列级数的敛散性:

(1) $\sum\limits_{n=1}^{\infty} \dfrac{3n}{2^n}$;　　　　(2) $\sum\limits_{n=1}^{\infty} \dfrac{\sqrt{n}}{2n^2+n+2}$.

§9.3　任意项级数

若在级数 $\sum\limits_{n=1}^{\infty} u_n$ 中,有无穷多个正项和无穷多个负项,则称为**任意项级数**. 这类级数中,最重要的一种特殊情形是交错级数.

一、交错级数

若级数的各项符号正负相间,即若 $u_n > 0\,(n=1,2,\cdots)$,则

$$\sum_{n=1}^{\infty} (-1)^{n-1} u_n = u_1 - u_2 + u_3 - u_4 + \cdots + (-1)^{n-1} u_n + \cdots$$

称为**交错级数**.

交错级数有下述判定其收敛的定理.

定理 9.5(莱布尼茨定理)　若交错级数 $\sum\limits_{n=1}^{\infty} (-1)^{n-1} u_n\,(u_n>0)$ 满足:

(1) $u_n \geq u_{n+1}(n=1,2,3,\cdots)$;　　　(2) $\lim\limits_{n\to\infty} u_n = 0$,

则该级数**收敛**,且其和 $S \leq u_1$.

容易验证,下列各交错级数都满足定理 9.5 的条件,因而都是收敛的:

$$\sum_{n=1}^{\infty} (-1)^{n-1} \frac{1}{n}, \quad \sum_{n=1}^{\infty} \frac{(-1)^n}{\sqrt{n(n+1)}}.$$

二、绝对收敛与条件收敛

下面讨论任意项级数的敛散性.

由任意项级数(u_n 为任意实数,$n=1,2,\cdots$)

$$u_1 + u_2 + u_3 + \cdots + u_n + \cdots, \tag{9.3}$$

各项取绝对值后构成的正项级数

$$|u_1| + |u_2| + |u_3| + \cdots + |u_n| + \cdots \tag{9.4}$$

称为对应于级数(9.3)的**绝对值级数**.

有时,可通过判别级数(9.4)的敛散性而推得级数(9.3)的敛散性. 我们可以证明下述定理.

定理 9.6 若任意项级数 $\sum_{n=1}^{\infty} u_n$ 的绝对值级数 $\sum_{n=1}^{\infty} |u_n|$ 收敛,则该级数收敛.

若级数 $\sum_{n=1}^{\infty} |u_n|$ 收敛,则称级数 $\sum_{n=1}^{\infty} u_n$ 为**绝对收敛**;若级数 $\sum_{n=1}^{\infty} |u_n|$ 发散,而级数 $\sum_{n=1}^{\infty} u_n$ 收敛,则称级数 $\sum_{n=1}^{\infty} u_n$ 为**条件收敛**.

例如,级数 $\sum_{n=1}^{\infty} \frac{(-1)^n}{\sqrt{n(n+1)}}$ 为条件收敛. 我们已经知道该级数收敛;但 $\sum_{n=1}^{\infty} \left| \frac{(-1)^n}{\sqrt{n(n+1)}} \right|$ 发散.这是因为

$$\lim_{n \to \infty} \frac{\dfrac{1}{\sqrt{n(n+1)}}}{\dfrac{1}{n}} = \lim_{n \to \infty} \frac{n}{\sqrt{n(n+1)}} = 1,$$

且 $\sum_{n=1}^{\infty} \frac{1}{n}$ 发散.

级数 $\sum_{n=1}^{\infty} \frac{\sin n}{n^2}$ 绝对收敛.这是因为

$$|u_n| = \left| \frac{\sin n}{n^2} \right| \leqslant \frac{1}{n^2} \quad (|\sin n| \leqslant 1),$$

且 $\sum_{n=1}^{\infty} \frac{1}{n^2}$ 收敛,从而 $\sum_{n=1}^{\infty} \left| \frac{\sin n}{n^2} \right|$ 收敛.

例 1 判别级数 $\sum_{n=1}^{\infty} \frac{(-1)^{n-1} n!}{n^n}$ 的敛散性.

解 由正项级数的比值判别法. 由于

$$\lim_{n\to\infty}\left|\frac{u_{n+1}}{u_n}\right|=\lim_{n\to\infty}\frac{(n+1)!}{(n+1)^{n+1}}\cdot\frac{n^n}{n!}=\lim_{n\to\infty}\left(\frac{n}{n+1}\right)^n=\frac{1}{e}<1,$$

所以,该级数绝对收敛.

例 2　讨论级数 $\sum\limits_{n=1}^{\infty}\frac{x^n}{n}$ 的敛散性.

解　因 x 可取任意实数,这是任意项级数.用正项级数的比值判别法.由于

$$\lim_{n\to\infty}\left|\frac{u_{n+1}}{u_n}\right|=\lim_{n\to\infty}\left|\frac{x^{n+1}}{n+1}\cdot\frac{n}{x^n}\right|=|x|,$$

所以

当 $|x|<1$ 时,级数绝对收敛;当 $|x|>1$ 时,因 $\lim\limits_{n\to\infty}u_n\neq0$,级数发散;

当 $x=1$ 时,原级数为调和级数,发散;

当 $x=-1$ 时,级数 $\sum\limits_{n=1}^{\infty}(-1)^n\frac{1}{n}$ 为条件收敛.这是因为该级数本身收敛,而

$\sum\limits_{n=1}^{\infty}\left|(-1)^n\frac{1}{n}\right|=\sum\limits_{n=1}^{\infty}\frac{1}{n}$ 发散.

说明　由于任意项级数各项取绝对值后所构成的级数为正项级数.根据定理9.6,可用正项级数的判别法判别任意项级数的敛散性.

(1) 比较判别法只适用于判别任意项级数绝对收敛.

若级数(9.4)收敛,则级数(9.3)收敛,且为绝对收敛;若级数(9.4)发散,则不能断定级数(9.3)的敛散性.

(2) 比值判别法对判别任意项级数收敛与发散均适用.

对级数(9.3),若 $\lim\limits_{n\to\infty}\left|\frac{u_{n+1}}{u_n}\right|=\rho$.当 $\rho<1$ 时,它绝对收敛;当 $\rho>1$ 时,必有 $\frac{|u_{n+1}|}{|u_n|}>1$,所以 $\lim\limits_{n\to\infty}|u_n|\neq0$,从而 $\lim\limits_{n\to\infty}u_n\neq0$.由级数收敛的必要条件知,级数(9.3)发散.

习 题 9.3

1. 判别下列级数的敛散性:

(1) $\sum\limits_{n=1}^{\infty}\frac{(-1)^n}{2n}$;　　(2) $\sum\limits_{n=1}^{\infty}\frac{(-1)^n}{(2n)^2}$;　　(3) $\sum\limits_{n=1}^{\infty}\frac{(-1)^{n-1}}{n\cdot2^n}$;　　(4) $\sum\limits_{n=1}^{\infty}\frac{(-1)^{n-1}n}{2n-1}$.

2. 下列级数哪些是绝对收敛、条件收敛或发散的?

(1) $\sum\limits_{n=1}^{\infty}\frac{(-1)^{n-1}}{2n-1}$;　　(2) $\sum\limits_{n=1}^{\infty}\frac{(-1)^{n-1}}{(2n-1)^2}$;　　(3) $\sum\limits_{n=1}^{\infty}(-1)^{n-1}\frac{n}{n+1}$;

(4) $\sum\limits_{n=1}^{\infty}\frac{\sin na}{(n+1)^2}$;　　(5) $\sum\limits_{n=1}^{\infty}(-1)^n\sin\frac{2}{n}$;　　(6) $\sum\limits_{n=1}^{\infty}\left(\frac{(-1)^n}{\sqrt{n}}+\frac{1}{n}\right)$.

3. 单项选择题:

(1) 若级数 $\sum\limits_{n=1}^{\infty}\frac{a}{q^n}$($a$ 为常数)收敛,则(　　).

(A) $q<1$;　　(B) $|q|<1$;　　(C) $q>-1$;　　(D) $|q|>1$.

(2) 设级数 $\sum_{n=1}^{\infty} u_n$ 和 $\sum_{n=1}^{\infty} v_n$ 都条件收敛,则级数 $\sum_{n=1}^{\infty} (u_n + v_n)$ ( ).

(A) 一定条件收敛; (B) 一定绝对收敛;

(C) 可能条件收敛,也可能绝对收敛; (D) 发散.

§9.4 幂 级 数

一、函数项级数概念

前面我们讨论了以"**数**"为项的级数,这是数项级数.现在来讨论每一项都是"**函数**"的级数,这就是函数项级数.

设函数序列 $\{u_n(x)\}$:

$$u_1(x), \ u_2(x), \ \cdots, \ u_n(x), \ \cdots$$

定义在同一数集 X 上,则和式

$$u_1(x) + u_2(x) + \cdots + u_n(x) + \cdots \tag{9.5}$$

称为定义在数集 X 上的**函数项级数**.在函数项级数(9.5)中,x 每取定一个值 $x_0 \in X$,则它就成为一个数项级数

$$u_1(x_0) + u_2(x_0) + \cdots + u_n(x_0) + \cdots. \tag{9.6}$$

这样,函数项级数就可理解为一族数项级数.由此,函数项级数也有收敛与发散问题,而且可用数项级数的知识来讨论它的敛散性问题.

级数(9.5)的前 n 项和称为它的**第 n 个部分和函数**,即

$$S_n(x) = u_1(x) + u_2(x) + \cdots + u_n(x).$$

若 $x_0 \in X$,数项级数(9.6)收敛,即部分和 $S_n(x_0) = \sum_{k=1}^{n} u_k(x_0)$,当 $n \to \infty$ 时极限存在,则称**函数项级数**(9.5)**在点 x_0 收敛**,x_0 称为函数项级数(9.5)的**收敛点**;若数项级数(9.6)发散,则称**函数项级数**(9.5)**在点 x_0 发散**,x_0 称为该函数项级数的**发散点**.若函数项级数(9.5)所有收敛点的集合 $D \subset X$,则称 D 为该函数项级数的**收敛域**,级数(9.5)在 D 上每一点 x 与其所对应的数项级数(9.6)的和 $S(x)$ 构成一个定义在 D 上的函数,称为函数项级数(9.5)的**和函数**,并记作

$$u_1(x) + u_2(x) + \cdots + u_n(x) + \cdots = S(x), \quad x \in D,$$

也就是

$$\lim_{n \to \infty} S_n(x) = S(x), \quad x \in D.$$

若记

$$R_n(x) = S(x) - S_n(x),$$

则称 $R_n(x)$ 为函数项级数(9.5)的**余项**.显然,对该级数收敛域 D 内的每一点 x,都有

$$\lim_{n \to \infty} R_n(x) = 0.$$

由此,函数项级数的收敛性问题完全归结为讨论它的部分和函数列 $\{S_n(x)\}$ 的收敛性问题.

例如,我们可以讨论定义在 $(-\infty, +\infty)$ 上的函数项级数

$$1 + x + x^2 + \cdots + x^{n-1} + \cdots$$

的收敛域及和函数 $S(x)$.

当 $x \neq \pm 1$ 时,它的部分和函数 $S_n(x) = \dfrac{1-x^n}{1-x}$.

当 $|x| < 1$ 时,

$$S(x) = \lim_{n\to\infty} S_n(x) = \frac{1}{1-x};$$

当 $|x| > 1$ 时,该级数发散.

又,当 $x = \pm 1$ 时,该级数也发散.

综上所述,该级数的收敛域为 $(-1,1)$,其和函数为 $\dfrac{1}{1-x}$.

我们重点讲述函数项级数中最重要的**幂级数**和**傅里叶级数**.

二、幂级数

1. 幂级数的收敛域

形如

$$\sum_{n=0}^{\infty} a_n(x - x_0)^n = a_0 + a_1(x - x_0) + \cdots + a_n(x - x_0)^n + \cdots \tag{9.7}$$

的函数项级数称为**幂级数**,其中常数 $a_0, a_1, \cdots, a_n, \cdots$ 称为幂级数的**系数**. 我们着重讨论 $x_0 = 0$,即

$$\sum_{n=0}^{\infty} a_n x^n = a_0 + a_1 x + \cdots + a_n x^n + \cdots \tag{9.8}$$

的情形. 因为只要把幂级数 (9.8) 中的 x 换成 $x - x_0$ 就可得到幂级数 (9.7).

首先,用正项级数比值判别法讨论幂级数 (9.8) 的敛散性问题. 若设 $\lim\limits_{n\to\infty} \left| \dfrac{a_{n+1}}{a_n} \right| = \rho$,则

$$\lim_{n\to\infty} \left| \frac{u_{n+1}}{u_n} \right| = \lim_{n\to\infty} \left| \frac{a_{n+1} x^{n+1}}{a_n x^n} \right| = \lim_{n\to\infty} \left| \frac{a_{n+1}}{a_n} \right| \cdot |x| = \rho |x|,$$

于是,当 $\rho |x| < 1$,即 $|x| < \dfrac{1}{\rho}$ 时,幂级数 (9.8) 绝对收敛;当 $\rho |x| > 1$,即 $|x| > \dfrac{1}{\rho}$ 时,幂级数 (9.8) 发散. 至于当 $\rho |x| = 1$,即 $x = \dfrac{1}{\rho}$ 或 $x = -\dfrac{1}{\rho}$ 时,这可由所得数项级数来判别其敛散性.

若记 $R = \dfrac{1}{\rho}$,通常称 R 为幂级数 $\sum\limits_{n=0}^{\infty} a_n x^n$ 的**收敛半径**,称区间 $(-R, R)$ 为该幂级数的**收敛区间**. 按函数项级数收敛域的定义,幂级数 $\sum\limits_{n=0}^{\infty} a_n x^n$ 的收敛域也是一个区间,它可能是开区间 $(-R, R)$、闭区间 $[-R, R]$ 或半开区间 $(-R, R]$,$[-R, R)$.

特殊情况,可有收敛半径 $R = 0$ 或 $R = +\infty$,这时收敛域理解成 $x = \{0\}$ 或 $(-\infty, +\infty)$.

由以上分析,我们有如下求收敛半径 R 的定理.

定理 9.7　若幂级数 $\sum\limits_{n=0}^{\infty} a_n x^n$ 的系数满足

$$\lim_{n\to\infty} \left| \frac{a_{n+1}}{a_n} \right| = \rho,$$

则

(1) 当 $0 < \rho < +\infty$ 时,收敛半径 $R = \dfrac{1}{\rho}$;

(2) 当 $\rho = 0$ 时,收敛半径 $R = +\infty$;

(3) 当 $\rho = +\infty$ 时,收敛半径 $R = 0$.

例 1　求幂级数 $\sum\limits_{n=0}^{\infty} \dfrac{2^n}{n^2+1} x^n$ 的收敛半径、收敛区间和收敛域.

解　先求收敛半径. 由所给幂级数, $a_n = \dfrac{2^n}{n^2+1}$. 由于

$$\lim_{n\to\infty} \left| \frac{a_{n+1}}{a_n} \right| = \lim_{n\to\infty} \frac{2^{n+1}}{(n+1)^2+1} \frac{n^2+1}{2^n} = 2,$$

所以收敛半径 $R = \dfrac{1}{2}$;收敛区间为 $\left(-\dfrac{1}{2}, \dfrac{1}{2} \right)$.

再判别 $x = \pm\dfrac{1}{2}$ 时的情况.

当 $x = \dfrac{1}{2}$ 时,幂级数成为数项级数 $\sum\limits_{n=0}^{\infty} \dfrac{1}{n^2+1}$,收敛;当 $x = -\dfrac{1}{2}$ 时,幂级数成为数项级数 $\sum\limits_{n=0}^{\infty} (-1)^n \dfrac{1}{n^2+1}$,收敛.

综上所述,所求的收敛域为 $\left[-\dfrac{1}{2}, \dfrac{1}{2} \right]$.

例 2　求幂级数 $\sum\limits_{n=0}^{\infty} \dfrac{x^n}{n!}$ 的收敛半径和收敛域.

解　由所给幂级数, $a_n = \dfrac{1}{n!}$. 由于

$$\lim_{n\to\infty} \left| \frac{a_{n+1}}{a_n} \right| = \lim_{n\to\infty} \frac{\frac{1}{(n+1)!}}{\frac{1}{n!}} = \lim_{n\to\infty} \frac{n!}{(n+1)!} = \lim_{n\to\infty} \frac{1}{n+1} = 0,$$

故收敛半径 $R = +\infty$;幂级数的收敛域为 $(-\infty, +\infty)$.

2. 幂级数的性质

幂级数在其收敛区间内有一些很好的性质,或者说在一定的条件下,它具有多项式的一些性质. 这里,仅讲述最常用的性质.

性质 1　设幂级数 $\sum\limits_{n=0}^{\infty} a_n x^n$ 和 $\sum\limits_{n=0}^{\infty} b_n x^n$ 的收敛半径分别为 $R_1(>0)$ 和 $R_2(>0)$,令 $R = \min(R_1, R_2)$,则在区间 $(-R, R)$ 内,有

$$\sum_{n=0}^{\infty} a_n x^n \pm \sum_{n=0}^{\infty} b_n x^n = \sum_{n=0}^{\infty} (a_n \pm b_n) x^n.$$

性质 2 设幂级数 $\sum_{n=0}^{\infty} a_n x^n$ 的收敛半径 $R>0$，且其和函数为 $S(x)$，则函数 $S(x)$ 在收敛区间 $(-R,R)$ 内可导，且可逐项求导，即有

$$S'(x) = \left(\sum_{n=0}^{\infty} a_n x^n \right)' = \sum_{n=0}^{\infty} (a_n x^n)' = \sum_{n=1}^{\infty} n a_n x^{n-1}.$$

级数 $\sum_{n=1}^{\infty} n a_n x^{n-1}$ 与 $\sum_{n=0}^{\infty} a_n x^n$ 有相同的收敛半径.

性质 3 设幂级数 $\sum_{n=0}^{\infty} a_n x^n$ 的收敛半径 $R>0$，且其和函数为 $S(x)$，则函数 $S(x)$ 在收敛区间 $(-R,R)$ 内可积，且可逐项求积分，即有

$$\int_0^x S(t)\mathrm{d}t = \int_0^x \left(\sum_{n=0}^{\infty} a_n t^n \right) \mathrm{d}t = \sum_{n=0}^{\infty} \int_0^x a_n t^n \mathrm{d}t = \sum_{n=0}^{\infty} \frac{a_n}{n+1} x^{n+1}.$$

级数 $\sum_{n=0}^{\infty} \frac{a_n}{n+1} x^{n+1}$ 与 $\sum_{n=0}^{\infty} a_n x^n$ 有相同的收敛半径.

例 3 求幂级数

$$1 + 2x + 3x^2 + \cdots + n x^{n-1} + \cdots$$

的和函数.

解 注意到 $(x^n)' = n x^{n-1}$，且以 x 为公比的几何级数在其收敛域 $(-1,1)$ 内有

$$1 + x + x^2 + \cdots + x^n + \cdots = \frac{1}{1-x},$$

于是，将上式两端在区间 $(-1,1)$ 内求导，可得

$$(1 + x + x^2 + \cdots + x^n + \cdots)' = \left(\frac{1}{1-x} \right)',$$

$$1 + 2x + 3x^2 + \cdots + n x^{n-1} + \cdots = \frac{1}{(1-x)^2}, \quad -1 < x < 1,$$

即所给幂函数在区间 $(-1,1)$ 内的和函数为 $\dfrac{1}{(1-x)^2}$.

例 4 求幂级数 $x + \dfrac{x^2}{2} + \dfrac{x^3}{3} + \cdots + \dfrac{x^n}{n} + \cdots$ 的和函数.

解 由于 $\int_0^x x^n \mathrm{d}x = \dfrac{x^{n+1}}{n+1}$，又在区间 $(-1,1)$ 内，有等式

$$1 + x + x^2 + \cdots + x^n + \cdots = \frac{1}{1-x},$$

于是，将上等式两端在区间 $[0,x]$（$x<1$）上求积分，有

$$\int_0^x (1 + x + x^2 + \cdots + x^n + \cdots) \mathrm{d}x = \int_0^x \frac{1}{1-x} \mathrm{d}x,$$

即得到幂级数的和函数

$$x + \frac{x^2}{2} + \frac{x^3}{3} + \cdots + \frac{x^{n+1}}{n+1} + \cdots = -\ln(1-x).$$

由于幂级数逐项积分后收敛半径不变,故上述幂级数的收敛半径 $R=1$;可以验证上式对 $x=-1$ 时也成立,故上式左端幂级数的收敛域为 $[-1,1)$.

习　题　9.4

1. 求下列幂级数的收敛半径与收敛域:

(1) $\sum_{n=0}^{\infty} \frac{x^n}{n!}$;　　　(2) $\sum_{n=1}^{\infty} \frac{x^n}{n^2 2^n}$;　　　(3) $\sum_{n=0}^{\infty} n! \, x^n$;　　　(4) $\sum_{n=1}^{\infty} \frac{x^{n-1}}{3^{n-1} n}$.

2. 求幂级数的收敛域,并在收敛域内求其和函数:

(1) $\sum_{n=0}^{\infty} \frac{x^{2n+1}}{2n+1}$;　　　(2) $\sum_{n=0}^{\infty} (n+1) x^n$.

§9.5　函数的幂级数展开

一、泰勒级数

由前一节看到,幂级数在收敛域内可以表示一个函数. 由于幂级数不仅形式简单,而且有很多优越的性质,这就使人们想到,能否把一个给定的函数 $f(x)$ 表示为幂级数呢?本节就要讨论这个问题.

假若函数 $f(x)$ 在点 x_0 的某一邻域内能表示为幂级数,即当 $x \in (x_0-\delta, x_0+\delta)$ 时,有

$$f(x) = a_0 + a_1(x - x_0) + a_2(x - x_0)^2 + \cdots + a_n(x - x_0)^n + \cdots, \qquad (9.9)$$

那么,应要求什么条件呢? 这些条件就是:

其一,在什么条件下,能够并如何确定上述幂级数的系数 $a_0, a_1, a_2, \cdots, a_n, \cdots$;其二,在什么条件下,上述幂级数收敛且收敛于函数 $f(x)$.

1. 泰勒级数

若函数 $f(x)$ 在点 x_0 的某邻域内有任意阶导数,则可以惟一地确定幂级数的系数 a_0, $a_1, a_2, \cdots, a_n, \cdots$.

事实上,**假设**已成立

$$f(x) = a_0 + a_1(x - x_0) + a_2(x - x_0)^2 + \cdots + a_n(x - x_0)^n + \cdots,$$

由于

$$f'(x) = a_1 + 2a_2(x - x_0) + \cdots + na_n(x - x_0)^{n-1} + \cdots,$$

$$f''(x) = 2! a_2 + 3 \cdot 2 a_3(x - x_0) + \cdots + n(n-1)a_n(x - x_0)^{n-2} + \cdots,$$

······

$$f^{(n)}(x) = n! a_n + (n+1)n \cdots 2 a_{n+1}(x - x_0) + \cdots,$$

······

在以上各式两端令 $x=x_0$,可得
$$f(x_0) = a_0, \quad f'(x_0) = a_1, \quad f''(x_0) = 2!a_2, \quad \cdots, \quad f^{(n)}(x_0) = n!a_n, \quad \cdots.$$
从而
$$a_0 = f(x_0), \quad a_1 = \frac{f'(x_0)}{1!}, \quad a_2 = \frac{f''(x_0)}{2!}, \quad \cdots\cdots \quad a_n = \frac{f^{(n)}(x_0)}{n!}, \quad \cdots\cdots.$$

这就给出了函数 $f(x)$ 在 x_0 的幂级数展开式的系数表示式,这也说明了幂级数展开式的惟一性. 将 $a_0, a_1, a_2, \cdots, a_n, \cdots$ 的表示式代入(9.9)式,便得到函数 $f(x)$ 的幂级数展开式

$$f(x) = f(x_0) + f'(x_0)(x - x_0) + \frac{f''(x_0)}{2!}(x - x_0)^2$$
$$+ \cdots + \frac{f^{(n)}(x_0)}{n!}(x - x_0)^n + \cdots. \tag{9.10}$$

这里需注意,(9.10)式是在函数 $f(x)$ 可以展开成形如(9.9)的幂级数的假定之下得出的. 实际上,由上述求 $a_n(n=0,1,2,\cdots)$ 的表示式看,只要函数 $f(x)$ 在 $x=x_0$ 处有任意阶导数,我们就可以写出(9.10)式.

若 $f(x)$ 在点 x_0 有各阶导数,我们称幂级数

$$\sum_{n=0}^{\infty} \frac{f^{(n)}(x_0)}{n!}(x - x_0)^n = f(x_0) + f'(x_0)(x - x_0) + \frac{f''(x_0)}{2!}(x - x_0)^2$$
$$+ \cdots + \frac{f^{(n)}(x_0)}{n!}(x - x_0)^n + \cdots \tag{9.11}$$

为函数 $f(x)$ 在点 x_0 的**泰勒级数**.

2. 泰勒级数的收敛性

若函数 $f(x)$ 的泰勒级数的部分和为 $S_n(x)$,有
$$\lim_{n\to\infty} S_n(x) = f(x), \tag{9.12}$$
则泰勒级数(9.11)收敛,且其和函数为 $f(x)$.

记 $S_n(x)$ 为泰勒级数(9.11)的前 $n+1$ 项的和,记级数的**余项**
$$R_n(x) = f(x) - S_n(x),$$
显然,(9.12)式成立的充分必要条件是
$$\lim_{n\to\infty} R_n(x) = 0.$$
即当 $\lim\limits_{n\to\infty} R_n(x) = 0$ 时,泰勒级数(9.11)的和函数为 $f(x)$. 这时,在点 x_0 的某邻域内,**等式**(9.10)就成立了.

由以上讨论,我们有如下**结论**:

若函数 $f(x)$ 在点 x_0 **有任意阶导数**,则在包含 x_0 的某区间内,函数 $f(x)$ **等于**它的泰勒级数的**和函数**的**充分必要条件**是泰勒级数的余项,有
$$\lim_{n\to\infty} R_n(x) = 0.$$

这样,若函数 $f(x)$ 在点 x_0 的某邻域内能表示为幂级数,则这一幂级数就是该函数在 x_0

的泰勒级数(9.11). 在实际应用上,主要讨论在 $x_0=0$ 的幂级数展开式,这时,(9.11)式写成

$$\sum_{n=0}^{\infty} \frac{f^{(n)}(0)}{n!} x^n = f(0) + f'(0)x + \frac{f''(0)}{2!} x^2 + \cdots + \frac{f^{(n)}(0)}{n!} x^n + \cdots,$$

称为函数 $f(x)$ 的**麦克劳林级数**.

二、泰勒公式

按上所述,为确定函数 $f(x)$ 是否等于它的泰勒级数的和函数,要讨论泰勒级数余项 $R_n(x)$ 的极限,这就必须知道 $R_n(x)$ 的表达式. 下述的泰勒公式解决了这一问题.

定理 9.8(泰勒中值定理) 设函数 $f(x)$ 在 $x=x_0$ 的某邻域内有直至 $n+1$ 阶导数,则对该邻域内的任意 x,有

$$f(x) = f(x_0) + f'(x_0)(x - x_0) + \frac{f''(x_0)}{2!}(x - x_0)^2$$

$$+ \cdots + \frac{f^{(n)}(x_0)}{n!}(x - x_0)^n + R_n(x), \tag{9.13}$$

其中 $\quad R_n(x) = \frac{f^{(n+1)}(\xi)}{(n+1)!}(x - x_0)^{n+1} \quad$ (ξ 介于 x_0 与 x 之间).

(9.13)式称为函数 $f(x)$ 在点 x_0 的**泰勒公式**. 若记

$$S_n(x) = \sum_{k=0}^{n} \frac{f^{(k)}(x_0)}{k!}(x - x_0)^k,$$

称 $S_n(x)$ 为函数 $f(x)$ 的**泰勒多项式**;$R_n(x)$ 称为泰勒公式的**余项**. 这里给出的是**拉格朗日型余项**.

由函数 $f(x)$ 的泰勒公式(9.13)看,在点 x_0 的附近,$f(x)$ 的值可用 $S_n(x)$ 来近似代替,其误差

$$R_n(x) = o((x - x_0)^n) \quad (x \to x_0).$$

当 $n=0$ 时,泰勒公式就是拉格朗日中值公式

$$f(x) = f(x_0) + f'(\xi)(x - x_0).$$

当 $n=1$ 时,泰勒公式是

$$f(x) = f(x_0) + f'(x_0)(x - x_0) + \frac{f''(\xi)}{2!}(x - x_0)^2.$$

对照微分近似公式

$$f(x) \approx f(x_0) + f'(x_0)(x - x_0).$$

显然,这时的误差为 $\frac{f''(\xi)}{2!}(x - x_0)^2$.

当取 $x_0=0$ 时,泰勒公式(9.13)称为**麦克劳林公式**:

$$f(x) = f(0) + f'(0)x + \frac{f''(0)}{2!} x^2 + \cdots + \frac{f^{(n)}(0)}{n!} x^n + R_n(x), \tag{9.14}$$

其中 $\quad R_n(x) = \frac{f^{(n+1)}(\xi)}{(n+1)!} x^{n+1} \quad$ (ξ 介于 0 与 x 之间),

或
$$R_n(x) = \frac{f^{(n+1)}(\theta x)}{(n+1)!} x^{n+1} \quad (0 < \theta < 1).$$

三、函数的幂级数展开式

将函数 $f(x)$ 展开成 x 的幂级数 $\sum\limits_{n=0}^{\infty} \frac{f^{(n)}(0)}{n!} x^n$，有**直接展开法**和**间接展开法**.

1. 直接展开法

直接按公式 $a_n = \dfrac{f^{(n)}(0)}{n!}$ $(n=0,1,2,\cdots)$ 计算幂级数的系数，并以此求出幂级数的收敛半径 R；当 $x \in (-R,R)$ 时，考察当 $n \to \infty$ 时，麦克劳林公式的余项 $R_n(x)$ 是否趋于零. 若 $R_n(x)$ 趋于零，就得到了函数 $f(x)$ 的幂级数展开式 $\sum\limits_{n=0}^{\infty} \frac{f^{(n)}(0)}{n!} x^n$.

例 1　将函数 $f(x) = \mathrm{e}^x$ 展开成麦克劳林级数.

解　由于
$$f(x) = \mathrm{e}^x, \ f'(x) = \mathrm{e}^x, \ f''(x) = \mathrm{e}^x, \ \cdots, \ f^{(n)}(x) = \mathrm{e}^x, \ \cdots,$$
$$f(0) = 1, \ f'(0) = 1, \ f''(0) = 1, \ \cdots, f^{(n)}(0) = 1, \ \cdots,$$
所以，可得到幂级数
$$1 + \frac{1}{1!} x + \frac{1}{2!} x^2 + \cdots + \frac{1}{n!} x^n + \cdots.$$

由 $a_n = \dfrac{1}{n!}$，易知，该幂级数的收敛域是 $(-\infty, +\infty)$.

由函数 $f(x)$ 的麦克劳林公式 (9.14) 式，可得 e^x 的麦克劳林公式的余项
$$R_n(x) = \frac{\mathrm{e}^{\theta x}}{(n+1)!} x^{n+1} \quad (0 < \theta < 1).$$

因为对任意固定的 x，$\mathrm{e}^{\theta x}$ 在 1 与 e^x 之间变动，所以 $n \to \infty$ 时，$\mathrm{e}^{\theta x}$ 保持有界；另一方面当 $n \to \infty$ 时，$\dfrac{x^{n+1}}{(n+1)!} \to 0$，于是
$$\lim_{n \to \infty} R_n(x) = \lim_{n \to \infty} \frac{\mathrm{e}^{\theta x}}{(n+1)!} x^{n+1} = 0,$$
从而 e^x 的麦克劳林展开式是
$$\mathrm{e}^x = 1 + \frac{x}{1!} + \frac{x^2}{2!} + \cdots + \frac{x^n}{n!} + \cdots = \sum_{n=0}^{\infty} \frac{1}{n!} x^n, \quad -\infty < x < +\infty.$$

用同样的方法，可以将函数 $f(x) = \sin x$ 展开成麦克劳林级数是
$$\sin x = x - \frac{1}{3!} x^3 + \frac{x^5}{5!} - \cdots + (-1)^n \frac{1}{(2n+1)!} x^{2n+1} + \cdots$$
$$= \sum_{n=0}^{\infty} \frac{(-1)^n}{(2n+1)!} x^{2n+1}, \quad -\infty < x < +\infty.$$

2. 间接展开法

函数的幂级数展开式只有少数比较简单的函数能用直接法得到. 通常则是从已知函数的幂级数展开式出发,通过变量代换、四则运算,或逐项求导、逐项求积分等办法求出其幂级数展开式,这就是间接展开法. 因函数展开成幂级数是惟一的,可以断定,这与直接展开法所得结果相同.

例 2 将函数 $f(x) = \cos x$ 展开成麦克劳林级数.

解 因 $\cos x = (\sin x)'$,又由 $\sin x$ 的麦克劳林级数展开式,且

$$\left(\frac{(-1)^n}{(2n+1)!} x^{2n+1} \right)' = \frac{(-1)^n}{(2n)!} x^{2n},$$

于是,$\cos x$ 的麦克劳林级数是

$$\cos x = 1 - \frac{x^2}{2!} + \frac{x^4}{4!} - \cdots + (-1)^n \frac{x^{2n}}{(2n)!} + \cdots$$

$$= \sum_{n=0}^{\infty} \frac{(-1)^n}{(2n)!} x^{2n}, \quad -\infty < x < +\infty.$$

例 3 将函数 $f(x) = \arctan x$ 展开成麦克劳林级数.

解 注意到 $\arctan x = \int_0^x \frac{1}{1+t^2} \mathrm{d}t$. 而将函数 $\frac{1}{1+x}$ 的幂级数展开式

$$\frac{1}{1+x} = 1 - x + x^2 - x^3 + \cdots + (-1)^n x^n + \cdots, \quad -1 < x < 1$$

中的 x 换成 x^2,得

$$\frac{1}{1+x^2} = 1 - x^2 + x^4 - x^6 + \cdots + (-1)^n x^{2n} + \cdots, \quad -1 < x < 1.$$

上式两端同时积分得

$$\int_0^x \frac{1}{1+t^2} \mathrm{d}t = \int_0^x (1 - t^2 + t^4 - t^6 + \cdots + (-1)^n t^{2n} + \cdots) \mathrm{d}t,$$

即

$$\arctan x = x - \frac{1}{3} x^3 + \frac{1}{5} x^5 - \cdots + (-1)^n \frac{1}{2n+1} x^{2n+1} + \cdots.$$

由于幂级数逐项积分后收敛半径不变,故上式的幂级数的收敛半径 $R = 1$.

当 $x = \pm 1$ 时,由于级数 $\sum_{n=0}^{\infty} (-1)^n \frac{x^{2n+1}}{2n+1}$ 是收敛的交错级数,故上式的收敛域应为 $[-1, 1]$,即

$$\arctan x = \sum_{n=0}^{\infty} (-1)^n \frac{x^{2n+1}}{2n+1}, \quad -1 \leqslant x \leqslant 1.$$

例 4 将函数 $f(x) = \frac{1}{x+2}$ 在 $x = 2$ 展开成泰勒级数.

解 因

$$\frac{1}{x+2} = \frac{1}{4+(x-2)} = \frac{1}{4} \cdot \frac{1}{1+\frac{x-2}{4}},$$

将函数 $\dfrac{1}{1+x}$ 的幂级数展开式中的 x 换为 $\dfrac{x-2}{4}$ 可得

$$\frac{1}{x+2}=\frac{1}{4}\,\frac{1}{1+\dfrac{x-2}{4}}$$

$$=\frac{1}{4}\left[1-\frac{x-2}{4}+\left(\frac{x-2}{4}\right)^2-\left(\frac{x-2}{4}\right)^3+\cdots+(-1)^n\left(\frac{x-2}{4}\right)^n+\cdots\right]$$

$$=\frac{1}{4}-\frac{x-2}{4^2}+\frac{(x-2)^2}{4^3}-\cdots+(-1)^n\frac{(x-2)^n}{4^{n+1}}+\cdots,\quad -2<x<6.$$

二项式函数 $f(x)=(1+x)^\alpha$ 的麦克劳林级数我们直接给出

$$(1+x)^\alpha=1+\alpha x+\frac{\alpha(\alpha-1)}{2!}x^2+\cdots+\frac{\alpha(\alpha-1)\cdots(\alpha-n+1)}{n!}x^n+\cdots.$$

该级数的收敛半径 $R=1$. 在端点 $x=\pm 1$ 的收敛情况由 α 的取值而定:

当 $\alpha\leqslant -1$ 时,收敛域是 $(-1,1)$;当 $-1<\alpha<0$ 时,收敛域是 $(-1,1]$;当 $\alpha>0$ 时,收敛域是 $[-1,1]$.

比如,当 $\alpha=-1$ 时,得到我们已经知道的几何级数

$$\frac{1}{1+x}=1-x+x^2-\cdots+(-1)^nx^n+\cdots,\quad -1<x<1.$$

当 $\alpha=-\dfrac{1}{2}$ 时得到

$$\frac{1}{\sqrt{1+x}}=1-\frac{1}{2}x+\frac{1\cdot 3}{2\cdot 4}x^2-\frac{1\cdot 3\cdot 5}{2\cdot 4\cdot 6}x^3+\cdots,\quad -1<x\leqslant 1.$$

在上式中,以 $-x^2$ 代换 x 得

$$\frac{1}{\sqrt{1-x^2}}=1+\frac{1}{2}x^2+\frac{1\cdot 3}{2\cdot 4}x^4+\frac{1\cdot 3\cdot 5}{2\cdot 4\cdot 6}x^6+\cdots,\quad -1<x<1.$$

因 $\arcsin x=\displaystyle\int_0^x\frac{1}{\sqrt{1-t^2}}\mathrm{d}t$,将上式逐项求积,得

$$\arcsin x=x+\frac{1}{3}\cdot\frac{1}{2}x^3+\frac{1}{5}\cdot\frac{1\cdot 3}{2\cdot 4}x^5+\frac{1}{7}\cdot\frac{1\cdot 3\cdot 5}{2\cdot 4\cdot 6}x^7+\cdots,\quad -1<x<1.$$

我们将**常用函数的麦克劳林展开式**列在一起,望读者能尽量记住.

(1) $\mathrm{e}^x=1+x+\dfrac{x^2}{2!}+\dfrac{x^3}{3!}+\cdots+\dfrac{x^n}{n!}+\cdots,\quad -\infty<x<+\infty$;

(2) $\sin x=x-\dfrac{x^3}{3!}+\dfrac{x^5}{5!}-\cdots+(-1)^n\dfrac{x^{2n+1}}{(2n+1)!}+\cdots,\quad -\infty<x<+\infty$;

(3) $\cos x=1-\dfrac{x^2}{2!}+\dfrac{x^4}{4!}-\cdots+(-1)^n\dfrac{x^{2n}}{(2n)!}+\cdots,\quad -\infty<x<+\infty$;

(4) $\ln(1+x)=x-\dfrac{x^2}{2}+\dfrac{x^3}{3}-\cdots+(-1)^n\dfrac{x^{n+1}}{n+1}+\cdots,\quad -1<x\leqslant 1$;

(5) $(1+x)^\alpha=1+\alpha x+\dfrac{\alpha(\alpha-1)}{2!}x^2+\cdots+\dfrac{\alpha(\alpha-1)\cdots(\alpha-n+1)}{n!}x^n+\cdots,\quad -1<x<1$;

特别地,

$$\frac{1}{1-x}=1+x+x^2+\cdots+x^n+\cdots,\quad -1<x<1;$$

$$\frac{1}{1+x}=1-x+x^2-x^3+\cdots+(-1)^n x^n+\cdots,\quad -1<x<1.$$

(6) $\arctan x=x-\dfrac{x^3}{3}+\dfrac{x^5}{5}-\cdots+(-1)^n \dfrac{x^{2n+1}}{2n+1}+\cdots,\quad -1\leqslant x\leqslant 1.$

习　题　9.5

1. 单项选择题：

(1) 设函数 $f(x)=2^x$ 和 $g(x)=e^x$ 的麦克劳林级数中 x^n 项的系数分别是 a_n 和 b_n，则 $\dfrac{a_n}{b_n}=($　　$)$.

(A) 1；　　　(B) $(\ln 2)^n$；　　　(C) $\ln 2$；　　　(D) $\dfrac{1}{\ln 2}$.

(2) $\displaystyle\int_0^1\left[1-\frac{x}{1!}+\frac{x^2}{2!}-\frac{x^3}{3!}+\cdots+(-1)^n \frac{x^n}{n!}+\cdots\right]e^{2x}\mathrm{d}x=($　　$)$.

(A) e^3-1；　　(B) $\dfrac{1}{3}(e^3-1)$；　　(C) e；　　　(D) $e-1$.

2. 用间接法求下列函数的麦克劳林级数，并确定收敛于该函数的区域：

(1) $f(x)=a^x$；　　　　　(2) $f(x)=\ln(a+x)\ (a>0)$；　　　(3) $f(x)=e^{-x^2}$；

(4) $f(x)=\dfrac{1}{2}(e^{-x}+e^x)$；　　(5) $f(x)=\sin\dfrac{x}{2}$；　　　(6) $f(x)=\dfrac{1}{a-x}\ (a\neq 0)$.

3. 将下列函数展开成 $x-1$ 的幂级数，并求收敛域：

(1) $f(x)=\ln x$；　　(2) $f(x)=\dfrac{1}{x}$；　　(3) $f(x)=e^x$；　　(4) $f(x)=\dfrac{1}{3-x}$.

*§9.6　傅里叶级数

所谓傅里叶级数，就是常说的三角级数，即形如

$$\frac{a_0}{2}+\sum_{n=1}^{\infty}(a_n\cos nx+b_n\sin nx).$$

除第一项外，其余各项都是正弦函数或余弦函数的级数，称为**三角级数**. 傅里叶级数应用十分广泛，它是表示函数和研究函数的有效工具.

对三角级数，我们要讨论两个问题：

(1) 一个函数 $f(x)$ 具备什么条件可以展开成三角级数？

(2) 若函数 $f(x)$ 可以展开成三角级数时，其系数 $a_0,a_n,b_n(n=1,2,\cdots)$ 怎样确定？

一、三角函数系的正交性

函数序列

$$1,\ \cos x,\ \sin x,\ \cos 2x,\ \sin 2x,\ \cdots,\ \cos nx,\ \sin nx,\ \cdots$$

称为**三角函数系**. 三角函数系中任意两个不同函数的乘积在区间 $[-\pi,\pi]$ 上的积分都为零，即

$$\int_{-\pi}^{\pi} 1 \cdot \cos nx \mathrm{d}x = 0,$$
$$(n = 1, 2, \cdots);$$
$$\int_{-\pi}^{\pi} 1 \cdot \sin nx \mathrm{d}x = 0$$

$$\int_{-\pi}^{\pi} \cos mx \cos nx \mathrm{d}x = 0,$$
$$(m, n = 1, 2, \cdots; m \neq n);$$
$$\int_{-\pi}^{\pi} \sin mx \sin nx \mathrm{d}x = 0$$

$$\int_{-\pi}^{\pi} \sin mx \cos nx \mathrm{d}x = 0 \quad (m, n = 1, 2, \cdots).$$

这个性质,称为上述**三角函数系**在区间$[-\pi, \pi]$上**的正交性**.

读者可以通过计算来验证这些等式.而上述三角函数系中任何一个函数的平方在区间$[-\pi, \pi]$上的积分都不等于零,即

$$\int_{-\pi}^{\pi} 1^2 \mathrm{d}x = 2\pi, \quad \int_{-\pi}^{\pi} \cos^2 nx \mathrm{d}x = \int_{-\pi}^{\pi} \sin^2 nx \mathrm{d}x = \pi \quad (n = 1, 2, \cdots).$$

二、以 2π 为周期的函数的傅里叶级数

现在讨论我们前面提出的两个问题,先讨论第二个问题,即确定三角级数的系数 $a_0, a_n, b_n (n = 1, 2, \cdots)$.

1. 傅里叶系数

设 $f(x)$ 是以 2π 为周期的函数.假定函数 $f(x)$ 在区间 $[-\pi, \pi]$ 上可积且可以展开成三角级数:

$$f(x) = \frac{a_0}{2} + \sum_{n=1}^{\infty} (a_n \cos nx + b_n \sin nx), \tag{9.15}$$

并且该级数在$[-\pi, \pi]$上可以逐项积分.下面利用三角函数系的正交性来确定三角级数(9.15)式中的系数 $a_0, a_n, b_n (n = 1, 2, \cdots)$.

先确定 a_0.对(9.15)式两端在区间$[-\pi, \pi]$上积分,得

$$\int_{-\pi}^{\pi} f(x) \mathrm{d}x = \frac{a_0}{2} \int_{-\pi}^{\pi} \mathrm{d}x + \sum_{n=1}^{\infty} \left(a_n \int_{-\pi}^{\pi} \cos nx \mathrm{d}x + b_n \int_{-\pi}^{\pi} \sin nx \mathrm{d}x \right).$$

由于上式右端括号内的积分都等于零,所以

$$\int_{-\pi}^{\pi} f(x) \mathrm{d}x = \frac{a_0}{2} \cdot 2\pi = a_0 \pi,$$

得

$$a_0 = \frac{1}{\pi} \int_{-\pi}^{\pi} f(x) \mathrm{d}x.$$

再确定 a_n.为此,以 $\cos kx$ (k 为正整数)乘(9.15)式的两端,并在区间$[-\pi, \pi]$上积分,得

$$\int_{-\pi}^{\pi} f(x)\cos kx\mathrm{d}x = \frac{a_0}{2}\int_{-\pi}^{\pi}\cos kx\mathrm{d}x + \sum_{n=1}^{\infty}\left(a_n\int_{-\pi}^{\pi}\cos nx\cos kx\mathrm{d}x + b_n\int_{-\pi}^{\pi}\sin nx\cos kx\mathrm{d}x\right).$$

由三角函数系的正交性,上式右端惟有当 $k=n$ 时,有

$$a_n\int_{-\pi}^{\pi}\cos nx\cos kx\mathrm{d}x = a_n\int_{-\pi}^{\pi}\cos^2 nx\mathrm{d}x = a_n\pi,$$

其他各项积分都等于 0.于是得

$$\int_{-\pi}^{\pi} f(x)\cos nx\mathrm{d}x = a_n\pi \quad (n=1,2,\cdots),$$

即

$$a_n = \frac{1}{\pi}\int_{-\pi}^{\pi} f(x)\cos nx\mathrm{d}x \quad (n=1,2,\cdots).$$

为确定 b_n,以 $\sin kx$ 乘(9.15)式两端,并在区间 $[-\pi,\pi]$ 上积分,可得

$$\int_{-\pi}^{\pi} f(x)\sin nx\mathrm{d}x = b_n\int_{-\pi}^{\pi}\sin^2 nx\mathrm{d}x = b_n\pi,$$

即

$$b_n = \frac{1}{\pi}\int_{-\pi}^{\pi} f(x)\sin nx\mathrm{d}x.$$

注意到在计算 a_n 的公式中,当 $n=0$ 时就是计算 a_0 的公式,于是得计算 a_n 和 b_n 的公式

$$\begin{cases} a_n = \dfrac{1}{\pi}\displaystyle\int_{-\pi}^{\pi} f(x)\cos nx\mathrm{d}x \quad (n=0,1,2,\cdots), \\[2mm] b_n = \dfrac{1}{\pi}\displaystyle\int_{-\pi}^{\pi} f(x)\sin nx\mathrm{d}x \quad (n=1,2,\cdots). \end{cases} \tag{9.16}$$

由公式(9.16)所确定的 a_n, b_n 称为函数 $f(x)$ 的**傅里叶系数**.以函数 $f(x)$ 的傅里叶系数为系数的三角级数

$$\frac{a_0}{2} + \sum_{n=1}^{\infty}(a_n\cos nx + b_n\sin nx)$$

称为函数 $f(x)$ 的**傅里叶级数**.

2. 傅里叶级数的收敛定理

现在讨论前面提出的第一个问题,即函数 $f(x)$ 具备什么条件可以展开成三角级数.我们有下面的收敛定理.

定理 9.9(狄里克雷定理) 设函数 $f(x)$ 是以 2π 为周期的周期函数,且在一个周期区间 $[-\pi,\pi]$ 上满足条件:

(1) 连续或只有有限个第一类间断点;

(2) 至多只有有限个极值点,

则函数 $f(x)$ 的傅里叶级数在整个数轴上收敛,并且

$$\frac{a_0}{2} + \sum_{n=1}^{\infty}(a_n\cos nx + b_n\sin nx) = \begin{cases} f(x), & x \text{ 是 } f(x) \text{ 的连续点,} \\ \dfrac{f(x-0)+f(x+0)}{2}, & x \text{ 是 } f(x) \text{ 的第一类间断点,} \\ \dfrac{f(-\pi+0)+f(\pi-0)}{2}, & x = \pm\pi. \end{cases}$$

该定理指出：函数 $f(x)$ 的傅里叶级数,在其连续点 x 处,收敛于 $f(x)$ 在 x 处的值;在其第一类间断点处,收敛于 $f(x)$ 在 x 处的左、右极限的算术平均值 $\dfrac{f(x-0)+f(x+0)}{2}$;在 $x=\pm\pi$ 处,收敛于 $\dfrac{f(-\pi+0)+f(\pi-0)}{2}$.

例1 设函数 $f(x)$ 以 2π 为周期,且它在 $[-\pi,\pi)$ 上的表达式为

$$f(x) = \begin{cases} 0, & -\pi \leqslant x < 0, \\ x, & 0 \leqslant x < \pi, \end{cases}$$

试将其展开成傅里叶级数.

解 因函数 $f(x)$ 满足狄氏定理的条件,函数的图形见图 9-1,故 $f(x)$ 可展成傅氏级数.

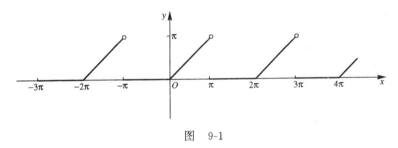

图 9-1

用公式(9.16)计算傅里叶系数

$$a_0 = \frac{1}{\pi}\int_{-\pi}^{\pi} f(x)\mathrm{d}x = \frac{1}{\pi}\int_{0}^{\pi} x\mathrm{d}x = \frac{\pi}{2}.$$

当 $n \geqslant 1$ 时,

$$a_n = \frac{1}{\pi}\int_{-\pi}^{\pi} f(x)\cos nx\,\mathrm{d}x = \frac{1}{\pi}\int_{0}^{\pi} x\cos nx\,\mathrm{d}x = \frac{1}{n\pi}x\sin nx\Big|_{0}^{\pi} - \frac{1}{n\pi}\int_{0}^{\pi}\sin nx\,\mathrm{d}x$$

$$= \frac{1}{n^2\pi}\cos nx\Big|_{0}^{\pi} = \frac{1}{n^2\pi}(\cos n\pi - 1) = \begin{cases} -\dfrac{2}{n^2\pi}, & \text{当 } n \text{ 为奇数时,} \\ 0, & \text{当 } n \text{ 为偶数时,} \end{cases}$$

$$b_n = \frac{1}{\pi}\int_{-\pi}^{\pi} f(x)\sin nx\,\mathrm{d}x = \frac{1}{\pi}\int_{0}^{\pi} x\sin nx\,\mathrm{d}x = -\frac{1}{n\pi}x\cos nx\Big|_{0}^{\pi} + \frac{1}{n\pi}\int_{0}^{\pi}\cos nx\,\mathrm{d}x$$

$$= \frac{(-1)^{n+1}}{n} + \frac{1}{n^2\pi}\sin nx\Big|_{0}^{\pi} = \frac{(-1)^{n+1}}{n},$$

于是函数 $f(x)$ 的傅里叶级数为

$$\frac{\pi}{4} - \left(\frac{2}{\pi}\cos x - \sin x\right) - \frac{1}{2}\sin 2x - \left(\frac{2}{9\pi}\cos 3x - \frac{1}{3}\sin 3x\right) - \frac{1}{4}\sin 4x - \cdots.$$

由于 $x = (2k+1)\pi$ $(k=0,\pm1,\pm2,\cdots)$ 是函数 $f(x)$ 的第一类间断点，所以在其定义域 $(-\infty,+\infty)$ 上，当 $x \neq (2k+1)\pi$ $(k=0,\pm1,\pm2,\cdots)$ 时，函数 $f(x)$ 连续，其傅里叶级数收敛于 $f(x)$，故有

$$f(x) = \frac{\pi}{4} - \left(\frac{2}{\pi}\cos x - \sin x\right) - \frac{1}{2}\sin 2x - \left(\frac{2}{9\pi}\cos 3x - \frac{1}{3}\sin 3x\right) - \frac{1}{4}\sin 4x - \cdots.$$

当 $x = \pm\pi$ 时，$f(x)$ 的傅里叶级数收敛于

$$\frac{f(-\pi+0) + f(\pi-0)}{2} = \frac{0+\pi}{2} = \frac{\pi}{2}.$$

显然，当 $x = (2k+1)\pi$ $(k=0,\pm1,\pm2,\cdots)$ 时，函数 $f(x)$ 的傅里叶级数均收敛于 $\frac{\pi}{2}$.

函数 $f(x)$ 的傅里叶级数的图形如图 9-2 所示. 注意，该图与图 9-1 在 $x = (2k+1)\pi(k=0,\pm1,\pm2,\cdots)$ 处是不同的.

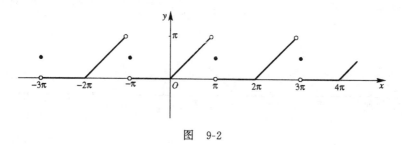

图　9-2

这里顺便指出，当函数 $f(x)$ 只在区间 $[-\pi,\pi]$ 上有定义时，同样可按上述方法将 $f(x)$ 在区间 $[-\pi,\pi]$ 上展开成傅里叶级数. 这时，可理解为 $f(x)$ 是定义在 $(-\infty,+\infty)$ 上的以 2π 为周期的函数. 实际上，是在区间 $[-\pi,\pi]$ 以外的部分，按函数 $f(x)$ 在 $[-\pi,\pi]$ 上的对应关系作周期延拓，使周期延拓后所得到的函数 $F(x)$ 在区间 $[-\pi,\pi]$ 上等于 $f(x)$.

这样，按上述方法得到的傅里叶级数是函数 $F(x)$ 的展开式，而这个展开式在区间 $[-\pi,\pi]$ 上是函数 $f(x)$ 的傅里叶级数.

三、奇函数与偶函数的傅里叶级数

若函数 $f(x)$ 是以 2π 为周期的奇函数，则在区间 $[-\pi,\pi]$ 上，$f(x)\cos nx$ 是奇函数，$f(x)\sin nx$ 是偶函数. 由于在 $[-\pi,\pi]$ 上奇函数的定积分等于 0，偶函数的定积分等于这个函数在 $[0,\pi]$ 上定积分的两倍. 故当 $f(x)$ 是奇函数时，它的傅里叶系数

$$a_n = \frac{1}{\pi}\int_{-\pi}^{\pi} f(x)\cos nx\, dx = 0, \quad n = 0,1,2,\cdots,$$

$$b_n = \frac{1}{\pi}\int_{-\pi}^{\pi} f(x)\sin nx\, dx = \frac{2}{\pi}\int_{0}^{\pi} f(x)\sin nx\, dx, \quad n = 1,2,\cdots,$$

于是,奇函数 $f(x)$ 的傅里叶级数只含有正弦函数的项

$$\sum_{n=1}^{\infty} b_n \sin nx,$$

其中,b_n 由上式计算. 此时的傅里叶级数称为**正弦级数**.

若 $f(x)$ 是以 2π 为周期的偶函数,同理,可推得函数 $f(x)$ 的傅里叶系数

$$a_n = \frac{2}{\pi} \int_0^\pi f(x)\cos nx \mathrm{d}x, \quad n = 0,1,2,\cdots,$$

$$b_n = \frac{1}{\pi} \int_{-\pi}^\pi f(x)\sin nx \mathrm{d}x = 0, \quad n = 1,2,\cdots,$$

所以偶函数 $f(x)$ 的傅里叶级数只含有余弦函数的项

$$\frac{a_0}{2} + \sum_{n=1}^{\infty} a_n \cos nx,$$

其中 a_n 由上式计算. 这时,级数称为**余弦级数**.

例2　设函数 $f(x)$ 是以 2π 为周期的周期函数,它在 $[-\pi,\pi)$ 上的表示式为

$$f(x) = \begin{cases} -1, & -\pi < x < 0, \\ 0, & x=0, x=-\pi, \\ 1, & 0 < x < \pi. \end{cases}$$

试将函数 $f(x)$ 展开成傅里叶级数.

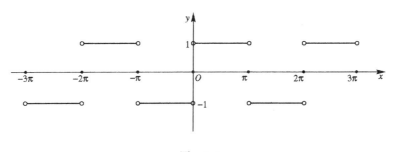

图　9-3

解　函数 $f(x)$ 的图形如图 9-3 所示. 由于 $f(x)$ 是奇函数,且满足狄里克雷收敛定理的条件,所以可展开成正弦级数. 因

$$a_n = 0 \quad (n=0,1,2,\cdots),$$

$$b_n = \frac{2}{\pi} \int_0^\pi f(x)\sin nx \mathrm{d}x = \frac{2}{\pi} \int_0^\pi \sin nx \mathrm{d}x = \frac{2}{n\pi}(-\cos nx) \Big|_0^\pi$$

$$= \frac{2}{n\pi}[1 - (-1)^n] = \begin{cases} \dfrac{4}{n\pi}, & \text{当 } n \text{ 为奇数时,} \\ 0, & \text{当 } n \text{ 为偶数时,} \end{cases}$$

于是,得正弦级数

$$\sum_{n=1}^{\infty} b_n \sin nx = \frac{4}{\pi} \sum_{k=1}^{\infty} \frac{1}{2k-1} \sin(2k-1) = \frac{4}{\pi}\left(\sin x + \frac{1}{3}\sin 3x + \frac{1}{5}\sin 5x + \cdots \right).$$

在 $(-\infty, +\infty)$ 上,$x=k\pi$ $(k=0, \pm1, \pm2, \cdots)$ 是函数 $f(x)$ 的第一类间断点,除此之外,函数 $f(x)$ 均连续,所以,上面所得到的傅里叶级数:

当 $x \neq k\pi$ $(k=0, \pm1, \pm2, \cdots)$ 时,收敛于 $f(x)$;

当 $x=0$ 时,收敛于 $\dfrac{f(0-0)+f(0+0)}{2} = \dfrac{-1+1}{2} = 0 = f(0)$;

当 $x=\pm\pi$ 时,收敛于

$$\frac{f(-\pi+0)+f(\pi-0)}{2} = \frac{-1+1}{2} = 0 = f(\pm\pi).$$

从而,我们所得到 $f(x)$ 的傅里叶级数,在 $(-\infty, +\infty)$ 上有

$$f(x) = \frac{4}{\pi}\left(\sin x + \frac{1}{3}\sin 3x + \frac{1}{5}\sin 5x + \cdots \right).$$

图 9-4 表示的是函数 $f(x)$ 的傅里叶级数的部分和(取一项,取两项,取三项,取四项)在区间 $(-\pi, \pi)$ 内逐渐接近函数 $f(x)$ 的情形. 显然,级数取的项数越多,近似程度越好.

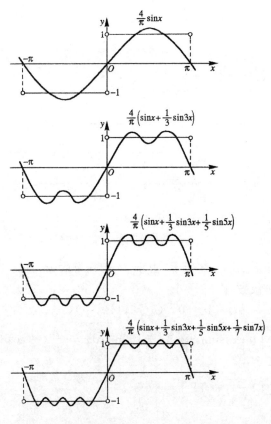

图　9-4

例 3　在区间 $[-\pi,\pi]$ 上,试将函数 $f(x)=2x^2$ 展开为傅里叶级数.

解　因在 $[-\pi,\pi]$ 上,函数 $f(x)$ 连续且为偶函数,所以,$f(x)$ 可以展开为余弦级数.由于

$$b_n=0 \quad (n=1,2,\cdots),$$

$$a_0=\frac{2}{\pi}\int_0^\pi f(x)\mathrm{d}x=\frac{2}{\pi}\int_0^\pi 2x^2\mathrm{d}x=\frac{4}{3}\pi^2,$$

$$a_n=\frac{2}{\pi}\int_0^\pi f(x)\cos nx\mathrm{d}x=\frac{2}{\pi}\int_0^\pi 2x^2\cos nx\mathrm{d}x$$

$$=\frac{4}{\pi}\left(\frac{x^2\sin nx}{n}+\frac{2x\cos nx}{n^2}-\frac{2\sin nx}{n^3}\right)\Big|_0^\pi$$

$$=\frac{8\cos n\pi}{n^2}=\frac{(-1)^n 8}{n^2} \quad (n=1,2,\cdots),$$

于是,$f(x)=2x^2$ 的傅里叶级数为

$$\frac{2\pi^2}{3}+8\sum_{n=1}^\infty\frac{(-1)^n}{n^2}\cos nx=\frac{2\pi^2}{3}+8\left(-\cos x+\frac{1}{4}\cos 2x-\frac{1}{9}\cos 3x+\cdots\right).$$

由于 $f(x)=2x^2$ 在区间 $[-\pi,\pi]$ 上是连续函数且在两端点处函数值相等,所以,在 $[-\pi,\pi]$ 上,$f(x)$ 的傅里叶级数收敛于 $f(x)$,即在 $[-\pi,\pi]$ 上,有

$$2x^2=\frac{2\pi^2}{3}-8\left(\cos x-\frac{1}{4}\cos 2x+\frac{1}{9}\cos 3x-\cdots\right).$$

四、以 $2l$ 为周期的函数的傅里叶级数

设 $f(x)$ 是以 $2l(l$ 是任意正数) 为周期的周期函数,只需作变量代换 $x=\dfrac{l}{\pi}t$,就可化为以 2π 为周期的函数.事实上,令 $x=\dfrac{l}{\pi}t$,则当 $-l\leqslant x\leqslant l$ 时,就有 $-\pi\leqslant t\leqslant\pi$,且

$$f(x)=f\left(\frac{l}{\pi}t\right)\xlongequal{\text{记作}}g(t),$$

则 $g(t)$ 就是以 2π 为周期的函数.

这样,我们通过求函数 $g(t)$ 的傅里叶级数,就可得到函数 $f(x)$ 的傅里叶级数.由于函数 $g(t)$ 以 2π 为周期,它的傅里叶系数

$$\begin{cases} a_0=\dfrac{1}{\pi}\displaystyle\int_{-\pi}^\pi g(t)\mathrm{d}t\xlongequal{x=\frac{l}{\pi}t}\dfrac{1}{l}\int_{-l}^l f(x)\mathrm{d}x \\[3mm] a_n=\dfrac{1}{\pi}\displaystyle\int_{-\pi}^\pi g(t)\cos nt\mathrm{d}t\xlongequal{x=\frac{l}{\pi}t}\dfrac{1}{l}\int_{-l}^l f(x)\cos\dfrac{n\pi}{l}x\mathrm{d}x \ (n=1,2,\cdots) \\[3mm] b_n=\dfrac{1}{\pi}\displaystyle\int_{-\pi}^\pi g(t)\sin nt\mathrm{d}t\xlongequal{x=\frac{l}{\pi}t}\dfrac{1}{l}\int_{-l}^l f(x)\sin\dfrac{n\pi}{l}x\mathrm{d}x \quad (n=1,2,\cdots) \end{cases} \tag{9.17}$$

则 $g(t)$ 的傅里叶级数为

$$\frac{a_0}{2} + \sum_{n=1}^{\infty}(a_n\cos nt + b_n\sin nt).$$

将 t 用 x 表示,便得到函数 $f(x)$ 的傅里叶级数

$$\frac{a_0}{2} + \sum_{n=1}^{\infty}\left(a_0\cos\frac{n\pi}{l}x + b_n\sin\frac{n\pi}{l}x\right), \tag{9.18}$$

其中系数 $a_0, a_n, b_n (n=1, 2, \cdots)$ 由公式(9.17)确定.

若函数 $f(x)$ 在区间 $[-l, l]$ 上满足定理 9.9(狄里克雷定理)的条件,则 $f(x)$ 的傅里叶级数(9.18)的收敛情况是

在 $f(x)$ 的连续点 x,收敛于 $f(x)$;

在 $f(x)$ 的间断点 x,收敛于 $\frac{1}{2}[f(x-0)+f(x+0)]$;

在 $x=\pm l$ 处,收敛于 $\frac{1}{2}[f(-l+0)+f(l-0)]$.

例 4 设 $f(x)$ 是以 2 为周期的周期函数,在区间 $[-1,1)$ 上的表示式

$$f(x) = \begin{cases} 1, & -1 \leqslant x < 0, \\ 2, & 0 \leqslant x < 1. \end{cases}$$

试将其展开成傅里叶级数.

解 函数 $f(x)$ 满足收敛定理的条件,可以展开成傅里叶级数. 由公式(9.17)计算傅里叶系数,其中 $l=1$.

$$a_0 = \int_{-1}^{1}f(x)\mathrm{d}x = \int_{-1}^{0}\mathrm{d}x + \int_{0}^{1}2\mathrm{d}x = 3,$$

$$a_n = \int_{-1}^{1}f(x)\cos n\pi x\mathrm{d}x = \int_{-1}^{0}\cos n\pi x\mathrm{d}x + \int_{0}^{1}2\cos n\pi x\mathrm{d}x$$

$$= \frac{1}{n\pi}\sin n\pi x\Big|_{-1}^{0} + \frac{2}{n\pi}\sin n\pi x\Big|_{0}^{1} = 0 \quad (n=1, 2, \cdots),$$

$$b_n = \int_{-1}^{1}f(x)\sin n\pi x\mathrm{d}x = \int_{-1}^{0}\sin n\pi x\mathrm{d}x + \int_{0}^{1}2\sin n\pi x\mathrm{d}x$$

$$= -\frac{1}{n\pi}\cos n\pi x\Big|_{-1}^{0} - \frac{2}{n\pi}\cos n\pi x\Big|_{0}^{1}$$

$$= \frac{1}{n\pi}[1-(-1)^n] = \begin{cases} \dfrac{2}{n\pi}, & n \text{ 为奇数}, \\ 0, & n \text{ 为偶数}, \end{cases}$$

于是,由(9.18)式函数 $f(x)$ 的傅里叶级数为

$$\frac{3}{2} + \frac{2}{\pi}\left(\sin\pi x + \frac{1}{3}\sin 3\pi x + \frac{1}{5}\sin 5\pi x + \cdots\right).$$

由于 $x=k (k=0, \pm 1, \pm 2, \cdots)$ 是函数 $f(x)$ 的第一类间断点,这时,上述级数收敛于 $\frac{1+2}{2}=\frac{3}{2}$;当 $x\neq k (k=0, \pm 1, \pm 2, \cdots)$ 时,有

$$f(x) = \frac{3}{2} + \frac{2}{\pi} \sum_{n=1}^{\infty} \frac{1}{2n-1} \sin(2n-1)\pi x.$$

习 题 9.6

1. 将下列周期为 2π 的周期函数 $f(x)$ 展开成傅里叶级数,式中给出 $f(x)$ 在区间 $[-\pi, \pi)$ 的表示式:

(1) $f(x) = \begin{cases} -\pi, & -\pi \leqslant x < 0, \\ x, & 0 \leqslant x < \pi; \end{cases}$

(2) $f(x) = \begin{cases} -\dfrac{\pi}{4}, & -\pi \leqslant x < 0, \\ \dfrac{\pi}{4}, & 0 \leqslant x < \pi; \end{cases}$

(3) $f(x) = \begin{cases} \pi+x, & -\pi \leqslant x < 0, \\ \pi-x, & 0 \leqslant x < \pi; \end{cases}$

(4) $f(x) = x, -\pi \leqslant x < \pi.$

2. 求下列函数在区间 $[-\pi, \pi]$ 上的傅里叶级数,并写出其和函数:

(1) $f(x) = |x|, -\pi \leqslant x \leqslant \pi;$

(2) $f(x) = x^2, -\pi \leqslant x \leqslant \pi;$

*(3) $f(x) = \begin{cases} -2, & -\pi \leqslant x < 0, \\ 1, & 0 \leqslant x \leqslant \pi; \end{cases}$

*(4) $f(x) = \begin{cases} e^x, & -\pi \leqslant x < 0, \\ 1, & 0 \leqslant x \leqslant \pi. \end{cases}$

3. 将函数 $f(x) = \dfrac{\pi-x}{2}$ 在 $[0, \pi]$ 上展开成正弦级数.

4. 将函数 $f(x) = \dfrac{\pi}{2} - x$ 在 $[0, \pi]$ 上展开成余弦级数.

5. 设 $f(x)$ 是周期为 4 的函数,它在区间 $[-2, 2)$ 上的表示式为

$$f(x) = \begin{cases} 0, & -2 \leqslant x < 0, \\ E, & 0 \leqslant x < 2, \end{cases} \quad (\text{常数 } E \neq 0)$$

将 $f(x)$ 展开成傅里叶级数.

6. 将函数 $f(x) = \dfrac{x}{2}$ 在区间 $[0, 2]$ 上展开成:

(1) 余弦级数; (2) 正弦级数.

附录一 初等数学中的常用公式

（一）代 数

1. 乘法和因式分解

(1) $(a\pm b)^2=a^2\pm 2ab+b^2$;　　　　(2) $(a\pm b)^3=a^3\pm 3a^2b+3ab^2\pm b^3$;

(3) $a^2-b^2=(a+b)(a-b)$;　　　　(4) $a^3\pm b^3=(a\pm b)(a^2\mp ab+b^2)$;

(5) $(a+b)^n=a^n+na^{n-1}b+\dfrac{n(n-1)}{2!}a^{n-2}b^2+\dfrac{n(n-1)(n-2)}{3!}a^{n-3}b^3$

$\qquad\qquad +\cdots+\dfrac{n(n-1)(n-2)\cdots(n-k+1)}{k!}a^{n-k}b^k+\cdots+nab^{n-1}+b^n$;

(6) $a^n-b^n=(a-b)(a^{n-1}+a^{n-2}b+\cdots+ab^{n-2}+b^{n-1})$.

2. 指数（$a>0,a\neq1;m,n$ 是任意实数）

(1) $a^0=1$;　　　　　　　　(2) $a^{-m}=\dfrac{1}{a^m}$;

(3) $a^m\cdot a^n=a^{m+n}$;　　　　(4) $\dfrac{a^m}{a^n}=a^{m-n}$;

(5) $(a^m)^n=a^{mn}$;　　　　(6) $a^{\frac{m}{n}}=\sqrt[n]{a^m}=(\sqrt[n]{a})^m$.

3. 对数 （$a>0,a\neq1$）

(1) $\log_a 1=0$;　　　　　　(2) $\log_a a=1$;

(3) 恒等式 $a^{\log_a x}=x$;　　　(4) 换底公式 $\log_a x=\dfrac{\log_b x}{\lg_b a}$ $(b>0,b\neq1)$;

(5) $\log_a(xy)=\log_a x+\log_a y$;　　(6) $\log_a\dfrac{x}{y}=\log_a x-\log_a y$;

(7) $\log_a x^a=\alpha\log_a x$;

4. 阶乘

(1) $n!=1\cdot 2\cdot 3\cdots(n-1)\cdot n$;

(2) $(2n-1)!!=1\cdot 3\cdot 5\cdots(2n-1)$, $(2n)!!=2\cdot 4\cdot 6\cdots(2n)$.

5. 级数和

(1) $a+aq+aq^2+\cdots+aq^{n-1}=\dfrac{a(1-q^n)}{1-q}$, $|q|\neq1$;　　(2) $1+2+3+\cdots+n=\dfrac{1}{2}n(n+1)$;

(3) $1^2+2^2+3^2+\cdots+n^2=\dfrac{1}{6}n(n+1)(2n+1)$;　　(4) $1^3+2^3+3^3+\cdots+n^3=\left[\dfrac{1}{2}n(n+1)\right]^2$;

(5) $1+3+5+\cdots+(2n-1)=n^2$.

（二）几 何

1. 平面图形的基本公式

(1) 梯形面积 $S=\dfrac{1}{2}(a+b)h$(其中 a,b 为二底，h 为高);

(2) 圆面积 $S=\pi R^2$(R 是圆半径)，圆周长 $l=2\pi R$(R 是圆半径);

(3) 圆扇形面积 $S=\dfrac{1}{2}R^2\theta$，圆扇形弧长 $l=R\theta$(R 是圆的半径，θ 为圆心角，单位为弧度).

2. 立体图形的基本公式

(1) 圆柱体体积 $V=\pi R^2 H$，圆柱体侧面积 $S=2\pi RH$（其中 R 是底半径，H 是高）；

(2) 正圆锥体体积 $V=\dfrac{1}{3}\pi R^2 H$，侧面积 $S=\pi Rl$（其中 l 为斜高，即 $l=\sqrt{R^2+H^2}$）；

(3) 棱柱体体积 $V=SH$（S 为底面积，H 为高）；

(4) 棱锥体体积 $V=\dfrac{1}{3}SH$（S 为底面积，H 为高）；

(5) 球体积 $V=\dfrac{4}{3}\pi R^3$；

(6) 球面积 $S=4\pi R^2$（R 为球的半径）.

（三）三 角

1. 度与弧度

$$1\text{度}=\frac{\pi}{180}\text{弧度}, \quad 1\text{弧度}=\frac{180}{\pi}\text{度}.$$

2. 基本公式

(1) $\sin^2\alpha+\cos^2\alpha=1$；　(2) $1+\tan^2\alpha=\sec^2\alpha$；　(3) $1+\cot^2\alpha=\csc^2\alpha$；　(4) $\dfrac{\sin\alpha}{\cos\alpha}=\tan\alpha$；

(5) $\dfrac{\cos\alpha}{\sin\alpha}=\cot\alpha$；　(6) $\cot\alpha=\dfrac{1}{\tan\alpha}$；　(7) $\csc\alpha=\dfrac{1}{\sin\alpha}$；　(8) $\sec\alpha=\dfrac{1}{\cos\alpha}$.

3. 和差公式

(1) $\sin(\alpha\pm\beta)=\sin\alpha\cos\beta\pm\cos\alpha\sin\beta$；　　(2) $\cos(\alpha\pm\beta)=\cos\alpha\cos\beta\mp\sin\alpha\sin\beta$；

(3) $\tan(\alpha\pm\beta)=\dfrac{\tan\alpha\pm\tan\beta}{1\mp\tan\alpha\tan\beta}$；　　(4) $\cot(\alpha\pm\beta)=\dfrac{\cot\alpha\cot\beta\mp1}{\cot\beta\pm\cot\alpha}$.

4. 倍角和半角公式

(1) $\sin2\alpha=2\sin\alpha\cos\alpha$；　　(2) $\cos2\alpha=\cos^2\alpha-\sin^2\alpha=1-2\sin^2\alpha=2\cos^2\alpha-1$；

(3) $\tan2\alpha=\dfrac{2\tan\alpha}{1-\tan^2\alpha}$；　　(4) $\cot2\alpha=\dfrac{\cot^2\alpha-1}{2\cot\alpha}$；

(5) $\sin^2\alpha=\dfrac{1-\cos2\alpha}{2}$；　　(6) $\cos^2\alpha=\dfrac{1+\cos2\alpha}{2}$；

(7) $\tan\dfrac{\alpha}{2}=\pm\sqrt{\dfrac{1-\cos\alpha}{1+\cos\alpha}}=\dfrac{1-\cos\alpha}{\sin\alpha}=\dfrac{\sin\alpha}{1+\cos\alpha}$；

(8) $\cot\dfrac{\alpha}{2}=\pm\sqrt{\dfrac{1+\cos\alpha}{1-\cos\alpha}}=\dfrac{\sin\alpha}{1-\cos\alpha}=\dfrac{1+\cos\alpha}{\sin\alpha}$.

5. 和差化积公式

(1) $\sin A+\sin B=2\sin\dfrac{A+B}{2}\cos\dfrac{A-B}{2}$；　　(2) $\sin A-\sin B=2\cos\dfrac{A+B}{2}\sin\dfrac{A-B}{2}$；

(3) $\cos A+\cos B=2\cos\dfrac{A+B}{2}\cos\dfrac{A-B}{2}$；　　(4) $\cos A-\cos B=-2\sin\dfrac{A+B}{2}\sin\dfrac{A-B}{2}$.

6. 积化和差公式

(1) $\cos A\cos B=\dfrac{1}{2}\left[\cos(A-B)+\cos(A+B)\right]$；

(2) $\sin A\sin B=\dfrac{1}{2}\left[\cos(A-B)-\cos(A+B)\right]$；

(3) $\sin A\cos B=\dfrac{1}{2}\left[\sin(A-B)+\sin(A+B)\right]$.

7. 特殊角的三角函数值

α	$\sin\alpha$	$\cos\alpha$	$\tan\alpha$	$\cot\alpha$	$\sec\alpha$	$\csc\alpha$
0	0	1	0	∞	1	∞
$\dfrac{\pi}{6}$	$\dfrac{1}{2}$	$\dfrac{\sqrt{3}}{2}$	$\dfrac{\sqrt{3}}{3}$	$\sqrt{3}$	$\dfrac{2}{3}\sqrt{3}$	2
$\dfrac{\pi}{4}$	$\dfrac{\sqrt{2}}{2}$	$\dfrac{\sqrt{2}}{2}$	1	1	$\sqrt{2}$	$\sqrt{2}$
$\dfrac{\pi}{3}$	$\dfrac{\sqrt{3}}{2}$	$\dfrac{1}{2}$	$\sqrt{3}$	$\dfrac{\sqrt{3}}{3}$	2	$\dfrac{2}{3}\sqrt{3}$
$\dfrac{\pi}{2}$	1	0	∞	0	∞	1
π	0	-1	0	∞	-1	∞
$\dfrac{3}{2}\pi$	-1	0	∞	0	∞	-1
2π	0	1	0	∞	1	∞

（四）平面解析几何

1. 距离、斜率、分点坐标

已知两点 $P_1(x_1,y_1)$ 与 $P_2(x_2,y_2)$，则

(1) 两点间距离 $d=\sqrt{(x_2-x_1)^2+(y_2-y_1)^2}$；

(2) 线段 P_1P_2 的斜率 $k=\dfrac{y_2-y_1}{x_2-x_1}$；

(3) 设 $\dfrac{P_1P}{PP_2}=\lambda$，则分点 $P(x,y)$ 的坐标 $x=\dfrac{x_1+\lambda x_2}{1+\lambda}$，$y=\dfrac{y_1+\lambda y_2}{1+\lambda}$．

2. 直线方程

(1) 点斜式 $y-y_0=k(x-x_0)$；　　(2) 斜截式 $y=kx+b$；

(3) 两点式 $\dfrac{y-y_1}{y_2-y_1}=\dfrac{x-x_1}{x_2-x_1}$；　　(4) 截距式 $\dfrac{x}{a}+\dfrac{y}{b}=1$；

(5) 一般式 $Ax+By+C=0$ $(A,B$ 不同时为零$)$；

(6) 参数式 $\begin{cases}x=x_0+t\cos\alpha,\\y=y_0+t\sin\alpha,\end{cases}$ 或 $\begin{cases}x=x_0+lt,\\y=y_0+mt.\end{cases}$

3. 点 $P_0(x_0,y_0)$ 到直线 $Ax+By+C=0$ 的距离 $d=\dfrac{|Ax_0+By_0+C|}{\sqrt{A^2+B^2}}$．

4. 两直线的交角

设两直线的斜率分别为 k_1 与 k_2，交角为 θ，则 $\tan\theta=\dfrac{k_1-k_2}{1+k_1\cdot k_2}$．

5. 圆的方程

标准式 $(x-a)^2+(y-b)^2=R^2$；

参数式 $\begin{cases}x=a+R\cos t,\\y=b+R\sin t,\end{cases}$ 圆心 $G(a,b)$，半径 $r=R$，$M(x,y)$ 是圆上任一点，其中参数方程 t 为动径 GM 与 x 轴正方向的夹角．

6. 抛物线　$y^2 = 2px$，焦点 $\left(\dfrac{p}{2}, 0\right)$，准线 $x = -\dfrac{p}{2}$；$x^2 = 2py$，焦点 $\left(0, \dfrac{p}{2}\right)$，准线 $y = -\dfrac{p}{2}$.

7. 椭圆　$\dfrac{x^2}{a^2} + \dfrac{y^2}{b^2} = 1 \ (a > b)$，焦点在 x 轴上.

8. 双曲线　$\dfrac{x^2}{a^2} - \dfrac{y^2}{b^2} = 1$，焦点在 x 轴上.

9. 等轴双曲线　$xy = k$（常数）.

10. 圆锥曲线的极坐标方程　$\rho = \dfrac{ep}{1 - e\cos\theta}$，其中 θ 为极角，p 为极点到准线的距离，e 为离心率，当 $e = 1$ 时为抛物线；$e < 1$ 时为椭圆；$e > 1$ 时为双曲线.

11. 直角坐标与极坐标之间的关系（见右图）

$$\begin{cases} x = \rho\cos\theta, \\ y = \rho\sin\theta, \end{cases} \quad \begin{cases} \rho = \sqrt{x^2 + y^2}, \\ \theta = \arctan\dfrac{y}{x}. \end{cases}$$

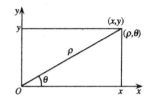

附录二　双曲函数和反双曲函数

双曲正弦函数　$\text{sh}x=\dfrac{e^x-e^{-x}}{2}$，$x\in(-\infty,+\infty)$，$y\in(-\infty,+\infty)$；

双曲余弦函数　$\text{ch}x=\dfrac{e^x+e^{-x}}{2}$，$x\in(-\infty,+\infty)$，$y\in[1,+\infty)$；

双曲正切函数　$\text{th}x=\dfrac{e^x-e^{-x}}{e^x+e^{-x}}=\dfrac{\text{sh}x}{\text{ch}x}$，$x\in(-\infty,+\infty)$，$y\in(-1,1)$；

反双曲正弦　$y=\text{arsh}x=\ln(x+\sqrt{x^2+1})$，$x\in(-\infty,+\infty)$，$y\in(-\infty,+\infty)$；

反双曲余弦　$y=\text{arch}x=\ln(x+\sqrt{x^2-1})$，$x\in[1,+\infty)$，$y\in(0,+\infty)$；

反双曲正切　$y=\text{arth}x=\dfrac{1}{2}\ln\dfrac{1+x}{1-x}$，$x\in(-1,1)$，$y\in(-\infty,+\infty)$.

双曲函数的基本公式

$$\text{ch}^2\,x-\text{sh}^2\,x=1; \qquad\qquad \text{sh}2x=2\text{sh}x\text{ch}x;$$

$$\text{ch}2x=\text{sh}^2\,x+\text{ch}^2\,x; \qquad\qquad \text{th}2x=\dfrac{2\text{th}x}{1+\text{th}^2\,x};$$

$$\text{sh}(x\pm y)=\text{sh}x\text{ch}y\pm\text{ch}x\text{sh}y;$$

$$\text{ch}(x\pm y)=\text{ch}x\text{ch}y\pm\text{sh}x\text{sh}y;$$

$$\text{th}(x\pm y)=\dfrac{\text{th}x\pm\text{th}y}{1\pm\text{th}x\text{th}y}.$$

shx 与 chx 的图形　　　　　　th x 的图形

附录三 常见的一些曲线的图形

立方抛物线

$y = x^3$

半立方抛物线

$y^2 = ax^3$

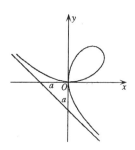

笛卡儿叶形线

$x^3 + y^3 - 3axy = 0$

$x = \dfrac{3at}{1+t^3}, \ y = \dfrac{3at^2}{1+t^3}.$

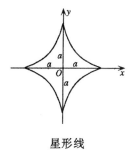

星形线

$x^{\frac{2}{3}} + y^{\frac{2}{3}} = a^{\frac{2}{3}}$

$x = a\cos^3 t, \ y = a\sin^3 t.$

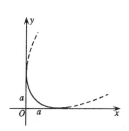

抛物线

$\sqrt{x} + \sqrt{y} = \sqrt{a}$

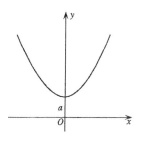

悬链线

$y = a\,\mathrm{ch}\,\dfrac{x}{a} = \dfrac{a}{2}(\mathrm{e}^{\frac{x}{a}} + \mathrm{e}^{-\frac{x}{a}})$

摆线

$x = a(\theta - \sin\theta)$

$y = a(1 - \cos\theta)$

高斯曲线

$y = \mathrm{e}^{-x^2}.$

圆的渐伸线

$x = r\cos\theta + r\theta\sin\theta.$

$y = r\sin\theta - r\theta\cos\theta.$

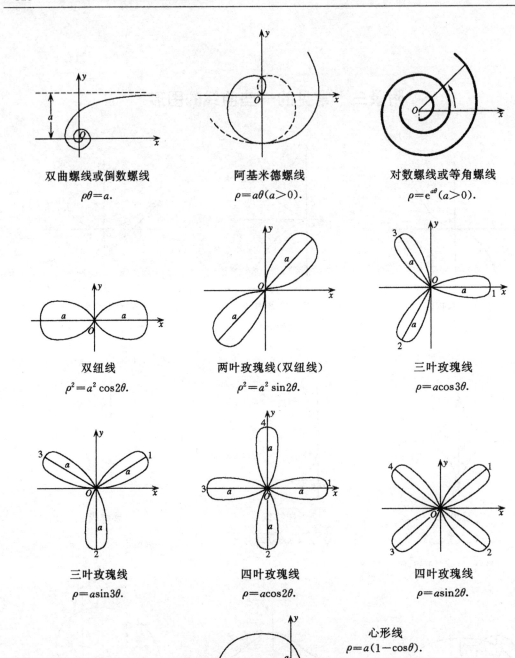

双曲螺线或倒数螺线

$\rho\theta=a.$

阿基米德螺线

$\rho=a\theta(a>0).$

对数螺线或等角螺线

$\rho=\mathrm{e}^{a\theta}(a>0).$

双纽线

$\rho^2=a^2\cos2\theta.$

两叶玫瑰线(双纽线)

$\rho^2=a^2\sin2\theta.$

三叶玫瑰线

$\rho=a\cos3\theta.$

三叶玫瑰线

$\rho=a\sin3\theta.$

四叶玫瑰线

$\rho=a\cos2\theta.$

四叶玫瑰线

$\rho=a\sin2\theta.$

心形线

$\rho=a(1-\cos\theta).$

习题参考答案与提示

习 题 1.1

1. (1) $-2<x<1$,$(-2,1)$;   (2) $x\leqslant-2$ 或 $x\geqslant1$,$(-\infty,-2]\cup[1,+\infty)$;

    (3) $-1<x<1$ 或 $3<x<+\infty$,$(-1,1)\cup(3,5)$;   (4) $0<x<2$ 或 $2<x<4$,$(0,2)\cup(2,4)$.

2. (1) $(-\infty,-3)\cup(-3,0)\cup(0,+\infty)$;   (2) $(-\infty,-3]\cup[3,+\infty)$;   (3) $(-\infty,-1)\cup(1,+\infty)$;

    (4) $(5,6)\cup(6,+\infty)$;   (5) $[-1,3]$;   (6) $[-10,1)\cup(1,2)$.

3. (2),(4)相同;(1),(3)不相同.

4. (1) -1,-1,x^2-2x-1,$\dfrac{1}{x^2}+\dfrac{2}{x}-1$,$x^2-2$;   (2) 0,$\dfrac{1}{3}$,$-\dfrac{1}{3}$,$\dfrac{2^{\frac{1}{x}}-1}{2^{\frac{1}{x}}+1}$,$\dfrac{2^x-2}{2^x+2}$.

5. $f(x)=\dfrac{7}{3}x-2$, $f(1)=\dfrac{1}{3}$, $f(2)=\dfrac{8}{3}$.   **6.** (1) $[0,+\infty)$;   (2) 1,1,$\dfrac{5}{4}$,3.

7. $y=\begin{cases}-1,&x<0,\\1,&x>0,\end{cases}$ $(-\infty,0)\cup(0,+\infty)$;

8. (1) 偶函数;   (2) 奇函数;   (3) 奇函数;   (4) 奇函数;   (5) 奇函数.

9. (1) 单调减少;   (2) 单调增加;   (3) 单调减少;   (4) $0<a<1$ 时,单调减少,$a>1$ 时,单调增加.

10. (1) $y=\dfrac{1-x}{1+x}$;   (2) $y=\ln(x+\sqrt{1+x^2})$ **提示** 由原式得 $ye^x=\dfrac{1}{2}(e^{2x}-1)$ 即 $e^{2x}-2ye^x-1=0$;

    (3) $y=e^{x-3}-1$;   (4) $y=\begin{cases}\sqrt{x},&0\leqslant x\leqslant1,\\\sqrt[3]{x},&x>1.\end{cases}$

11. (1) (C);   (2) (D);   (3) (B);   (4) (D);   (5) (A);

    (6) (B)   **提示** 由 $3=\dfrac{4x}{x-1}$ 得 $x=f^{-1}(3)=-3$.

习 题 1.2

1. (1) $y=\sqrt{x-x^2}$,定义域 $D=[0,1]$;   (2) $y=\text{sine}^x$,定义域 $D=(-\infty,+\infty)$;   (3) 不能;   (4) 不能.

2. (1) $y=\sqrt{1+\sin^2(\log_a x)}$;   (2) $y=e^{\sin^2\frac{1}{x}}$;   (3) $y=\arctan\sqrt{x^2+1}$;   (4) $y=\ln\arcsin(x+e^x)$;

3. (1) $y=\sin u$,$u=x^3$;   (2) $y=\cos u$,$u=\dfrac{1}{x}$;   (3) $y=\sqrt{u}$,$u=\ln x$;   (4) $y=e^u$,$u=\sqrt{x}$;

    (5) $y=e^u$,$u=\tan v$,$v=\dfrac{1}{x}$;   (6) $y=e^u$,$u=e^v$,$v=x^2$;   (7) $y=\ln u$,$u=\ln v$,$v=\sin x$;

    (8) $y=\ln u$,$u=\tan v$,$v=\dfrac{1}{x^2}$;   (9) $y=u^2$,$u=\arcsin v$,$v=e^x$;   (10) $y=u^2$,$u=\sin v$,$v=\ln x$.

4. (1) $y=\sqrt[3]{u}$,$u=3+2x$;   (2) $y=u^3$,$u=3+x+2x^2$;   (3) $y=2^u$,$u=2x^2+1$;

    (4) $y=u^{-1}$,$u=x+\tan x$;   (5) $y=\ln u$,$u=\dfrac{1+\sqrt{x}}{1-\sqrt{x}}$;   (6) $y=u^2$,$u=\arcsin v$,$v=\sqrt{t}$,$t=1-x^2$;

(7) $y=u^2, u=\arctan v, v=\dfrac{2x}{1-x^2}$;　　　　(8) $y=\sin u, u=e^v, v=\sqrt{t}, t=x^2+1$;

(9) $y=u^{-3}, u=v \cdot w, v=a^x, w=\sin t, t=\dfrac{1}{x}$;　　(10) $y=\ln u, u=v^2, v=\ln w, w=\ln t, t=3x$.

5. x^6+1; $(x^3+1)^2$; $(x^3+1)^3+1$; $\left(\dfrac{1}{x^3+1}\right)^3+1$.　　**6.** x^4; 2^{2x}; 2^{x^2}.

7. (1) $x(x+1)$;　(2) $\dfrac{1}{1+x}$;　(3) x^3+3x^2+3x;　(4) x^2+1.

8. (1) $(-\infty,0]$;　(2) $(-1,1)$;　(3) $\left(-\dfrac{1}{4},\dfrac{3}{4}\right]$.

9. (1) (B);　　(2) (D);　　(3) (D);

(4) (D)　**提示**　在 $\left(0,\dfrac{\pi}{2}\right)$ 内, 2^x 是增函数, 而 $\cos x$ 是减函数; $\left(\dfrac{1}{2}\right)^x$ 是减函数, 而 $\sin x$ 是增函数.

<h2 style="text-align:center">习　题　1.3</h2>

1. (1) 发散;　(2) 收敛于 1;　(3) 收敛于 1;　(4) 收敛于 1.　**提示**　$\dfrac{1}{n(n+1)}=\dfrac{1}{n}-\dfrac{1}{n+1}$.

2. (1) $y_n=\dfrac{1}{3^{n-1}}$, 收敛于 0;　　　　(2) $y_n=\dfrac{1+(-1)^n}{n}$, 收敛于 0;

(3) $y_n=(-1)^{n+1}\dfrac{1}{n}$, 收敛于 0;　(4) $y_n=\dfrac{n-1}{n+1}$, 收敛于 1.

3. (1) 不收敛;　　(2) 有极限; 极限仍是 A;　　(3) 不一定; 有界;　　(4) 一定发散; 不一定无界.

4. $a=0$.　　**5.** (1) 0,0,0;　　(2) $-1,1$, 不存在;　　(3) $0,-\infty$, 不存在;　　(4) 1,1,1.

6. (1) $x\to2$ 或 $x\to\infty$;　　(2) $x\to2$;　　(3) $x\to0^+$;　　(4) $x\to0$.

7. (1) $x\to-2$ 或 $x\to2$;　　(2) $x\to1^-$ 或 $x\to-\infty$;　　(3) $x\to0^-$;　　(4) $x\to+\infty$.

8. (1) (D);　　(2) (D);　　(3) (B)　　(4) (B).

<h2 style="text-align:center">习　题　1.4</h2>

1. (1) 0;　　(2) 0;　　(3) 0;　　(4) 0.

2. (1) 17;　　(2) $-\dfrac{1}{2}$;　　(3) ∞;　　(4) 4;　　(5) 1;　　(6) $\dfrac{2}{3}$;　　(7) 32;　　(8) 6;　　(9) $2x$;

(10) $\dfrac{1}{2\sqrt{x}}$;　　(11) $-\dfrac{1}{2}$;　　(12) -1.

3. $a=-7, b=6$.　**提示**　$1^2+a+b=0$ 且 $x^2+ax+b=(x-1)(x-k)$.

4. (1) $\dfrac{1}{3}$;　(2) 0;　(3) ∞;　(4) $\left(\dfrac{3}{4}\right)^{20}$;　(5) $\sqrt[3]{2}$;　(6) $\dfrac{2}{3}$;　(7) 0;

(8) $-\dfrac{1}{2}$　**提示**　分母理解成是 1, 分母、分子同乘 $(\sqrt{x^2-1}+x)$;　(9) 0.

5. (1) $\dfrac{1}{2}$　**提示**　$1+2+3+\cdots+n=\dfrac{n(n+1)}{2}$;　(2) $\dfrac{4}{3}$.

6. (1) $a=1, b=-1$　**提示**　将 $\dfrac{x^2+1}{x+1}-ax-b$ 化成一个分式;

(2) $a=1, b=-\dfrac{1}{2}$.　**提示**　原式 $=\lim\limits_{x\to+\infty} x\left(\sqrt{1-\dfrac{1}{x}+\dfrac{1}{x^2}}-a-\dfrac{b}{x}\right)=0$.

7. (1) 0;　　(2) $\dfrac{4}{7}$;　　(3) ∞;　　(4) $\dfrac{1}{3}$.

8. (1) 3;　　(2) $\frac{3}{2}$;　　(3) 3;　　(4) 1　**提示**　令 $t=\pi-x$;　　(5) 1;　　(6) -2;

(7) 2　**提示**　设 $t=\arctan x$;　　(8) 2.

9. $a=4,b=-5$.　**提示**　$\dfrac{x^2+ax+b}{\sin(x^2-1)}=\dfrac{x^2-1}{\sin(x^2-1)}\cdot\dfrac{x^2+ax+b}{x^2-1}$.

10. (1) e;　(2) e^x;　(3) e^{-1};　(4) e^{-4};　(5) e^{-2};　(6) e^{-1};　(7) e^{-2};　(8) e;　(9) e^{-3};　(10) e^3.

11. (1) 低阶;　(2) 同阶;　(3) 高阶;　(4) 等价.　　**13.** 3320.1 元.　　**14.** 350 万元.

15. (1) (B);　　(2) (D);　　(3) (C)　**提示**　$n^3\tan\dfrac{x}{n^3}=\dfrac{\tan\dfrac{x}{n^3}}{\dfrac{x}{n^3}}x$;　　(4) (D).

习　题　1.5

1. (1) 连续;　　(2) 不连续;　　(3) 连续;　　(4) 连续.

2. (1) $k=2$;　　(2) $k=4$.　　**3.** 在 $x=\dfrac{1}{2}$,$x=2$ 处连续;在 $x=1$ 处不连续.

4. (1) $x=-3$,无穷间断点;　　(2) $x=0$,可去间断点,补充定义 $f(0)=0$;

(3) $x=0$,可去间断点,补充定义 $f(0)=e$;

(4) $x=-1,x=1$;$x=-1$ 为无穷间断点,$x=1$ 为可去间断点,补充定义 $f(1)=\dfrac{1}{2}$;

(5) $x=1$,改变在 $x=1$ 处的定义,令 $f(1)=2$;

(6) $x=0$ 为跳跃间断点　**提示**　$f(0-0)=1,f(0+0)=0$.

5. 连续.　　**8.** (1) (A);　(2) (A);　(3) (D).

习　题　1.6

1. (1) 直线 $y=1$ 为水平渐近线;直线 $x=0$ 为铅垂渐近线;

(2) 直线 $y=1$ 为水平渐近线;直线 $x=0$ 为铅垂渐近线;

(3) 直线 $x=2$ 为铅垂渐近线;　　(4) 直线 $y=0$ 和 $y=\pi$ 为水平渐近线;

(5) 直线 $y=0$ 为水平渐近线,直线 $x=-2$ 为铅垂渐近线;

(6) 直线 $x=-3$ 为铅垂渐近线,$y=1$ 为水平渐近线;

(7) 直线 $y=0$ 为水平渐近线;直线 $x=1$ 为铅垂渐近线;　　(8) 直线 $y=0$ 为水平渐近线.

2. (1) 正确　**提示**　$\lim\limits_{x\to0^+}|\ln x|=+\infty$;　　(2) 不正确,向下延伸以直线 $x=0$ 为铅垂渐近线.

提示　$x>0$ 时,$\lim\limits_{x\to0^+}\ln x=-\infty$;$x<0$ 时,$\lim\limits_{x\to0^-}=\ln(-x)=-\infty$.

3. (1) (B);　　(2) (D).

习　题　2.1

1. (1) (i) 2.1,　(ii) 2.01;　　(2) 2.

2. (1) 25，20.5，20.05，20.005;　　(2) 20 cm/s;　　(3) 20 cm/s.

3. (1) 95 g/cm;　(2) 35 g/cm;　(3) 185 g/cm.

4. (1) $f'(4)=8$;$f'(x)=2x$;　　(2) $f'(4)=\dfrac{1}{4}$;$f'(x)=\dfrac{1}{2\sqrt{x}}$.

5. 连续且可导，$f'(0)=1$. **6.** (1) $4x^3$; (2) $\dfrac{1}{3\sqrt[3]{x^2}}$; (3) $-\dfrac{3}{x^4}$; (4) $-\dfrac{1}{2\sqrt{x^3}}$.

7. (1) $\dfrac{\sqrt{2}}{2}, -1$; (2) $0, -1$; (3) $\dfrac{1}{\ln 2}, \dfrac{2}{\ln 2}$; (4) $3, \dfrac{1}{e}$.

8. (1) $y-4=-4(x+2), y-4=\dfrac{1}{4}(x+2)$; (2) $y=1, x=0$;

(3) $y=x, y=-x, y=1, x=\dfrac{\pi}{2}$; (4) $y=x-1, y=1-x$; (5) $y=2-x, y=x$.

9. (1) $2f'(x_0)$; (2) $-f'(x_0)$.

10. (1) (D); (2) (B).

习 题 2.2

1. (1) $9x^2+3^x\ln 3+\dfrac{1}{x\ln 3}$; (2) $\dfrac{1}{5}-\dfrac{4}{x^2}+\dfrac{1}{\sqrt{x}}+\dfrac{1}{\sqrt[3]{x^4}}$; (3) $\dfrac{a}{a+b}$; (4) 0;

(5) $\sec x+\dfrac{x\sin x}{\cos^2 x}+\dfrac{\cos x}{\sin^2 x}$; (6) $e^x(\cos x-\sin x)$; (7) $2x\ln x+x+\dfrac{1}{x}$;

(8) $\sqrt{2}\,x^{\sqrt{2}-1}+\arcsin x+\dfrac{x}{\sqrt{1-x^2}}$; (9) $(2x-1)\sin x+x^2\cos x$; (10) $\tan x+x\sec^2 x+\csc^2 x$;

(11) $3x^2-1+\dfrac{1}{x^2}-\dfrac{3}{x^4}$; (12) $2e^x\sin x$; (13) $2x\arctan x-\dfrac{2}{1+x^2}+2x\ln a$; (14) $x^2\sin x$;

(15) $-2x\tan x\ln x+(1-x^2)\sec^2 x\ln x+\dfrac{1-x^2}{x}\tan x$; (16) $2\cos x+\cos x\csc^2 x-x\sin x$;

(17) $e^x(x^2-4)$; (18) $e^x\ln x+xe^x\ln x+e^x$; (19) $(a^2+b^2)e^x\cdot x^2\left[(x+3)\arctan x+\dfrac{x}{1+x^2}\right]$;

(20) $a^x e^x(1+\ln a)-\dfrac{\ln x-1}{\ln^2 x}$; (21) $1+\ln x+\dfrac{1-\ln x}{x^2}$; (22) $\dfrac{1}{(x+2)^2}$; (23) $\dfrac{2x-x^2+1}{(x^2+1)^2}$;

(24) $-\dfrac{3x^2+2x-3}{(x^2+1)^2}$; (25) $\dfrac{2}{x(1-\ln x)^2}$; (26) $\dfrac{(1-x^2)\tan x+x(1+x^2)\sec^2 x}{(1+x^2)^2}$;

(27) $\dfrac{-1}{\sqrt{x}(\sqrt{x}-1)^2}$; (28) $\dfrac{1-2\ln x-x}{x^3}$; (29) $\dfrac{1}{1+\cos x}$; (30) $\dfrac{x+(\ln x)^2}{(x+\ln x)^2}$;

(31) $\dfrac{(x^2+2x-1)\arctan x+x+1}{(1+x)^2}$; (32) $-\dfrac{1}{1+\sin 2x}$; (33) $-\dfrac{1}{(\arcsin x)^2\sqrt{1-x^2}}$;

(34) $\dfrac{2x-(1+x^2)\arctan x}{2x^{\frac{3}{2}}(1+x^2)}$; (35) $\dfrac{(x+1)(e^x+x)-x(x+\ln x)(e^x+1)}{x(e^x+x)^2}$;

(36) $\dfrac{\sin x-x\cos x}{\sin^2 x}+\dfrac{x\cos x-\sin x}{x^2}$; (37) $\dfrac{x^2}{e^x}\left[(3-x)\arctan x+\dfrac{x}{1+x^2}\right]$;

(38) $\dfrac{(\sin x+x\cos x)(1+\tan x)-x\sin x\sec^2 x}{(1+\tan x)^2}$; (39) $\dfrac{x^2}{(\cos x+x\sin x)^2}$;

(40) $\dfrac{1}{(\sin x+\cos x)^2}\left[\left(2x\ln x+\dfrac{1+x^2}{x}\right)(\sin x+\cos x)-(1+x^2)\ln x(\cos x-\sin x)\right]$.

2. (1) $-\dfrac{\sqrt{2}}{4}+1+\dfrac{\pi}{2}$; (2) $\dfrac{4}{9}$; (3) $-\dfrac{2}{\pi^2+6}$; (4) 1; (5) $\dfrac{1-\ln 4}{4}$; (6) $-\dfrac{1}{e^2}$.

3. (1) $\dfrac{2\ln x}{x}$; (2) $-\dfrac{2x}{a^2-x^2}$; (3) $\dfrac{1}{x\ln x}$; (4) $-2xe^{-x^2}$; (5) $3\cos(3x-5)$;

(6) $-2x\sin(x^2+1)$; (7) $\dfrac{1}{\sqrt{4-x^2}}$; (8) $\dfrac{2x}{1+x^4}$; (9) $\dfrac{1}{1+x^2}$; (10) $-\dfrac{1}{1+x^2}$;

(11) $-\dfrac{2}{x\sqrt{x^2-1}}\arcsin\dfrac{1}{x}$;　　(12) $-2x\tan x^2$;　　(13) $4\csc 4x$;　　(14) $-\dfrac{\mathrm{e}^{-x}}{1+\mathrm{e}^{-2x}}$;

(15) $-12\cos^2 4x\cdot\sin 4x$;　　(16) $2^{\sin^2 x}\ln 2\cdot\sin 2x$;　　(17) $\dfrac{2}{\sqrt{1-4x^2}\cdot\arcsin 2x}$;

(18) $-2(x+1)\mathrm{e}^{x^2+2x+2}\sin \mathrm{e}^{x^2+2x+2}$;　　(19) $\dfrac{2}{x\ln 3x\cdot\ln\ln 3x}$;　　(20) $-\dfrac{1}{2\sqrt{x(1-x)}(1+x)}$;

(21) $\dfrac{x\mathrm{e}^{\sqrt{x^2+1}}}{\sqrt{x^2+1}}$;　　(22) $\cos x\cdot\cos(\sin x)\cdot\cos[\sin(\sin x)]$;　　(23) $2x\cos x^2+\sin 2x$;

(24) $a^x\mathrm{e}^{\sin\tan x}(\ln a+\sec^2 x\cdot\cos\tan x)$;　　(25) $\dfrac{x}{\sqrt{1+x^2}}\left[\arctan x^3+\dfrac{3x(1+x^2)}{1+x^6}\right]$;

(26) $-\sin 2x\cdot\cos(\cos 2x)$;　　(27) $\dfrac{2}{x^3}\sin\dfrac{1}{x^2}\mathrm{e}^{\cos\frac{1}{x^2}}\left[1+\cos\dfrac{1}{x^2}\right]$;

(28) $2\left(\dfrac{1}{a^2}\sec^2\dfrac{x}{a^2}\tan\dfrac{x}{a^2}+\dfrac{1}{b^2}\sec^2\dfrac{x}{b^2}\tan\dfrac{x}{b^2}\right)$;　　(29) $\dfrac{\mathrm{e}^x}{\sqrt{1+\mathrm{e}^{2x}}}$;

(30) $-\dfrac{1}{\cos x}$　**提示**　$y=\dfrac{1}{2}[\ln(1-\sin x)-\ln(1+\sin x)]$;　　(31) $\dfrac{1}{2}$;

(32) $\dfrac{4\sqrt{x}\sqrt{x+\sqrt{x}}+2\sqrt{x}+1}{8\sqrt{x}\sqrt{x+\sqrt{x}}\sqrt{x+\sqrt{x+\sqrt{x}}}}$;　　(33) $\dfrac{x+2}{2\sqrt{x+3}\sqrt[3]{(1+x\sqrt{x+3})^2}}$;

(34) $\dfrac{1}{\sqrt{2x+x^2}}$;　　(35) $-\dfrac{2}{1+x^2}$;　　(36) $\dfrac{2}{\mathrm{e}^x+\mathrm{e}^{-x}}$;　　(37) $-\dfrac{1}{(x^2+2x+2)\arctan\dfrac{1}{1+x}}$;

(38) $\dfrac{6}{4+5\sin 2x}$;　　(39) $-\dfrac{\mathrm{arccos}x}{x^2}$;　　(40) $(\arcsin x)^{m-1}(\arccos x)^{n-1}\cdot\dfrac{m\mathrm{arccos}x-n\mathrm{arcsin}x}{\sqrt{1-x^2}}$.

4. (1) $f'(x)=\dfrac{1}{4}\sec^2\dfrac{x}{2}\sqrt{\cot\dfrac{x}{2}}$,　$f'\left(\dfrac{\pi}{2}\right)=\dfrac{1}{2}$;　　(2) $f'(x)=\dfrac{1}{\sqrt{x^2-a^2}}$,　$f'(2a)=\dfrac{1}{a\sqrt{3}}$;

(3) $f'(x)=\dfrac{2}{1+x^2}$, $f'(1)=1$;　　(4) $f'(x)=-\dfrac{x-\mu}{\sqrt{2\pi}\sigma^3}\mathrm{e}^{-\frac{(x-\mu)^2}{2\sigma^2}}$, $f'(\mu)=0$.

5. (1) $2xf'(x^2)$;　　(2) $(\mathrm{e}^x+ex^{e-1})f'(\mathrm{e}^x+x^e)$;　　(3) $\sin 2x[f'(\sin^2 x)-f'(\cos^2 x)]$;

(4) $-\dfrac{1}{|x|\sqrt{x^2-1}}f'\left(\arcsin\dfrac{1}{x}\right)$;　　(5) $-\sin x f'(\cos x)\cdot f'(f(\cos x))$;

(6) $\mathrm{e}^{f(x)}[\mathrm{e}^x f'(\mathrm{e}^x)+f(\mathrm{e}^x)f'(x)]$.

6. (1) **提示**　将 $f(-x)=f(x)$ 两端求导.　(3) **提示**　若函数 $f(x)$ 的周期是 T,由 $f(x+T)=f(x)$ 求导.

7. (1) 切线方程 $y-3=\dfrac{1}{2}(x-2)$;法线方程 $y-3=-2(x-2)$.

(2) 点 A 处,切线方程 $y+\sqrt[3]{4}=\dfrac{10}{3\sqrt[3]{2}}(x-2)$,法线方程 $y+\sqrt[3]{4}=-\dfrac{3\sqrt[3]{2}}{10}(x-2)$;点 B 处,切线

方程 $y=-3$,法线方程 $x=1$;点 C 处,切线方程 $x=0$,法线方程 $y=0$.

8. 点 $(-1,-4)$ 和点 $(1,0)$.

9. (1) $2|x|$;　　(2) $\sin\dfrac{1}{x}-\dfrac{1}{x}\cos\dfrac{1}{x}$ $(x\neq 0)$.

10. (1) $\dfrac{\mathrm{e}^{\sqrt{x}}}{4x}-\dfrac{\mathrm{e}^{\sqrt{x}}}{4x\sqrt{x}}$;　　(2) $\mathrm{e}^{-x^2}(4x^2-2)$;　　(3) $2\cos 2x$;　　(4) $\dfrac{2(\sqrt{1-x^2}+x\arcsin x)}{\sqrt{(1-x^2)^3}}$;

(5) $-\dfrac{2(1+x^2)}{(1-x^2)^2}$;　　(6) $-\dfrac{x}{\sqrt{(x^2-1)^3}}$;　　(7) $30x^4+12x$;　　(8) $2\arctan x+\dfrac{2x}{1+x^2}$;

(9) $\mathrm{e}^{-x}(4\sin 2x-3\cos 2x)$;　　(10) $\dfrac{2-x^2}{\sqrt{(1+x^2)^5}}$.

11. (1) 0;　　(2) $-\dfrac{3}{4\mathrm{e}^4}$.

12. (1) $\dfrac{1}{x^2}[f''(\ln x)-f'(\ln x)]$;　　(2) $\mathrm{e}^x[f'(\mathrm{e}^x)+f''(\mathrm{e}^x)\mathrm{e}^x]$;　　(3) $2[f'(x^2)+2x^2 f''(x^2)]$;

(4) $(\mathrm{e}^x+1)^2 f''(\mathrm{e}^x+x)+\mathrm{e}^x f'(\mathrm{e}^x+x)$.

13. (1) $a^n \mathrm{e}^{ax}$;　　(2) $a^x(\ln a)^n$;　　(3) $(-1)^{n-1}\dfrac{(n-1)!}{x^n}$;　　(4) $(n+1)!\ (x-a)$;

(5) $2^n \sin\left(2x+\dfrac{n\pi}{2}\right)$;　　(6) $\dfrac{(-1)^n(n-2)!}{x^{n-1}}\ (n>1)$.

14. $0;4;8$.　　**15.** $-\dfrac{\sqrt{3}}{2}\pi^2\ \mathrm{m/s^2}$.

16. (1) (A);

(2) (C)　**提示**　当 $f(x)>0$ 时,$[\ln f(x)]'=\dfrac{f'(x)}{f(x)}$;当 $f(x)<0$ 时,$[\ln(-f(x))]'=\dfrac{f'(x)}{f(x)}$.

(3) (B)　**提示**　$f'(-x)=f'(x)$.　　(4) (B)　**提示**　$f'(x)$ 为奇函数.　　(5) (B).

(6) (B)　**提示**　由 $\dfrac{\mathrm{d}}{\mathrm{d}x}\left[f\left(\dfrac{1}{x^2}\right)\right]=\dfrac{1}{x}$,得 $f'\left(\dfrac{1}{x^2}\right)=-\dfrac{x^2}{2}$.

习　题　2.3

1. (1) $-\dfrac{ax}{by}$;　　(2) $\dfrac{ay}{y-ax}$;　　(3) $\dfrac{\cos(x+y)}{\mathrm{e}^y-\cos(x+y)}$;　　(4) $\dfrac{\sin y}{1-x\cos y}$;

(5) $\dfrac{\mathrm{e}^{x+y}-y}{x-\mathrm{e}^{x+y}}$;　　(6) $\dfrac{2x\cos 2x-y-xy\mathrm{e}^{xy}}{x^2\mathrm{e}^{xy}+x\ln x}$.

2. 当 $x=0$ 时,$y=1$,$\dfrac{\mathrm{d}y}{\mathrm{d}x}\Big|_{\substack{x=0\\y=1}}=-2$.　　**提示**　$\dfrac{\mathrm{d}y}{\mathrm{d}x}=-\dfrac{y^2+y^4}{1+2xy+2xy^3}$.

3. $\dfrac{\mathrm{d}y}{\mathrm{d}x}\Big|_{\substack{x=0\\y=\frac{\pi}{2}}}=1-\dfrac{\pi}{2}$.　　**4.** (1) $-\dfrac{1}{y^3}$;　　(2) $\dfrac{\mathrm{e}^y(3-y)}{(2-y)^3}$.

5. (1) $x+y-\dfrac{\sqrt{2}}{2}a=0$;　　(2) $y=1$.

6. (1) $x^{x^2+1}(2\ln x+1)$;　　(2) $x^{\frac{1}{x}-2}(1-\ln x)$;　　(3) $(1+\cos x)^{\frac{1}{x}}\left[-\dfrac{\sin x}{x(1+\cos x)}-\dfrac{\ln(1+\cos x)}{x^2}\right]$;

(4) $\mathrm{e}^x(\ln x)^{\mathrm{e}^x}\left(\dfrac{1}{x\ln x}+\ln\ln x\right)$;　　(5) $(\tan x)^x(x\cot x+x\tan x+\ln\tan x)$;　　(6) $x^{\sin x}\left(\dfrac{\sin x}{x}+\cos x\ln x\right)$;

(7) $f(x)^{g(x)}\left[g'(x)\cdot\ln f(x)+g(x)\dfrac{f'(x)}{f(x)}\right]$;　　(8) $2^x\cdot x^{2^x}\left(\ln 2\cdot\ln x+\dfrac{1}{x}\right)+2^{2^x+x}\ln^2 2$;

(9) $\dfrac{\sqrt{x+1}}{\sqrt[3]{x-2}(x+3)^2}\left[\dfrac{1}{2(x+1)}-\dfrac{1}{3(x-2)}-\dfrac{2}{x+3}\right]$;　　(10) $\dfrac{1}{3}\sqrt{\dfrac{x(x^2+1)}{(x-1)^2}}\left(\dfrac{1}{x}+\dfrac{2x}{x^2+1}-\dfrac{2}{x-1}\right)$;

(11) $\dfrac{1}{\cos x}\sqrt{\dfrac{1+\sin x}{1-\sin x}}$;　　(12) $\sqrt{\dfrac{\mathrm{e}^{3x}}{x^3}}\left[\dfrac{3(x-1)}{2x}\arcsin x+\dfrac{1}{\sqrt{1-x^2}}\right]$.

7. (1) $4t$;　　(2) $\dfrac{\mathrm{e}^{2t}}{1-t}$;　　(3) $\dfrac{2t}{t^2-1}$;　　(4) $-\dfrac{b}{a}\tan t$;　　(5) $\dfrac{\sin at+\cos bt}{\cos at-\sin bt}$;　　(6) $\dfrac{\cos t-t\sin t}{1-\sin t-t\cos t}$.

8. $\sqrt{3}-2$.

9. (1) 切线方程 $x+2y-4=0$,法线方程 $2x-y-3=0$;　　　(2) 切线方程 $x=0$,法线方程 $y=0$.

10. (1) $\dfrac{1}{t^3}$;　　(2) $\dfrac{1}{3a\cos^4 t\sin t}$;　　(3) $-\dfrac{2}{(1-t)^{\frac{3}{2}}}$;　　(4) $\dfrac{2+t^2}{a(\cos t-t\sin t)^3}$.

习　题　2.4

1. (1) $\Delta y=17\,\mathrm{cm}^2,\mathrm{d}y=16\,\mathrm{cm}^2$;　　(2) $\Delta y=8.25\,\mathrm{cm}^2,\mathrm{d}y=8\,\mathrm{cm}^2$;　　(3) $\Delta y=1.61\,\mathrm{cm}^2,\mathrm{d}y=1.6\,\mathrm{cm}^2$.

2. $\Delta y=130;4;0.31;0.0301$;　$\mathrm{d}y=30;3;0.3;0.03$;　$\Delta y-\mathrm{d}y\to0(\Delta x\to0)$.

3. (1) $(\cos x-\sin x)\mathrm{d}x$;　　(2) $(\sin 2x+2x\cos 2x)\mathrm{d}x$;　　(3) $\dfrac{2x\cos x-(1-x^2)\sin x}{(1-x^2)^2}\mathrm{d}x$;

(4) $(x^2+1)^{-\frac{3}{2}}\mathrm{d}x$;　　(5) $\mathrm{e}^x(\cos 5x-5\sin 5x)\mathrm{d}x$;　　(6) $2(\mathrm{e}^{2x}-\mathrm{e}^{-2x})\mathrm{d}x$;

(7) $6\tan 3x\cdot\sec^2 3x\mathrm{d}x$;　　(8) $\dfrac{2\cdot3^{\ln\tan x}\ln 3}{\sin 2x}\mathrm{d}x$;　　(9) $-\dfrac{x}{1-x^2}\mathrm{d}x$;　　(10) $-\dfrac{\sin 2\sqrt{x}}{2\sqrt{x}}\mathrm{d}x$.

4. (1) $-\dfrac{b^2x}{a^2y}\mathrm{d}x$;　　(2) $\dfrac{\sqrt{1-y^2}}{1+2y\sqrt{1-y^2}}\mathrm{d}x$;　　(3) $-\dfrac{y}{x+\mathrm{e}^y}\mathrm{d}x$;　　(4) $\dfrac{\sin(x-y)+y\cos x}{\sin(x-y)-\sin x}\mathrm{d}x$.

5. (1) $ax+C$;　(2) $b\cdot\dfrac{x^2}{2}+C$;　(3) $\sqrt{x}+C$;　(4) $\ln x+C$;　(5) $\arctan x+C$;　(6) $\arcsin x+C$;

(7) $-\dfrac{1}{2}\cos 2x+C$;　　(8) $\dfrac{1}{a}\sin ax+C$;　　(9) $-\dfrac{1}{3}\mathrm{e}^{-3x}+C$;　　(10) $\sec x+C$.

其中各式中的 C 均为任意常数.

6. (1) 0.99　**提示**　用公式 $(1+x)^\alpha\approx1+\alpha x$,取 $x=-0.05$;

(2) 0.95　**提示**　用公式 $\mathrm{e}^x\approx1+x$,取 $x=-0.05$;

(3) -0.03　**提示**　用公式 $\ln(1+x)\approx x$,取 $x=-0.03$;

(4) 0.495　**提示**　设 $f(x)=\cos x,x_0=30°=\dfrac{\pi}{6},\Delta x=20'=\dfrac{\pi}{540}$;

(5) 0.7954　**提示**　设 $f(x)=\arctan x,x_0=1,\Delta x=0.02$;

(6) 3.0048　**提示**　$\sqrt[5]{245}=(243+2)^{\frac{1}{5}}=\Big[243\Big(1+\dfrac{2}{243}\Big)\Big]^{\frac{1}{5}}=3\Big(1+\dfrac{2}{243}\Big)^{\frac{1}{5}}$.

$\Big(1+\dfrac{2}{243}\Big)^{\frac{1}{5}}$用公式 $(1+x)^\alpha\approx1+\alpha x$.

7. $\Delta S=4.04\pi\,\mathrm{m}^2;\mathrm{d}S=4\pi\,\mathrm{m}^2$.　　**提示**　$S=\pi r^2,r=10\,\mathrm{m},\Delta r=0.2\,\mathrm{m}$.

8. (1) (C)　**提示**　$\mathrm{d}y=f'(x)\Delta x$;　　(2) (C).

习　题　2.5

1. $C=a+bQ;AC=\dfrac{a}{Q}+b$.

2. $R=\begin{cases}200Q, & 0\leqslant Q\leqslant500, \\ 100000+(200-20)\cdot(Q-500), & 500<Q\leqslant700, \\ 136000, & 700<Q.\end{cases}$

3. (1) $R=10Q$(元);　　(2) $\pi=8(Q-100)$(元);$Q=100$ 件.

4. (1) $AC=\dfrac{100}{Q}+\dfrac{2}{\sqrt{Q}}$;$AC|_{Q=100}=1.2$;　　(2) $MC=\dfrac{1}{\sqrt{Q}}$;$MC|_{Q=100}=0.1$.

5. $R=9975$； $AR=199.5$； $MR=199.$ 6. $-32.$

7. (1) $\dfrac{3x}{3x+5}$；   (2) 2；   (3) $\dfrac{\sqrt{x}}{2(\sqrt{x}-4)}$；   (4) $\alpha x.$ 8. $-1;-\dfrac{5}{3};-2.$

9. $E_d=-bP$；价格提高(或降低)1%时，需求将减少(或增加)$bP\%.$

10. $E_d=-0.25.$ 11. $E_d|_{P=2}=-\dfrac{2}{3}$；$E_d|_{P=3}=-\dfrac{3}{2}.$

12. $E_m=-\dfrac{b}{M}.$ 13. $E_s=\dfrac{P}{-1+P}$；$P=2$ 时，$E_s=2.$

习 题 3.1

1. (1) 不满足 $f(x)$ 在 $[0,1]$ 上连续；   (2) 不满足 $f(x)$ 在 $(-1,1)$ 内可导；

   (3) 不满足 $f(0)=f(1)$；   (4) 满足，$\xi=\dfrac{\pi}{2}.$

2. (1) 满足，$\xi=\sqrt{\dfrac{4}{\pi}-1}$；   (2) 满足，$\xi=\dfrac{2}{\sqrt{3}}.$

3. 有三个实根，分别在区间 $(1,2),(2,3),(3,4)$ 内部.

4. **提示** 用反证法证根的惟一性.

5. **提示** 设 $f(x)=\arcsin x+\arccos x$，在 $(-1,1)$ 内有 $f'(x)=0.$ 用 $f(x)$ 在定义域 $[-1,1]$ 上的连续性，推出要证的结论.

习 题 3.2

1. (1) -1；   (2) 1；   (3) $\dfrac{1}{2}$；   (4) $\dfrac{1}{6}$；   (5) $8\ln 2$；   (6) 2；   (7) 2；   (8) $-\dfrac{1}{2}$；

   (9) 2；   (10) $\dfrac{1}{3}$；   (11) $+\infty$；   (12) 1；   (13) $+\infty$；   (14) 3；   (15) 1；   (16) $\infty.$

2. (1) $\dfrac{1}{3}$；   (2) 1；   (3) $+\infty$；   (4) $\dfrac{1}{2}$；   (5) 0；   (6) $\dfrac{1}{2}.$

3. (1) (B)；   (2) (A).   4. (1) 1；   (2) e^2；   (3) e^{-1}；   (4) $1.$

5. **提示** 本题均不能用洛必达法则.   (1) 1；   (2) 1；   (3) $1.$

习 题 3.3

1. (1) 在 $(-\infty,-1),(0,1)$ 内单调减少；在 $(-1,0),(1,+\infty)$ 内单调增加；

   (2) 在 $(-1,0)$ 内单调减少，在 $(0,+\infty)$ 内单调增加；

   (3) 在 $\left(0,\dfrac{1}{2}\right)$ 内单调减少，在 $\left(\dfrac{1}{2},+\infty\right)$ 内单调增加；

   (4) 在 $(-\infty,-2),(0,+\infty)$ 内单调增加，在 $(-2,-1),(-1,0)$ 内单调减少.

3. (1) $f(-1)=2$ 是极大值；$f(1)=-2$ 是极小值；   (2) $f(0)=0$ 是极小值；

   (3) $f(0)=0$ 是极大值；$f(1)=-\dfrac{1}{2}$ 是极小值；   (4) $f(0)=0$ 是极大值；$f\left(\dfrac{2}{5}\right)=-\dfrac{3}{5}\sqrt[3]{\dfrac{4}{25}}$ 是极小值；

   (5) $f(0)=0,f(1)=1$ 是极小值；$f(2)=0$ 是极大值；   (6) $f(1)=2-4\ln 2$ 是极小值.

4. (1) 在 $\left(-\infty,\dfrac{1}{3}\right),(1,+\infty)$ 内单调增加；在 $\left(\dfrac{1}{3},1\right)$ 内单调减少；$f\left(\dfrac{1}{3}\right)=\dfrac{\sqrt[3]{4}}{3}$ 是极大值；$f(1)=0$ 是极小值；

(2) 在 $(-\infty,-1),(0,1)$ 内单调减少;在 $(-1,0),(1,+\infty)$ 内单调增加; $f(-1)=-\dfrac{9}{8}$, $f(1)=-\dfrac{9}{8}$ 是极小值; $f(0)=0$ 是极大值.

5. $\dfrac{1}{2}$. **提示** 由 $f'(1)=0,f'(2)=0$ 可得 $a=-\dfrac{3}{2},b=2$.

6. (1) (B);

(2) (D) **提示** 根据极值存在的第一充分条件,题干没给出函数 $f(x)$ 在 x_0 连续这一条件,不能选 (B).例如,函数 $f(x)=\dfrac{1}{(x-1)^2}$ 在 $x=1$ 处就如此.

习　题　3.4

1. (1) 在 $(-\infty,+\infty)$ 内上凹;无拐点;

(2) 在 $\left(-\infty,-\dfrac{1}{\sqrt{3}}\right),\left(\dfrac{1}{\sqrt{3}},+\infty\right)$ 内上凹,在 $\left(-\dfrac{1}{\sqrt{3}},\dfrac{1}{\sqrt{3}}\right)$ 内下凹;拐点是 $\left(-\dfrac{1}{\sqrt{3}},\dfrac{3}{4}\right)$, $\left(\dfrac{1}{\sqrt{3}},\dfrac{3}{4}\right)$;

(3) 在 $(0,1),(e^2,+\infty)$ 内下凹,在 $(1,e^2)$ 内上凹;拐点是 (e^2,e^2);

(4) 在 $(-\infty,1),(2,+\infty)$ 内上凹,在 $(1,2)$ 内下凹;拐点是 $(1,-3),(2,6)$;

(5) 在 $(-\infty,0)$ 内下凹,在 $(0,+\infty)$ 内上凹;拐点是 $(0,0)$;

(6) 在 $(-\infty,2)$ 内下凹,在 $(2,+\infty)$ 内上凹;拐点是 $\left(2,\dfrac{2}{e^2}\right)$.

2. $a=-3,b=3,c=-2$. **提示** 因 $(1,-1)$ 是拐点,有 $y|_{x=1}=-1,y''|_{x=1}=0$;因在 $x=1$ 处有极大值 $y'|_{x=1}=0$.

3. (1) 定义域是 $(-\infty,0),(0,+\infty)$, $x=0$ 是间断点;　(2) 无奇偶性及周期性;

(3) 直线 $x=0$ 是铅垂渐近线,无水平渐近线;

(4) 在 $(-\infty,0)$, $\left(0,\dfrac{1}{2}\right)$ 内单调减少,在 $\left(\dfrac{1}{2},+\infty\right)$ 内单调增加; $y|_{x=\frac{1}{2}}=3$ 是极小值;

(5) 在 $\left(-\infty,-\dfrac{1}{\sqrt[3]{4}}\right),(0,+\infty)$ 内上凹,在 $\left(-\dfrac{1}{\sqrt[3]{4}},0\right)$ 内下凹;拐点是 $\left(-\dfrac{1}{\sqrt[3]{4}},0\right)$.

4. (1) 定义域 $(-\infty,+\infty)$;偶函数;直线 $y=0$ 是水平渐近线;在 $(-\infty,0)$ 内单调增加,在 $(0,+\infty)$ 内单调减少;极大值是 $y|_{x=0}=1$;在 $\left(-\infty,-\dfrac{1}{\sqrt{2}}\right)$, $\left(\dfrac{1}{\sqrt{2}},+\infty\right)$ 内上凹,在 $\left(-\dfrac{1}{\sqrt{2}},\dfrac{1}{\sqrt{2}}\right)$ 内下凹;拐点是 $\left(-\dfrac{1}{\sqrt{2}},e^{-\frac{1}{2}}\right)$, $\left(\dfrac{1}{\sqrt{2}},e^{-\frac{1}{2}}\right)$.

(2) 定义域是 $(-\infty,+\infty)$;在 $(-\infty,0),(1,+\infty)$ 内单调增加,在 $(0,1)$ 内单调减少;极大值是 $y|_{x=0}=0$,极小值是 $y|_{x=1}=-1$;在 $\left(-\infty,\dfrac{1}{2}\right)$ 内下凹,在 $\left(\dfrac{1}{2},+\infty\right)$ 内上凹;拐点是 $\left(\dfrac{1}{2},-\dfrac{1}{2}\right)$;

(3) 定义域是 $(-\infty,+\infty)$;奇函数;直线 $y=0$ 是水平渐近线;在 $(-\infty,-1),(1,+\infty)$ 内单调减少,在 $(-1,1)$ 内单调增加;极小值是 $y|_{x=-1}=-\dfrac{1}{2}$,极大值是 $y|_{x=1}=\dfrac{1}{2}$;在 $(-\infty,-\sqrt{3}),(0,\sqrt{3})$ 内下凹,在 $(-\sqrt{3},0),(\sqrt{3},+\infty)$ 内上凹;拐点是 $\left(-\sqrt{3},-\dfrac{\sqrt{3}}{4}\right)$, $(0,0)$, $\left(\sqrt{3},\dfrac{\sqrt{3}}{4}\right)$.

(4) 定义域是 $(-\infty,1),(1,+\infty)$,间断点是 $x=1$;直线 $x=1$ 是铅垂渐近线;在 $(-\infty,0),(2,+\infty)$ 内单调增加,在 $(0,1),(1,2)$ 内单调减少;极大值是 $y|_{x=0}=-2$,极小值是 $y|_{x=2}=2$;在 $(-\infty,1)$ 内下凹,

在 $(1,+\infty)$ 内上凹.

5. (1)(C); (2)(D) **提示** 题干没有给出函数 $f(x)$ 在点 x_0 连续的条件.

习 题 3.5

1. (1) 最大值 $f(4)=142$, 最小值 $f(1)=7$; (2) 最大值 $f(3)=18-\ln 3$, 最小值 $f\left(\dfrac{1}{2}\right)=\dfrac{1}{2}+\ln 2$;

(3) 最大值 $f(4)=\dfrac{3}{5}$; 最小值 $f(0)=-1$; (4) 最大值 $f(2)=1$; 最小值 $f(0)=1-\dfrac{2}{3}\sqrt[3]{4}$.

2. $162\,\mathrm{m}^2$.

3. 长 $1.5\,\mathrm{m}$, 宽 $1\,\mathrm{m}$, 面积 $\dfrac{3}{2}\,\mathrm{m}^2$. **提示** 设宽 $x\,\mathrm{m}$, 长为 $y\,\mathrm{m}$, 面积为 $A\,\mathrm{m}^2$, 则 $A=3x-\dfrac{3}{2}x^2$, $x\in(0,2)$.

4. 底边长为 $6\,\mathrm{cm}$, 宽为 $3\,\mathrm{cm}$, 箱子高为 $4\,\mathrm{cm}$. **提示** 设宽为 $x\,\mathrm{cm}$, 长为 $2x\,\mathrm{cm}$, 高为 $h\,\mathrm{cm}$, 表面积为 A, 则

$$A=4x^2+\dfrac{216}{x}, x\in(0,+\infty).$$

5. $r=\sqrt[3]{\dfrac{bV}{2\pi a}}$, $h=\sqrt[3]{\dfrac{4a^2V}{b^2\pi}}$. **提示** 设底半径为 r, 高为 h, 总造价为 C, 则 $C=2\pi r^2 a+\dfrac{2Vb}{r}$, $r\in(0,+\infty)$.

6. r 是底半径, h 是高, 则 $\dfrac{h}{r}=\dfrac{8}{\pi}$. **提示** 以 A 表示面积, 则 $A=(2r)^2+(2r)^2+2\pi rh$, 又 $h=\dfrac{V}{\pi r^2}$, 可得

$$A(r)=8r^2+\dfrac{2V}{r}, \quad r\in(0,+\infty).$$

7. 在距 O 为 $12\,\mathrm{km}$ 处上岸. **提示** 设送信人在距 O 处 $x\,\mathrm{km}$ 上岸, 所费时间为 t 小时, 则 $t=\dfrac{\sqrt{x^2+9^2}}{4}$ $+\dfrac{15-x}{5}$.

8. $AD=15\,\mathrm{km}$. **提示** 设 $AD=x\,\mathrm{km}$, 铁路上每 km 运费为 $3k$, 公路上每 km 运费为 $5k$(k 是某常数), 总费用为 y, 则

$$y=5k\cdot CD+3k\cdot DB=5k\cdot\sqrt{20^2+x^2}+3k(100-x), \quad x\in[0,100].$$

9. $h:b=\sqrt{2}$ 时强度最大. **提示** 若以 S 表示强度, 则 $S=kbh^2$, 其中 $k>0$ 为比例常数. 由于 $h^2+b^2=d^2$, 有 $S(b)=kb(d^2-b^2)$, $b\in(0,d)$.

10. $Q=200$, $\pi(200)=300$. 11. $Q=3$; $P=21$; $\pi(3)=3$. 12. $P=3.8$ 元/件; $\pi=128$ 元.

13. $P=5$; $Q=50$. 14. (1) $Q=10$; $P=10$; $R=100$; $\pi=61\dfrac{2}{3}$; (2) 允许取.

15. (1) $MC=2+0.002Q$; $MC|_{Q=1000}=4$; (2) $AC=\dfrac{1000}{Q}+2+0.001Q$; $AC|_{Q=1000}=4$;

(3) $Q=1000$; $AC=4$.

16. (1)(i) $Q=20$, (ii) $Q=10$, (iii) $Q=10$.

(2)(i) $Q=10$. **提示** 总成本函数 $C=0.3Q^2+9Q+30+10$;

(ii) $Q=6$. **提示** 总成本函数 $C=0.3Q^2+9Q+30+8.4Q$(8.4 为税率);

(iii) $Q=12$. **提示** 总利润函数增加 $4.2Q$(4.2 是单位产品的补贴, 利润函数为 $\pi=-1.05Q^2+21Q$ $-30+4.2Q$.

17. 批量 $Q=800$ 件; 最小费用 $E=600$ 元.

18. 批量 $Q=1000$; 全年总费用 $C=2.008\cdot 10^7$. **提示** 全年总费用 $C=$ 生产成本+库存费用+生产准备费用.

习　题　3.6

1. (1) $\dfrac{2}{27}$;　　(2) $\dfrac{3}{5\sqrt{10}}$;　　(3) 2;　　(4) $\dfrac{e}{(e^2+1)^{3/2}}$;　　(5) $\dfrac{1}{2\sqrt{2}}$;　　(6) 1.

2. (1) $\dfrac{b}{a^2}$;　　(2) $\dfrac{1}{4a}$　**提示**　$K=\dfrac{1}{4a\sin\frac{t}{2}}$.　　**3.** 点$(2,-1)$,曲率半径 $R=\dfrac{1}{2}$.　　**4.** $R=6$.

习　题　4.1

1. (1) $\sin x+\cos x+C,-\cos x+\sin x+C$;　　(2) $x^2 e^x$;　　(3) $e^{-x}+C,-e^{-x}+C,x+C$;　　(4) e^x+C.

2. (1) $3x+\dfrac{x^4}{4}-\dfrac{1}{2x^2}+\dfrac{3^x}{\ln 3}+C$;　　(2) $4\sqrt{x}+\dfrac{1}{5}x^2\sqrt{x}-6\sqrt[3]{x}+C$;

(3) $-\cos x+2\arcsin x+C$;　　(4) $\dfrac{1}{1+2\ln 3}3^{2x}e^x+C$;　　(5) $\dfrac{8}{5}x^2\sqrt{x}-8x\sqrt{x}+18\sqrt{x}+C$;

(6) $\dfrac{2}{3}x^3-2x+2\arctan x+C$;　　(7) $-\dfrac{1}{x}-\arctan x+C$;　　(8) $-\dfrac{2}{x}-\arctan x+C$;

(9) $\arcsin x+C$;　　(10) $\dfrac{2}{3}x\sqrt{x}-3x+C$;　　(11) $\dfrac{1}{2}(x-\sin x)+C$;

(12) $-\cot x-x+C$;　　(13) $\tan x-\sec x+C$;　　(14) $\sin x+\cos x+C$.

3. (1) $y=\sqrt{x}+1$;　　(2) $y=-x^4+7$　**提示**　由题设 $f'(x)=kx^3$,其中 k 是比例系数.

4. $s=\dfrac{3}{2}t^2+2t+5$.　　**5.** (1) (B);　　(2) (C).

习　题　4.2

1. 全部都错.

(1) $\displaystyle\int\cos 2x\,\mathrm{d}x=\dfrac{1}{2}\int\cos 2x\,\mathrm{d}(2x)=\dfrac{1}{2}\sin 2x+C$;　　(2) $\displaystyle\int e^{-x}\,\mathrm{d}x=-\int e^{-x}\,\mathrm{d}(-x)=-e^{-x}+C$;

(3) $\displaystyle\int\dfrac{1+\sin x}{\sin^2 x}\,\mathrm{d}x=\int\dfrac{1}{\sin^2 x}\,\mathrm{d}x+\int\dfrac{\mathrm{d}x}{\sin x}=-\cot x+\ln|\csc x-\cot x|+C$;

(4) $\displaystyle\int(1-\sin x)\cos x\,\mathrm{d}x=\int(1-\sin x)\,\mathrm{d}\sin x=\sin x-\dfrac{1}{2}(\sin x)^2+C$.

2. (1) $\dfrac{1}{a}f(ax+b)+C$;　　(2) $\dfrac{1}{2a}f(ax^2+b)+C$;　　(3) $\dfrac{1}{a+1}[f(x)]^{a+1}+C$;

(4) $\ln|f(x)|+C$;　　(5) $\arcsin f(x)+C$;　　(6) $\arctan f(x)+C$;

(7) $e^{f(x)}+C$;　　(8) $\dfrac{1}{\ln a}a^{f(x)}+C$;　　(9) $\sqrt{f(x)}+C$.

3. (1) (B);　　(2) (D);　　(3) (C).

4. (1) $\dfrac{1}{22}(2x+1)^{11}+C$;　　(2) $\dfrac{1}{18}\dfrac{1}{(1-2x)^9}+C$;　　(3) $-\dfrac{2}{7}(2-x)^{\frac{7}{2}}+C$;　　(4) $-2e^{-\frac{1}{2}x}+C$;

(5) $\dfrac{1}{3}\cos(1-3x)+C$;　　(6) $\dfrac{1}{3}\dfrac{10^{3x}}{\ln 10}+C$;　　(7) $\dfrac{1}{2}\ln(x^2+4)+C$;　　(8) $\dfrac{1}{2}\ln|x^2-4x-5|+C$;

(9) $\ln(e^x+1)+C$;　　(10) $-\sqrt{1-x^2}+C$;　　(11) $\dfrac{1}{12}(4x^2-1)^{\frac{3}{2}}+C$;　　(12) $\dfrac{1}{2}\sin x^2+C$;

(13) $-\dfrac{1}{4}\cos(2x^2+1)+C$;　　(14) $\dfrac{1}{2}e^{x^2-2x+1}+C$;　　(15) $\dfrac{1}{4}e^{2x^2}+C$　**提示**　$e^{2x^2+\ln x}=xe^{2x^2}$;

(16) $\cos\dfrac{1}{x}+C$;　　(17) $\dfrac{4}{15}(1+x^3)^{\frac{5}{4}}+C$;　　(18) $2\sin\sqrt{x}+C$;　　(19) $\dfrac{1}{10}\dfrac{1}{(1-x^5)^2}+C$;

(20) $\dfrac{1}{6}\arctan\dfrac{3}{2}x+C$;　　(21) $2\arctan\sqrt{x}+C$;　　(22) $\dfrac{1}{3}\arcsin\dfrac{3}{2}x+C$;

(23) $\dfrac{1}{4}\ln\left|\dfrac{x+1}{x+5}\right|+C$;　　(24) $\dfrac{1}{12}\ln\left|\dfrac{2+3x}{2-3x}\right|+C$;　　(25) $-\dfrac{1}{2}(4-\ln x)^2+C$;

(26) $\dfrac{2}{3}(1+\ln x)^{\frac{3}{2}}+C$;　　(27) $-\cos e^x+C$;　　(28) $\dfrac{1}{3}(\arctan x)^3+C$;

(29) $\sin x-\dfrac{1}{3}\sin^3x+C$　**提示**　$\cos^3x=(1-\sin^2)\cos x$;　　(30) $\dfrac{1}{5}\sin^5x+C$.

5. (1) $\sqrt{2x}-\ln(1+\sqrt{2x})+C$;　　(2) $\dfrac{2}{45}(5x-6)(2x+3)^{\frac{5}{4}}+C$;

(3) $2\sqrt{x}-4\sqrt[4]{x}+4\ln(\sqrt[4]{x}+1)+C$　**提示**　设 $x=t^4$.

6. (1) $\arcsin\dfrac{x}{\sqrt{2}}-\dfrac{x}{2}\sqrt{2-x^2}+C$;　　(2) $\dfrac{1}{3}\ln\left|\dfrac{x}{3+\sqrt{9-x^2}}\right|+C$;

(3) $\sqrt{x^2-a^2}-a\arccos\dfrac{a}{x}+C$;　　(4) $\dfrac{1}{2}\ln\left|\dfrac{x}{\sqrt{x^2+4}+2}\right|+C$.

习　题　4.3

1. (1) $xf'(x)-f(x)+C$;　　(2) $\dfrac{1-2\ln x}{x}+C$.

2. (1) (B);　　(2) (D)　**提示**　$\displaystyle\int e^{\sin\theta}\sin\theta\cos\theta\,d\theta=\int e^{\sin\theta}\sin\theta\,d\sin\theta$.

3. (1) $\dfrac{1}{4}x\sin 4x+\dfrac{1}{16}\cos 4x+C$;　　(2) $x^2\sin x+2x\cos x-2\sin x+C$;　　(3) $-\dfrac{1}{4}xe^{-4x}-\dfrac{1}{16}e^{-4x}+C$;

(4) $(x^2-2x+2)e^x+C$;　　(5) $x\ln x-x+C$;　　(6) $\dfrac{1}{4}x^4\ln x-\dfrac{1}{16}x^4+C$;

(7) $\dfrac{2}{3}x^{\frac{3}{2}}\ln x-\dfrac{4}{9}x^{\frac{3}{2}}+C$;　　(8) $\dfrac{x^2}{2}\ln(x-1)-\dfrac{x^2}{4}-\dfrac{x}{2}-\dfrac{1}{2}\ln(x-1)+C$;

(9) $x\ln(1+x^2)-2x+2\arctan x+C$;　　(10) $-\dfrac{1}{2x^2}\left(\ln x+\dfrac{1}{2}\right)+C$;

(11) $x(\arcsin x)^2+2\sqrt{1-x^2}\arcsin x-2x+C$;　　(12) $x\arctan x-\dfrac{1}{2}\ln(1+x^2)+C$;

(13) $\dfrac{1}{1+n^2}e^x(n\sin nx+\cos nx)+C$;　　(14) $\dfrac{1}{1+n^2}e^{-x}(-\sin nx-n\cos nx)+C$;

(15) $\dfrac{x}{2}[\sin(\ln x)+\cos(\ln x)]+C$;　　(16) $x\tan x+\ln|\cos x|+C$　**提示**　设 $u=x,v'=\sec^2x$.

4. (1) $\dfrac{1}{2}x^2e^{x^2}-\dfrac{1}{2}e^{x^2}+C$;　　(2) $\ln x\cdot\ln\ln x-\ln x+C$;　　(3) $3(x^{\frac{2}{3}}-2x^{1/3}+2)e^{x^{1/3}}+C$　**提示**　设 $x=t^3$;

(4) $(x-1)\ln(1-\sqrt{x})-\left(\dfrac{1}{2}x+\sqrt{x}\right)+C$　**提示**　设 $x=t^2$.

习　题　5.1

1. (1) 对;　　(2) 否;　　(3) 对;　　(4) 对.　　**2.** (1),(2)均对.

3. (1) 否;　　(2) 否;　　(3) 对;　　(4) 对.　　**4.** (1) (A);　　(2) (B).

习　题　5.2

1. (1) $0;1;0;-1$;　　(2) $x^2\sqrt{1+x}$;　　(3) $\dfrac{\sin x}{2\sqrt{x}}$.

2. $f(x)=15x^2;a=-2.$　**提示**　等式两端求导,得 $f(x)=15x^2$,再由 $\int_a^x 15t^2\,\mathrm{d}t=5x^3+40$ 确定 a.

3. 极小值 $F(0)=0.$　**4.** (1) $\dfrac{b^{n+1}-a^{n+1}}{n+1}$;　　(2) $1-\dfrac{\pi}{4}$;　　(3) $\dfrac{\pi}{3a}$;　　(4) $\dfrac{\pi}{6}$;　　(5) 1;　　(6) 4.

5. (1) $\dfrac{2}{3}(\sqrt{8}-1)$;　(2) $\dfrac{1}{3}$;　(3) $2-\sqrt[4]{8}$;　(4) 2;　(5) $\arctan e^2-\dfrac{\pi}{4}$;　(6) $\mathrm{e}^{-1}-\mathrm{e}^{-2}$.

6. (1) $2-\dfrac{\pi}{2}$;　(2) $7\dfrac{1}{3}$;　(3) $\ln\dfrac{2+2\sqrt{2}}{1+\sqrt{5}}$;　(4) $\sqrt{3}-\dfrac{\pi}{3}$;　(5) $1-\dfrac{\pi}{4}$;

(6) $\dfrac{\pi}{8}$　**提示**　$x\sqrt{1-x^2}$ 为奇函数, $x^2\sqrt{1-x^2}$ 为偶函数;

7. 提示　$F(-x)=\int_0^{-x}f(t)\,\mathrm{d}t$,设 $t=-u$.

8. (1) $1-\dfrac{2}{\mathrm{e}}$;　(2) 1;　(3) $\dfrac{\pi}{4}-\dfrac{1}{2}\ln 2$;　(4) 1;　(5) $\dfrac{1}{2}\left(1+\mathrm{e}^{\frac{\pi}{2}}\right)$;　(6) $2-\dfrac{2}{\mathrm{e}}$.

9. (1) (D);　(2) (C);　(3) (C)　**提示**　设 $x=\dfrac{t}{k}$;　(4) (A)　**提示**　$N=0,P<0,Q>0$.

习　题　5.3

1. (1) $\dfrac{1}{2}$;　　(2) $\dfrac{1}{2}\ln 2$　**提示**　$\dfrac{1}{x(1+x^2)}=\dfrac{1}{x}-\dfrac{x}{1+x^2}$;

(3) π　**提示**　$\dfrac{1}{x^2+2x+2}=\dfrac{1}{(x+1)^2+1}$;　　(4) 1;　　(5) $\dfrac{\pi}{4}$;　　(6) $\dfrac{1}{2\mathrm{e}}$.

3. $p>1$ 时收敛,其值为 $\dfrac{1}{p-1}(\ln 2)^{1-p}$;当 $p\leqslant 1$ 时发散.

4. (1) $\dfrac{8}{3}$;　(2) π;　(3) 1;　(4) -1;　(5) $\dfrac{\pi}{2}$;　(6) $3(1+\sqrt[3]{2})$.

习　题　5.4

1. (1) $\mathrm{e}-1$;　　(2) 1;　　(3) $20\dfrac{5}{6}$;　　(4) $2\dfrac{29}{48}$;　　(5) $\dfrac{7}{6}$;　　(6) $\mathrm{e}-1$;　　(7) $4\dfrac{1}{2}$;

(8) $\dfrac{16}{3}$;　　(9) $\dfrac{1}{2}+2\ln 2$;　　(10) $21\dfrac{1}{12}$.

2. $21\dfrac{1}{3}$　**提示**　由 $y'=\dfrac{2}{y}$ 知过点 M 处的法线斜率为 -1.

3. $7\dfrac{1}{8}$　**提示**　$y|_{x=-2}=5$ 为极大值, $y|_{x=1}=-\dfrac{7}{4}$ 为极小值.

4. $3\pi a^2$　**提示**　$A=\int_0^{2\pi}a(1-\cos t)[a(t-\sin t)]'\,\mathrm{d}t.$

5. $\dfrac{5}{8}\pi a^2$　**提示**　$A=4\int_{\frac{\pi}{2}}^0 a\sin t(a\cos t)'\,\mathrm{d}t-4\int_{\frac{\pi}{2}}^0 a\sin^3 t(a\cos^3 t)'\,\mathrm{d}t.$

6. (1) 4π　**提示**　$A=6\cdot\dfrac{1}{2}\int_0^{\frac{\pi}{6}}r^2\,\mathrm{d}\theta$;　(2) 8π　**提示**　$A=8\cdot\dfrac{1}{2}\int_0^{\frac{\pi}{4}}r^2\,\mathrm{d}\theta$;

(3) $\dfrac{3}{2}\pi a^2$　**提示**　$A=2\cdot\dfrac{1}{2}\int_0^{\pi}r^2\,\mathrm{d}\theta$;　(4) $\dfrac{4}{3}\pi^3 a^2$　**提示**　$A=\dfrac{1}{2}\int_0^{2\pi}r^2\,\mathrm{d}\theta.$

7. (1) $6\dfrac{1}{5}\pi$　**提示**　$\pi\int_1^2 x^4\,\mathrm{d}x$;　(2) $\dfrac{1}{2}a^3\pi$　**提示**　$\pi\int_a^{2a}\left(\dfrac{a^2}{x}\right)^2\,\mathrm{d}x$;　(3) $\dfrac{3}{10}\pi$　**提示**　$\pi\int_0^1(x-x^4)\,\mathrm{d}x$;

(4) $\dfrac{2}{15}\pi$　**提示**　$\pi\int_0^1(x^2-x^4)\,\mathrm{d}x$;　(5) $\dfrac{13}{6}\pi$　**提示**　$\pi\int_0^{\frac{1}{2}}(4x)^2\,\mathrm{d}x+\pi\int_{\frac{1}{2}}^2\dfrac{1}{x^2}\,\mathrm{d}x$;　(6) $\dfrac{\pi^2}{2}$　**提示**　$\pi\int_0^{\pi}y^2\,\mathrm{d}x.$

8. (1) $V_x=\dfrac{4}{3}\pi ab^2$；$V_y=\dfrac{4}{3}\pi a^2b$；

(2) $V_x=\dfrac{\pi}{2}$；$V_y=2\pi$ **提示** $V_x=\pi\displaystyle\int_0^{+\infty}y^2\mathrm{d}x$；$V_y=\pi\displaystyle\int_0^1 x^2\mathrm{d}y=\pi\displaystyle\int_{+\infty}^0 x^2(-\mathrm{e}^{-x})\mathrm{d}x$.

9. (1) $\sqrt{10}-\sqrt{2}+\ln\dfrac{(\sqrt{2}+1)(\sqrt{10}-1)}{3}$；　　(2) $2\sqrt{2}+2\ln(1+\sqrt{2})$.

10. $6a$ **提示** $S=4\displaystyle\int_0^{\frac{\pi}{2}}\sqrt{[x'(t)]^2+[y'(t)]^2}\mathrm{d}t$.

11. $8a$.　　**12.** $2\pi^2a$.　　**13.** $0.3(\mathrm{J})$.　　**14.** $\dfrac{3\pi a}{2}$. **提示** $l=\displaystyle\int_0^{3\pi}a\sin^2\dfrac{\theta}{3}\mathrm{d}\theta$.

15. $\dfrac{9800}{12}\pi R^2H^2(\mathrm{J})$ **提示** 直线 OA 的方程为 $x=\dfrac{R}{H}y$，$\mathrm{d}W=9800\pi\left(\dfrac{R}{H}y\right)^2(H-y)\mathrm{d}y$.

16. $\dfrac{27}{7}kc^{\frac{2}{3}}a^{\frac{7}{3}}$（$k$ 是比例系数） **提示** 速度 $\dfrac{\mathrm{d}x}{\mathrm{d}t}=3ct^2$，阻力 $=k(3ct^2)^2=3kc^2t^4=3kc^2\left(\dfrac{x}{c}\right)^{\frac{4}{3}}$.

17. $\dfrac{2}{3}a^3\cdot10^4(\mathrm{N})$ **提示** 圆周的方程为 $x^2+y^2=a^2$，$\mathrm{d}F=2\cdot1\cdot\rho\cdot xy\mathrm{d}x$.

18. $1920\cdot10^4(\mathrm{N})$ **提示** 抛物线方程为 $y^2=\dfrac{9}{5}x$，$\mathrm{d}P=2\cdot1\cdot\rho\cdot xy\mathrm{d}x$.

19. $\dfrac{5}{\pi}(1+\cos100\pi t_0)$（安）. **提示** 考虑 $\bar{i}=\dfrac{1}{\dfrac{T}{2}}\displaystyle\int_0^{T/2}i(t)\mathrm{d}t=\dfrac{1}{0.01}\displaystyle\int_{t_0}^{0.01}5\sin100\pi t\mathrm{d}t$.

20. (1) $200Q-\dfrac{Q^2}{100}$；　　(2) 39600；　　(3) 38800.

21. (1) $0.2Q^2+2Q+20$（万元）；　　(2) $-0.2Q^2+16Q-20$（万元）；　　(3) 40 吨；300 万元.

22. $3；3$.　　**23.** (1) $Q=Q(t)=100t+5t^2-0.15t^3$（吨）；　　(2) 572.8 吨.

24. 7659.38 元；3441.88 元.　　**25.** 293.43 元 **提示** 先把年利率折算成月利率.

26. 租用为好；全部租金的现在值是 32289 元；购进相当于每年付出 7433 元.

习 题 6.1

1. (D).　　**2.** (1) 二阶；　　(2) 二阶；　　(3) 一阶；　　(4) 二阶.　　**3.** (1) 通解；　　(2) 特解.

4. $y=\mathrm{e}^x$.　　**5.** (1) $y'=y+3$；初始条件：$y|_{x=0}=-2$；　　(2) $y'=3y$；初始条件：$y|_{x=0}=2$.

习 题 6.2

1. (C).

2. (1) $\ln(x^3+5)+3y=C$；　　(2) $\mathrm{e}^x-\mathrm{e}^{-y}=C$；　　(3) $y=C-\ln^2x$；

(4) $y^2=2\ln(1+\mathrm{e}^x)+C$；　　(5) $3\ln y+x^3=0$；　　(6) $2\ln(1-y)=1-2\sin x$.

3. (1) $\ln x=\mathrm{e}^{\frac{y}{x}}+C$；　　(2) $\arcsin\dfrac{y}{x}=\ln x+C$；　　(3) $y=x\mathrm{e}^{Cx}$；

(4) $\mathrm{e}^{\frac{y}{x}}=Cx$；　　(5) $y^2=2x^2(2+\ln|x|)$；　　(6) $y^3=x^3\ln x^3$.

4. (1) $y=C\mathrm{e}^{-2x}+\mathrm{e}^{-x}$；　　(2) $y=(C+x)\mathrm{e}^{-x^2}$；　　(3) $y=(C+x^2)\mathrm{e}^{x^2}$；

(4) $y=Cx^2+x^2\sin x$；　　(5) $y=x-x^2$；　　(6) $x=Cy-\dfrac{1}{2}y^2$. **提示** 视 x 为 y 的函数.

习 题 6.3

1. (1) $9y''-6y'+y=0$；　　(2) $y''+3y'+2y=0$；　　(3) $2y''-3y'-5y=0$；　　(4) $y''+\sqrt{3}y'=0$.

2. (1) $y''-3y'+2y=0$, $y=C_1e^x+C_2e^{2x}$;　　　(2) $y''-2y'+y=0$, $y=(C_1+C_2x)e^x$;

(3) $y''-6y'+13y=0$, $y=e^{3x}(C_1\cos 2x+C_2\sin 2x)$.

3. (1) $y''-y'=0$;　　(2) $y''-y=0$;　　(3) $y''-4y'+4y=0$;　　(4) $y''+9y=0$.

4. (1) (C);　　(2) (A);　　(3) (B).

5. (1) $y=C_1e^{2x}+C_2e^{-\frac{4}{3}x}$;　　　(2) $y=(C_1+C_2x)e^{-x}$;　　　(3) $y=\left(C_1\cos\dfrac{x}{2}+C_2\sin\dfrac{x}{2}\right)e^x$;

(4) $y=(C_1\cos 2x+C_2\sin 2x)e^{-x}$;　　　(5) $y=4e^x+2e^{3x}$;　　　(6) $y=e^x\sin x$.

6. (1) $y=\dfrac{1}{4}xe^{2x}$;　　(2) $\dfrac{1}{3}x^3-\dfrac{3}{5}x^2+\dfrac{7}{25}x$;　　(3) $y=-\dfrac{4}{3}\sin 2x$;　　(4) $\dfrac{1}{2}e^{-x}(\sin x-\cos x)$.

7. (1) $y=(C_1+C_2x)e^{-x}-2$;　　　　　　(2) $y=(C_1+C_2x)e^{2x}+\dfrac{1}{4}x^2+\dfrac{1}{2}x+\dfrac{3}{8}$;

(3) $y=C_1+C_2e^{-8x}+\dfrac{1}{2}x^2-\dfrac{1}{8}x$;　　　　(4) $y=(C_1\cos x+C_2\sin x)e^{-x}+\dfrac{1}{2}x$;

(5) $y=C_1e^{\frac{x}{2}}+C_2e^{-x}+e^x$;　　　　　　(6) $y=C_1+C_2e^{-2x}+\dfrac{e^x}{5}(6\sin x-2\cos x)$.

9. (1) $y=C_1e^{-x}+C_2e^{2x}-2x+1+e^x$;　　　(2) $y=C_1+C_2e^{3x}-3x^2-2x+\cos x+3\sin x$.

习　题　6.4

1. 曲线方程 $y=Cx^n$.　**提示**　微分方程 $y'=n\dfrac{y}{x}$.

2. 曲线方程 $y^2=x^2+3$.　**提示**　曲线上过点 (x,y) 处的法线方程为 $Y-y=-\dfrac{1}{y'}(X-x)$; 当 $Y=0$ 时, $X=x+yy'$. 依题设, 有 $x=\dfrac{1}{2}(x+yy')$.

3. **提示**　设所有法线都通过点 (x_0,y_0), 则法线方程为 $y-y_0=-\dfrac{1}{y'}(x-x_0)$, 解此方程得 $(x-x_0)^2+(y-y_0)^2=C^2$.

4. $y=\dfrac{1}{4}-x^2$.　**提示**　$\sqrt{x^2+y^2}=y-xy'$.

5. $x^2+y^2=Cx$.　**提示**　先写出过曲线上点 $P(x,y)$ 的切线方程, 原点到切线的距离为 $d=\dfrac{|y-xy'|}{\sqrt{1+y'^2}}$, 令 $d=x$ 得 $x^2-y^2+2xyy'=0$.

6. $x^2+y^2=Cx^4$.　**提示**　先写出过曲线上点 $P(x,y)$ 的法线方程, 法线在 x 轴上的截距为 $x+yy'$. 由 $x(x+yy')=2(x^2+y^2)$ 得 $y'=\dfrac{x}{y}+\dfrac{2y}{x}$.

7. $x=A(1-e^{-kt})$, $k>0$ 是比例系数.　**提示**　设在时刻 t 时起化学反应的量为 $x=x(t)$, 则 $\dfrac{dx}{dt}=k(A-x)$, $x|_{t=0}=0$.

8. $t=-\dfrac{5\ln 10}{\ln 0.8}$ s.　**提示**　设船航行的速度为 $v=v(t)$, 船的质量为 m, 由牛顿第二定律有 $m\dfrac{dv}{dt}=-kv$, $v|_{t=0}=10$ m/s.

9. $R=R_0e^{-0.000433t}$.　**提示**　$\dfrac{dR}{dt}=-kR$, $k>0$ 是比例系数.

10. $v=\sqrt{72500}$ (m/s).　**提示**　设质点的速度为 $v=v(t)$. 由牛顿第二定律有 $m\dfrac{dv}{dt}=k\dfrac{t}{v}$, $v|_{t=10}=50$ ($m=1$). 又由 $4=k\dfrac{10}{50}$ 得 $k=20$. 于是有 $v^2=20t^2+500$.

11. $P = e^{4 - \frac{2}{5}\sqrt{Q}}$.

12. $C^2 = kQ^2 + 2kaQ + C_0^2$，其中 $k>0$ 是比例系数．　**提示**　依题设，有 $\dfrac{dC}{dQ} = k\dfrac{Q+a}{C}$ $(k>0)$．

13. $C = \dfrac{a}{t} + \dfrac{C_0 t_0 - a}{t_0^b} t^{b-1}$．　**14.** $C = \dfrac{ab-k}{a^2}(1 - e^{-aQ}) - \dfrac{k}{a}Q$．

习 题 7.1

1. 关于 xy, yz, zx 平面：$(3,-1,-4), (-3,-1,4), (3,1,4)$；
关于 x, y, z 轴：$(3,1,-4), (-3,-1,-4), (-3,1,4)$．

2. $\sqrt{26}$，$\sqrt{17}$，4．

3. (1) $O(0,0,0), P(2,0,0), Q(0,1,0), R(0,0,3), L(2,1,0), N(2,0,3), K(0,1,3)$；　(2) $\sqrt{14}$．

5. $a=1$ 或 $a=-3$．　**6.** $(0,1,-2)$．

习 题 7.2

1. $\overrightarrow{AB} = \dfrac{1}{2}(\boldsymbol{a}-\boldsymbol{b})$，$\overrightarrow{BC} = \dfrac{1}{2}(\boldsymbol{a}+\boldsymbol{b})$，$\overrightarrow{CD} = \dfrac{1}{2}(\boldsymbol{b}-\boldsymbol{a})$，$\overrightarrow{DA} = -\dfrac{1}{2}(\boldsymbol{a}+\boldsymbol{b})$．

2. $\{4,-2,-4\}, \{2,-6,6\}, \{8,-14,8\}$．　**3.** 7；$-\dfrac{6}{7}, \dfrac{2}{7}, \dfrac{3}{7}$．

4. $0,0,-1$ 或 $\pm\dfrac{\sqrt{2}}{2}, \pm\dfrac{\sqrt{2}}{2}, 0$．　**5.** $A(-2,3,0)$．

6. $3\sqrt{5}$；$\dfrac{2}{3\sqrt{5}}, \dfrac{4}{3\sqrt{5}}, -\dfrac{5}{3\sqrt{5}}$；$\dfrac{1}{3\sqrt{5}}\{2,4,-5\}$．　**7.** $x=2$．

8. $(\pm\sqrt{2}, \pm\sqrt{2}, 2\sqrt{3})$．　**9.** $3-2\sqrt{5}$，$3\sqrt{2}$，$\sqrt{14}$，$\dfrac{3-2\sqrt{5}}{3\sqrt{2}}$，$\dfrac{3-2\sqrt{5}}{\sqrt{14}}$．

10. $\dfrac{3\pi}{4}$．　**11.** $-2x+5y+z-11=0$．　**12.** $\boldsymbol{a},\boldsymbol{c}$ 共线或 $\boldsymbol{b}$ 与 $\boldsymbol{a},\boldsymbol{c}$ 都垂直．

13. $\{2,3,-2\}$．　**14.** $\{3,4,0\}$ 或 $\{-3,-4,0\}$．　**15.** $\{-2,1,-2\}$．　**16.** $\pm\dfrac{1}{3}\{1,-2,2\}$．

17. 否．　**18.** (1) $\{8,-16,0\}$；　(2) $\{0,-1,-1\}$；　(3) $\{2,1,21\}$．

20. 提示　两向量等式相减，并利用向量积的运算性质，即可证明 $(\boldsymbol{a}-\boldsymbol{d})\times(\boldsymbol{b}-\boldsymbol{c})=0$．

21. (1) (C)；　(2) (D)．

习 题 7.3

1. $(1,-2,2)$；$R=4$．　**2.** $4x^2 - 9(y^2+z^2) = 36$；$4(x^2+z^2) - 9y^2 = 36$．

3. (1) 圆柱面；　(2) 抛物柱面；　(3) 双曲柱面；　(4) 旋转椭球面；　(5) 旋转双曲面；　(6) 圆锥面．

4. (1) (A)；　(2) (C)．

习 题 7.4

1. $3x+y-2z-3=0$．　**2.** $x+y+z-2=0$．　**3.** $9x-y+7z-40=0$．　**4.** $11x-17y-13z+3=0$．

5. (1) 平行于 z 轴；(2) 通过 x 轴；(3) 平行于 x 轴；(4) 平行于 y 轴；(5) 通过 y 轴；(6) 通过原点．

6. $\dfrac{12}{\sqrt{46}}$．　**7.** $(0,0,2)$ 和 $\left(0,0,\dfrac{4}{5}\right)$．　**8.** (1) 1；　(2) 3．　**9.** (1) $\dfrac{\pi}{3}$；　(2) $\dfrac{\pi}{2}$．

10. (1) 2;　　(2) 1;　　(3) $\pm\dfrac{\sqrt{70}}{2}$;　　(4) ± 2.　　**11.** (1) (A);　　(2) (D).

习　题　7.5

1. (1) 圆;　(2) 圆;　(3) 圆.

2. $\begin{cases} x^2+y^2=1, \\ z=0. \end{cases}$　　**3.** $\begin{cases} 2x^2-2x+y^2=8, \\ z=0. \end{cases}$　　**4.** (1) 直线;　(2) 直线(z 轴).

5. (1) $\dfrac{x-5}{3}=\dfrac{y-2}{-\sqrt{2}}=\dfrac{z+4}{1}$;　　(2) $\dfrac{x-2}{-1}=\dfrac{y}{5}=\dfrac{z+2}{-6}$;　　(3) $\dfrac{x-1}{1}=\dfrac{y}{2}=\dfrac{z+2}{-2}$.

6. $\dfrac{x-1}{3}=\dfrac{y-3}{4}=\dfrac{z}{1}$; $x=1+3t, y=3+4t, z=t$.　　**7.** $(12,4,3)$.　　**8.** $(4,-5,7)$.

9. $\dfrac{x+1}{3}=\dfrac{y-2}{-1}=\dfrac{z-1}{1}$.

习　题　8.1

2. (1) $0, -\dfrac{12}{13}, \dfrac{2a^2}{a^4+1}, \dfrac{2xy}{x^2+y^2}$;　　(2) $\dfrac{2x}{x^2-y^2}$.　　**3.** $\dfrac{x^2(1-y)}{1+y}$.

5. (1) $\{(x,y)\mid y\neq\pm x\}$;　　(2) $\{(x,y)\mid (x,y)\neq(0,0)\}$;

(3) $\{(x,y)\mid 1\leqslant x^2+y^2\leqslant 2^2\}$;　　(4) $\{(x,y)\mid x\geqslant 0, 0\leqslant y\leqslant x^2\}$.

6. (1) $\{(x,y)\mid x-y\neq 0\}$;　　(2) $\{(x,y)\mid 4<x^2+y^2<16\}$.

提示　二元初等函数连续的区域 D 就是其定义域.

习　题　8.2

1. (1) $-y\sin x, \cos x$;　　(2) $y\mathrm{e}^{xy}, x\mathrm{e}^{xy}$;　　(3) $\dfrac{y}{x^2}\ln 3\cdot\left(\dfrac{1}{3}\right)^{\frac{y}{x}}, -\dfrac{1}{x}\ln 3\cdot\left(\dfrac{1}{3}\right)^{\frac{y}{x}}$;

(4) $\dfrac{1}{y}\cos\dfrac{x}{y}\cos\dfrac{y}{x}+\dfrac{y}{x^2}\sin\dfrac{x}{y}\sin\dfrac{y}{x}, -\dfrac{x}{y^2}\cos\dfrac{x}{y}\cos\dfrac{y}{x}-\dfrac{1}{x}\sin\dfrac{x}{y}\sin\dfrac{y}{x}$;

(5) $-\dfrac{y}{x^2+y^2}, \dfrac{x}{x^2+y^2}$;　　(6) $\ln\dfrac{y}{x}-1, \dfrac{x}{y}$;　　(7) $\dfrac{1}{\sqrt{x^2+y^2}}, \dfrac{y}{(x+\sqrt{x^2+y^2})\sqrt{x^2+y^2}}$;

(8) $2(2x+y)^{2x+y}[1+\ln(2x+y)], (2x+y)^{2x+y}[1+\ln(2x+y)]$;

(9) $-\dfrac{y}{x^2}-\dfrac{1}{z}, \dfrac{1}{x}-\dfrac{z}{y^2}, \dfrac{1}{y}+\dfrac{x}{z^2}$;　　(10) $\mathrm{e}^{x(x^2+y^2+z^2)}(3x^2+y^2+z^2), 2xy\mathrm{e}^{x(x^2+y^2+z^2)}, 2xz\mathrm{e}^{x(x^2+y^2+z^2)}$.

2. (1) $0,1$;　　(2) $\dfrac{8}{5}, \dfrac{9}{5}$;　　(3) $0,0$;　　(4) 1.

3. 答案顺序为: z_{xx}, z_{yy}, z_{xy}.

(1) $12x^2-8y^2, 12y^2-8x^2, -16xy$;

(2) $\mathrm{e}^x(\cos y+x\sin y+2\sin y), -\mathrm{e}^x(\cos y+x\sin y), \mathrm{e}^x(x\cos y+\cos y-\sin y)$;

(3) $\mathrm{e}^{x\mathrm{e}^y+2y}, x\mathrm{e}^{x\mathrm{e}^y+y}(x\mathrm{e}^y+1), \mathrm{e}^{x\mathrm{e}^y+y}(x\mathrm{e}^y+1)$;

(4) $2a^2\cos 2(ax+by), 2b^2\cos 2(ax+by), 2ab\cos 2(ax+by)$.

4. (C).

5. (1) $\mathrm{e}^{x(x^2+y^2)}[(3x^2+y^2)\mathrm{d}x+2xy\mathrm{d}y]$;　　(2) $\dfrac{1}{1+x^2y^2}[y\mathrm{d}x+x\mathrm{d}y]$;

(3) $\dfrac{1}{x^2+y^2}(x\mathrm{d}x+y\mathrm{d}y)$;　　(4) $(y+z)\mathrm{d}x+(z+x)\mathrm{d}y+(x+y)\mathrm{d}z$.

6. (1) $\frac{1}{3}\mathrm{d}x+\frac{2}{3}\mathrm{d}y$;   (2) 0, $\mathrm{d}x$.   **7.** 0.0714; 0.075.

习 题 8.3

1. (1) $\dfrac{3-12t^2}{\sqrt{1-(3t-4t^3)^2}}$;   (2) $\cos^3 x-2\sin^2 x\cos x$;   (3) $\sin 2t+2\mathrm{e}^{2t}+\mathrm{e}^t(\sin t+\cos t)$;

(4) $\dfrac{\mathrm{e}^x(1+\mathrm{e}^x)}{\mathrm{e}^x+\mathrm{e}^{x^x}}$;   (5) $\dfrac{1}{1+x^2}$;   (6) $4x^3+36x+30$.

2. (1) $3u^2\sin v\cdot\cos v(\cos v-\sin v)$, $u^3(\sin v+\cos v)(1-\sin v\cos v)$;

(2) $\dfrac{2y^2}{x^3}\left[\dfrac{x^2}{x^2+y^2}-\ln(x^2+y^2)\right]$, $\dfrac{2y}{x^2}\left[\dfrac{y^2}{x^2+y^2}+\ln(x^2+y^2)\right]$;

(3) $(x^2+y^2)^{xy}\left[\dfrac{2x^2y}{x^2+y^2}+y\ln(x^2+y^2)\right]$, $(x^2+y^2)^{xy}\left[\dfrac{2xy^2}{x^2+y^2}+x\ln(x^2+y^2)\right]$;

(4) $\dfrac{y^2}{(x+y)^2}\arctan(x+y+xy)+\dfrac{xy(1+y)}{(x+y)[1+(x+y+xy)^2]}$,

     $\dfrac{x^2}{(x+y)^2}\arctan(x+y+xy)+\dfrac{xy(1+x)}{(x+y)[1+(x+y+xy)^2]}$;

(5) $\left(1+\dfrac{x^2+y^2}{xy}\right)\dfrac{x^2-y^2}{x^2y}\mathrm{e}^{\frac{x^2+y^2}{xy}}$, $\left(1+\dfrac{x^2+y^2}{xy}\right)\dfrac{y^2-x^2}{xy^2}\mathrm{e}^{\frac{x^2+y^2}{xy}}$;

(6) $-\dfrac{3yz}{x^2}\cos\dfrac{y}{x}+\dfrac{4z}{x}\cos\dfrac{y}{x}+4r\sin\dfrac{y}{x}$, $-\dfrac{2yz}{x^2}\cos\dfrac{y}{x}-\dfrac{4sz}{x}\cos\dfrac{y}{x}-6s\sin\dfrac{y}{x}$,

     其中 $x=3r+2s$, $y=4r-2s^2$, $z=2r^2-3s^2$.

4. (1) $\dfrac{y[2x-\cos(xy)]}{x[\cos(xy)-x]}$;   (2) $\dfrac{y^2}{1-xy}$;   **5.** 0.   **6.** $\dfrac{x+y}{x-y}$, $\dfrac{2(x^2+y^2)}{(x-y)^3}$.

7. (1) $\dfrac{yz}{z^2-xy}$, $\dfrac{xz}{z^2-xy}$;   (2) $\dfrac{yz\cos(xyz)-1}{1-yx\cos(xyz)}$, $\dfrac{xz\cos(xyz)-1}{1-xy\cos(xyz)}$;   (3) $-\dfrac{x}{z}$, $-\dfrac{y}{z}$;   (4) $\dfrac{y\mathrm{e}^{-xy}}{\mathrm{e}^x-2}$, $\dfrac{x\mathrm{e}^{-xy}}{\mathrm{e}^x-2}$.

8. $\dfrac{1}{\mathrm{e}^z-1}$, $-\dfrac{x+y+z}{(\mathrm{e}^z-1)^3}$.

习 题 8.4

1. (D).

2. (1) 极小值 $f(3,-1)=-8$;   (2) 极大值 $f(2,-2)=8$;

(3) 极小值 $f(1,0)=-5$,极大值 $f(-3,2)=31$.

3. 三等分.   **4.** 各边长分别为 $6\,\mathrm{cm},6\,\mathrm{cm},9\,\mathrm{cm}$.   **5.** 各边长分别为 $6\,\mathrm{m},6\,\mathrm{m},3\,\mathrm{m}$.

6. 长 $\dfrac{4}{17}\sqrt{\dfrac{5a}{b}}$,宽与深 $\dfrac{1}{6}\sqrt{\dfrac{5a}{b}}$,其中 b 为底面单位面积造价.   **7.** 点$(1,2)$.

8. 最大利润 $\pi=4$;产出水平 $Q_1=Q_2=1$.

9. 产量 $Q_1=8$, $Q_2=7\frac{2}{3}$;最大利润 $\pi=488\frac{1}{3}$;产品价格 $P_1=39\frac{1}{3}$,$P_2=46\frac{2}{3}$.

10. $K=8$, $L=16$; $Q=48$,最大利润 $\pi=16$.   **11.** 5台,3台.   **12.** $10,15$.

13. $K=8,L=6,Q=200\sqrt[3]{6}$.   **14.** $y=77.3636-1.8182x$.

习 题 8.5

1. (1) $V=\displaystyle\iint_D\dfrac{y^2}{a}\mathrm{d}\sigma$.   **提示**   曲面 $z=\dfrac{y^2}{a}$为顶,柱面 $x^2+y^2=R^2$ 为侧面.

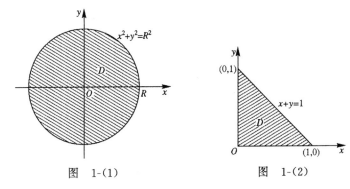

图 1-(1)   图 1-(2)

(2) $V = \iint\limits_{D} (1+x+y)\mathrm{d}\sigma.$ **提示** 曲面 $z=1+x+y$ 为顶，柱面 $x=0, y=0, x+y=1$ 为侧面.

(3) $V = \iint\limits_{D} (x^2+y^2)\mathrm{d}\sigma.$ **提示** 曲面 $z=x^2+y^2$ 为顶，柱面 $y=x^2, y=1$ 为侧面.

(4) $V = \iint\limits_{D} x\mathrm{d}\sigma.$ **提示** 曲面 $z=x$ 为顶，该曲面（平面）与 y 轴相交，柱面 $y^2=2-x$ 为侧面.

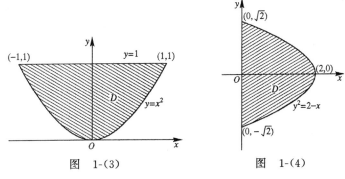

图 1-(3)   图 1-(4)

2. (1) π;   (2) $\dfrac{2}{3}\pi R^3.$ **提示** 以原点为心，R 为半径的上半球的体积.

3. $Q = \iint\limits_{D} \mu(x,y)\mathrm{d}\sigma.$ **4.** $P = \iint\limits_{D} p(x,y)\mathrm{d}\sigma.$

习 题 8.6

1. (1) $\displaystyle\int_a^b \mathrm{d}x \int_a^x f(x,y)\mathrm{d}y = \int_a^b \mathrm{d}y \int_y^b f(x,y)\mathrm{d}x$;   (2) $\displaystyle\int_0^1 \mathrm{d}x \int_{1-x}^{\sqrt{1-x^2}} f(x,y)\mathrm{d}y = \int_0^1 \mathrm{d}y \int_{1-y}^{\sqrt{1-y^2}} f(x,y)\mathrm{d}x$;

(3) $\displaystyle\int_0^4 \mathrm{d}x \int_x^{2x^{1/2}} f(x,y)\mathrm{d}y = \int_0^4 \mathrm{d}y \int_{\frac{y^2}{4}}^y f(x,y)\mathrm{d}x$;

(4) $\displaystyle\int_1^2 \mathrm{d}x \int_{\frac{1}{x}}^x f(x,y)\mathrm{d}y = \int_{\frac{1}{2}}^1 \mathrm{d}y \int_{\frac{1}{y}}^2 f(x,y)\mathrm{d}x + \int_1^2 \mathrm{d}y \int_y^2 f(x,y)\mathrm{d}x.$

2. (1) $\displaystyle\int_0^2 \mathrm{d}y \int_{\frac{y}{2}}^y f(x,y)\mathrm{d}x + \int_2^4 \mathrm{d}y \int_{\frac{y}{2}}^2 f(x,y)\mathrm{d}x$;   (2) $\displaystyle\int_{-1}^0 \mathrm{d}y \int_{-\sqrt{1-y^2}}^{\sqrt{1-y^2}} f(x,y)\mathrm{d}x + \int_0^1 \mathrm{d}y \int_{-\sqrt{1-y}}^{\sqrt{1-y}} f(x,y)\mathrm{d}x$;

(3) $\int_a^{2a}\mathrm{d}y\int_{\frac{y^2}{2a}}^{2a}f(x,y)\mathrm{d}x+\int_0^a\mathrm{d}y\int_{a+\sqrt{a^2-y^2}}^{2a}f(x,y)\mathrm{d}x+\int_0^a\mathrm{d}y\int_{\frac{y^2}{2a}}^{a-\sqrt{a^2-y^2}}f(x,y)\mathrm{d}x$;

(4) $\int_0^1\mathrm{d}y\int_{\sqrt{y}}^{3-2y}f(x,y)\mathrm{d}x$.

4. (1) $\dfrac{8}{3}$;　(2) $\dfrac{1}{e}$;　(3) $(e-1)^2$;　(4) $\dfrac{3}{2}+\cos1+\sin1-\cos2-2\sin2$;　(5) $\dfrac{6}{55}$;　(6) -90;

(7) $\dfrac{1}{3}(1-\cos1)$　**提示**　以被积函数选积分次序：先对 y 积分，后对 x 积分.

5. (1) $\int_0^{\frac{\pi}{2}}\mathrm{d}\theta\int_0^R f(r)r\mathrm{d}r$;　(2) $\int_0^{\frac{\pi}{2}}\mathrm{d}\theta\int_0^{2R\sin\theta}f(r\cos\theta,r\sin\theta)r\mathrm{d}r$.

6. (1) $\pi(e^4-1)$;　(2) $\dfrac{15}{4}\pi$;　(3) 25π;　(4) $\dfrac{\pi}{4}(2\ln2-1)$;　(5) $\dfrac{1}{6}$.

7. (1) $\dfrac{\pi}{48}$;　(2) $8\pi-\dfrac{32\sqrt{2}}{3}$;　(3) $\dfrac{\pi R^4}{4a}$.　**8.** (1) $\dfrac{1}{6}$;　(2) $\dfrac{64}{3}$.

9. $\left(0,\dfrac{4b}{3\pi}\right)$.　**10.** $\left(\dfrac{a}{5},\dfrac{a}{5}\right)$.　**11.** $\left(\dfrac{3}{8},\dfrac{17}{16}\right)$.

12. $I_y=\dfrac{1}{4}\pi a^3b,\ I_O=\dfrac{1}{4}\pi ab(a^2+b^2)$.　**13.** $I_x=\dfrac{1}{3}ab^3,\ I_y=\dfrac{1}{3}a^3b$.

14. $I_x=\dfrac{b_2-b_1}{12}h^3=\dfrac{Mh^2}{6},\ I_y=\dfrac{b_2^3-b_1^3}{12}h=\dfrac{M(b_1^2+b_1b_2+b_2^2)}{6}$,其中 $M=\dfrac{h(b_2-b_1)}{2}$ 为物体的质量.

习　题　9.1

1. (1) $\dfrac{1}{2^{n-1}}$;　(2) $\dfrac{\sin n}{2^n}$.　**2.** (1) $\dfrac{1}{2},\dfrac{3}{4},\dfrac{5}{8},\dfrac{7}{16}$;　(2) $1,\dfrac{1}{2},\dfrac{2}{3},\dfrac{3}{2}$.

3. (1) 收敛;　(2) 发散;　(3) 收敛;　(4) 收敛.

4. $\dfrac{4}{5},-\left(\dfrac{4}{5}\right)^2,(-1)^{n-1}\left(\dfrac{4}{5}\right)^n;\ \dfrac{4}{5},\dfrac{4}{5}-\dfrac{4^2}{5^2},\dfrac{4}{5}-\left(\dfrac{4}{5}\right)^2+\left(\dfrac{4}{5}\right)^3-\cdots+(-1)^{n-1}\left(\dfrac{4}{5}\right)^n$.

5. $2-\dfrac{1}{2}-\dfrac{1}{3\cdot2}-\cdots-\dfrac{1}{n(n-1)}-\cdots$.

6. (1) 收敛,$\dfrac{1}{5}$.　**提示**　$\dfrac{1}{(5n-4)(5n+1)}=\dfrac{1}{5}\left(\dfrac{1}{5n-4}-\dfrac{1}{5n+1}\right)$;

(2) 发散　**提示**　$\lim\limits_{n\to\infty}\sqrt[n]{3}=1$.

7. (1) 收敛;　(2) 发散;　(3) 发散;　(4) 发散.

8. (1) (D);　(2) (C)　**提示**　$x\in(e^{-1},e)$ 时,所给级数是公比 $|q|<1$ 的等比级数;　(3) (B);　(4) (B).

习　题　9.2

1. (D).

2. (1) 发散;　(2) 收敛;　(3) 发散　**提示**　$\lim\limits_{n\to\infty}\sqrt[n]{n}=1$;　(4) 收敛;

(5) 收敛　**提示**　当 $n\to\infty$ 时,$1-\cos\dfrac{1}{n}$ 与 $\dfrac{1}{n^2}$ 是同阶无穷小;　(6) 收敛.

3. (1) 收敛;　(2) 发散;　(3) 收敛;　(4) 收敛;　(5) 收敛;　(6) 收敛.

4. (1) 收敛;　(2) 收敛.

习　题　9.3

1. (1) 收敛;　(2) 收敛;　(3) 收敛;　(4) 发散.

2. (1) 条件收敛；　　(2) 绝对收敛；　　(3) 发散；　　(4) 绝对收敛；　　(5) 条件收敛；　　(6) 发散.

3. (1) (D)；　　(2) (C).

习　题　9.4

1. (1) $R=+\infty$, $(-\infty,+\infty)$；　　(2) $R=2$, $[-2,2]$；　　(3) $R=0$；　　(4) $R=3$, $[-3,3)$.

2. (1) $\dfrac{1}{2}\ln\dfrac{1+x}{1-x}$, $|x|<1$；　　(2) $\dfrac{x}{1-x}$, $|x|<1$.

习　题　9.5

1. (1) (B)；　　(2) (D).

2. (1) $\displaystyle\sum_{n=0}^{\infty}\dfrac{(\ln a)^n}{n!}x^n$, $(-\infty,+\infty)$.　　**提示**　$a^x=\mathrm{e}^{x\ln a}$.

(2) $\ln a+\displaystyle\sum_{n=1}^{\infty}\dfrac{(-1)^{n-1}}{n}\left(\dfrac{x}{a}\right)^n$, $(-a,a]$.　　**提示**　$\ln(a+x)=\ln a+\ln\left(1+\dfrac{x}{a}\right)$；

(3) $\displaystyle\sum_{n=0}^{\infty}\dfrac{(-1)^n}{n!}x^{2n}$, $(-\infty,+\infty)$；　　(4) $\displaystyle\sum_{n=0}^{\infty}\dfrac{x^{2n+1}}{(2n+1)!}$, $(-\infty,+\infty)$；

(5) $\displaystyle\sum_{n=0}^{\infty}\dfrac{(-1)^n}{(2n+1)!}\left(\dfrac{x}{2}\right)^{2n+1}$, $(-\infty,+\infty)$；　　(6) $\displaystyle\sum_{n=0}^{\infty}\dfrac{1}{a^{n+1}}x^n$, $(-a,a)$.

3. (1) $\displaystyle\sum_{n=1}^{\infty}\dfrac{(-1)^{n-1}}{n}(x-1)^n$, $(0,2]$.　　**提示**　$\ln x=\ln[1+(x-1)]$；

(2) $\displaystyle\sum_{n=0}^{\infty}(-1)^n(x-1)^n$, $(0,2)$.　　**提示**　$\dfrac{1}{x}=\dfrac{1}{1+(x-1)}$；

(3) $\mathrm{e}\cdot\displaystyle\sum_{n=0}^{\infty}\dfrac{(x-1)^n}{n!}$, $(-\infty,+\infty)$.　　**提示**　$\mathrm{e}^x=\mathrm{e}^{1+(x-1)}=\mathrm{e}\cdot\mathrm{e}^{(x-1)}$；

(4) $\displaystyle\sum_{n=0}^{\infty}\dfrac{1}{2^{n+1}}(x-1)^n$, $(-1,3)$.　　**提示**　$\dfrac{1}{3-x}=\dfrac{1}{2-(x-1)}=\dfrac{1}{2}\dfrac{1}{1-\frac{x-1}{2}}$.

习　题　9.6

1. (1) $f(x)=-\dfrac{\pi}{4}-\dfrac{2}{\pi}\left(\cos x+\dfrac{1}{3^2}\cos 3x+\dfrac{1}{5^2}\cos 5x+\cdots\right)+\left(3\sin x-\dfrac{1}{2}\sin 2x+\dfrac{3}{3}\sin^3 x-\dfrac{1}{4}\sin 4x+\cdots\right)$
$(-\infty<x<+\infty$, $x\neq k\pi$, $k=0,\pm1,\pm2,\cdots)$；

(2) $f(x)=\displaystyle\sum_{k=1}^{\infty}\dfrac{1}{2k-1}\sin(2k-1)$, $(-\infty<x<+\infty$, $x\neq k\pi$, $k=0,\pm1,\pm2,\cdots)$；

(3) $f(x)=\dfrac{\pi}{2}+\dfrac{4}{\pi}\displaystyle\sum_{k=1}^{\infty}\dfrac{1}{(2k-1)^2}\cos(2k-1)x$, $(-\infty<x<+\infty)$；

(4) $x=2\displaystyle\sum_{n=1}^{\infty}\dfrac{(-1)^{n+1}}{n}\sin nx$, $(-\infty<x<+\infty$, $x\neq(2k+1)\pi$, $k=0,\pm1,\pm2,\cdots)$.

2. (1) $|x|=\dfrac{\pi}{2}-\dfrac{4}{\pi}\displaystyle\sum_{k=1}^{\infty}\dfrac{1}{(2k-1)^2}\cos(2k-1)x$, $-\pi\leqslant x\leqslant\pi$；

(2) $x^2=\dfrac{\pi^2}{3}+4\displaystyle\sum_{n=1}^{\infty}(-1)^n\dfrac{\cos nx}{n^2}$, $-\pi\leqslant x\leqslant\pi$.

(3) $f(x) = -\dfrac{1}{2} + \dfrac{6}{\pi}\sum\limits_{n=0}^{\infty}\dfrac{1}{2n+1}\sin(2n+1)x$,

$\quad -\pi < x < 0, \quad 0 < x < \pi, \quad f(-\pi) = f(0) = f(\pi) = -\dfrac{1}{2}$;

(4) $f(x) = \dfrac{1}{2\pi}[1+\pi-e^{-\pi}] + \dfrac{1}{\pi}\sum\limits_{n=0}^{\infty}\dfrac{1}{1+n^2}[1-(-1)^n e^{-\pi}]\cos nx$

$\quad + \dfrac{1}{\pi}\sum\limits_{n=0}^{\infty}\left\{\dfrac{n}{1+n^2}[-1+(-1)^n e^{-\pi}] + \dfrac{1}{n}[1-(-1)^n]\right\}\sin nx$.

提示 利用 $\int e^x\sin nx\,dx = \dfrac{e^x(\sin nx - n\cos nx)}{1+n^2}$, $\int e^x\cos nx\,dx = \dfrac{e^x(n\sin nx + \cos nx)}{1+n^2}$.

3. $\dfrac{\pi-x}{2} = \sum\limits_{n=1}^{\infty}\dfrac{1}{n}\sin nx, \quad 0 < x \leqslant \pi$.

4. $\dfrac{\pi}{2} - x = \dfrac{4}{\pi}\sum\limits_{k=1}^{\infty}\dfrac{1}{(2k-1)^2}\cos(2k-1)x, \quad 0 \leqslant x \leqslant \pi$.

5. $f(x) = \dfrac{E}{2} + \dfrac{2E}{\pi}\left(\sin\dfrac{\pi x}{2} + \dfrac{1}{3}\sin\dfrac{3\pi x}{2} + \dfrac{1}{5}\sin\dfrac{5\pi x}{2} + \cdots\right)$, $(-\infty < x < +\infty, \ x \neq 0, \pm 2, \pm 4, \cdots)$.

6. (1) $\dfrac{x}{2} = \dfrac{1}{2} - \dfrac{4}{\pi^2}\sum\limits_{k=1}^{\infty}\dfrac{1}{(2k-1)^2}\cos\dfrac{(2k-1)\pi}{2}x, \quad 0 \leqslant x \leqslant 2$;

(2) $\dfrac{x}{2} = \dfrac{2}{\pi}\sum\limits_{n=1}^{\infty}(-1)^{n+1}\dfrac{1}{n}\sin\dfrac{n\pi}{2}x, \quad 0 \leqslant x < 2$.